Peter Schmoll

Messerschmitt Me 109 – Produktion und Einsatz

Peter Schmoll

Messerschmitt Me 109

Produktion und Einsatz

BUCHVERLAG

Bibliografische Information Der Deutschen Nationalbibliothek

Die Deutsche Nationalbibliothek verzeichnet diese Publikation in der Deutschen Nationalbibliografie; detaillierte bibliografische Daten sind im Internet über http://dnb.dnb.de abrufbar.

ISBN 978-3-86646-356-1

Titel:

Bild oben: Gemälde von Peter Kantsperger aus Paring zeigt eine Me 109 G-6 der I./ JG 5 „Eismeer" im Frühjahr 1944 beim Landeanflug auf den Industrieflugplatz in Prüfening. Im Hintergrund die Silhouette von Regensburg.

Bild unten: Die Me 109 G-10 der Messerschmitt-Stiftung in Manching. Die weltweit einzige flugfähige Me 109 mit einem Daimler-Benz Triebwerk vom Typ DB 605 D. (Foto Dr. Zeitler)

Innenteil:

Sofern nicht anders erwähnt, sind alle Fotos im Innenteil aus der Sammlung von Peter Schmoll.

1. Auflage 2017

www.gietl-verlag.de

ISBN 978-3-86646-356-1

„Ich betrachte einen Krieg immer als Übel,
das die Staatskunst den Völkern zu ersparen bemüht sein muss.“

Otto von Bismarck

Inhaltsverzeichnis

Inhaltsverzeichnis

Einleitung

Die Bezeichnung der 109 lautete offiziell Bf 109, benannt nach den Bayerischen Flugzeugwerken in Augsburg. Hier konstruierte Willy Messerschmitt in den Jahren 1934 – 1935 die Me 109. Durch die Propaganda beeinflusst, setzte sich im Volksmund aber später die Bezeichnung Me 109 durch. Selbst in den noch vorhandenen Akten von Messerschmitt und der Luftwaffe ist des Öfteren die Bezeichnung Me 109 zu lesen, sodass sich der Verfasser entschlossen hat, die populäre Bezeichnung Me 109 zu übernehmen, da es die bekanntere Benennung dieses Flugzeugtyps ist.

Bis heute gilt die Messerschmitt Me 109 als der Inbegriff eines Jagdflugzeuges aus der Zeit des Zweiten Weltkrieges. Keine Jagdmaschine in der Geschichte des Flugzeugbaues erreichte jene Produktionszahlen wie die der Me 109. Annähernd 33.000 Flugzeuge verließen von 1937 an die Produktionshallen. Der Schwerpunkt im Buchteil über die Produktion der Me 109 liegt beim Typ G-6. Es findet eine Gegenüberstellung der Produktion von Erla in Form der Taktfertigung und der Messerschmitt GmbH Regensburg mit der dort im April 1942 beginnenden Umstellung von Takt- auf die Fließbandfertigung statt.

Die 109 war von der ersten bis zur letzten großen Luftschlacht des Zweiten Weltkrieges im Einsatz. Legendär ihre Erfolge in den Jahren 1939 – 1942. Die deutschen Jagdflieger hatten mit diesem Flugzeug eine Waffe in die Hand bekommen, die es ihnen ermöglichte, an allen Fronten die Luftüberlegenheit zu erringen, wenn auch die eigenen Verluste dabei stetig anstiegen.
Die Serien E und F prägten diesen Kriegsabschnitt. War die 109 E-Serie mit ihrer Motorverkleidung und den Tragflächen noch etwas kantig geraten, gelang Professor Willy Messerschmitt mit der F-Serie ein aerodynamisches Meisterstück. Noch heute gilt die F-Serie als die 109 mit den besten Flugeigenschaften. Dies wurde mir unabhängig von mehreren Flugzeugführern bestätigt. Messerschmitt hatte sie im Zusammenwirken mit dem Daimler-Benz DB 601-Motor als Abfangjäger auf Geschwindigkeit getrimmt. Solange die Vormarschphase in Russland und Afrika anhielt, konnten die Ausfälle an Piloten und Flugzeugen annähernd ersetzt werden. Als sich die 8. Luftflotte der USAAF ab dem 17. August 1942 anschickte, eine neue Front im Luftkrieg an der Westfront zu errichten, wurde sehr schnell deutlich, dass die Deutsche Luftwaffe einem Mehrfrontenkrieg nicht gewachsen war. Die Verluste stiegen dramatisch an. Wurde die Me 109 E – F noch in relativ kleinen Stückzahlen produziert, so lief ab der G-Baureihe im Jahre 1943 die Großserienfertigung an. Die Bewaffnung musste auf ein größeres Kaliber mit 30 mm aufgerüstet werden und es war zusätzliche Ausrüstung zur Leistungssteigerung wie MW 50 oder GM-1 notwendig. Damit stiegen das Gewicht und die Flächenbelastung an. Dies geschah zu einer Zeit, da die Anzahl der friedensmäßig ausgebildeten Piloten immer weniger und die der im Schnellverfahren geschulten Flugzeugführer immer mehr wurden. Dementsprechend stiegen die Verluste durch Unfälle bei Start und Landung, welche die durch Luftkämpfe fast übertrafen. Für die Schulung wurde ein Doppelsitzer, die Me 109 G-12, entwickelt. In der Regel wurden beschädigte 109er in der Industrieinstandsetzung abgezweigt, in G-12 umgebaut und an die Flugzeugführerschulen ausgeliefert. Im Februar und März 1945 wurden Me 109 G-12 als Nahaufklärer an der Ostfront getestet.
In drei Flugzeugwerken, den Wiener Neustädter Flugzeugwerken, den ERLA-Maschinenwerken und der Messerschmitt GmbH Regensburg, wurde ein monatlicher Gesamtausstoß von annähernd 900 Me 109 in Mitte 1943 erreicht. Nach den verheerenden Luftangriffen im Februar 1944 auf die Jagdflugzeugproduktion während der „BIG WEEK“ erlitt die Produktion einen starken Einbruch. Göring forderte Jäger und nochmals Jäger, damit den alles vernichtenden

alliierten Luftangriffen Einhalt geboten werden konnte. Am 1. März 1944 wurde der Jägerstab mit umfangreichen Vollmachten eingesetzt, um die Jagdflugzeugproduktion mit allen Mitteln und verstärktem Einsatz von Zwangsarbeitern und KZ-Häftlingen zu forcieren, einhergehend mit einem umfangreichen Verlagerungsprogramm und einer in der Industriegeschichte bisher nie dagewesenen Dezentralisierung und Aufsplitterung der Fertigung. Dem Einsatz von Zwangsarbeitern und KZ-Häftlingen ist ein eigenes Kapitel in diesem Buch gewidmet. Beispielhaft wird die Produktion der Me 109 im KZ-Flossenbürg dokumentiert. Trotz aller Zerstörungen durch Luftangriffe erreichte die Produktion an Jagdflugzeugen im Jahre 1944 ihren Höchststand. Als aus den Endmontagehallen genügend Jagdmaschinen kamen, gab es ein neues Problem: Es waren keine ausreichenden Treibstoffvorräte für ihren Einsatz mehr vorhanden. Die US-Luftflotten hatten in der Zwischenzeit die deutschen Hydrierwerke, Raffinerien und Tanklager weitgehend lahmgelegt oder zerstört. Die Luftwaffe benötigte im Monat mindestens 100.000 t an Treibstoff. Im September 1944 brach die Produktion auf nicht mal mehr 20.000 t ein. Die letzten Treibstoffreserven mussten angegriffen werden. Um Treibstoff zu sparen, wurde Ende 1944 auch die Ausbildung auf den Fliegerschulen weitgehend reduziert bzw. Anfang 1945 dann ganz eingestellt. Damit die Bombenschäden im Bereich der Hydrierwerke und Raffinerien repariert werden konnten, waren damals bis zu 350.000 Arbeitskräfte im Einsatz.

Die letzte Version der Me 109 war die K-4, welche bis auf ganz wenige Ausnahmen fast ausschließlich von der Messerschmitt GmbH Regensburg bis in den April 1945 hinein produziert wurde. Die K-4 war die Endstufe eines bereits in die Jahre gekommenen Jagdflugzeuges, stellte aber durch ständige technische Verbesserungen auch bei Kriegsende in der Hand eines erfahrenen Piloten immer noch eine gefährliche Waffe dar. Erfahrene deutsche Piloten waren aber bei Kriegsende selten zu finden. Junge begeisterungsfähige Männer im Alter von 19 Jahren saßen nach einer Schnellausbildung in den Messerschmitt-Jägern und wurden zu Hunderten, vor allem von amerikanischen und englischen Jagdpiloten, abgeschossen. Hatten die Amerikaner bei Beginn ihres Einsatzes rund 180 Flugstunden auf dem Einsatzmuster aufzuweisen, kamen die Deutschen mit ca. 35 Flugstunden an die Front. Diese auf deutscher Seite eingesetzten Flugzeugführer waren im Einsatz mehr mit ihrem Flugzeug beschäftigt, alsdass sie sich mit Luftkampftaktik beschäftigen konnten. Hinzu kam dann auch noch die große zahlenmäßige Unterlegenheit. Trotz der sich ständig steigernden Produktion der Me 109 wirkte sich dies an den Fronten kaum aus, weil das Mehr an Fertigung durch die riesigen Verluste förmlich aufgefressen wurde. Ohne Rücksicht wurden die jungen deutschen Flugzeugführer von einer zum Teil verantwortungslosen Führung solange in den Kampf geworfen, bis sie vom Einsatz nicht mehr zurückkehrten.

Von den Tausenden während des Zweiten Weltkrieges gebauten Me 109 sind nur rund ein Dutzend von Originalexemplaren erhalten geblieben. Flugfähige 109er mit dem originalen Daimler-Benz Motor gibt es weltweit nur sehr wenige Flugzeuge, drei davon sind in der Willy-Messerschmitt-Halle in Manching stationiert.

Ein Teil der Fotos entsprechen nicht unbedingt dem heutigen Qualitätsstandard, sie sind jedoch aus historischer Sicht für dieses Buch unverzichtbar.

Anmerkung: Die Berichte von Messerschmitt-Ingenieuren und Zeitzeugen sind im Originaltext übernommen worden.

Peter Schmoll
Sandsbach im April 2017

TEIL 1: PRODUKTION

DIE GESCHICHTE DER ME 109 BEGANN MIT EINEM BRIEF

Nach der Machtergreifung durch Hitler und seiner NSDAP am 30. Januar 1933 war es ein klares Ziel, die Wiederaufrüstung der Wehrmacht mit allen zur Verfügung stehenden Mitteln durchzuführen. Dazu gehörte auch eine entsprechende Luftwaffe, die ja seit dem Ende des Ersten Weltkrieges nicht mehr existierte und völlig neu aufgebaut werden musste.

Am 20. Oktober 1933 schrieb der damalige Preußische Ministerpräsident Hermann Göring in einem Brief an den Aufsichtsratsvorsitzenden der Bayerischen Flugzeugwerke Theo Croneiß unter anderem:
„Ich möchte Ihnen in diesem streng vertraulichen Schreiben mitteilen, dass ich Ihre neue Aufgabe in Bayern, die Flugzeugindustrie neu zu organisieren, als tatsächlich außerordentlich

Hilter besucht das Messerschmitt-Werk in Augsburg. Erste Reihe von links: Theo Croneiß, Adolf Hitler und Professor Willy Messerschmitt. Hitler stellte die entsprechenden finanziellen Mittel für den Aufbau der Luftwaffe zur Verfügung, einhergehend mit einer riesigen Staatsverschuldung.

Die Me 109 V-1 steht in Augsburg zum Einflug bereit. Schon diese Aufnahme zeigt deutlich, dass die Me 109 auf Geschwindigkeit ausgelegt ist und einen völlig neuen Entwurf gegenüber bisherigen Flugzeugen, wie im Hintergrund links erkennbar, darstellt. Als Triebwerk ist ein Motor vom Typ Rolls-Royce Kestrel eingebaut, da der Junkersmotor vom Typ Jumo 210 noch nicht zur Verfügung stand.

Göring mit GFM Milch, aufgenommen bei einer Tagung in Regensburg am 2. November 1943. Göring erteilte 1933, noch als Preußischer Ministerpräsident, mit einem Brief an Theo Croneiß den verklausierten Auftrag für den Bau der Me 109.

Willy Messerschmitt mit Generalleutnant Ernst Udet und dem Betriebsführer der Messerschmitt AG in Augsburg Rakan Kokothaki. Udet war als Generalluftzeugmeister für die Produktion der deutschen Flugzeugindustrie bis 1941 verantwortlich.

Die V-1 von hinten rechts aufgenommen. Aufgrund des schmalen Tragflächenprofils ist auf der Tragflächenoberseite eine Ausbuchtung zur Aufnahme des Hauptfahrwerkrades erkennbar, wie es dann ab der Me 109 G-4 sowie bei der G-10, G-14 AS und K-4 erforderlich war.

Der Rumpf der Me 109 V-2, Werknummer 759 mit Erstflug am 12.12.1935, D-IILU in Augsburg. (Foto Archiv Airbus Defence)

Blick in die Kabine der V-2. Am Boden liegt der hintere feste Teil der Kabinenhaube. (Foto Archiv Airbus Defence)

Die Me 109 V-1, D-IABI mit der Werknummer 758 rollt in Augsburg-Haunstetten am 28. Mai 1935 an den Start. Eine neue Epoche im Flugzeugbau nimmt seinen Anfang.

Me 109 V-4, D-IALY, Werknummer 878, mit einem Jumo 210 Motor und der festen Holzluftschraube der Firma Schwarz.

wichtig ansehe. Ich darf von Ihrer Tatkraft erwarten, dass Sie unverzüglich und mit ganzer Leidenschaft den Aufbau einer Flugzeugfirma betreiben, die hoffentlich bald ein erstklassiges Verkehrsflugzeug !!! herausbringen wird. Ebenso wichtig ist aber die Entwicklung eines blitzschnellen Kurierflugzeuges !!!, das nur ein Einsitzer zu sein braucht."

Im weiteren Text wird auf die Vorgehensweise zur Planung und zum Aufbau eines großen Flugzeugwerkes in Augsburg eingegangen. Ferner wurde Theo Croneiß aufgefordert, die Situation zu prüfen und Göring persönlich vorzutragen.

Hochglanzpoliert steht die V-7, Werknummer 881, auf dem Flugplatz in Dübendorf beim internationalen Züricher Flugmeeting im Juli 1937.

Die Aufforderung, ein blitzschnelles einsitziges Kurierflugzeug zu konstruieren, war eigentlich die verklausulierte Forderung nach einem modernen Jagdflugzeug. Die Geburtsstunde der Me 109 hatte geschlagen.

Von Willy Messerschmitt wurde daraufhin als erstes die Me 108 als viersitziges Reiseflugzeug in Angriff genommen. Bei der Konstruktion ging er völlig neue Wege. Der Rumpf der 108 entstand in Duralblech-Halbschalenbauweise mit im Inneren angenieteten Längsprofilen, was eine äußerst steife Metallkonstruktion ergab. Die Tragfläche entstand als

Die Me 109 V-7 wird angelassen. An der V-7 wird eine Metall-Verstell-Luftschraube getestet. (Foto Archiv Airbus Defence)

Me 109 V-3, D-IOQY, bei einem ihrer Testflüge.

Einholmflügel. Die Ganzmetall-Tragfläche wurde mit Vorflügeln, Querrudern und Landeklappen sowie zur Aufnahme eines Einziehfahrwerkes ausgestattet. Um eine möglichst glatte Oberfläche von hoher aerodynamischer Güte zu erhalten, kamen Senknieten zum Einsatz. Der Erstflug der Me 108 fand am 13. Juni 1934 in Augsburg statt.

Im August 1934 begannen dann die Arbeiten für die Konstruktionsunterlagen der Me 109 unter Leitung von Richard Bauer. All die bei der Mc 108 gewonnenen Erkenntnisse und Erfahrungen flossen in die Konstruktion der 109 ein. Im Grunde genommen, war die Me 109 eine verschlankte Kopie der Me 108. Noch im Dezember 1934 startete der Bau der Me 109 V-1. Die Konstruktion der Me 109 als Jagdflugzeug sollte sich als bahnbrechend für den Jagdflugzeugbau herausstellen und wurde dann auch von anderen Nationen übernommen. Da die ursprünglich geplanten Triebwerke vom Typ Junkers Jumo 210 noch nicht zur Verfügung standen, wurde die V-1 mit einem Motor von Rolls-Royce vom Typ Kestrel II ausgerüstet. Bei diesem Triebwerk handelte es sich um einen 12-Zylinder V-Motor mit einer Leistung von 695 PS. Am 28. Mai 1935 startete die Me 109 V-1 zum Erstflug.

Bis Ende 1936 waren insgesamt acht V-Muster fertiggestellt und eingeflogen. Als Triebwerke standen nun auch die Jumo der Baureihen B, C und D zur Verfügung. Die Leistung dieser Triebwerke lag bei 680 – 720 PS.

Eine Me 109 B der Legion Condor während eines Triebwerktest. Bereits im spanischen Bürgerkrieg verlor die Legion Condor mehr Flugzeuge (Aufklärer, Bomber, Jäger und Transportflugzeuge) durch Unfälle als durch Feindeinwirkung. Durch Unfälle gingen in Spanien 160 und durch Feindeinwirkung 72 Flugzeuge verloren.

Me 109 A-D

Die Me 109 hatte sich bei zahlreichen Vergleichsflügen und einer eingehenden technischen Inspektion durch das RLM gegenüber ihren Mitbewerbern Arado 80, Focke-Wulf 159 und Heinkel 112 klar durchgesetzt. Nachdem die Entscheidung für die Me 109 gefallen war, wurde schnellst möglich die Serienproduktion der Me 109 B in Angriff genommen. Noch im Dezember 1936 wurden die ersten sechs Serienmaschinen Me 109 B-1 fertiggestellt. Da für 1937 und 1938 insgesamt über 600 Me 109 ausgeliefert werden sollten, ordnete das RLM an, dass die Flugzeugwerke AGO, Arado, Erla, Fieseler und Focke-Wulf die Me 109 in Lizenz zu fertigen hatten. 1937 wurden insgesamt 327 Me 109 an die im Aufbau befindliche Deutsche Luftwaffe geliefert. Da das Werk in Augsburg durch die Produktion der Me 108, Me 109 und der nun noch folgenden Me 110 überlastet war, entschloss sich das Bayerische Flugzeugwerk, noch Ende 1936 in Regensburg ein neues Werk zu bauen. Noch 1937 wurde es westlich der Stadt förmlich aus dem Boden gestampft. Ab dem Januar 1938 erfolgte die Endmontage der Me 108. Aus einem Aktenvermerk der Messerschmitt AG vom 3. Februar 1939 ist vermerkt, dass die Messerschmitt GmbH Regensburg ab der Werknummer 1955 die Produktion der Me 109 übernimmt. Innerhalb des Messerschmitt-Konzerns verblieb dann das Serienbüro für die Me 109 und die Produktion der 109 bis zum Kriegsende 1945 bei der Messerschmitt GmbH in Regensburg. Die Messerschmitt AG Augsburg konzentrierte sich voll auf die Fertigung der Me 110, 210 und 410.
1937 gelangten die ersten Me 109 zur „Legion Condor“, die im spanischen Bürgerkrieg die Nationalisten unter General Franco unterstützte. Die bisher von der „Legion Condor“ eingesetzten Doppeldecker vom Typ Heinkel He 51 hatten gegen den auf der

Eine Me 109 B der Legion Condor in Spanien eingesetzt. Die wenigen nach Spanien gelieferten Me 109 B reichten aus, um die Luftherrschaft dort zu erringen, da sie auf jeden Fall den eingesetzten russischen Jagdflugzeugen vom Typ I-16 „Rata" überlegen waren.

Eine Me 109 B mit der festen Holzluftschraube. (Foto Archiv Airbus Defence)

Die Luftschraube einer Me 109 B. An der Tragfläche ist der Vorflügel ausgefahren. (Foto Archiv Airbus Defence)

Gegenseite eingesetzten russischen Jäger vom Typ I-16 „Rata“ die Lufthoheit verloren. Die nun auftauchenden Me 109 sorgten sehr schnell dafür, dass die Luftüberlegenheit zurückgewonnen werden konnte. Neben den gelieferten Me 109 B soll sich auch eine kleinere Anzahl von Me 109 A darunter befunden haben. Aufgrund der in Spanien gemachten Erfahrungen wurden weitere Änderungen an der 109 vorgenommen. Die Bewaffnung mit den nur zwei durch den Luftschraubenkreis schießenden MG 17 erwies sich als zu schwach. Eine Verstärkung der Bewaffnung war notwendig. Bereits bei den nächsten Serien C und D wurde die Tragfläche zur Aufnahme eines MGs umkonstruiert, sodass diese Baureihen über insgesamt vier Maschinengewehre verfügten. Hatte die Me 109 B noch einen starren Zweiblatt-Holzpropeller, so erhielten die nachfolgenden Baumuster eine Zweiblatt-Verstell-Luftschraube. Auch 109 B wurden auf die verstellbare Luftschraube umgerüstet. Dadurch erhöhten sich die Flugleistungen. Die Startstrecke verkürzte sich und die Steigleistung erhöhte sich. Bei einem internationalen Fliegertreffen in der Schweiz, im Juli 1937, war die Me 109 den anderen ausländischen Militärflugzeugen derart überlegen, dass sie alle Wettbewerbe für sich entscheiden konnte. Diese Erfolge riefen im Ausland großes Aufsehen hervor und es begann der Mythos Me 109. Die Schweiz bestellte daraufhin zehn Me 109 D.

Eine Me 109 B in Luftwaffen-Tarnanstrich 1937.

Flugaufnahme einer Me 109 C. Deutlich ist die Flächenbewaffnung in Form von MG-FF zu erkennen. Diese Me 109 C wurde nachträglich von MG-17 auf MG-FF in den Tragflächen umgerüstet. Die Kennung „Weiße 30“ spricht vermutlich für eine Maschine einer Jagdfliegerschule.

Wartungsarbeiten an einer Me 109 D.

Aufnahme der Me 109 D „Rote 1“ in Oberschleißheim.

Frontalansicht einer Me 109 D. Deutlich sind die Ausschussöffnungen für die Maschinengewehre in den Flächen zu erkennen. (Foto Archiv Airbus Defence)

Produktion der Me 109 A-D

Bayerische Flugzeugwerke Augsburg

20 A (maximal)
76 B
58 C-1
4 D
158 Me 109 in den Jahren 1936 – 38

Fieseler
90 B
80 D

170 Me 109 in den Jahren 1937 – 38

AGO
128 D in 1938

Arado
144 D in 1938

Focke Wulf
123 D in 1938

In den Jahren 1936 – 38 wurden insgesamt gebaut:

166 Me 109 B
58 Me 109 C-1
479 Me 109 D

703 Me 109 Gesamtproduktion 1936 – 38.

Bei einem Flugmeeting in Zürich flog der damalige Generalmajor Udet die Me 109 V-14. Aufgrund eines Triebwerkausfalls wurde eine Notlandung erforderlich, bei der das Flugzeug so schwer beschädigt wurde, dass es als Totalschaden abgeschrieben werden musste. (Foto Archiv Airbus Defence)

Blick auf das Instrumentenbrett der V-13 mit vielen zusätzlichen Instrumenten zur Triebwerksüberwachung des DB 601 A. (Foto Archiv Airbus Defence)

Die Me 109 V-13 war bereits mit einem der ersten zur Verfügung stehenden Daimler-Benz DB 601 A Motore ausgerüstet. Der DB 601 A hatte eine Startleistung von 1.100 PS. Damit erreichte die 109 für die damalige Zeit hervorragende Flugleistungen. Am 11. November 1937 konnte mit dieser Maschine ein Geschwindigkeitsweltrekord von 611 km/h aufgestellt werden. Der eingebaute DB 601 leistete bei erhöhter Drehzahl 1.660 PS.

Me 109 E

Anfang 1938 stand mit dem Daimler-Benz DB-601 A ein neues leistungsstarkes hochmodernes Flugzeugtriebwerk zur Verfügung. Die V-12-Zylinder des Triebwerks waren nach unten hängend angeordnet und ergaben so einen niedrigen Einbauquerschnitt. Der Motor verfügte über obenliegende Nockenwellen, Vier-Ventiltechnik, Benzindirekteinspritzung und einen über eine hydraulische Kupplung angetriebenen Lader. Über ein Untersetzungsgetriebe wurde eine große Dreiblatt-Verstell-Luftschraube mit einem Durchmesser von 3.100 mm angetrieben. Das Triebwerk hatte einen Hubraum von 33,7 Litern mit einer Startleistung von 1.100 PS und wog 610 kg gegenüber 445 kg beim Jumo 210. Der Treibstofftank wurde auf 400 Liter Fassungsvermögen vergrößert. Getankt wurde Flugzeugbenzin B-4 mit 87 Oktan. Der Ölkühler musste unter den Motor verlegt werden, weil unter jeder Tragfläche ein Wasserkühler eingebaut wurde. Beim Typ Me 109 E-1 verblieb die Bewaffnung bei insgesamt vier MG 17. Bei der Ausführung E-3 wurde die Bewaffnung ganz entscheidend verstärkt. In den Tragflächen war je eine Maschinenkanone MG/FF mit Kaliber 20 Millimeter verbaut.

Nietarbeiten an einer Rumpfhalbschale Me 109. (Foto Archiv Airbus Defence)

Diese Aufnahme zeigt die Rumpfmontage im Hintergrund und die Endmontage der Me 109 E im Regensburger Werk 1939. Zu diesem Zeitpunkt wird noch im Taktverfahren gearbeitet. (Foto Archiv Airbus Defence)

Blick in den Rumpf einer Me 109. Die Längsgurte verbinden die Rumpfhalbschalen. Durch diese Konstruktionsweise und das verwendete Dural ergab sich ein außerordentlich stabiler Rumpf bei geringem Gewicht. Für die Beplankung von Flugzeugen wurde das sehr korrosionsbeständige Duralplat verwendet. Duralplat hatte einen Duralkern. Bei einer Temperatur von 400°C wurde auf beiden Seiten eine kupferfreie Aluminium-Legierung aufgewalzt. Duralplat hatte die Fliegwerkstoff-Kennzahl 3116. (Foto Archiv Airbus Defence)

Blick in die Tragflächenmontage. Deutlich ist der konstruktive Aufbau mit Spanten und Rippen zu erkennen, die aus Dural hergestellt wurden. Durch Aushärten erreicht das Dural eine Zugfestigkeit von 46 – 52 kg/mm². Dies entspricht der Festigkeit von Stahl, aber bei nur einem Drittel des Gewichtes. Dural besteht zu 95% aus Aluminium, zu 4% aus Kupfer, der Rest aus Magnesium und Mangan. Holme, Rippen, Steuerwerk und Nieten wurden aus Dural hergestellt. Fliegwerkstoff-Kennzahl 3115 oder 3125. (Foto Archiv Airbus Defence)

Rumpfmontage der Me 109 E in Regensburg. Bemerkenswert an dieser Aufnahme ist der Rumpf in der Mitte, der über keine Lackierung verfügt. (Foto Archiv Airbus Defence)

Frontalansicht einer Me 109 E. Die Luftschraube, von VDM hergestellt, hat einen Durchmesser von 3100 mm. (Foto Archiv Airbus Defence)

Damit war die 109 zu einem der am besten bewaffneten Jagdflugzeug seiner Zeit aufgestiegen. Erneut musste der Flügel zur Aufnahme der schwereren Bewaffnung mit dem MG/FF umkonstruiert und verstärkt werden. Das mehr an Gewicht erforderte auch eine Verstärkung des Fahrwerks. Während die Räder des Hauptfahrwerks mit der Dimension 650x150 unverändert blieben, wurde der Sporn vergrößert. Das bisherige Spornrad 260x85 wurde gegen ein größeres Spornrad 290x110 ausgetauscht. Damit einhergehend, stieg aber das Startgewicht von 2170 kg bei der D auf 2.610 kg bei der E an. Damit erhöhte sich zwangsläufig auch die Flächenbelastung bei der E. Durch den äußerst agilen DB 601 A stieg die Höchstgeschwindigkeit von ca. 460 km/h bei der D auf 570 km/h in 6.000 Metern Höhe bei der E an. Für die E-Version musste auch eine völlig neue Motorhaube mit einer Laderansaugöffnung auf der linken Motorhaubenseite konstruiert werden. Aufgrund der überlegenen Flugleistungen beim Fliegermeeting in Zürich bestellten zahlreiche Nationen die 109 für ihre Luftstreitkräfte. So erhielten die Schweiz 90 und Jugoslawien 73 Me 109 E-3. Diese Maschinen wurden überwiegend von der Messerschmitt GmbH Regensburg geliefert. Aus der Jahresproduktion dieses Werks von 1939 gingen von 144 Me 109 E-3 nur 25 an die Luftwaffe, alle anderen als E-3a in den Export. Aus dem Bestand der „Legion Condor" gingen 40 E-1 und E-3 an die spanische Luftwaffe. Weitere Me 109 E wurden später an Bulgarien und Ungarn ausgeliefert. Neben Regensburg produzierten auch die Wiener Neustädter Flugzeugwerke die 109 E in Großserie.

Endmontage der Me 109 E in Regensburg. Auf der im Vordergrund befindlichen Werkbank werden Federbeine des Hauptfahrwerks für den Einbau vorbereitet. Dahinter wird an einer Motorhaube und Verkleidungsblechen gearbeitet. (Foto Archiv Airbus Defence)

Blick in die Endmontagehalle der Messerschmitt GmbH Regensburg. Auf zwei Taktstraßen läuft der Zusammenbau der Me 109 E-3. Im Vordergrund unten links ist der Rumpfbau und im Hintergrund die Tragflächenmontage erkennbar. Typisch für die Produktion in Regensburg ist die Kennung BY auf den Rümpfen. (Foto Archiv Airbus Defence)

Aufnahme der Endmontage von hinten. Zahlreiche Rümpfe stehen für den weiteren Zusammenbau bereit.

Endmontage der Me 109 E-3. Die Tragflächenbewaffnung ist noch nicht eingebaut.

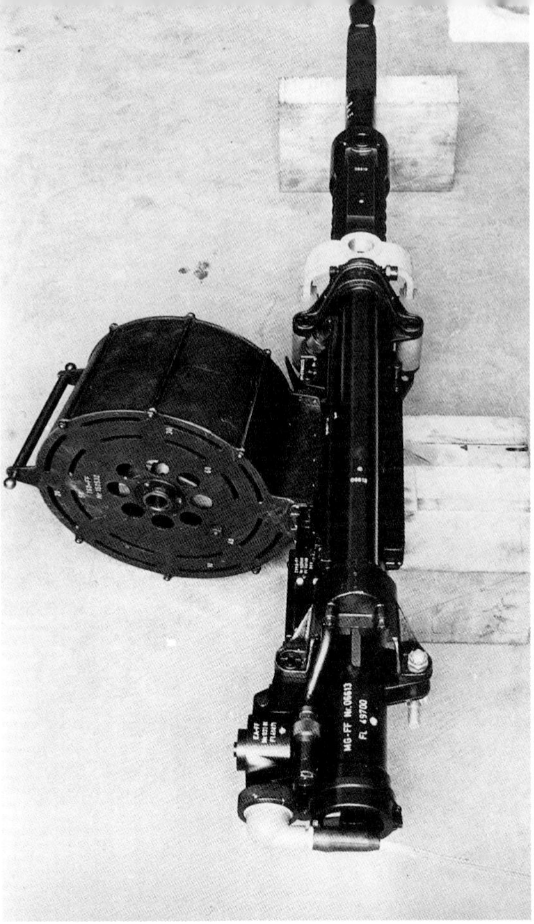

Das MG-FF Kaliber 20 mm mit angekoppelter Munitionstrommel. Es konnten 60 Schuss mitgeführt werden. Die Ansteuerung erfolgte elektropneumatisch. Gewicht der Waffe mit gefüllter Munitionstrommel 48,3 kg. Feuerrate: 530 Schuss/min.

Einbau des MG-FF in die Tragfläche.

Letzte Arbeiten am Triebwerk. Über dem Motor ist der Ausschusskanal für das MG 17 zu sehen. Am Fahrwerk wird gerade ein Test durchgeführt.

Blick in die Kabine und auf das Instrumentenbrett einer Me 109 E. Unten rechts ist der Höhenatmer für die Sauerstoffversorgung des Flugzeugführers eingebaut. (Foto Archiv Airbus Defence)

Im Januar 1939 wird in Regensburg die erste Me 109 E-3 aus der Endmontagehalle gerollt.

Me 109 E-3 vor der Endmontagehalle in Regensburg. Die Tragflächenbewaffnung ist bei der vorderen Maschine noch nicht eingebaut.

Me 109 E-3 für die jugoslawische Luftwaffe in der Einflughalle. Wurden die ersten Me 109 nach Jugoslawien noch überflogen, so wurden diese Maschinen per Bahn nach Belgrad transportiert und dort von Messerschmitt-Einfliegern übernommen. Einer der in Belgrad eingesetzten Einflieger war der Regensburger Erwin Aichelmann. Dies ist durch sein Flugbuch dokumentiert. (Foto Archiv Airbus Defence)

Nach Ausbruch des Krieges am 1. September 1939 waren fast alle deutschen Jagdverbände mit der 109 E-1 und E-3 ausgerüstet und die folgenden Monate sollten die Überlegenheit der Messerschmitt Jäger am Himmel über Europa aufzeigen. Ob in Polen, Norwegen, den Niederlanden, Belgien oder Frankreich auf allen Kriegsschauplätzen setzte sich die 109 dank ihrer hohen Flugleistungen gegenüber den gegnerischen Jagdflugzeugen durch. Hinzu kam noch die überlegene Taktik der deutschen Jagdflieger in Form des Vierfingerschwarms, welcher in der „Legion Condor" eingehend erprobt worden war. Da sich die französischen Jagdflieger Anfang 1940 in der Umrüstungsphase auf moderne Jagdflugzeugmuster befanden, waren sie den deutschen Jagdverbänden hoffnungslos unterlegen. Selbst als die Engländer eine begrenzte Anzahl ihres modernsten Jägers, der Spitfire, zur Unterstützung aufboten, konnten diese an der Gesamtsituation in Frankreich nichts mehr ändern, zu erdrückend war die Überlegenheit der Luftwaffe.

Als dann im August 1940 die Luftschlacht um England als Vorbereitung für eine Invasion

Eine Me 109 E-3 mit der gewölbten Kabinenhaube.

In der Einflughalle stehen zahlreiche Me 109. Die Maschine im Vordergrund hat die Werknummer 2371. Die Werknummer ist am hinteren Rumpfende nochmals in kleinerer Ausführung aufgebracht worden.

Mit einem Sitzfallschirm ausgerüstet, besteigt Flugkapitän Wendelin Trenkle im Januar 1939 eine 109 E-3.

Betriebsführer Croneiß verabschiedet die Überführungspiloten zum Flug nach Belgrad. Der Überführungsflug war mit einer Zwischenlandung in Wiener Neustadt geplant.

Me 109 E-3a mit Zivilkennzeichen stehen für den Überführungsflug nach Jugoslawien bereit.

unter dem Decknamen „Seelöwe" begann, zeigte sich zum ersten Mal ein Schwachpunkt der 109 auf. Dieser Schwachpunkt war die zu geringe Reichweite. Die 109 hatte einen 400 Liter fassenden Rumpftank und nach ca. einer Stunde war dieser leergeflogen. Bei den folgenden Tagesangriffen durch die Deutsche Luftwaffe auf London verblieb den Me 109 ungefähr 10 Minuten Zeit für einen Luftkampf über der Stadt, um die Bomberverbände vor den Angriffen englischer Jagdflugzeuge zu schützen. Auf den Rückflügen kam es des Öfteren vor, dass die Me 109 im Kanal oder an der französischen Küste eine Notlandung wegen Treibstoffmangel machen mussten. Als Göring am Cap Gris Nez die deutschen Verbände bei ihren Anflügen auf England beobachtete, musste Oberleutnant Bär eine Notwasserung, eben wegen Spritmangel, kurz vor Erreichung des Strandes durchführen. Der deutsche Seenotrettungsdienst war schnell zur Stelle und fischte Bär aus der See. Göring, der die Notwasserung beobachtet hatte, wollte den Flugzeugführer unbedingt sprechen und so wurde Bär in seiner durchnässten Fliegerkombi zu Göring gefahren. Dort angekommen, trat Bär vor Göring hin und machte Meldung: *„Herr Reichsmarschall, Leutnant Bär meldet sich vom Feindflug aus England zurück. Musste wegen Spritmangel eine Notwasserung im Kanal durchführen!"* Göring nickte ganz jovial und fragte Bär: *"Na was haben Sie sich so gedacht, als Sie da im Kanal geschwommen sind?"* Daraufhin antwortete Bär im breitesten sächsisch: *Herr Reichsmarschall, bei jäder Schwimmbewächung musste ich an ihre Worde dängen, England is geene Insel mehr!"* Angesichts dieser Worte klappte Göring das Unterkiefer herab und er entließ Bär, damit dieser sich trockene Bekleidung holen konnte. Bärs Aussage betraf eine Rede von Göring, in der dieser äußerte, dass mit dem Beginn der Luftangriffe England keine Insel mehr sei.

Die Verluste an Me 109 in der Schlacht um England lagen zeitweilig höher als die Produktion von neuen Flugzeugen. Dies führte zu einer ständig sinkenden Verfügbarkeit der Flugzeuge bei den Jagdverbänden. Durch die große Anzahl an Einsätzen war die Technik einem sehr starken Verschleiß unterworfen, was die Einsatzbereitschaft ständig reduzierte. Die Luftwaffe befand sich in einem Abnutzungsprozess mit der Royal Air Force. Während die Engländer alles unternahmen, die Produktion von Jagdflugzeugen immens zu steigern, wurde sie auf deutscher Seite reduziert und das zu einem Zeitpunkt, in der die Luftschlacht vor ihrer entscheidenden Phase stand.

Me 109 E-7, ausgerüstet mit dem 300 Liter Abwurftank, stehen für die Abholung durch die Luftwaffe bereit.

Damit das Reichweitenproblem gelöst werden konnte, konstruierte Messerschmitt für die 109 E-4 einen 300 Liter fassenden Abwurftank, der an einem Gerüst unter dem Rumpf mitgeführt werden konnte. Die 109 E-4 war an ihrer eckigen Bauform der Kabinenhaube erkennbar. Ferner wurden verbesserte MG/FF-M eingebaut. Damit konnten Minengeschosse abgefeuert werden, die einen größeren Zerstörungsgrad an einer Leichtmetallkonstruktion verursachten und ein Flugzeug war eben eine solche. Das MG/FF war 1940 die einzige Waffe der Deutschen Luftwaffe, die Sprenggranaten verschießen konnte.
Aufgrund der hohen Bomberverluste flog die Luftwaffe keine Tagesangriffe mehr auf England und wich vollständig auf Nachtangriffe aus. Damit am Tage in England auch Fliegeralarm ausgelöst werden musste, erhielt jede Gruppe eines Jagdgeschwaders den Befehl eine Staffel als Jagdbomber auszurüsten.
Die derart ausgerüsteten 109er trugen die Bezeichnung Me 109 E-4/B. Aber auch ganz normale E-4 wurden als Jagdbomber umgerüstet. In speziellen Halterungen konnten eine 250 kg oder 4x50 kg Sprengbomben mitgeführt werden. Noch war die Me 109 der Spitfire in einigen Bereichen absolut überlegen, da sie etwa 25–30 km/h schneller war und der DB 601 über eine Kraftstoff-Einspritzanlage verfügte, wogegen der Rolls-Royce Motor der Spitfire noch über einen Vergaser verfügte. Für einen Sturzflug drückte der 109-Pilot den Steuerknüppel einfach nach vorne, ohne dass das Triebwerk aussetzte. Dieses Manöver konnte ein Spitfirepilot in dieser Form nicht durchführen, da sonst das Triebwerk kurzzeitig aussetzte. Er musste die Spitfire in einer halben Rolle auf den Rücken legen und dann den Abschwung einleiten. So kam es zu keiner negativen Beschleunigung und der Motor setzte nicht aus, aber das dauerte und damit hatte eine zu verfolgende 109 schon einen Vorsprung herausgeflogen. Auf einen Kurvenkampf mit der Spitfire durfte sich eine 109 nicht einlassen. Da lagen die Vorteile eindeutig auf Seiten der Spitfire. Die RAF hatte noch einen anderen Vorteil, nämlich den besseren Treibstoff mit 100 Oktan und mehr. Dadurch ließ sich die Leistung der Rolls-Royce Motoren um 20 Prozent steigern. Dies bekamen die deutschen Jagdflieger sehr bald zu spüren.

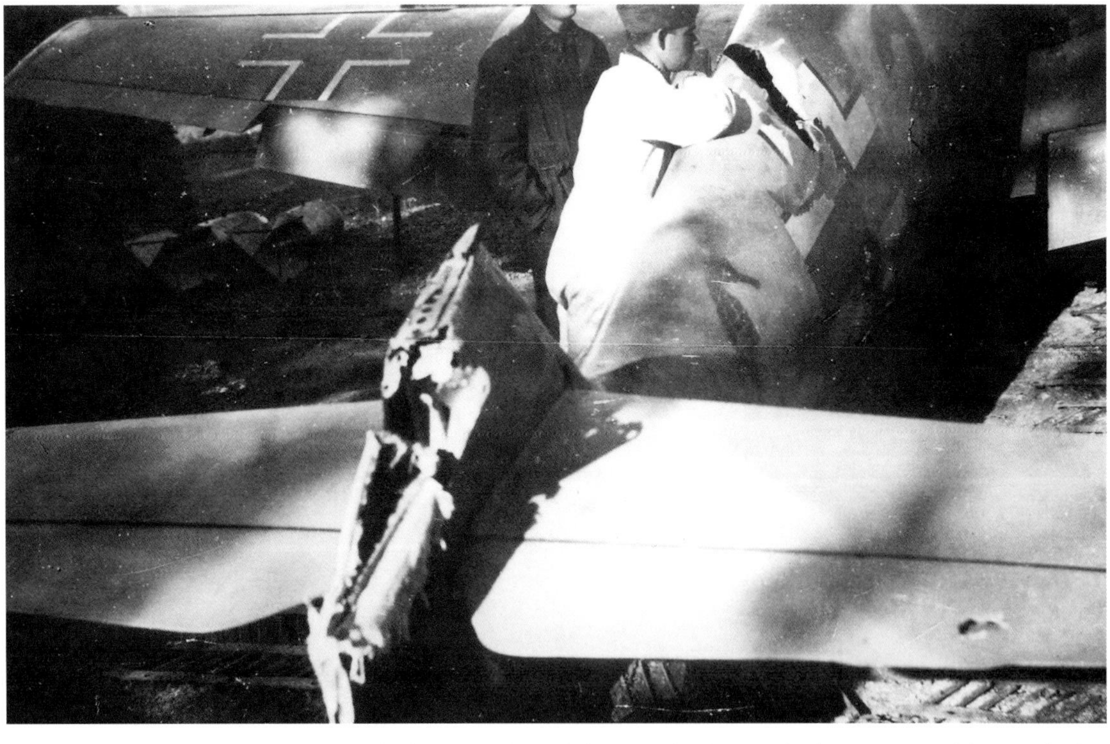

Dass eine Me 109 auch mit starker Beschädigung noch flugfähig ist, zeigt diese Aufnahme. Beim Positionswechsel im Verband wurde dieser Me 109 von der 9./JG 3 von einer mitfliegenden anderen 109 mit der Luftschraube fast das gesamte Seitenleitwerk abgesäbelt. Auch der Rumpf erhielt noch einen Propellerschlag ab und trotzdem gelang noch eine glatte Landung.

Zwei Mechaniker bringen den Anlasser in Schwung. An dieser E-3 ist die Flächenbewaffnung nicht eingebaut. Vermutlich eine Me 109, welche für den Export vorgesehen ist.

Mölders forderte einen stärkeren Motor für die Me 109. Daimler-Benz lieferte daraufhin den DB 601 in einer leistungsgesteigerten Form aus, der allerdings C-3 Treibstoff mit 95 Oktan benötigte. Dieses Triebwerk lieferte 1.175 PS Startleistung. Der Me 109 E-4 folgten die Baureihen E-5 – E-8. Bei der E-5 handelte es sich um eine Aufklärerversion der Me 109, bei der im Rumpf ein Reihenbildgerät eingebaut worden war. Ansonsten glich diese technisch der 109 E-1. Bei der Version E-6 handelte es sich ebenfalls um einen Aufklärer, hier war aber der DB 601 N eingebaut, der über 1.200 PS Startleistung verfügte. Dieser Motor benötigte jedoch einen Hochleistungskraftstoff mit 100 Oktan, der aber nur in begrenzter Menge vorhanden war und bei der Versorgung der fliegenden Verbände fast immer einen Engpass bedeutete. Beide Flugzeugtypen wurden als Nahaufklärer bei den verschiedenen Luftwaffen-Verbänden eingesetzt.
Die E-7 hatte als Triebwerk den DB 601 N eingebaut und war von vornherein zur Mitnahme eines 300 Liter fassenden Abwurftanks ausgestattet. Die Einführung des DB 601-N Motors war zuerst für die Me 110 und die Me 109 F-Serie vorgesehen. Erst im November 1940 wurde entschieden, den N-Motor in die Serienproduktion der Me 109 E einfließen zu lassen. Am 1.1.1941 waren 16 E-1, 1 E-3, 59 E-4, 1 E-6, 34 E-7 und 2 E-8 mit N-Motor bei der Luftwaffe verfügbar. Die Propellerhaube war in der Regel in verschlossener Ausführung eingebaut. Bei der Me 109 E-7/Z kam erstmals die Zusatzeinspritzung von GM-1 in einer größeren Serie zum Einbau. Bei der GM-1 Einspritzung handelte es sich um ein druckverflüssigtes Stickoxydul, welches in zwei doppelwandigen Hochdruck-Stahlflaschen im Rumpf mitgeführt wurde. Von den Flaschen führte eine Leitung über ein elektromagnetisches Ventil zum Luftansaugstutzen des Motors. Hier wurde über eine spezielle Düse das GM 1 vernebelt und mit einer Menge von 100 Gramm pro Sekunde eingespritzt, was zur Leistungssteigerung des Motors um rund 200 PS führte. Eine weitere Version der 109 E war die E-8. Die E-8 war als Jagdbomber konzipiert und entsprach der E-7. Auch bei der E-8 war der DB 601 N eingebaut, sie verfügte aber über die Tragfläche der E-1 mit den MG 17 als Bewaffnung.

Eine Me 109 E-4 wird vom Bodenpersonal auf einen Abstellplatz geschoben.

Zahlreiche beschädigte Me 109 E wurden in den Reparaturwerken auf den neuesten Stand aufgerüstet, sodass sich hier immer wieder Änderungen im Aussehen der Flugzeuge ergaben.

Mittlerweile wurden die Me's auch in verschiedenen Klimazonen eingesetzt. Am Nordkap unter seinen arktischen Bedingungen musste die Technik genauso funktionieren wie unter den klimatischen Verhältnissen in Afrika mit seinem staubigen Wüstenklima und den extrem hohen Temperaturen. Der erste Jagdverband, der auf dem afrikanischen Kontinent stationiert wurde, war die I./JG 27. Diese Einheit war mit Me 109 E-7/trop ausgerüstet. Die Abkürzung trop stand für Tropen. Alle E/trop waren Nachrüstungen vorhandener E. Diese Version der 109 war äußerlich an dem auf der linken Seite angebauten Sandfilter vor der Ansaugöffnung für den Lader und dem Wüstentarnanstrich erkennbar. Die Propellerhaube war vorne generell verschlossen. Ferner waren zusätzliche Staubschutzmanschetten für die Lager der Landeklappen, die hydraulischen Fahrwerkszylinder, die Höhenflossenspindel und für die Lagerung des Spornrades eingebaut. Im Rumpf befand sich ein Notfallpaket und ein Karabiner 98 k. Was ein Flugzeugführer im Falle einer Notlandung in der Wüste mit dem Karabiner allerdings anfangen sollte, war selbst denen nicht ganz klar. Vom Autor befragte Flugzeugführer zuckten nur die Schultern. Arno Fischer vom JG 53 meinte mit einem Augenzwinkern: *„Offenbar stellten sich die im RLM das so vor, dass wir dann Gazellen jagen sollten. Ein zusätzlicher Behälter mit Trinkwasser wäre da wohl die wesentlich sinnvollere Ausrüstung gewesen.“* Aber anscheinend haben sich beim RLM solche Irrtümer sehr lange gehalten, denn bis Mitte 1943 wurden nachweislich die Halterungen aus Holz für den Karabiner in den Rumpf der 109 G/trop eingebaut.
Die meisten der eingesetzten Me 109 E-7/trop wurden in Reparaturbetrieben oder Frontschleusen für den Wüsteneinsatz umgerüstet. Im März 1941 lief die Produktion der Me 109 E aus.

Produktion der Me 109 E

AGO
80 E-1 von 1939/40

Arado
442 E-1
49 E-1/B
39 E-4/B
29 E-5
9 E-6
89 E-7
38 E-8
695 Me 109 E von 1939 – 41

Erla
812 E-3
99 E-4
96 E-4/B
106 E-7
1.113 Me 109 E von 1939 – 41

Fieseler
447 E-1
61 E-1/B
82 E-7
22 E-8
612 Me 109 E von 1939 – 41

Focke-Wulf
90 E-1 in 1939/40

Bayerische Flugzeugwerke Augsburg (Messerschmitt AG Augsburg)
10 E-0
14 E-1
35 E-3

59 Me 109 E in 1937/38

Bayerische Flugzeugwerke Regensburg GmbH (Messerschmitt GmbH Regensburg)
75 E-3
75 E-3a
32 E-4
35 E-4/B
15 E-4/B N
63 E-7

295 Me 109 E von 1939 – 41

WNF

249 E-3
119 E-4
41 E-4/B

409 Me 109 E von 1939 – 41

Von 1938 – 1941 wurden insgesamt 3.353 Me 109 E hergestellt.

Adolf Galland

Zwei Me 109 E-4 des Jagdgeschwaders 26 im Formationsflug über Frankreich. Die vordere Me 109 trägt das persönliche Emblem (Micky Mouse) von Adolf Galland, dem späteren General der Jagdflieger. Die Motorhaube und das Seitenruder haben einen gelben Farbanstrich.

Me 109 T

Aus der Me 109 E entstand noch eine besondere Version für den Flugzeugträgereinsatz. Die Deutsche Kriegsmarine war dabei, ihren Flugzeugträger „Graf Zeppelin“ fertigzustellen. Für diesen Flugzeugträger war ein Jagdflugzeug erforderlich. Bei Fieseler in Kassel wurden insgesamt 70 Me 109 E in die T-Version T1 und T2 umgebaut. Die Flugzeuge erhielten Katapulthaken für den Start und einen Landehaken für die Landungen an Deck. Damit die Tragflächenbelastung und damit die Landegeschwindigkeit reduziert werden konnten, erhielten die Tragflächen an den Enden eine Spannweitenvergrößerung um 590 mm. Dementsprechend vergrößerten sich auch die Querruder. Da der Flugzeugträger aufgrund der sich immer mehr verschlechternden Kriegslage nie fertiggestellt werden konnte, wurden die Me 109 T auf verschiedene Luftwaffengeschwader und später auch auf Jagdfliegerschulen verteilt. Der Flugzeugträger wurde 1945 in Stettin von der Roten Armee erbeutet, anschließend mit Beutegut beladen und nach Leningrad geschleppt, später in der Ostsee versenkt.

Eine Me 109 T mit Fanghaken unter dem Rumpf.

Me 109 F

Mit der 109 F gelang Professor Messerschmitt ein aerodynamisches Meisterstück, sie wurde auch als die gelungenste 109 bezeichnet. War die 109 E noch relativ kantig gebaut, so überzeugte die F mit ihren abgerundeten Konturen. Die wichtigsten Änderungen gegenüber der E waren:
Bei der F wurde der Luftschraubendurchmesser von 3.100 auf 3.000 mm verkleinert, aber es wurden breitere Blätter verwendet. Die vergrößerte markante Propellerhaube ging formschlüssig in den Motorvorbau über. Die Motorhaube war zweiteilig aufgebaut und oben über einem Scharnierband beweglich gelagert, sodass die Wartungsarbeiten am Triebwerk ohne größeren Aufwand durchgeführt werden konnten. Bei der 109 E bestand die obere Motorhaube noch aus einem Stück und es waren immer mehrere Flugzeugwarte notwendig, die Haube abzuheben. Auf der linken Motorhaube befand sich bei der F ein neu gestalteter Lufteinlauf für den Lader, der einen wesentlich besseren Wirkungsgrad hatte. Die untere Motorhaube konnte nach unten rechts geöffnet werden. Der Ölkühler war in die Motorhaube eingebaut. Durch diese Anordnung konnten auch Wartungsarbeiten an der Unterseite des Triebwerks durchgeführt werden. Die Tragfläche wurde völlig neu konstruiert. Die Randkappen waren jetzt abgerundet. Neuartige Kühler unter den Tragflächen verfügten über zwei Spreizklappen am hinteren Ende der Tragfläche. Die Kühlerklappen wurden über Thermostate gesteuert. Hier gab es am Anfang nicht unerhebliche Probleme mit der Steuerung der Klappen. Bei Betätigung der Landeklappen wurden die unteren Kühlerklappen mit ausgefahren. Die Bewaffnung wurde abgeändert, was innerhalb der Luftwaffe zu heftigen Diskussionen führte. Verfügte die E über zwei MG/FF-M in den Tragflächen, so hatte die F nur eine Kanone, die ungesteuert durch die hohle Propellerwelle schoss. Anfänglich war in der F ein MG/FF-M als Motorkanone eingebaut worden. Diese

Der spätere Flugkapitän Erwin Aichelmann besteigt am 17. April 1940 die Me 109 F mit der Werknummer 5605 zum Einflug. Im Flugbuch ist diese Maschine als Musterflugzeug für die F-Serie eingetragen. Ein weiterer Flug erfolgte dann am 18. April 1940.

Die Me 109 F Werknummer 5605 auf dem Industrieflugplatz in Regensburg beim Start mit Erwin Aichelmann am Steuer. Der Rumpf dieser 109 F stammt jedoch ganz eindeutig aus der E-Produktion, was schon an der Kennung BY ersichtlich ist.

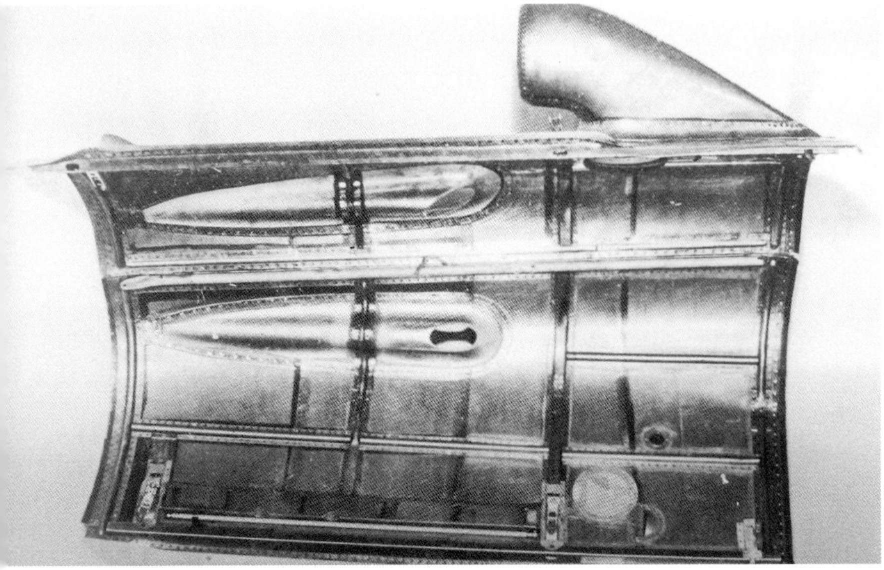

War die obere Motorhaube bei der Me 109 E noch aus einem Stück, so war sie ab der F zweiteilig und in der Mitte durch ein Scharnierband klappbar verbunden. In der Aufnahme ist auch die neu geformte Ansaughutze für den Lader zu sehen.

wurde dann bei der Version F-2 durch ein MG 151/15 ersetzt. Der Munitionsbehälter befand sich in der linken Tragfläche und über eine in der linken Rumpfseite eingebaute Rolle wurde der Munitionsgurt in die Waffe eingeführt. Hier kam es immer wieder zu Problemen, weil sich der Gurt verklemmte. Wenige Monate später stand das MG 151/20 zur Verfügung und alle bereits ausgelieferten F wurden auf das Kaliber 20 Millimeter umgerüstet und damit auch die Schwierigkeiten mit der Munitionszuführung beseitigt.

Nachdem die ersten Flugzeuge vom JG 51 noch Ende 1940 eingesetzt wurden, traten weitere Probleme auf. Die Tragflächenbeplankung verformte sich bei hoher Sturzfluggeschwindigkeit, die Verbindung von Rumpf zum Leitwerk war zu schwach ausgelegt. Das Höhenleitwerk war nun

Der neu konstruierte Ringbehälter für die Aufnahme des Motoröls. Dieser Behälter war vor dem Triebwerk eingebaut und umschloss das Untersetzungsgetriebe.

Im Bild ist die linke Seite der Motorhaube geöffnet. Dadurch war der Zugang zum Triebwerk für Wartungs- und Reparaturarbeiten deutlich erleichtert.

Betriebsführer Theo Croneiß und technischer Direktor Karl Linder führen eine bulgarische Delegation durch die Endmontagehalle in Regensburg.

An der Me 109 F „Mustermaschine“ werden Wartungsarbeiten durchgeführt. Im Hintergrund eine Me 109 E, welche nur teilweise einen Farbanstrich aufweist. Hinter dem Balkenkreuz am Rumpf ist der Schriftzug „RLM“ erkennbar. Dabei handelte es sich ursprünglich um eine E-3a Exportmaschine, die jedoch wegen des Kriegsausbruchs auf Anweisung des RLM wieder auf Luftwaffenstandard umgerüstet wurde.

freitragend und nicht mehr zum Rumpf hin mit Streben verbunden. Das Spornrad war einziehbar. Die Me 109 F war nur auf eines ausgerichtet: Erreichung einer möglichst hohen Geschwindigkeit im Luftkampf. Mit dem DB 601 E konnte später die Me 109 F-4 in einer Volldruckhöhe von 4.800 Metern mit 670 km/h eine beachtliche Höchstgeschwindigkeit erreichen. Eine Spitfire V konnte da nicht mithalten.
Die erste 109 F mit der Werknummer 5605 wurde in Regensburg am 17. April 1940 von Flugkapitän Erwin Aichelmann eingeflogen. Ausweislich des Flugbuchs von Erwin Aichelmann war dies die Mustermaschine für die F-Serie. Ein weiterer Flug der Werknummer 5605 ist am 18. April 1940 verzeichnet. In Regensburg begann bereits im Juli 1940 die Serienfertigung der ersten Me 109 F. Bei einem Besuch von Rudolf Hess am 16. August 1940 im Messerschmitt-Werk in Regensburg sind mehrere F in der Endmontage zu sehen. Diese 109er wurden intern als F-0 bezeichnet, erhielten aber ganz offenbar bei der Luftwaffe die Bezeichnung F-1. In Regensburg wurden im Jahre 1940 11 F-0 und 21 F-1 gefertigt. Insgesamt hätten laut Lieferplan 98 Me 109 F an das RLM abgeliefert werden sollen. Aufgrund technischer Probleme an Zelle, Kühleranlage, Bewaffnung, Änderungen an der Tragfläche, Änderungen am Leitwerk und am Rumpfspant 9 sowie am Motor (Abfall des Öldruckes in großer Höhe) konnte die Planung des RLM nicht eingehalten werden. Die Konstrukteure in Augsburg und in Regensburg arbeiteten fast rund um die Uhr, um die entsprechend abgeänderten Unterlagen und Blaupausen für die Produktion zu erstellen. Die technische Überarbeitung verursachte Kosten in Höhe von 2.321.968 RM. Bei den Lizenzwerken kam die Produktion der Me 109 F mit Sicherheit erst im Januar 1941 so richtig in Gang, nachdem alle Änderungen auch konstruktiv eingearbeitet waren.

Bericht von Messerschmitt-Ingenieur Edmund Wrede zu Problemen bei der Produktion der Me 109 F: *„In Regensburg wurden die F-0 gebaut. Direktor Linder setzte alles daran, dass wir eher flogen als die V-Muster in Augsburg. Als die 109 F-0, Werknummer 5605 (im Flugbuch mit Musterflugzeug vermerkt), am 17. April 1940 mit Einflieger Erwin Aichelmann am Steuer in Regensburg zum ersten Flug mit einer F startete, verlief erst mal alles normal. Nach der Landung mussten wir aber feststellen, dass sich die obere Kühlerklappe verzogen hatte. Dazu muss ich bemerken, dass die Anordnung der Lande- und Kühlerklappen gegenüber der E abgeändert worden war. Die Kühlerklappen bei der F waren große Spreizklappen, die über Thermostate gesteuert wurden. Zusätzlich dienten die unteren*

Me 109 F-1 SG+GV Werknummer 5627. Diese 109 wurde am 17. September 1940 von Flugkapitän Heinrich Beauvais in Rechlin getestet.

Eine Me 109 F mit Ansicht von vorne an einer Waldrandstellung.

Eine Aufnahme aus der Fabrikation von Wiener Neustadt. Während vorne bereits zwei brandneue Me 109 F zu erkennen sind, stehen dahinter noch Me 109 E zur Auslieferung bereit.

Einige Monate später werden in Wiener Neustadt nur noch F ausgeliefert. Mindestens 19 Me 109 F-4 stehen hier nebeneinander aufgereiht zur Ablieferung an die Luftwaffe bereit. Ganz am Schluss ist eine Ju 88 zu erkennen. Die Wiener Neustädter Flugzeugwerke waren das größte Flugzeugwerk im Großdeutschen Reich.

großen Kühlerklappen als Landeklappen. Wir hatten aber ein Problem mit der oberen Klappe. Diese wurden ausgebaut und untersucht, mit der Entscheidung, die Klappen zu verstärken. Eine entsprechende Änderungsmeldung ging an das Konstruktionsbüro nach Augsburg. Die Statiker rechneten und wir änderten. Nach dem nächsten Flug war das Ding wieder verzogen, also nochmals verstärkt. Jetzt hielten die Klappen, aber dafür bog es die Welle, an der die Kühlerklappen befestigt waren. Nun wurde es knifflig, denn Herr Göttel, einer der Assistenten von Professor Messerschmitt, kam nach Regensburg und sagte zu uns, dass sie mit den Berechnungen am Ende sind, mehr ging nicht. Er gab uns den Rat, uns mit Probieren und Versuchen an das Problem heranzutasten. Nun verstärkten wir die Welle und da bereiteten die Lager ein Problem. Die Wellen wurden übrigens später im Zuchthaus in Straubing gefertigt. Als wir das im Griff hatte, waren es die Kinematik-Hebel, die vom Thermostat aus über die Welle die Klappe steuerte, die sich verbogen und verzogen. Nach ca. drei Wochen an Umbauten und Verstärkungen hatten wir das Problem im Griff. So war das damals, man musste sich förmlich an die Lösung heranarbeiten.
Auch mit dem Leitwerk, welches ja im Gegensatz zur E-Serie freitragend war und ohne die Stützstreben auskam, hatten wir anfangs nicht unerhebliche Probleme, die jedoch erst an der Front auftraten. Von unseren Einfliegern wurden die Flugzeuge fast wie rohe Eier behandelt und dies war kein Vergleich mit dem knallharten Fronteinsatz. Da ging es bei jedem Luftkampf ums nackte Überleben und die Feldflugplätze mit ihren holperigen Startbahnen forderten ebenfalls ihren Tribut. Nach und nach stellten sich die Schwachstellen heraus und bis zum Jahresende 1940 waren wir nur am Ändern und Verstärken. Eine dieser Schwachstellen war die Verbindung Leitwerk-Rumpf. Hier wurde erst provisorisch mit Laschen verstärkt, die außen angenietet worden sind, in der späteren Serienfertigung war dann aber nichts mehr davon zu sehen. Da haben wir mit entsprechenden konstruktiven Verstärkungen das Problem behoben. An den Tragflächen kamen stärkere Beplankungsbleche zum Einbau. Mitte 1941 waren die größten Kinderkrankheiten beseitigt und die F wurde eine sehr erfolgreiche Einsatzmaschine.“

Die Me 109 F wurde von vielen Flugzeugführern als eine der besten Versionen der 109 genannt. So berichtete der spätere Oberleutnant Riedmeir: *„1941/42 war ich als Oberfeldwebel bei der II./JG 52 in der 4. Staffel von Oberleutnant Steinhoff an der Ostfront im Einsatz und erzielte auch mehrere Luftsiege. Mit der 109 F beherrschten wir in dieser Zeit den Himmel über Russland. Das Flugverhalten der F war optimal, man konnte eine Rolle nur mit dem Querruder fliegen, ohne mit dem Seitenruder nachsteuern zu müssen! Die Bewaffnung war für ein Jagdflugzeug hervorragend geeignet. Mit den zwei MGs über dem Motor und der 20 mm Motorkanone war die Bewaffnung genau in der Längsachse des Flugzeugs montiert. War man ein guter Schütze, so trafen diese drei Waffen fast konzentrisch das feindliche Flugzeug. Die Brand- und Sprenggeschosse aus der Kanone richteten in der Regel einen entsprechend großen Schaden an, der in den meisten Fällen den Absturz des feindlichen Flugzeugs bedeutete. Vor allem die Minengeschosse wirkten hier verheerend. Den russischen Piloten waren wir in dieser Zeit sowohl technisch als auch taktisch klar überlegen. Sie zahlten einen hohen Blutzoll, lernten aber schnell dazu. Im Mai 1942 waren wir auf dem Flugplatz Zürichthal auf der Krim stationiert. Bei einem Einsatz gegen einfliegende Bomber erhielten wir Abwehrfeuer. Ein Geschoss explodierte an der linken Seite meiner Kabinenhaube. Geschoss- und Plexiglassplitter drangen seitlich hinter mein linkes Auge. Schwerverwundet gelang mir noch eine Notlandung in Zürichthal. Unser Arzt, ein wackerer Schwabe, stand als erster auf der Tragfläche und untersuchte meine Verwundung mit dem Kommentar: ‚Bua, desch Aug is hie!‘, Dem war auch so, da half auch keine ärztliche Kunst mehr, ich war auf dem linken Auge erblindet. Nach meiner Genesung wollte ich aber wieder unbedingt fliegen. Mit nur einem Auge in den Fronteinsatz, dazu bekam ich keine Zustimmung. In Jüterbog wurde dann entschieden, mich in der Industrie einzusetzen. So kam ich nach Regensburg zur Messerschmitt GmbH*

und wurde Einflieger auf der Me 109. Es war mir später auch noch vergönnt, die Me 262 zu fliegen.“
Dass die Überlegenheit der deutschen Jagdflieger derart groß ausfiel, lag auch am leistungsstarken Triebwerk. Daimler-Benz hatte den DB 601 weiterentwickelt und mit dem DB 601 E stand ein Triebwerk zur Verfügung, welches über eine Startleistung von 1350 PS verfügte. Als Treibstoff war allerdings Flugbenzin C-3 mit 95 Oktan notwendig.

Die Me 109 F-4 wurden mit dem DB 601 E ausgerüstet und damit erfuhr die 109 als Jagdflugzeug nochmals eine Leistungssteigerung. Bei der Baureihe Me 109 F-4/R1 wurde bei WNF unter jeder Tragfläche ein MG 151/20 montiert. Eine Verstärkung der Fläche zur Aufnahme der Waffe und Munition war erforderlich. Die Tragflächen unterschieden sich auch äußerlich. Bei der Ausführung F-1 und F-2 war die Aufnahme für das Hauptfahrwerksrad in eckiger Ausführung, so wie es später bei der Me 109 G in der Großserie produziert wurde. Die F-4 hatte dagegen einen kreisrunden Ausschnitt für die Aufnahme des Rades. Es sind in den Feldwerften bei Reparaturen aber auch die Tragflächen getauscht worden. Es gab auch Fälle, da war auf der einen Seite eine Tragfläche mit einem runden Ausschnitt und auf der anderen eine mit eckigem Ausschnitt verbaut worden. Der aerodynamische Einfluss auf das Flugverhalten war dabei offensichtlich nicht besonders unterschiedlich.
In der F-4/Z war eine GM-1 Anlage eingebaut. Die Stahlflaschen befanden sich in den Tragflächen unmittelbar neben dem Radkasten. Die GM-1 Anlage brachte den DB 601 nur dann eine höhere Leistung, wenn sie in über 8.000 Metern Höhe zugeschaltet wurde. Unter dieser Höhe war keine Leistungssteigerung erkennbar. Die F-4/Z hatte in der Regel auch einen größeren Ölkühler eingebaut. Dieser größere Ölkühler war zum Teil auch in der Me 109 F-4/trop vorhanden. Markant war auch der sich von der E-7/trop unterscheidende Sandabscheider am Lufteinlauf für den Lader. Jede 109 F war für die Mitnahme eines 300 Liter Abwurftanks ausgerüstet und konnte auch als Jagdbomber eingesetzt werden. Die Me 109 F-4 wurde auch als Aufklärungsflugzeug mit verschiedenen Rüstsätzen als Nahaufklärer eingesetzt. Die Rüstsätze unterschieden sich durch Kamerasysteme mit unterschiedlichen Brennweiten.

Im Dezember 1941 wurde von der Erprobungsstelle der Luftwaffe in Rechlin ein Vergleichsfliegen zwischen der Me 109 F-4 und einer FW 190 A-2 durchgeführt. In

Die 500. Me 109 aus der Regensburger Fertigung. Eine Me 109 F-2 mit dem Stammkennzeichen PK + ZH, Werknummer 9204. Über dem Buchstaben K ist ein aufgemalter Eichenlaubkranz mit der Zahl 500 zu erkennen.

Die 500. Me 109 aus Regensburg. Sehr schön ist in dieser Aufnahme das Dreieck für den Treibstoff C-3 und die Kennzeichnung der Rumpfspanten zu sehen. Die Materialstärke des Dural-Blechs zwischen dem Rumpfspant 2 und 3 liegt bei 0,8 mm. Die Werknummer 9204 ging am 30.12.1941 bei der II./JG 2 vor Brest im Luftkampf verloren.

großer Höhe war die 109 um ca. 20 km/h schneller als die FW 190. Um von 1.000 auf 10.000 Meter Höhe zu steigen, brauchte die FW 190 um sechs Minuten länger und in diesen sechs Minuten war die Me 109 für FW 190 uneinholbar weit weg. Die Steuerdrücke bei hohen Geschwindigkeiten nahmen bei der 109 stark zu, wogegen sie bei der 190 fast gleichbleibend waren. Im Sturzflug lagen die Vorteile ganz eindeutig bei der FW 190. Beim Vergleich der Triebwerke schnitt der DB 601 E der Me 109 F-4 deutlich besser ab als der BMW 801 der FW190. Beim JG 26 wurde der Motor der FW 190 als nur bedingt einsatzfähig eingestuft und Flüge über See verboten. Spätestens nach 25 Betriebsstunden musste der Motor an der FW 190 gewechselt werden. Erst Ende 1942 galt der BMW 801 als betriebssicher. Die FW 190 wurde dann als hervorragendes Jagd- und Schlachtflugzeug eingestuft. Vor allem bei der Bekämpfung von US-Bombern erzielte die FW 190 mit ihrer schweren Bewaffnung große Erfolge.

Die Me 109 F wurde nur noch von fünf verschiedenen Flugzeugwerken hergestellt. Focke Wulf und Fieseler waren aus der Lizenz-Produktion ausgeschieden. Von der Messerschmitt GmbH Regensburg wurden von der F nur die F-0, F-1 und F-2 gebaut. Hingegen wurde die F-4 nur in Wiener-Neustadt und von Erla in Leipzig hergestellt.

Produktion der Me 109 F

AGO
378 F-2 von 1940 - 1941

Arado
358 F-2 von 1940 - 1941

Erla
218 F-2
121 F-4
576 F-4/trop
55 F-4/Z
5 F-4/R2
36 F-4/R3

1.011 F von 1940 – 1942

Messerschmitt GmbH Regensburg
19 F-0
157 F-1
209 F-2

385 F von 1940 – 1941

WNF
49 F-1
170 F-2
1 F-5
806 F-4/Z
240 F-4/R1

1.266 F von 1940 - 1942

Die Gesamtanzahl aller produzierten Me 109 F belief sich auf 3.398 Maschinen.

Die Me 109 F mit dem Stammkennzeichen ND+IF Werknummer 5717 diente als Erprobungsträger für die Me 109 G. Die Werknummer ist am Seitenleitwerk erkennbar. Getestet wurde die Funktion der Druckkabine, die Hutzen für die zusätzliche Zündkerzenbelüftung und die Ansaughutze für den Luftverdichter der Druckkabine. Ferner wurde die Kabinenhaube in verstärkter Ausführung mit Doppelverglasung ausgerüstet.

Die Me 109 G

Me 109 G-1

Die Me 109 G wurde in Großserie produziert. Mit Erla, WNF und der Messerschmitt GmbH Regensburg waren nur noch drei Flugzeugwerke in die Produktion der 109 eingebunden. Ungarn fertigte die Me 109 G in Lizenz im Flugzeugwerk in Györ. Daimler-Benz hatte in der Zwischenzeit aus dem DB 601 einen neuen Motor entwickelt und 1941 zur Serienreife gebracht. Es handelte sich um den DB 605 A. Äußerlich glich dieses Triebwerk dem DB 601. Der DB 605 A hatte jedoch zwei Liter mehr Hubraum mit insgesamt 35,7 Liter. Jeder einzelne Zylinder hatte somit fast 3-Liter an Hubraum. Der Kurbeltrieb verfügte nun anstatt Nadellager über Gleitlager. Dieses Triebwerk hatte eine Startleistung von 1.475 PS bei einer Volldruckhöhe von 5.800 Metern. Als Erprobungsträger für die Me 109 G-1 wurde von Messerschmitt die Me 109 F-1 V-30a eingesetzt. Diese 109 erprobte die Motorhaube mit den Hutzen für die Zündkerzenbelüftung, der Hutze für die Generatorbelüftung und der Hutze für den Luftverdichter der Druckkabine. Ferner wurde die Ausrüstung der Druckkabine getestet.

Die linke Seite der Me 109 V 30a. Die Hutzen für die Zündkerzenbelüftung sind deutlich zu sehen. In der Serie war die Hutze auf der Motorhaube jedoch weiter vorne angeordnet. Die Ansaughutze für den Luftverdichter der Druckkabine ist über der Lader-Ansaugöffnung angeordnet.

Bauchlandung der Me 109 V 30a ND+IF nach einem Triebwerksausfall.

Ab dem Dezember 1941 werden in Regensburg die ersten Me 109 G-1 produziert. Im Bild eine G-1, was deutlich am verstärkten Windschutzaufbau und der Trockenpatrone in der Frontscheibe zu erkennen ist. Ganz links Werkmeister Kober, der für die Endmontage der 109 in Regensburg zuständig war.

Immer mehr Frauen wurden auch in Regensburg in der Rüstungsproduktion eingesetzt. Hier überprüft Werkmeister Kober die Arbeit einer Mitarbeiterin am DB 605. Kober übernahm Ende 1944 die Endmontage der Me 262 im Waldwerk „Stauffen".

Die erste Me 109 G-1 mit der Werknummer 14001 im Dezember 1941 auf dem tief verschneiten Regensburger Flugplatz. An der Motorhaube und Verkleidung des Ölbehälters fehlen noch die Belüftungshutzen für die Zündkerzen. Der neue Flugzeugmotor DB 605 hatte 1.475 PS Startleistung. Dazu wurde der Hubraum auf 36 Liter erhöht. Es sollte noch einige Monate dauern, bis der Motor zufriedenstellend lief. Starke Vibrationen und festgefressene Auslassventile sorgten für Ärger. Erst mit der Einführung des sogenannten Panzerventils konnten diese Probleme beseitigt werden.

Die Me 109 G-1/R2 mit dem Stammkennzeichen DG + UA und der Werknummer 14136. Diese Maschine wurde in Rechlin der E-Stelle der Luftwaffe einer eingehenden Erprobung unterzogen.

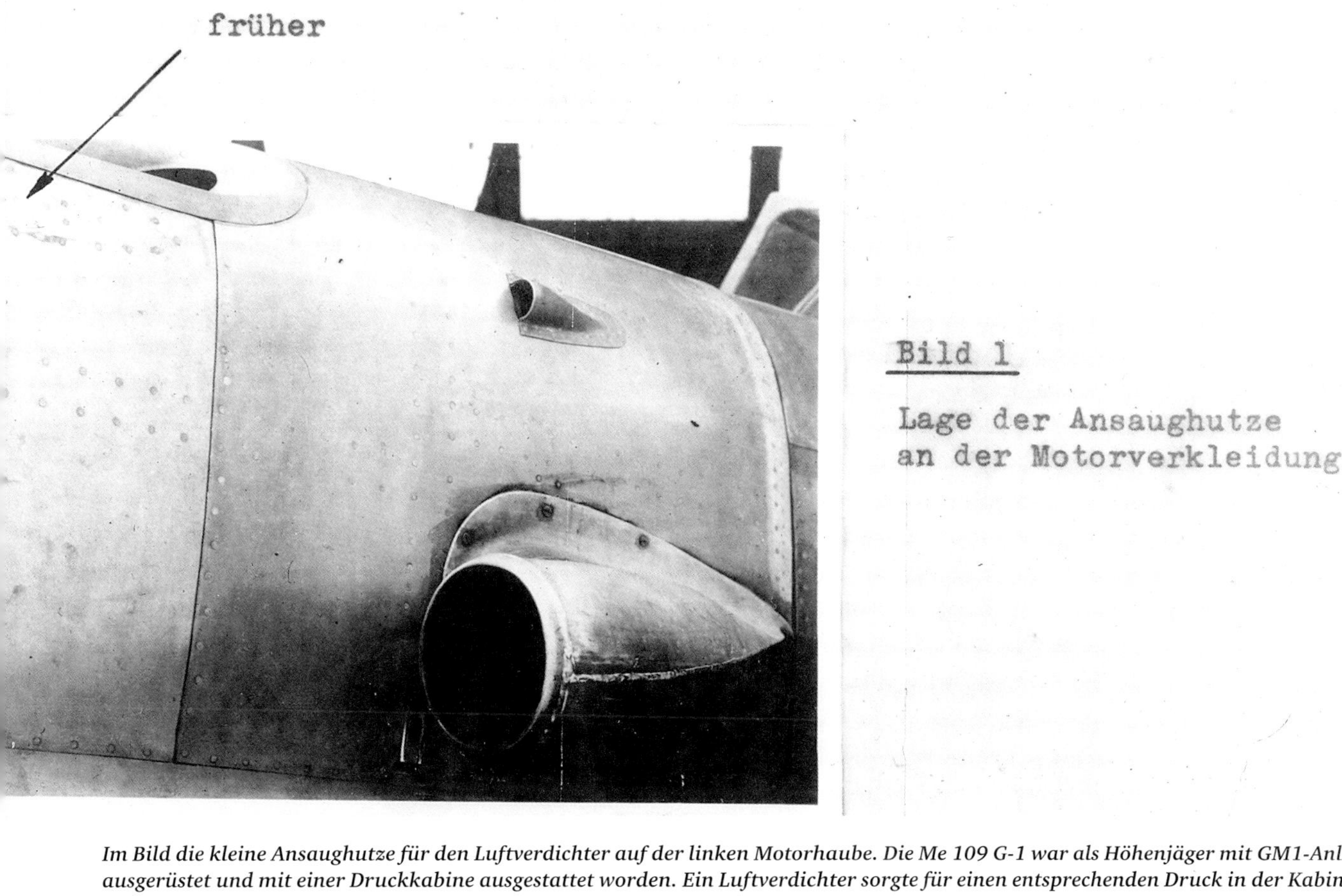

Im Bild die kleine Ansaughutze für den Luftverdichter auf der linken Motorhaube. Die Me 109 G-1 war als Höhenjäger mit GM1-Anlage ausgerüstet und mit einer Druckkabine ausgestattet worden. Ein Luftverdichter sorgte für einen entsprechenden Druck in der Kabine, der einer Flughöhe von ca. 4.000 Metern entsprach. Mit der Druckkabine gab es am Anfang erhebliche Probleme, da immer wieder Undichtigkeiten auftraten.

Die DG + UA aus einer anderen Perspektive. Äußerlich noch verwandt mit der 109 F. Im Detail wurde der Betankungsstutzen von der Kabinenseite auf den Rumpf oben zwischen Rumpfspant 3 und 4 verlegt. Die Hutzen für die Zündkerzenbelüftung und die Ansaughutze für den Luftverdichter auf der Triebwerksabdeckung sind deutlich erkennbar. Die G-1 hatten anfänglich noch das einziehbare Spornrad der F-Serie eingebaut.

Die Me 109 G-1, Stammkennzeichen BD + GP mit der Werknummer 14021, auf dem Industrieflugplatz in Regensburg. Deutlich ist die starke Verrußung des Rumpfes durch Einsatz des GM-1 erkennbar. Dahinter die Me 109 G-1, Stammkennzeichen NI + BW, Werknummer 14053. Diese 109 wurde zur E-Stelle Rechlin zwecks Erprobung des DB 605 A überführt. Die Me 109 G-1 mit dem Stammkennzeichen NI + BK, Werknummer 14041, gehörte nach ihrer Auslieferung zur I./JG 1. Sie ging am 25. Oktober 1942 nördlich von Helgoland verloren. Der Flugzeugführer Unteroffizier Reinhard Lötsch kam dabei ums Leben.

Me 109 G-2 CC+PK auf der Kompensierscheibe in Regensburg. In Fluglage wurde auf der Kompensierscheibe der Kompass eingestellt und auf Funktion überprüft. Diese Me 109 kam zur II./JG 53. Nach Luftkampf mit Spitfire im Raum Kap Bone-La Calle (Tunesien) am 19. November 1942 gilt die Me 109 mit ihrem Flugzeugführer Reinhold Münz als vermisst.

Auf dem Vorfeld der Einflughalle in Regensburg stehen acht Me 109 G-2 zum Einflug bereit. Alle Flugzeuge haben den für Regensburg typischen Tarnanstrich. Die drittletzte auf der Betonfläche ist eine Me 109 G-1. Eine neunte 109 steht auf dem Flugplatz. Bis auf die Me 109 G-1 sind alle aus dem Werknummernblock 14162 – 14187. Verbleib: Me 109 G-2 DN+YO, Werknummer 14176, am 6. April 1943 bei Charkow durch Überschlag bei der Landung schwer beschädigt (3./JG52). Me 109 G-2 DN+YW, Werknummer 14184, ging am 15. August 1943 bei der Jagdgruppe Ost in Laleu (Frankreich) verloren. Me 109 G-2 DN+YK ,Werknummer 14172, am 11. März 1943 bei Charkow durch Bedienfehler beschädigt (3./JG 52). Me 109 G-2 DN+YE, Werknummer 14166, am 3. Oktober 1942 beim Start auf dem Flugplatz Maikop ausgebrochen (5./JG 52). Me 109 G-2 DN+YU, Werknummer 14182, ging am 22. August 1942 durch Motorstörung bei Kurskaja verloren (Stab JG 52). Me 109 G-1/R2 DF+CJ, Werknummer 14130, ging am 5. Februar 1944 in Chemiauroux nach Luftangriff verloren (JG 104). Me 109 G-2 DN+YT, Werknummer 14181, wurde am 22. August 1942 an der Ostfront durch Motorstörung zu 35 Prozent beschädigt (6./JG 52). Me 109 G-2 DN+YQ, Werknummer 14178, wurde am 6. April 1943 bei Charkow durch einen Überschlag bei der Landung schwer beschädigt (3./JG 52).

Me 109 G-4, Werknummer 16127 mit der Kennung CD + WW. Die 1.000 Me 109 aus Regensburg. Die Aufnahme stammt aus dem November 1942. Über dem C befindet sich ein Eichenlaubkranz mit der 1.000 darin.

Auch die Verbündeten, wie hier die bulgarische Luftwaffe, bekamen die Me 109 G geliefert. In der Regel waren dies keine neuen Flugzeuge, sondern kamen aus der Industrieinstandsetzung. Für die Bulgaren war die Lieferung von Me 109 G eine außerordentliche Steigerung ihrer Kampfkraft.

In Regensburg wurden die ersten zwei Me 109 G-1 mit den Werknummern 14001 und 14002 im Dezember 1941 an den Flugbetrieb übergeben und sechs weitere befanden sich in der Endmontage. Die Version G-1 verfügte über eine Druckkabine und konnte mit einer GM-1 Anlage ausgerüstet werden. Sie sollte an der Westfront als Höhenjäger zum Einsatz kommen. In den ersten drei Monaten 1942 wurden nur neun Me 109 G-1 und zwei Me 109 G-1/R2 ausgeliefert. Diese Flugzeuge gingen aber nicht an Frontverbände, sondern es wurde eine Erprobungsstaffel in der E-Stelle Rechlin aufgestellt, um eine eingehende Erprobung durchzuführen. Insgesamt wurden acht Me 109 G-1 und zwei Me 109 G-1/R2 von Regensburg nach Rechlin verlegt. Anfangs hatte der DB 605 A einen absolut rauen Lauf und es traten starke Vibrationen auf, die zu Rissen an der Motorverkleidung führten. Es bildeten sich Scheuerstellen an zahlreichen Leitungen. Der Luftverdichter für den Kabinendruck hatte eine zu geringe Leistung und bei geringsten Undichtigkeiten fiel der Kabinendruck ab. Die Scheiben der Kabinenhaube vereisten. Die Kabinenhaube war durch die druckdichte Ausführung sehr schwer geworden und es stellten sich Schwierigkeiten beim Abwurf ein. Die Kabinendichtungen hielten maximal 15 Stunden, dann verformten sie sich, trotz Behandlung mit einem speziellen Fett. Der Kitt mit dem die Scheiben abgedichtet waren, wurde brüchig und bröckelte ab. Die Sauerstoffversorgung war unzureichend und musste dringend verbessert werden. Das größte Problem ergab sich aber, als am DB 605 A die Auslassventile festbrannten. Diese Schwierigkeit konnte erst mit Einführung des sogenannten Panzerventils gelöste werden.

Dieses Ventil besaß am Ventilsitz eine Panzerung und der Ventilschaft war hohl. In diesem Hohlraum war eine Natriumfüllung vorhanden. Bei hoher Temperaturbeanspruchung verflüssigte sich das Natrium und entzog dem Ventilschaft Wärme. Damit wurde das Festbrennen des Ventils verhindert. Nach dieser Modifikation wurde der DB 605 zu einem der besten Höhentriebwerke.

Den in der Luftverteidigung an der Westfront eingesetzten Jagdverbänden wurden für die Bekämpfung feindlicher Höhenaufklärer und Höhenkampfflugzeuge einzelne Maschinen des Musters Me 109 G-1/R-2 (Behelfshöhenjäger) überplanmäßig zugewiesen. Durch die Vielfalt der festgestellten Mängel an diesen Baumustern wurden Einsatzbeschränkungen vom RLM erlassen. Im Übungseinsatz durften Höhen von 11.000 Metern aus gesundheitlichen Gründen nicht überschritten werden. Trotz Druckkabine musste der Höhenatmer angelegt werden, damit die Sauerstoffversorgung sichergestellt war. Der Alarmstart zu Einsätzen in geringen Höhen wurde untersagt. Die Flugzeuge der Baureihe Me 109 G-1/R2 wurden aus der Baureihe Me 109 G-1-Serie abgezweigt und verfügten daher über eine Druckkabine, deren Funktion noch nicht restlos truppentauglich war. Die erflogene Gipfelhöhe wurde durch die Reduzierung von Panzerschutz, Tankschutz und Munitionsvorrat erreicht. Eine kurzzeitige Erhöhung der Geschwindigkeit und Steigrate über 8.000 Meter durch Einsatz von GM-1 war nach Abschluss der Erprobung vorgesehen.

Der Einsatz der Me 109 G-1 erfolgte in speziellen Höhenjägerstaffeln bei den Jagdgeschwadern 2 „Richthofen“ und 26 „Schlageter“. Diese Me 109 G-1 flogen auch Höhenjagdschutz für die FW 190, deren BMW 801 in großen Höhen mit den Spitfires nicht mithalten konnte. Im Jagdgeschwader 1 an der holländischen und der deutschen Küste und beim Jagdgeschwader 5 an der norwegischen Küste wurde der Einsatz der Höhenjäger durch schwarmweise Bereitstellung (vier Flugzeuge) sichergestellt. Im Mai 1942 traten die ersten Me 109 G-1 ihren Dienst bei der 11. Staffel im Jagdgeschwader 2 an. Neben der Messerschmitt GmbH Regensburg, die 67 G-1 und 80 G-1/R2 produzierte, wurden auch von der Maschinenfabrik Erla in Leipzig 20 Me 109 G-1 hergestellt.

Me 109 G-4, Werknummer 16155, mit der Kennung PE+KY wird einem eingehenden Triebwerks- und Fahrwerkstest unterzogen. Die 109 ist im Bereich der Holmbrücke aufgebockt. Das Heck wird durch einen Hydraulikheber und Stützen in Fluglage gehalten. Zusätzlich ist die 109 hinten am Boden mit Stahlseilen verankert. Das Höhenruder ist gezogen, sodass der Luftschraubenstrahl das Leitwerk auf die Abstützung drückt. Als zusätzliche Kühlung wird über eine Schlauchleitung Wasser an die Flächenkühler abgegeben. Die 109 wurde am 3. Dezember 1942 von Josef Haid eingeflogen und ging am 24. September 1943 durch Flakbeschuss bei der IV./JG 51 „Mölders“ verloren.

Me 109 G-2 und G-2/trop

Die Me 109 G-2 war das Nachfolgemodell der Me 109 F-4. Die ersten G-2 wurden im Februar 1942 von der Messerschmitt GmbH Regensburg mit den Werknummern 14029 und 14036 hergestellt und gingen zur Erprobung nach Rechlin. Die G-2 glich in ihrer Ausrüstung der Me 109 F-4, nur dass anstatt des DB 601 E der DB 650 A eingebaut war. Die Produktion der Me 109 G-2 lief in Regensburg von Juni – August 1942. Insgesamt wurden 121 G-2 hergestellt, von denen 22 Flugzeuge im August und September 1942 mit nicht unerheblichem Aufwand in eine Me 109 G-2/trop umgerüstet worden sind.
Die Ausrüstung „trop“ setzte sich bei der Me 109 G wie folgt zusammen: Sandschutzabdeckungen für die Landeklappenwellen, Höhenflossenspindel, die Fahrwerkszylinder, die Gehäuse an den Fahrwerksbeinköpfen, Abdeckung für den Spornradkasten, Betätigung für den Sandabscheider, Sandabscheider vor der Lader-Ansaugöffnung, ein Lader-Anschlussflansch zur Generatorbelüftung, das elektrische Bordnetz mit verbesserter Isolierung und eine zusätzliche Belüftung des Führerraumes. Des Weiteren eine Karabinerhalterung an rechter Rumpfinnenwand zur Aufnahme eines Karabiners 98k, Tropennotausrüstung im Gepäckraum, Abdeckplanen für Triebwerksverkleidung, Luftschraubenhaube, Strebenkanal, Federbeine und Führerraum. Abdeckungen an den Thermostaten für die Kühlstoff- und Schmierstoffanlage. Gegen Eindringen von Sand sind die Arbeitszylinder der Kühlstoff- und Schmierstoff-Kühlerklappen durch einen Lederbalg abgedeckt, desgleichen die Arbeitszylinder der Fahrwerksbeine. Bei im Freien abgestellten Flugzeugen muss am Sandabscheider eine Segeltuchabdeckung abgebracht und die Auspuffstutzen mit Kappen abgedeckt werden. Um eine übermäßige Erwärmung des Führerraumes durch Sonneneinstrahlung zu vermeiden, sind die auf dem Startplatz abgestellten Flugzeuge mit einem Sonnenschirm zu überdachen. Der Schirm ist an der linken Bordwand in zwei Halterungen angesetzt und in der oberen Halterung mittels einer Flügelmutter festgeklemmt. An den Seitenwänden des Führerraumes ist links und rechts je eine Kiemenklappe zur zusätzlichen Belüftung angebracht. Sichtschutztarnung durch einen Tropenanstrich. Die Unterseite verbleibt im alten Farbton.

Am 30. September 1942 stürzt Hauptmann Hans Joachim Marseille, auch als Stern von Afrika bekannt geworden, mit der in Regensburg gebauten Me 109 G-2/trop, Werknummer 14256, bei El Alamein 8 km südlich der Moschee von Sidi Abd el Rahman tödlich ab.

Me 109 G-3

Damit die Verluste an Me 109 G-1 ausgeglichen werden konnten, wurden von der Messerschmitt GmbH Regensburg im Januar und Februar 1943 insgesamt 50 Me 109 G-3 produziert, da sich der Serienanlauf der Me 109 G-5 im Werk Erla-Leipzig verzögerte. Die G-3 war analog zur G-1 mit einer Druckkabine und GM-1 Anlage ausgerüstet. Die Version G-3 wurde nur in Regensburg hergestellt.

Me 109 G-4

Der Me 109 G-2 folgte die Me 109 G-4. Bei der G-4 wurde das Fahrwerk verstärkt und größere Räder sowohl beim Hauptfahrwerk als auch beim Spornrad eingebaut. Hinzu kam eine Änderung im Bereich der Spureinstellung am Fahrwerk. Hier wurde der Sturzwinkel geändert. (Anmerkung: Diese Änderung im Bereich des Sturzes ergab, dass das Rad nicht mehr so schräg vom Federbein weg angeordnet war.) Damit sollte der starke Reifenabrieb auf festen Flächen (Beton und Asphalt) und die Ausbrechneigung reduziert werden. Die Größe der Hauptfahrwerksräder änderte sich von 650x150 auf die neue Abmessung 660x160 und das Spornrad von 290x110 auf 350x135. Diese Anpassung war notwendig geworden, weil das Startgewicht stetig zugenommen hatte. Aufgrund dieser Maßnahmen passte das Hauptfahrwerksrad nicht mehr in die Tragfläche. Mit einer Ausbeulung nach oben war auch äußerlich erkennbar, dass diese 109 mit dem größeren Rad ausgerüstet war. In der Übergangsphase gab es auch G-4, welche noch mit der Tragfläche der G-2 ausgerüstet waren. Dazu war ein Hinweis über dem Fahrwerk am Tragflächenprofil aufgebracht worden.

Blick in die Kabine einer Me 109 G-4/trop. Ganz oben die Spornradverriegelung, rechts davon der Gashebelkasten, darunter der Schalter für die Luftschraubenverstellung von Automatik auf Hand, darunter der Behälter für den Anlasskraftstoff. In der Bildmitte die Handräder für die Trimmung (Flosse) und die Landeklappen.

Unten ist der Knüppelgriff KG 13 mit den Schaltern für die Bordwaffen zu sehen. Auf der Waffenabdeckung ist die Werknummer der 109 aufgetragen worden. Daneben befindet sich das linke Seitenruderpedal. Unter der Fahrwerkanzeige ist der Griff für den Sandabscheider zu sehen. Die Werknummer 16416 hatte das Stammkennzeichen DQ+IE und wurde am 8. Mai 1943 auf dem Flugplatz Soliman (Tunesien) durch Bordwaffenbeschuss total zerstört. Eingesetzt bei der 4./JG 77.

Die demontierte Waffenabdeckung gibt den Blick auf die Lafette für das MG 151/20 frei. Links und rechts davon die Pedalsteuerung für das Seitenruder.

Oben das Revi C 12 D und links daneben der Schusszählerkontrollkasten SZKK 3. Darunter das Gerätebrett. Die helle (gelbe) Leitung führt vom Abwurftank über ein Schauglas nach hinten zum Kraftstoffbehälter.

Oben die Kraftstoffleitung zum Haupttank. Darunter die Hauptschalttafel. Unter der Schalttafel befindet sich die Sauerstoffanlage mit dem Höhenatmer. Am Kabinenboden von links nach rechts: Bediengerät für das FuG 25a (Freund-Feindkennung), die Anschlussdose für die FT-Haube (Sprechfunk) und Fernbediengerät für das Funkgerät FuG 16. Neben den Anzeigen für den Höhenatmer ist der Griff für die Kühlerabschaltung (oben) und darunter ist der Griff für den Abwurf des Zusatzbehälters angeordnet.

In der oberen Reihe von links: Öffnung für den Rohrwechsel am MG 17, Führertochter-Kompass, künstlicher Horizont und Ladedruckmesser. In der unteren Reihe von links: Magnetschalter, Netzausschalter, darunter der Griff für die Kerzenabbrennung, Feinhöhenmesser, Geschwindigkeitsmesser, Drehzahlmesser und Luftschraubenstellanzeige.

Me 109 G-5

Die Me 109 G-5 war wiederum eine Version mit Druckkabine und Ausrüstung mit GM-1-Anlage. Die Änderung gegenüber der G-3 war eine stärkere Bewaffnung. Statt den beiden MG 17 mit Kaliber 7,92 mm wurden zwei gesteuert durch den Luftschraubenkreis schießende MG 131 mit Kaliber 13,1 mm eingebaut. Waren bei der Me 109 G-4 erste Beulen auf den Tragflächen zu sehen, sollten nun zwei markante Beulen hinzukommen. Um den Verschluss der MG 131 und die Ableitung der Geschosshülsen zu verkleiden, waren auf beiden Seiten große Beulen auf der Motorhaube und der Waffenabdeckung erforderlich, daher kam dann auch die ziemlich respektlose Bezeichnung der 109 als „Beule". Die Me 109 G-5 wurde nur von Erla in 475 Exemplaren hergestellt. Diese Maschinen kamen vorrangig, wie die G-1 und G-3, an der Westfront zum Einsatz.

Flugzeugwarte polieren die Tragfläche einer Me 109 G-5. Durch das Polieren von Rumpf und Tragflächen konnte ein Geschwindigkeitszuwachs von bis 15 km/h erreicht werden.

Bodenpersonal bereitet Me 109 G-5 auf ihren nächsten Einsatz vor. Die Maschinen tragen den für die Erla-Produktion typischen gefleckten Tarnanstrich. Auf der Tragflächenunterseite ist noch eine Wartungsöffnung nicht verschlossen.

Flugbericht Me 109 G-5/R-2

In einem TA-Bericht von Fritz Wendel geht es um das Nachfliegen der Me 109 G-5/R-2:
„Die jetzt in Antwerpen zur Auslieferung kommenden Me 109 G-5/R-2 Flugzeuge sind mit einem großen Bildgerät und größeren Metallseitenleitwerk ausgerüstet und haben infolgedessen eine Schwerpunktrücklage von etwas mehr als 30 %. Ein genauer Waagebericht lag nicht vor. Die Höhenruder sind so gebügelt, dass die Flossen bei leerem GM-1 Behälter auf 0° stehen. Ich habe zwei Maschinen mit vollem Brennstoff und GM-1 Behälter geflogen.
(Anmerkung des Verfassers: Erla Leipzig unterhielt in Antwerpen ein Reparaturwerk für die Me 109. Dieses Werk erhielt die Bezeichnung Antwerpen VII. Neben der Reparatur wurden auch Modifikationen und Umrüstungen an Me 109 vorgenommen.)
In der ersten Viertelstunde (ohne GM-1 Verbrauch) sind die Maschinen im Steigflug instabil und im Horizontalflug indifferent bis leicht instabil. Sie können aber für Aufklärereinsätze verwendet werden. Sturzflüge sind in diesem Zustand mit Vorsicht durchzuführen. In der zweiten Viertelstunde des Fluges ist das gesamte Steuerungsverhalten indifferent. Nach einer halben Stunde Flugzeit ist das Verhalten normal. Bei gleichzeitigem GM-1 Verbrauch sind die Eigenschaften schon nach einer Viertelstunde einwandfrei. Besser gesagt bei Erreichen der Aufklärer-Einsatzhöhe sind die Eigenschaften normal. Auch bei diesen Flugzeugen sind die Vorteile der besseren Richtungsstabilität mit dem großen Seitenleitwerk höher zu bewerten als die Nachteile, der durch das erhöhte Gewicht bedingten größeren Schwerpunktrücklage.
Die Fahrwerkrestabdeckungen waren funktionsmäßig in Ordnung.
Der Sporn (Einziehsporn) hat keine Verriegelung und sehr schwache Rückführung. Das Geradeaushalten bei Start und Landung ist sehr schwer. In diesem Zusammenhang weise ich noch einmal daraufhin, dass ein Wegfall der Spornverriegelung erhöhten Ausfall durch Ausbrechen zur Folge hat. Die Verriegelung muss unter allen Umständen bei allen Maschinen eingebaut sein.“
Aufgrund des neuen RLM-Lieferprogramms, in dem die Großserienfertigung in den drei Werken Erla, Messerschmitt GmbH und WNF konzentriert werden sollte, fiel im Mai 1942 in Regensburg die Entscheidung, die Fertigung der Messerschmitt-GmbH auf Fließbandproduktion umzustellen, während Erla und WNF wie bisher im Taktverfahren bei der Produktion verblieben. Grund dieser Umstellung in Regensburg lag darin, dass die Größe der Werkhallen für eine Großserie in der Taktfertigung nicht ausreichte.

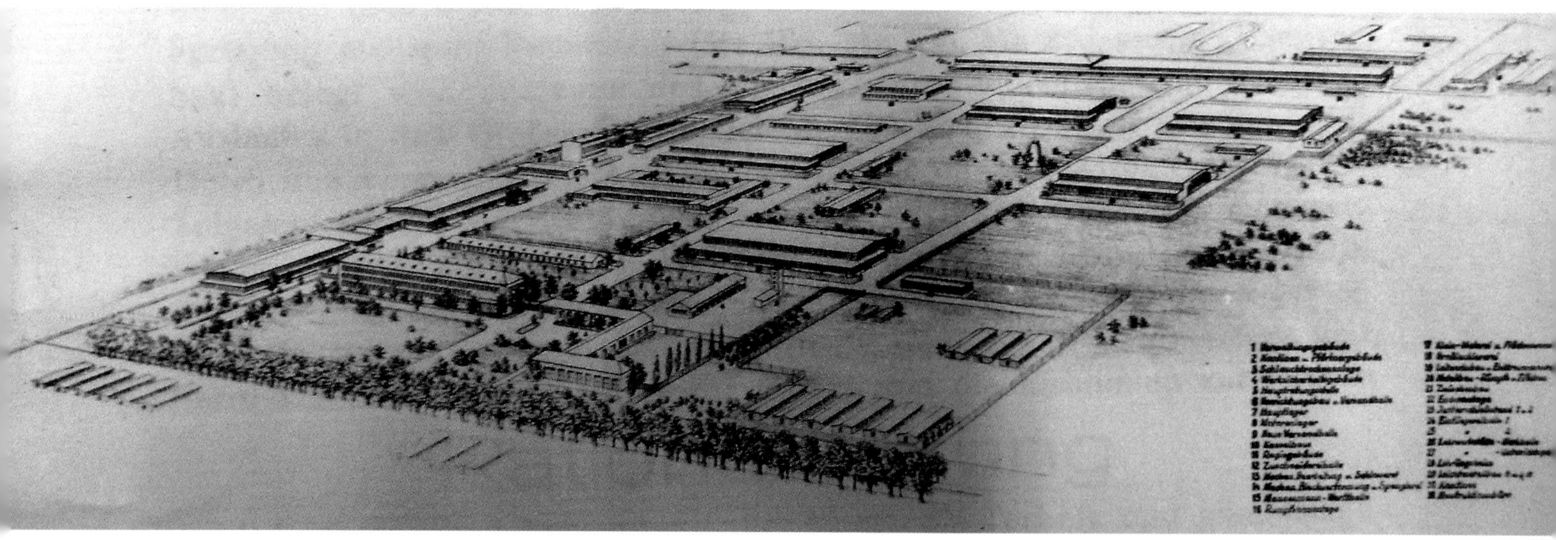

Diese Zeichnung zeigt den geplanten Endausbau des Werkes in Regensburg an der Prüfeninger Straße. Im oberen Bereich ist die Montagehalle für Rohbau und Endmontage mit einer Ausdehnung von 40x400 Metern erkennbar. Links davon die beiden Einflughallen. Die linke Halle wurde nie fertiggestellt, da sie beim Luftangriff am 17. August 1943, im Rohbau befindlich, zerstört wurde. Die nun folgenden Aufnahmen entstanden, nachdem das Werk in Regensburg von der Takt- auf die Fließbandfertigung umgestellt worden war. Diese Umstellung war Ende 1942 weitestgehend abgeschlossen.

Vergleich der Hauptproduktionsstätten der Me 109

Messerschmitt GmbH Regensburg Fließbandproduktion der Me 109

Leistungssteigerung durch Fließbandfabrikation

(Auszüge aus dem Originaltext eines Berichts der Technischen Direktion)

Ende Mai 1942 wurde Regensburg, das bis zu diesem Zeitpunkt mit der Fertigung mehrerer Baumuster (Me 108, Me 109, Me 210 sowie 0-Serienbau) belegt war, entgegen des für 1942 programmmäßig vorgesehen, Auslaufes, in den Großserienbau der Me 109 eingeschaltet.
Durch den vorgesehenen Auslauf der Me 109 und auf Grund der vorher aufgelegten, kleinen Gesamt-Stückzahlen waren für dieses Baumuster weder die für eine rationelle Fertigung notwendigen Betriebsmittel, noch die Betriebseinrichtungen vorhanden. Nach Bekanntgabe des neuen Programms im Mai 1942 wurde daher von Direktor Linder sofort der Befehl und die Richtlinien zur Rationalisierung durch Erfassung und Anwendung aller Mittel, die Technik und planmäßige Organisation bieten, gegeben.
Als erste Maßnahme wurde von der Technischen Direktion die Umstellung der Abteilungen: Fertigmontage, Rumpfvormontage, Triebwerksaufrüstung, Flächenmontage, Metallbau mit Rumpf und Fläche auf Fließbandproduktion bestimmt.
Bereits vier Monate (Oktober 1942) nach der Auftragserteilung konnte das erste kontinuierliche Fließband (Triebwerkaufrüstung) in Betrieb genommen werden. Bis Ende des Jahres 1942 waren die Abteilungen Triebwerksaufrüstung, Rumpfvormontage, Flächenvormontage sowie die Fertigmontage (Anmerkung: Fertigmontage = Endmontage der Me 109) restlos auf Fließbandfertigung umgestellt.
Zug um Zug wurden nun in den kommenden Monaten des Jahres 1943 auch die übrigen Werkstätten wie Metallbau Rumpf und Fläche sowie die Vorwerkstätten mit Fließbändern bzw. mit Fließbandtischen weitestgehend ausgerüstet. Besonders ist hier zu erwähnen, dass in der kurzen zur Verfügung stehenden Zeit die Konstruktions-Unterlagen für die Fertigungs-Einrichtungen sowie die Anfertigung derselben durchgeführt werden musste. Parallel hierzu wurden die nachstehend aufgeführten für die Durchführung der Fließarbeit notwendigen Voraussetzungen geschaffen.

Drei Me 109 G-6/trop werden im Juni 1943 aus der Endmontage geschoben. Verließen noch Anfang 1942 nur ein bis zwei Me 109 pro Tag die Endmontage in Regensburg, so konnte der Ausstoß durch die Umstellung auf die Fließbandproduktion wesentlich gesteigert werden. So verließen im Juli 1943 bis zu 25 Me 109 täglich die Endmontage. Die folgenden Aufnahmen zeigen die Fertigung der Me 109 in Regensburg.

1) **Verringerung der Verlustzeiten.**
Die gesamte Materialbeschaffung sowie die Produktion in den Vorwerkstätten wurde auf ein Tagessoll abgestimmt und wird den Montageplätzen durch die Bereitstellung zugeführt (Zubringersystem). Durch eine einfache, aber sinnreiche Terminüberwachung werden Terminverzögerungen durch die Vorwerkstätten weitestgehend vermieden. Durch die planmäßige Aufteilung der Fertigung wurden die Transportzeiten um einen großen Prozentsatz verkürzt bzw. ausgeschaltet.
2) **Feinste Unterteilung der Arbeitsgänge nach Schwierigkeitsgraden.**
Sämtliche Bauaggregate wurden möglichst weitestgehend zerlegt und in einzelne Fertigungsgruppen bzw. Fertigungsstraßen unterteilt. Hierbei wurde grundsätzlich so vorgegangen, dass möglichst viele Bauelemente außerhalb der Fließband-Montage als geschlossene Baugruppen zusammengebaut und als solche den Montagestraßen zugeführt werden.
3) **Schaffung der notwendigen Spezialwerkzeuge und Vorrichtungen.**
Die sich auf die Produktion zeitsparend und wirtschaftlich auswirken. Dies war nur durch Schaffung eines beweglichen und schlagkräftigen Vorrichtungs- und Werkzeugbaues möglich.
4) **Genaueste Festlegung der Belegung durch Ermittlung der Fertigungszeiten.**
Jedes Bauaggregat wurde so aufgeteilt, dass es in lückenloser Folge, ohne Behinderung anderer Werker, zusammengebaut werden konnte. Hierzu war es notwendig, die Arbeitsgänge bzw. die Belegzeiten genauestens aufeinander abzustimmen, wobei zu berücksichtigen war, dass die Belegschaft durch die stets gleichbleibende Fertigung (Spezialisierung) nach kurzer Zeit ohne Überanstrengung die bei den anderen Arbeitsmethoden (Taktbauweise) angefallenen Arbeitszeiten weit unterbieten würden.
5) **Ausmerzung sämtlicher Mehrarbeiten, die durch falsche Zeichnungsunterlagen und sonstige Arbeitsfehler anfallen.**
Durch Einsatz von Sondertrupps der Arbeitsvorbereitung wurden in kürzester Zeit sämtliche Beanstandungen, die zu Nacharbeiten führen, behoben. Weiterhin konnte durch Umstellung der Arbeitsgänge eine wesentliche Arbeitsvereinfachung erzielt werden.

Auf Grund der Durchführung obiger Punkte wurde in Regensburg ein Arbeitsrythmus geschaffen, der einem kontinuierlichen Arbeitsprozess weitgehend nachkommt, und nach kürzester Zeit waren folgende Erfolge zu verzeichnen:

1) Es wurden gegenüber der alten Bauweise gewaltige Raumeinsparungen erzielt, sodass ohne zusätzliche Bauvolumen das erhöhte Programm erfüllt werden konnte und die Aufplanung für eine monatliche Ausbringung von 600 Maschinen auf einer Produktionsfläche von 35.000 m^2 ermöglichte.
2) Durch die Spezialisierung bzw. Unterteilung der Arbeitsgänge nach Schwierigkeitsgraden war eine weitgehende Umschichtung sämtlicher Abteilungen auf ausländische Arbeitskräfte (Ost- und Westarbeiter) möglich. Dadurch konnten deutsche Fachkräfte für Sonderaufgaben (0-Serie, Me 163 usw.) sowie für den Vorrichtungsbau freigemacht werden.
3) Aufgrund der durchgeführten Arbeitsplatzgestaltung sowie der Einführung von Gruppenakkorden konnte eine Senkung der Arbeitszeiten von bis zu 40 Prozent vorgenommen werden.
4) Durch die Kürzung des Durch- und Umlaufes.

Auf Grund der schnellen Umstellung auf Fließbandproduktion und der damit verbundenen Produktionssteigerung darf Regensburg als Schrittmacher für die Steigerung innerhalb der Jägerfabrikation bezeichnet werden. Die oben beschriebenen Erfolge beweisen, dass die Fließbandfabrikation bei richtiger Durchführung eine gewaltige Leistungssteigerung mit sich brachte.

Ausschnitt aus der Fertigung

1. Zuschneiderei

Die Zuschneiderei ist in sechs Gruppen wie folgt unterteilt:

a) Schlagschere
b) Anreißen und körnen
c) Kurvenscheren
d) Bohren und lochen
e) Sägen und fräsen
f) Feilen und entgraten

In der Abteilung Zuschneiderei werden die gesamten Zuschnitte für die mechanische Blechverformung und spanabhebende Fertigung hergestellt. Durch die Aufteilung der Abteilung in sechs Gruppen und der damit erreichten Spezialisierung wurden bedeutende Zeitersparnisse erreicht, sodass heute der gesamte Aufwand nur noch 60 Prozent gegenüber der früheren Fertigungsart beträgt. Vorher fertigte ein Arbeiter den Zuschnitt für ein Zeichnungsteil komplett. Ferner konnten durch die Gruppenaufteilung die Einzelakkorde durch Gruppenakkorde ersetzt werden. Durch die eingeführte Abfallrückverwertung und der eingeführten Zuschnitt-Pläne konnte der Schrottanfall in dieser Abteilung auf 9 Prozent des Gesamtverbrauches gesenkt werden.

Im Presswerk werden Bauteile für die Me 109 produziert. Im Bild die untere Abdeckung für das Fahrwerk.

2. Mechanische Bearbeitung

Dreherei, Fräserei, Hoblerei und Bohrerei wurden, soweit als möglich, durch Umstellung von Zerspannungsteilen auf Guss- und Pressteile entlastet. Ferner wurden Maschinenbelegungspläne erstellt und somit der terminliche Ablauf bzw. das Ausbringungs-Soll einwandfrei gesteuert und sichergestellt. Eine Umstellung auf Fließbandstraßen, wie sie in der Normteilfertigung zu finden sind, ist hier noch nicht möglich, da hier die aufgelegten Stückzahlen und der vorhandene Maschinenpark viel zu klein ist. Jedoch wurden die einzelnen Maschinen mit einer bestimmten Anzahl von Zeichnungsteilen belegt, wodurch der Einsatz von Fremdvölkern (Ostarbeiter, Ostarbeiterinnen und Westarbeiter) ermöglicht wurde. Die Schlosserei ist unterteilt in Einzelteilfertigung und Zusammenbaustraßen (Fließband-Wandertische). An den

Hier werden größere Teile aus Dural für die Me 109 in einer Presse hergestellt (links). Arbeiten an einer Stanzmaschine. Die größte Anzahl der Arbeitskräfte im Presswerk bildeten Fremdarbeiter. Arbeitsschuhe waren ein Engpass, deshalb wurden Holzschuhe ausgegeben. Diese und die folgenden Aufnahmen entstanden Ende 1942.

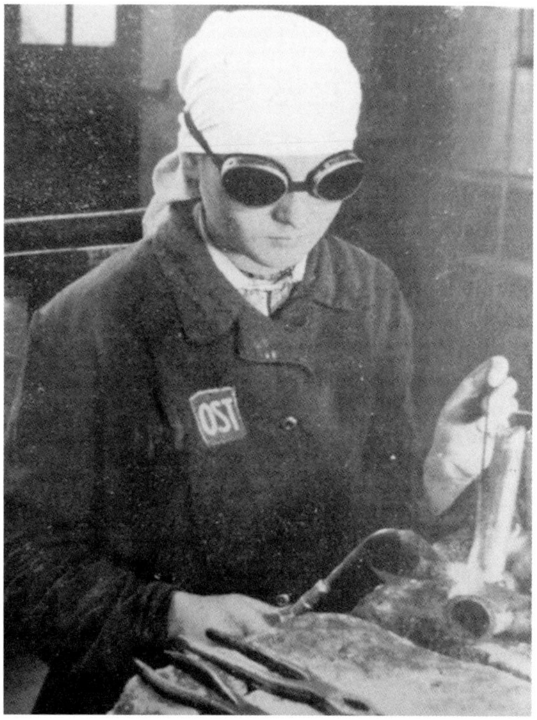

Fremdarbeiterin bei Schweißarbeiten. Arbeitskräfte aus der Ukraine, Weißrussland, den baltischen Staaten und Polen mussten die Aufschrift „OST“ an ihrer Arbeitsbekleidung tragen.

Eine „OST-Arbeiterin“ eingesetzt an einer Drehbank.

Tischen wird nach einem Ausbringungsplan gearbeitet, der bei den großen Aggregaten auf ein Tages-Soll-Programm der Montage abgestimmt ist, wodurch wesentliche Ersparnisse an Raum und Bereitstellungsarbeiten erzielt wurden. Die Schweißerei wurde restlos auf Ostarbeiter und Ostarbeiterinnen umgestellt.

3. Mechanische Blechverformung (spanlos)

a) Großpresserei und Stanzerei

Die beiden Abteilungen erfuhren durch die Schaffung der für die Großserienfabrikation notwendig gewordenen Betriebsmittel eine wesentliche Mehrbelastung, die nur durch Vergrößerung des Maschinenparks bzw. durch Einführung von Tag- und Nachtschicht ausgeglichen werden konnte. Vor allem mussten hier die Teile, die bei der vorhergehenden Kleinserie der 109 auf den hydraulischen Streckziehpressen hergestellt wurden, auf Zieh- und Prägeteile umgestellt werden, da bekanntlich diese Fertigung weit wirtschaftlicher ist (Zeit- und Material sparend).

b) Spenglerei

Die Spenglerei unterteilt sich ebenfalls in Einzelfertigung und Zusammenbaustraßen, sowie Behälterfertigung und Rohrbiegerei. Sämtliche Arbeitsgänge wurden sowohl in der Einzelteilfertigung als auch in den Zusammenbaustraßen weitgehend spezialisiert, sodass auch hier der prozentuale Einsatz von Fremdvölkern ein sehr großer ist. Es wurde sogar möglich, in den Zusammenbaustraßen und bei Spezialfertigungen 100 prozentig Ostarbeiter einzusetzen.

c) Rohrbiegerei

Die Rohrbiegerei ist heute, entgegen der vorher üblichen Handfertigung, zu 90 Prozent auf mechanische Verformung umgestellt worden. Hierzu wurden neben einer großen Rohrbiegemaschine im eigenen Werk kleinere Biegevorrichtungen geschaffen, wodurch eine wesentliche Leistungssteigerung erzielt werden konnte.

d) Behälterbau

Der Behälterbau wurde weitestgehend auf Fließfertigung umgestellt, wodurch trotz erhöhtem Einsatz von Fremdvölkern und Hilfskräften das gesteigerte Programm (Zentralteilfertiger) bis heute immer restlos erfüllt wurde.

4. Elektro-Vormontage
In der Elektrovormontage werden die gesamten elektrischen Anlagen einbaufertig erstellt und an Attrappen vormontiert, das heißt, die Montage hat keine Einzelfertigung, sondern nur noch den Einbau der Anlagen vorzunehmen. Die Elektro-Vormontage ist eine reine Frauenabteilung. Zur leichten Auffassung und Vermeidung von Arbeitsfehlern wurden Arbeitsunterweisungspläne mit Skizzen für jeden Arbeitsgang erstellt. Durch eine entsprechende Arbeitsplatzgestaltung, Schaffung von Spezialmaschinen für Kabelkennzeichnung und Ablängung von Kabeln, eine weitestgehende Unterteilung der Arbeitsgänge, Fertigung der Zusammenbauten auf Fließbandstraßen und zweckmäßige Aufteilung der gesamten Abteilung wurde hier eine einmalige Arbeitsleistung erzielt.

5. Tragflächen-Holmbau
Der Tragflächen-Holmbau ist in Fließfertigung aufgebaut. Durch Schaffung von Spezialvorrichtungen und zweckmäßigen Betriebsmitteln wurde der Durch- und Umlauf wesentlich gekürzt und die Senkung des Stundenaufwandes um rund 40 Prozent ermöglicht. Somit konnte mit derselben Belegschaftsstärke eine 40 prozentige Leistungssteigerung durchgeführt werden.

6. Kühlerklappenverkleidung und Zusammenbau
Für die Kühlerklappenverkleidung (Einzelteilfertigung und Zusammenbau) ist Regensburg als Zentralfertiger eingesetzt. Durch die hierdurch anfallenden großen Stückzahlen konnte diese Abteilung schon sehr bald auf Fließfertigung umgestellt werden. Die Fertigung wurde weitgehend unterteilt und durch Schaffung von Sondereinrichtungen und zeitsparenden Vorrichtungen konnte ein kontinuierlicher Arbeitsablauf und eine wesentliche Kürzung der Verlustzeiten erreicht werden. Durch die Spezialisierung der Arbeitsgänge konnten Fachkräfte durch Frauen ersetzt werden.

Diese Aufnahme zeigt Punktschweißarbeiten am Ölbehälter.

Der fertiggestellte Ölbehälter wird in einem Wasserbad einer Dichtigkeitskontrolle unterzogen. Dazu wurde der Behälter mit Druckluft beaufschlagt. Damit ein konstanter Prüfdruck gewährleistet werden konnte, befindet sich ein Druckregler am Prüfgestell (siehe Manometer).

Rohrbiegegerät. In dieser Vorrichtung konnten Rohre in verschiedenen Winkeln gebogen werden.

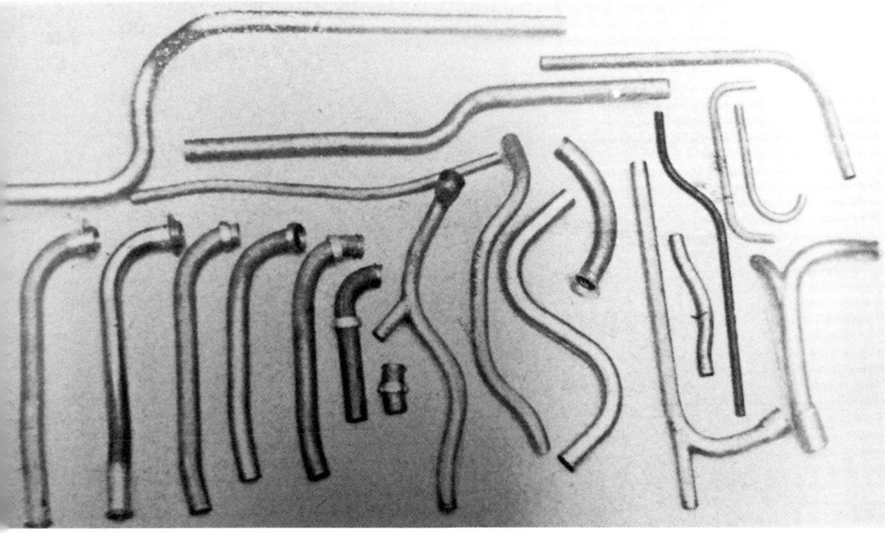

Eine Auswahl von Rohren für die Kühlwasserversorgung sowie die Öl- und Hydrauliksysteme.

Kleinteile wurden so gefertigt, dass jede Arbeitskraft nur wenige Arbeitsschritte ausführte. Nur so konnten ungelernte Kräfte schnell eingearbeitet werden.

An sogenannten Rolltischen wurden, wie hier zu sehen ist, die Verkleidungen für die Kühler unter den Tragflächen montiert.

Im Bild die Fertigung des vorderen Rumpfteiles mit der Kabine auf fahrbaren Montagegestellen. Deutlich ist die Holmbrücke mit den Anschlüssen für die Tragflächen zu erkennen.

Arbeiten an einer Rumpfhälfte. Mittels einer Handbohrmaschine werden Bohrungen für die Aufnahme von Nieten angelegt.

In entsprechenden Bauvorrichtungen werden die Rumpfhälften für den Zusammenbau ausgerichtet und justiert. Auch hier wurde mit einer Toleranz von nur Zweizehntel-Millimeter gearbeitet.

Rumpfrohbau. Rumpfröhre und Kabinenteil sind bereits miteinander verbunden. Die Rümpfe sind in drehbare Bauvorrichtungen eingesetzt worden, sodass auch Arbeiten an der Unterseite durchgeführt werden können.

Zusammenbau der Rumpfröhre. Auch hier sind die fahrbaren Montagegestelle zu sehen.

In dieser Detailaufnahme sind die zahllosen Nietreihen zu sehen.

Diese Aufnahme vermittelt einen Überblick auf den Rumpfrohbau.

Blick in die Produktion des Tragflächenholms.

Nietarbeiten am Tragflächenholm. Bei der Nietmaschine handelt es sich um einen Halbautomaten. Die Nieten werden von der Maschine gesetzt.

Arbeiter in der Tragflächenproduktion. Auch hier ist die Kennzeichnung „OST" auf der Arbeitsbekleidung zu sehen. Deutlich sind die räumlich beengten Arbeitsverhältnisse erkennbar.

Arbeiten an der Oberseite einer 109-Tragfläche. Mit einer Werkzeugmaschine werden die Bohrlöcher für die Senkkopfnieten gesetzt. Durch die Öffnung auf der Oberseite ragt bei eingezogenem Fahrwerk ein Teil des Hauptfahrwerkrades hindurch. Diese Öffnung wird später mit einer tropfenförmigen Abdeckung verschlossen.

In dieser Aufnahme ist zu erkennen, dass die fahrbaren Bauvorrichtungen für die Tragflächen in das Fließband eingehängt sind. Die Tragflächen konnten in der Vorrichtung gedreht werden. Die obere Flächenbeplankung ist bereits aufgebracht. Im Hintergrund läuft der Rumpfrohbau.

Ein Blick in die Tragflächenunterseite. Ein Prüfer kontrolliert mit einer Handlampe die Fertigungsqualität.

Paarweise gehen die Tragflächen ihrer Fertigstellung entgegen.

Randbogen, Vorflügel, Querruder, Landeklappen und Kühlerverkleidung werden an den Tragflächen angebracht. Die Öffnung für das Fahrwerk auf der Tragflächenoberseite ist bereits mit einer Abdeckung (Beule) verschlossen worden.

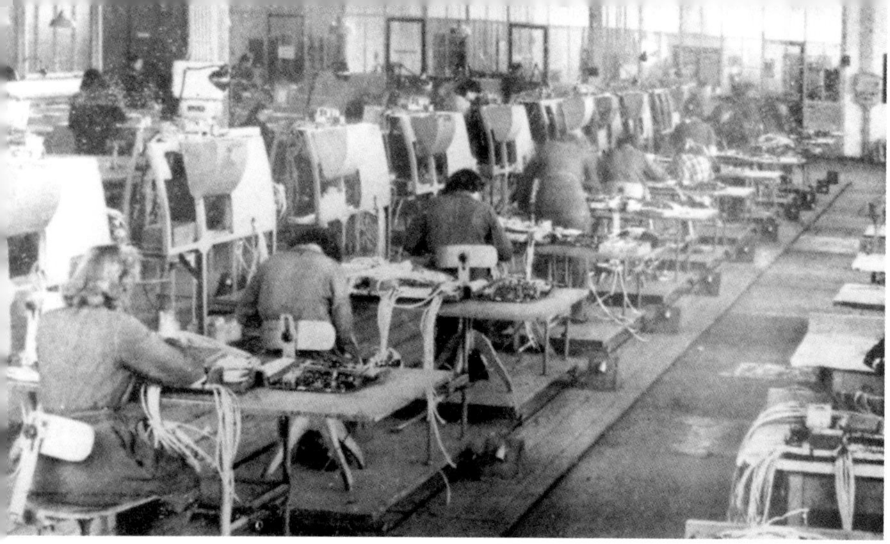

Frauen fertigen die Kabelbäume und Schalttafeln für die elektrische Anlage der Me 109 G.

Verlegung des Kabelbaums in einem Montagegestell.

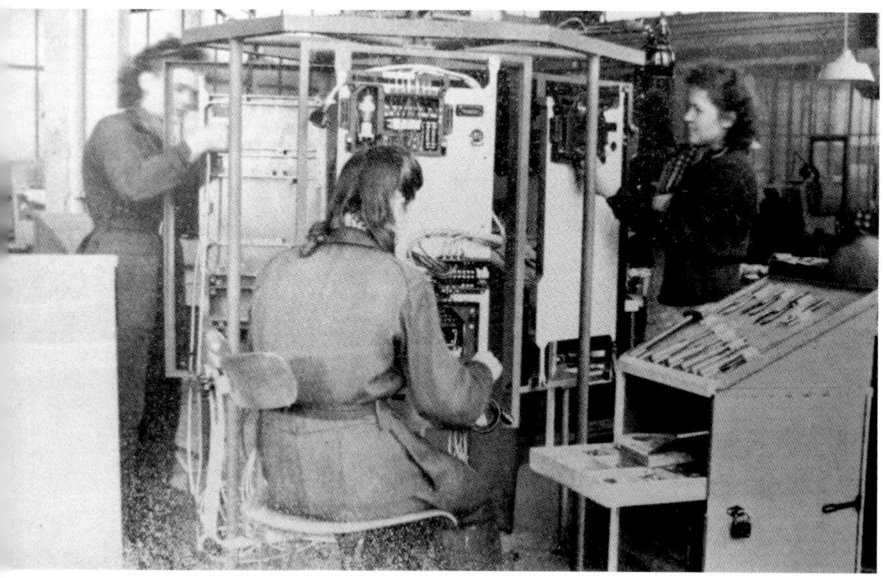

Auf einem Montagekarussell wird die gesamte elektrische Anlage verkabelt und getestet.

7. Metallbau – Fläche

Der Flächenbau ist fertigungsmäßig in 3 bzw. 4 Baugruppen unterteilt, die außerhalb der Hellinge gefertigt und dann im Helling aufgebaut werden. Diese Aufbauarbeit erfolgt in Fließbandfertigung (Straße I). Sowie der Flügel verdrehsteif ausgenietet ist, werden die weiteren Arbeitsgänge des Flügels auf der Fließbandstraße (Straße II) vorgenommen. Hier laufen 2 Bandstraßen mit linken und rechten Tragflächen parallel. Die Fläche wird in dieser Abteilung metallbaumäßig fertiggestellt, während sämtliche Einbauten in der Flächenmontage vorgenommen werden. Zu erwähnen ist noch, dass 80 Prozent der Beschäftigten aus Ostarbeitern und Ostarbeiterinnen bestehen. Das benötigte Material wird den jeweiligen Hellingen an Spezialtischen beigegeben und läuft während des gesamten Arbeitsprozesses mit den fahrbaren Hellingen mit, sodass jegliche Verlustzeit durch Materialholen der Belegschaft vermieden wird.

8. Metallbau – Rumpf

Der Rumpfbau ist ebenfalls in Fließfertigung aufgezogen, beginnend mit der Rumpfschalen-Nietung, die heute auf Spezialnietmaschinen (Halbautomaten) vorgenommen wird. Das Rumpfvorderteil und das Rumpfhinterteil laufen in der Fabrikation gegenläufig, deren Fertigstellung vor dem Haupt- und Zusammenbauhelling endet. Dadurch ergibt sich eine Einsparung von Transportwegen. Der Zusammenbau des Rumpfrohres mit dem Rumpfhinterteil erfolgt zurzeit noch in einem stationären Helling (Bauvorrichtung), jedoch ist bereits auch hier eine Fließbandfertigung (fahrbare Hellingstraße) geplant und wird in den nächsten Monaten zur Ausführung kommen. Die weitere Fertigstellung des Rumpfes erfolgt auf einem kontinuierlichen Fließband, das wie die Flächenbandstraße mit einem mechanischen Antrieb versehen ist. Die genannte Anlage ist so geschaffen, dass mit möglichst wenig Transportarbeiten die Rumpffertigung vorgenommen werden kann. Die Schaffung von Spezialanlagen, wie Schalennieten mit Nietmaschinen, Transportwagen und weiterer Einzelvorrichtungen, haben zu einer wesentlichen Senkung der Fertigungszeiten beigetragen. Durch die Spezialisierung der Arbeitsvorgänge war auch im Metallbau-Rumpf der Einsatz von Fremdvölkern in großem Maßstabe möglich. So ist die gesamte Rumpfröhrenfertigung mit Ostarbeitern besetzt und hat sich deren Einsatz hundertprozentig bewährt.

Blick auf die verdrahtete Hauptschalttafel bei abgenommener Verkleidung.

Die fertigen Luftschrauben werden auf einem Rolltisch fertig montiert. Gewicht einer voll ausgerüsteten Luftschraube ca. 140 kg.

Die Luftschraubennaben werden auf einem Rolltisch für die Aufnahme der Propellerblätter ausgerüstet. Oben links sind die bereits fertiggestellten Luftschrauben zu sehen.

Die Ausrüstung der 109 mit allen Anschlüssen für das Triebwerk, die Hydraulik- und Waffenanlage vor dem Brandschott. Die große Öffnung ist für den Einbau des MG 151/20 vorhanden.

9. Flächenvormontage

In der Flächenvormontage musste auf Grund der Raumverhältnisse die Fließbandstraße in U-Form aufgezogen werden. In der Mitte dieser U-Form wurde die Materialbereitstellung untergebracht. Sämtliche Aufnahme- und Transportwagen sind so ausgerüstet, dass die Flächen in die jeweils günstigste Arbeitslage gebracht (gedreht) werden können. Die Materialzuführung erfolgt durch Spezialtische, die zu jedem Arbeitsplatz aus der Materialbereitstellung herausgeschoben werden. Die oben beschriebene Anlage darf als günstigste Lösung in Bezug auf Raumgestaltung angesehen werden. Die erzielte Leistungssteigerung durch die durchgeführten Verbesserungsmaßnahmen beträgt rund 35 Prozent.

Blick in die Motorenaufrüstung. Dahinter ist die Rumpfmontage zu sehen.

10. Rumpfvormontage und Triebwerksaufrüstung

Für die Rumpfvormontage wurden zwei mechanische Fließbandstraßen mit kontinuierlichen Antrieben für je 28 Rümpfe = 56 Rümpfe geschaffen. Die Aufnahme der Rümpfe erfolgt auf Spezialwagen, die eine genaue Justierung und gleichmäßige Fortbewegung (keine Verdrehung) derselben garantieren. Zur Vermeidung von Verlustzeiten durch Holen von Material in die Bereitstellungen wurden für sämtliche Arbeitsplätze Spezial-Bereitstellungs-Tische aufgestellt. Die Tische werden von der Bereitstellung einmal täglich (Tages-Soll) beschickt. Durch die Aufstellung der Tische wurden folgende Punkte mustergültig gelöst:

1) Jeder Fehlbestand meldet sich sofort von selbst, da für jedes Teil ein vorbestimmter Platz am Tisch vorgegeben ist.
2) Mustergültige Ordnung, kein Suchen nach Teilen durch falsche Lagerung.
3) Durch Bereitstellung nach Tages-Soll-Zahlen ist das Personal genötigt, jeden Ausschuss sofort zu melden, sodass Fehlmengen hierdurch kaum entstehen und die Gründe des Ausschusses auch sofort überprüft werden können.

Am Ende der beiden Fließband-Straßen ist eine hydraulische Abbock-Vorrichtung angebracht, die das Abbocken des Rumpfes vom Fließband in 0,8 Minuten gewährleistet. Parallel zur Rumpfvormontage erfolgten die Aufrüstung des Triebwerkes und der Luftschraubenzusammenbau ebenfalls auf mechanischen Fließbandstraßen. Diese beiden Straßen sind so abgestimmt, dass nach Beendigung der Aufrüstung die beiden Aggregate sofort an den Rumpf montiert werden können und deshalb keine Bereitstellung bzw. kein langer Transportweg notwendig ist. Für die Triebwerksaufrüstung wurde ein Aufnahme- und Transportwagen geschaffen, in dem der Motor im Schwergewichtspunkt aufgehängt ist, sodass derselbe jeweils in die für das Personal günstigste Stellung gebracht (gedreht) werden kann. Das Triebwerk wird vom Motorenlager mit Demag-Zug (Portalkran) zur Triebwerksstraße befördert und kann mühelos in den Spezialmontagewagen aufgesetzt werden. Die Bereitstellung des Materials erfolgt ebenfalls auf Spezialtischen, wodurch ebenfalls gewaltige Senkungen der Verlust- und Arbeitszeiten (42 Prozent) erzielt wurden.

11. Endmontage

In der Endmontage erfolgt der Anbau der Flächen, Triebwerksverkleidung, Brennstoffbehälter, Einbau der Waffen usw. auf drei parallellaufenden mechanischen Fließbandstraßen, die mit je 10 Flugzeugen belegt werden können. Die Beförderung der Flugzeuge erfolgt auf Spezialwagen, dem zugleich das für die Montage notwendige Material beigegeben ist. Ebenso sind die zur Ausführung der Montagearbeiten notwendigen Auftritte und Bühnen an diese Spezialwagen angebracht. Die Einführung der Fließbandstraßen und der

Auf Beistelltischen sind alle erforderlichen Schläuche und Leitungen für die Aufrüstung der Triebwerke vorhanden.

Auch in der Motorenaufrüstung waren Frauen eingesetzt. Fließband und Montagewagen sind hier sehr schön zu erkennen. Der Motor konnte im Montagewagen gedreht werden, sodass Arbeiten von allen Seiten möglich waren.

damit verbundenen Sondereinrichtungen haben eine weitestgehende Ausschaltung der Verlustzeiten und eine wesentliche Senkung der Arbeitszeiten mit sich gebracht. Weiterhin konnte durch die Spezialisierung der Arbeiten bei den schwierigsten Arbeitsgängen ausländische Arbeiter (Westarbeiter) eingesetzt werden, ohne dass dadurch der Qualitätsstandard negativ beeinflusst wurde. Nach der Beendigung der Arbeiten in der Endmontage werden die Flugzeuge abgebremst (Probelauf des Triebwerks) und werden danach dem Schießstand zugeführt.

12. Schießstand
Durch Schaffung von Spezial-Aufbockvorrichtungen, mechanische Bewegung der Zielscheibe usw. konnte trotz der begrenzten Schießzeitdauer (10 Stunden pro Tag, da durch das in der Werknähe liegende Krankenhaus nachts nicht geschossen werden darf) sowie durch verbesserte Aufteilung des gesamten Arbeitsablaufes das erhöhte Programm mit einem Schießstand trotzdem abgewickelt werden.

13. Lackiererei
In der Malerei konnten die Fertigungszeiten durch Schaffung von zeitsparenden Arbeitsverbesserungen gewaltig reduziert werden. Während vorher die ganzen Kabinen zum Lackieren abgeklebt werden mussten, wird heute lediglich eine Abdeckhaube darüber gesetzt. Hierdurch kam nicht nur die Zeit zum Abkleben in Wegfall, sondern konnte gleichzeitig eine Einsparung an Verbrauchsmaterial erzielt werden. Ähnlich verhält es sich auch bei anderen abzudeckenden Teilen, die durch weitgehende Einführung von Abdeckkappen und Blechschablonen auf ein Mindest-Zeitmaß gesenkt werden konnten.

Fertigungsprüfung (FP) – Vorrichtungsbau

FP – Vorrichtungsbau

a) Typengebundene Betriebsmittel:
Es dürfen grundsätzlich nur Betriebsmittel und Lehren zur Verwendung kommen, die von der Prüfstelle FP-Vorrichtungsbau geprüft und als abgenommen bezeichnet sind. Als Unterlagen für die Abnahme gelten die Betriebsmittelzeichnungen. Es soll jedoch auch bei Vorhandensein von obigen Zeichnungen stets die Fertigungszeichnung mit herangezogen werden. Die eigenmächtige Vornahme von Änderungen an Betriebsmitteln durch den Betrieb ohne vorherige Verständigung der Prüfstelle ist verboten. Die Abnahme der Lehren erfolgte im Allgemeinen durch Abstimmen mit den Urlehren.

b) Handelsübliche Betriebsmittel:
Die Prüfung handelsüblicher Betriebsmittel umfasst hauptsächlich die Kontrolle von handelsüblichen Lehren und Schneidwerkzeugen; die Eingangsprüfung der Lehren erfolgt im Feinmessraum, während die Werkzeugausgaben und Prüfstellen durch fliegende Prüfer laufend überwacht werden.

c) Arbeitsgebiet der Werkstoffprüfung:
Der Werkstoffprüfung unterstehen zur Betreuung nachstehende Abteilungen:

1. Elektronbeizanlage
2. Galvanische Anlage
3. Veredelungsanlage
4. Härterei
5. Werkstoffprüfung

Zu 1. Beizen sämtlicher Elektronteile unter Beachtung der Passungen; Reinigen und Beizen sämtlicher Höhenatmerleitungen; Reinigen sämtlicher Leichtmetallschweißteile von den Schweißpulverresten; Kontaktblankbeizen der erforderlichen Leichtmetalle.

Zu 2.
a) Eloxieren sämtlicher Duralteile mit Gewinden oder solcher Teile, die nicht lackiert werden.

b) Verzinken von Normteilen oder solchen Teilen, die besonders geschützt werden müssen.

Ein DB 605 A wird mit einem Kran am Rumpf einer Me 109 G-6 montiert. Bemerkenswert an dieser Aufnahme sind die Armbinden der beiden Arbeiter. Die Kennzeichnung der Armbinden in vermutlich weiß-rot mit einer Nummer war offenbar eine innerbetriebliche Kennzeichnung für bestimmte Arbeitsgruppen. Die Person mit einer Krawatte hinter dem Triebwerk dürfte ein Meister oder ein Mitarbeiter der Produktionskontrolle aus diesem Montagebereich sein. Beachtenswert sind auch die Holzschuhe des auf einer Kiste stehenden Mannes.

Auf zwei Bändern läuft die Rumpfendmontage. Während im Vordergrund die ungeraden Werknummern fertiggestellt werden, läuft auf dem zweiten Band im Hintergrund die Produktion der geraden Werknummern.

Alle benötigten Teile für die Montage sind hinter den Rümpfen auf Arbeitstischen bereitgestellt. Ganz rechts die kugelförmigen Sauerstoffbehälter.

c) Vernickeln und Verchromen von Werkzeugen und Vorrichtungen; insbesondere Hartverchromen von Rachenlehren und Lehrdornen.

d) MBV-Behandlung der erforderlichen Kühlwasserrohre*.

e) Beizen sämtlicher Pressteile aus Leichtmetall für die Untersuchung in der Werkstoffprüfung.

Zu 3. Vergüten und Weichglühen von Leichtmetall, Blechen, Profilen und Nieten.

Zu 4. Vergüten sämtlicher Serienteile aus Stahl; Härten und Glühen von Werkzeugen und Bauvorrichtungen.

*Anmerkung: MBV „Modifiziertes Bauer-Vogel Verfahren". Es handelt sich dabei um ein Verfahren zur Erhöhung der Korrosionsbeständigkeit von Aluminium. Die Aluminiumteile werden dabei in eine erhitzte sodaalkalische Natriumlösung getaucht, wobei sie sich mit einer grauen Schutzschicht überziehen.

Zu 5.

a) Maßprüfung sämtlicher Halbzeuge aus Stahl, Leichtmetall, Kunststoff, Gummi etc. anhand der Zeichnungs- und Stücklistenunterlagen.

b) Mechanische Prüfung:
   1. Härteprüfung von Rohbau- und Fertigteilen aus Stahl und Dural; bei niederen Festigkeiten stichprobenweise, bei höheren Festigkeiten 100 prozentig ebenso die Kennzeichnung durch Stahlstempel.

   2. Zug-, Druck- und Biegeversuche von besonders zubereiteten Proben und auch von Fertigteilen.

   3. Dauerversuche auf Zug-, Druck- und Biegung zum Beispiel bei Schweiß- und Nietverbindungen.

c) Zerstörungsfreie Prüfung:
   1. Rissprüfung von sämtlichen wichtigen Stahlteilen nach dem Magnetpulververfahren.
   2. Röntgenprüfung, hier Aufnahme von wichtigen Schweißteilen. Durchleuchten von Leichtmetallgussteilen.

d) Metallographische Untersuchung:
   1. Chemische Analysen von Rohmaterial und von Fertigteilen besonders bei auftretenden Bearbeitungs- und Vergütungsschwierigkeiten; Öl- und Benzinanalysen. Kesselhausüberwachung.
   2. Anfertigung von Schliffen zur makroskopischen Untersuchung aus Rohmaterial und Fertigteilen zur Beurteilung von Materialverwechslungen und Materialfehlern.

FP – Teilfertigung
Die Prüfung von Einzelteilen wird in den Kontrollräumen der einzelnen Fertigungsabteilungen durchgeführt. Größere Werkstücke und sperrige Blechteile sowie Profile werden wegen Transport und räumlichen Gründen direkt am Fertigungsplatz abgenommen (Fliegende Prüfer). Die Abnahme erfolgt unter den üblichen maßgeblichen Prüfvorschriften, die jeweils laufend ergänzt werden.

FP – Gruppenzusammenbau
Bei den zusammengebauten Teilen erstreckt sich die Prüfung auf:

a) Überwachung wichtiger Zusammenbauarbeiten und Zwischenprüfungen während des Fertigungsganges der Baugruppe.

b) Fertigabnahme von Untergruppen und Baugruppen. Die Prüfungen werden zum größten Teil durch Einsatz von fliegenden Prüfern am Fertigungsplatz vorgenommen.

Zu a) Zwischenprüfung:
Außer der Überwachung von Zusammenbauarbeiten sind während der Fertigung laut Taktplan Zwischenprüfungen vorzunehmen, sodass Fehler rechtzeitig erkannt und behoben werden können. Dadurch wird ein nochmaliges Auseinanderbauen des Fertigteiles vermieden.

Zu b) Fertigabnahme:
Die Fertigabnahme erstreckt sich auf Prüfung sämtlicher Arbeitsgänge, die nicht durch Zwischenprüfungen bereits erledigt wurden.

Letzte Arbeiten am Triebwerk. Die Arbeiter tragen eine entsprechende Armbinde. Der Mann im Overall ist ein Mitarbeiter der Fertigungsprüfung, der hier mit einer Taschenlampe den Anschluss des Ölbehälters an den Schmierölkreislaufs des Motors kontrolliert.

Dieses Bild zeigt eine 109, die auf einem Montagewagen steht. Der Wagen enthält alle Blech- und Kleinteile für die Endmontage. Er verfügt auch über die notwendigen Arbeitsbühnen. Ein Bild von minderer Qualität, das aber auch den in den Boden eingelassenen Antrieb für das Fließband unten links im Bild erkennen lässt.

Auf drei Fließbändern läuft die Endmontage 1943 im Werk Regensburg. Der Tarnanstrich der Flugzeuge erfolgte nach der Fertigstellung in einer Lackierhalle (Malerei).

Letzte Arbeiten am DB 605 A. Über dem Triebwerk ist die Mündung des linken MG zu sehen. Deutlich ist die hohle Propellerwelle zu erkennen. Durch diese Öffnung feuerte das MG 151/20.

Eine Aufnahme des festen vorderen Windschutzaufbaus. Bemerkenswert sind die etwas unregelmäßig und grob ausgeführten Schweißnähte.

Der mit einer Gummischicht überzogene 400 Liter fassende Kraftstofftank der Me 109. Im Falle eines Treffers in den Tank sollte der Kraftstoff das Gummi zum Aufquellen bringen und das Einschussloch verschließen. Der Tank wurde von unten in den Rumpf eingebaut.

Detailaufnahme kurz vor dem Absetzen vom Fließband. Auch hier sind vier Arbeiter mit einer Armbinde, auf der die Nummer „21" zu sehen ist, gekennzeichnet.

Hier geht die Werknummer 18387, eine Me 109 G-6/trop mit dem Rüstsatz R6 (Gondelbewaffnung an den Tragflächen ihrer Fertigstellung entgegen. Sehr schön sind hier die mitfahrenden Arbeitsbühnen zu sehen. Die 109 sind im Bereich der Holmbrücke und am Rumpfende in Fluglage aufgebockt. Die Werknummer 18387 erhielt später das Stammkennzeichen TO+QA und wurde am 5. Juni 1943 von Leutnant Adolf Riedmeir in Regensburg eingeflogen. Bereits am 2. Juli 1943 wurde diese 109 bei der I./JG 53 durch einen Bedienfehler auf dem Flugplatz Vibo Valentia (Italien) schwer beschädigt (45 Prozent).

Montage des Sand- und Staubfilters an der Ansaughutze des Laders. Per Seilzug konnten beim Start die beiden halbschalenförmigen Bleche geschlossen werden. Die Luft wurde dann seitlich über das Filter angesogen. Nach dem Start wurden die beiden Halbschalen wieder geöffnet.

Insbesondere ist eine genaue Prüfung der Anschlussmaße durchzuführen (eventuell durch Arbeitslehren). Bewegliche Teile sind einer Funktionsprüfung zu unterziehen. Der Prüfer hat sich bei der Fertigabnahme stets an Hand der Taktpläne zu überzeugen, dass die vorgeschriebenen Zwischenprüfungen durchgeführt wurden. Außerdem ist auf das Vorhandensein der Prüfstempel zu achten. Die Kennzeichnung der Baugruppen erfolgt nach der betreffenden Schilder- und Stempelmappe.

Eine Detailaufnahme des Filters. Durch dessen Einsatz konnte das Triebwerk vor zusätzlichem Verschleiß durch Ansaugen von Sand und Staub geschützt werden. Vor allem in Nordafrika und im Mittelmeerraum waren diese Filter erforderlich.

Nach dem Aufbringen des Tarnanstrichs erfolgt mittels Schablone das Aufspritzen des Balkenkreuzes. Trotz Verwendung einer Lackierpistole tragen die Arbeiter keine Staubmaske und atmen so ungeschützt die Farbdämpfe ein.

FP – Montage und Einfliegerei
Montageprüfung

Die Fertigungs-Prüfung der Montage umfasst die Überwachung und Abnahme sämtlicher mechanischer und elektrischer Einbauten sowie die Montage der Baugruppen und die Endabnahme der fertigen Flugzeuge vor Übergabe an den Flugbetrieb.

a) Prüfumfang: Der Prüfumfang der FP – Montage muss so festgelegt werden, dass eine ausreichende Gewähr für einwandfreien Zusammenbau der Flugzeuge einschließlich der Einbauten, der Brennstoffanlagen, der Hydraulik sowie Sauerstoff- und Pressluftanlage sichergestellt wird.

b) Arbeitsbereich:
   1) Überwachung der Baugruppenmontage, einschließlich der Einbauten.
   2) Abnahme der Baugruppen mit Einbauten nach erfolgter Montage.
   3) Einstellen der Steuerung und Nachmessen der Werte für Flosse, Klappen und Ruder.
   4) Dichtigkeits- und Durchgangsprüfung des Rohrleitungssystems.
   5) Durchgangs-, Isolations- und Funktionsprüfung der elektrischen Anlage.
   6) Funktionsprüfung der Hydraulik-, Sauerstoff- und Pressluftanlage.
   7) Prüfung der Triebwerksanlage
   8) Funktionsprüfung der Bewaffnung
   9) Fremdkörperüberprüfung
   10) Anstrichprüfung
   11) Endprüfung der fertigen Flugzeuge vor Übergabe an die Einfliegerei.

FP-Einfliegerei:

Die Fertigungs-Prüfung Einfliegerei hat die Aufgabe, den Zustand der im Flugbetrieb stehenden Flugzeuge im Hinblick auf die Flug- und Betriebssicherheit laufend zu überwachen, sodass die Flugzeuge in einem einwandfreien Zustande zur Ablieferung gelangen.

a) Übernahme der Flugzeuge aus der Endmontage unter Berücksichtigung des Zustandes der Maschine. (Änderungen, Behebung offen gebliebener Beanstandungen, fehlender Teile und mengenmäßige Prüfung loser Teile.

b) Die Flugbetriebsüberwachung ist verbunden mit der Startprüfung und Flugsicherheit, die eine Fremdkörperprüfung einschließt.)

Flugzeugübergabestelle:
Die Übergabe der Flugzeuge macht eine Anzahl von Unterlagen erforderlich, die durch die Flugzeugübergabestelle ausgearbeitet und zusammengestellt werden. Diese Unterlagen werden für die mengenmäßige richtige Übergabe der Flugzeuge an den Halter benötigt.

1) Die Lebenslaufakte gibt Auskunft über den Bau- und Ausrüstungszustand des Flugzeuges sowie über alle wichtigen Vorgänge, die die Maschinen betreffend bzw. vom Halter zu beachten sind.
2) In der Bauakte werden alle schriftlichen Vorgänge gesammelt, die sich auf das betreffende Flugzeug beziehen. Außer den gleichen Unterlagen, die bereits in dem Lebenslaufakt enthalten sind, müssen die Prüfberichte, Abnahmemeldungen der einzelnen Prüfstellen in der Bauakte abgelegt werden. Die Bauakten verbleiben im Werk.
3) Nach vollständiger Fertigstellung des Flugzeuges und mengenmäßige Nachprüfung des Ausrüstungsumfanges übergibt die Flugzeugübergabestelle alle notwendigen Unterlagen an den Halter.

In Regensburg liefen die Montagen damit nach einem vorher genau festgelegten Plan ab. Alle Teile mussten sozusagen „Just in time" am betreffenden Band vorhanden sein. Die Montagen liefen damit weitgehend kontinuierlich ab ohne dass die Fertigung stoppte. Die Fließbandgeschwindigkeit war mit 1,2 Metern pro Stunde vorgegeben. An dieser Geschwindigkeit hatten sich auch alle Vormontagen, die Herstellung aller Metallteile genauso wie der Rohbau für Rumpf und Tragflächen zu halten. Im Rahmen dieser Planung gelang es dem Regensburger Werk, bis Ende 1942 den Ausstoß an Flugzeugen um 40 Prozent zu steigern, ohne dass der Raumbedarf erweitert worden war. Trotzdem blieb es im Regensburger Werk immer bei einer sehr beengten räumlichen Situation, wie es auch auf den Fotos deutlich zu ersehen ist. Im Juli 1943 war dann auch das vom RLM vorgegebene monatliche Soll von 250 Flugzeugen erreicht worden.

Bei der Me 109 BL+IQ werden im Werk Regensburg die Bordwaffen bei laufendem Triebwerk eingeschossen.

Bereitstellung von Me 109 G-6/trop zum Einflug in Regensburg/Prüfening im Juni 1943. Eine 109 kommt gerade vom Einflug zurück und rollt zu ihrem Abstellplatz. Im Hintergrund sind die Winzerer Höhen erkennbar.

Vor der Endmontagehalle in Regensburg warten im Juni 1943 mehrere 109 auf ihren Einflug. TL+DR Werknummer 18378, TL+DU Werknummer 18381, TL+DT Werknummer 18380 und BJ+IL Werknummer 18346. Alle Flugzeuge haben den für Regensburg typischen gestreiften seitlichen Tarnanstrich.

Eine Me 109 G-6/R6 wird zum Einflug vorbereitet. Die 109 trägt den für Regensburg typischen seitlichen Tarnanstrich. Wie sich überhaupt die Tarnanstriche der Me 109 von Erla, Regensburg und WNF wesentlich unterschieden. Die Kennung Lo am Seitenruder ist der Hinweis, dass diese Me 109 von Feldwebel Heinz Lohmann eingeflogen wurde.

Unter Zuhilfenahme eines speziellen Winkelmessers wird die Trimmkante eines Querruders überprüft. Hing eine 109 beim Einflug nach einer Seite, konnte mit dem „Bügeleisen" (Gegenstand in der rechten Hand des Mannes) die Trimmkante entsprechend justiert (gebügelt) werden.

Erla Maschinenfabrik Leipzig (Taktfertigung)

Die Taktfertigung im Erla-Werk machte sich vor allem in den Endmontagen zeitlich negativ bemerkbar. Zwar gab es in Leipzig zwei Endmontagelinien, aber war ganz vorne eine 109 fertig, so wurden fast alle Arbeiten an den Flugzeugen eingestellt. Die Bauvorrichtungen waren alle untereinander mit rotweiß gekennzeichneten Zugstangen verbunden. Der betreffende Meister gab mit einer Trillerpfeife ein entsprechendes Signal und dann hieß es für alle an der betreffenden Fertigungsstraße anschieben. Es musste solange geschoben werden, bis das vorderste Flugzeug samt Bauvorrichtung aus der Halle rollte. Dieser Vorgang kostete natürlich wertvolle Zeit. Anschließend wurde die fertiggestellte 109 auf das Vorfeld gerollt und die Bauvorrichtung wieder an das Ende der betreffenden Fertigung gefahren, um dort an die davor befindliche Bauvorrichtung angehängt zu werden. Dann begann der Zyklus in der Produktion von neuem. In etwa genauso lief auch die Produktion in der Endmontage in den Wiener Neustädter Flugzeugwerken ab. Dass trotzdem eine derart große Anzahl an Me 109 von Erla und WNF produziert werden konnten lag an den großen zur Verfügung stehenden Produktionshallen.

Der Rumpf der Werknummer 33061 wird mittels Portalkran zur weiteren Ausrüstung auf die rechte Taktstraße gehoben. (Sammlung Radinger)

In der Rumpf-Montagehalle der Erla Maschinenwerke reiht sich eine unübersehbare große Anzahl an Me 109 Rümpfen aneinander. Die Werknummern sind in das Balkenkreuz mit Schablone aufgetragen worden. Die Rümpfe selbst lagern vorne und hinten auf fahrbaren Montagegestellen. An beiden seitlichen Fertigungslinien läuft die Montage von vorne nach hinten. In der Mitte der Halle läuft der Triebwerksanbau an den Rumpf. (Sammlung Radinger)

Montage des Hauptfahrwerkes. Im Hintergrund am Boden befindet sich ein Montagewagen, auf dem später das Hauptfahrwerk ruht. (Sammlung Radinger)

Motoreneinbau mittels Portalkran. Die Kranlaufbahn zieht sich durch die gesamte Halle und ist an der Hallenwand mit seiner Stahlkonstruktion zu sehen. (Sammlung Radinger)

Blick auf die mittlere Montagelinie. Auf die Rümpfe wurde die Werknummer ein zweites Mal aufgetragen. (Sammlung Radinger)

Das Verkleidungsblech wird angepasst und montiert. (Sammlung Radinger)

Der Anbau des kompletten Höhenleitwerks mit Höhenruder an den Rumpf. Das Leitwerk ist bereits mit einem Tarnanstrich versehen. (Sammlung Radinger)

Bei den Erla-Werken befindet sich die Tragflächen-produktion in großen Hallen. (Sammlung Radinger

Der fertigausgerüstete Rumpf wird mittels Kran auf einen Montagewagen gesetzt. Deutlich sind am Boden die Schienen zu erkennen, auf dem der Montagewagen mit dem Rumpf in die Endmontage gefahren wird. Das Seitenleitwerk ist bereits mit dem Hakenkreuz versehen, hat jedoch eine andere Lackierung als der Rumpf. (Sammlung Radinger)

Die Fertigstellung der 109 beginnt. Mit einem Transportwagen werden Tragflächen in die Endmontagehalle gefahren. (Sammlung Radinger)

Eine Vermessung der Rumpfachse wird vorgenommen. (Sammlung Radinger)

Montage der Luftschraube mittels Kran. Die Dachkonstruktion ist von der gleichen Konstruktionsart wie in der Halle für den Rumpfbau. (Sammlung Radinger)

Für alle heißt es jetzt die Arbeiten einstellen und schieben. Die einzelnen Montagewagen waren mit rotweiß gekennzeichneten Zugstangen untereinander verbunden. (Sammlung Radinger)

Der zuständige Meister der betreffenden Taktstraße gibt per Trillerpfeife das Signal an alle Mitarbeiter, den Montagewagen zum nächsten Fertigungstakt zu schieben. (Sammlung Radinger)

In diesem Bild ist die Zugstange zwischen zwei Montagewägen deutlich zu sehen. Der besseren Erkennung wegen ist die Stange rotweiß lackiert, da sie ja eine Stolperstelle darstellt. Beachte auch, die unterschiedliche Lackierung von Rumpf und Leitwerk. (Sammlung Radinger)

Arbeiten an der linken Tragfläche einer Me 109. Der Randbogen wird montiert. Die Kabel werden an die im Randbogen befindliche Positionsleuchte angeschlossen. Die Unterseite der Tragfläche ist noch nicht beplankt. (Sammlung Radinger)

Auf zwei Taktstraßen gehen die Me 109 ihrer Fertigstellung entgegen. (Sammlung Radinger)

Mittels einer Handpumpe wird das Kühlsystem einer Me 109 G-6/R6 abgedrückt und auf Undichtigkeiten überprüft. (Sammlung Radinger)

Die Werknummer 33085 verlässt die Endmontagehalle in Leipzig. Da die Motorhaube noch nicht montiert ist, wurde das Triebwerk mit einer Plane abgedeckt. (Sammlung Radinger)

Hier verlässt eine weitere Me 109 G die Endmontagehalle. Allerdings ist der mittlere Teil der Kabinenhaube und die Motorhaube noch nicht montiert. (Sammlung Radinger)

Triebwerk läuft! Zwei Monteure stehen bereit, um die Unterlegkeile an einer Leine wegzuziehen. Beachte die „15“ auf der Motorhaube. Die Nummer könnte eine Kennzeichnung für den zugeteilten Einflieger bedeuten. (Sammlung Radinger)

Eine Me 109 G-6/R6 wird in Leipzig betankt. Auch hier eine Kennzeichnung mit „9“ auf der Motorhaube, welche sich auf der Luftschraube wiederholt. (Sammlung Radinger)

Beim Einflugbetrieb gab es auch Zwischenfälle, wie hier bei einer Bauchlandung wegen Motorstörung. Die 109 G mit der Werknummer 411078 und dem Stammkennzeichen VP+MM weist den für die aus der Erla-Fertigung kommenden Me 109 typischen getupften Tarnanstrich auf, der sich grundsätzlich von dem in Regensburg unterscheidet. (Foto Gunther Lauser)

Die nun folgenden Aufnahmen zeigen den vielfältigen Einsatz von Frauen in der Flugzeugproduktion in Leipzig, wie bei der Triebwerkaufrüstung des DB 605 A. (Sammlung Radinger)

Wenn möglich wurden Frauen zu leichteren Arbeiten eingeteilt. Wie hier bei der Registrierung der MG 131. Interessant ist das Leitblech am MG 131. Es diente der Zuführung von Kühlluft für das MG und verhinderte, dass sich beim Abfeuern der Waffe der Mündungsdruck mit den dabei austretenden heißen Abschussgasen zum Triebwerk hin ausbreiten konnte. (Sammlung Radinger)

In dieser Aufnahme wird die Abdeckung der Plexiglasscheiben vor dem Lackieren vorgenommen. (Sammlung Radinger)

Arbeiten an der Hydraulikanlage. (Sammlung Radinger)

An der Werknummer 33098 werden die Daten für das Funkgerät überprüft. Die Werknummer ist doppelt aufgetragen worden. Einmal im Bereich des Balkenkreuzes und am hinteren Rumpf. (Sammlung Radinger)

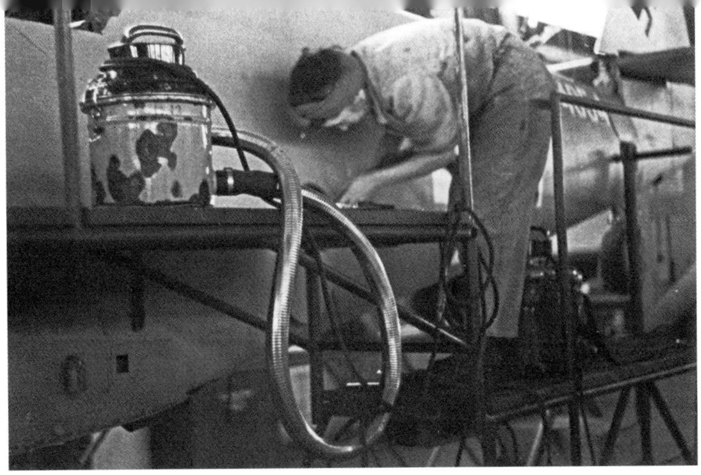

Mit einem Staubsauger werden Bohrspäne aus dem Rumpf entfernt. Das Gehäuse des Staubsaugers ist augenscheinlich einem starken Verschleiß unterworfen. (Sammlung Radinger)

Eine Me 109 G steht ohne Tarnanstrich zum Einflug bereit. Der Flugzeugführer trägt den für die Me 109 obligatorischen Sitzfallschirm. Die Nummer auf der Motorhaube wurde ganz offensichtlich entfernt. (Sammlung Radinger)

Diese drei Damen sind dabei, für klare Sicht zu sorgen, und bringen die Kabinenverglasung auf Hochglanz. (Sammlung Radinger)

Diese Aufnahme zeigt das Werk nach seiner Zerstörung. Vergleiche die Dachkonstruktion mit den vorhergehenden Aufnahmen. Bei den Me 109 handelt es sich um Me 109 G-10.

Me 109 G-6

Die G-6 wurde die am meisten produzierte Version der Me 109. Die G-6 wurde von Erla, Messerschmitt GmbH Regensburg und WNF produziert und war das Nachfolgemodell der Me 109 G-4. Die G-6 verfügte über keine Druckkabine. Die Flugzeugwerke in Györ produzierten die G-6 für die ungarische Luftwaffe. Hier ein Überblick über die Gesamtfertigung der Me 109 G-6:

Erla Maschinenwerke Leipzig	*3.196*
Messerschmitt GmbH Regensburg	*5.566*
Wiener Neustädter Flugzeugwerke	*3.029*
Flugzeugwerke Györ	*190*
Gesamt	***11.981***

Ferner wurden bei der IAR in Rumänien ebenfalls Me 109 G-6 produziert, davon geplant 50 Stück von März bis Juli 1944 (15 Zellen und 50 Triebwerke) aus deutschen Werken. Diese wurden nach dem Frontenwechsel im August 1944 und nach Kriegsende weiter hergestellt.

Dieser Aufstellung kann man sehr deutlich entnehmen, dass die in Regensburg bei der Messerschmitt GmbH laufende Fließbandproduktion einen höheren Gesamtausstoß ergab. Die Kosten für eine voll ausgerüstete Me 109 G-6 lagen bei 223.600 RM.
Wie die G-5 verfügte die G-6 anstatt der beiden MG 17 nun auch über zwei MG-131 und hatte damit auch die charakteristischen Beulen auf beiden Seiten der Motorhaube und der Waffenabdeckung. Auch von der Version G-6 gab es eine trop-Version. Am Ausrüstungszustand hatte sich aber nichts Grundlegendes verändert. Von Regensburg wurden 1.119 und von Erla 298 G-6/trop gebaut.

Mit einer Me 109 G-6 über den Wolken. Typisches Flugbild mit leicht hängendem Leitwerk.

Eine bei Kriegsende liegengebliebene Me 109 G-6. Reste eines Tarnnetzes hängen noch an der Luftschraube. Vermutlich eine 109 einer Ausbildungseinheit.

Bauchlandung der Werknummer 166155 am 25. Juli 1944 bei Wolfring nahe Amberg wegen Triebwerkausfall. Der Flugzeugführer war Paul Bergmann, Einflieger von Messerschmitt Regensburg. Die Lackierung des Rumpfes ist in einer Wellenform mit Übergang in einen seitlichen Flecktarnanstrich gegeben.

Ebenfalls eine Me 109 G-6 aus der Produktion auf dem Flugplatz von Vilseck. Der seitliche Tarnanstrich der Werknummer 166223 macht einen etwas verwaschenen undeutlichen Eindruck. Die 109 ist mit einem 300 Liter Abwurftank und dem Funkgerät FuG 16zy ausgerüstet, siehe Antenne unter der linken Tragfläche.

Ein Rollschaden verursacht durch einen Flugzeugführer vom FlÜG 1 Gruppe Süd am 23. Juni 1944 auf dem Flugplatz von Amberg/Schafhof. Dabei wurde die Me 109 Werknummer 165336 mit 60 Prozent schwer beschädigt.

Flugzeugführer der I./JG 5 „Eismeer“ warten im Februar 1944 auf dem Fliegerhorst von Regensburg/Obertraubling auf die Zuteilung neuer Flugzeuge Me 109 G-6. Im Hintergrund links ist das Gebäude der Flugleitung zu sehen. (Sammlung Lauser)

Bei Me 109 G-6/R6 der WNF werden die Triebwerke angelassen.

Zerstörte Me 109 G in der Endmontagehalle der WNF nach dem Luftangriff vom 13. August 1943.

Am 22. Februar 1944 wurde der Fliegerhorst von Regensburg/Obertraubling durch die 15. USAAF im Rahmen der „BIG WEEK“ schwer getroffen. Insgesamt wurden über 180 Me 109 G zerstört. Im Bild sind insgesamt eine zerstörte und drei beschädigte Me 109 G-6 vor der Halle 7 zu sehen. (Sammlung Lauser)

Diese Aufnahme zeigt, unter welchen katastrophalen Flugplatzverhältnissen an den Fronten die Einsatzbereitschaft aufrechterhalten werden musste.

Eine Me 109 G-6 des JG 53 mit dem Stammkennzeichen TL+DF mit der Werknummer 18366. Schon an dem typischen Tarnanstrich nach ist es eine Me 109 aus der Regensburger Produktion. Die 109 wurde Anfang Juni 1943 in Regensburg eingeflogen und dann an die I. /JG 77 in Italien abgegeben. Durch einen Bedienfehler wurde sie am 19. Juli 1943 auf dem Flugplatz von Crotone zu 20 Prozent beschädigt. (Sammlung Dr. Prien)

Die selbe Me 109 von hinten gesehen. Deutlich ist der Verlauf des Tarnanstrichs erkennbar. Diese G-6 war in RLM 74 und 75 auf der Oberseite sowie in RLM 76 auf der Unterseite lackiert. Hier ist der Verlauf des Tarnanstrichs auf den Tragflächen und dem Höhenleitwerk erkennbar. Deutlich sind die schwarzen Abgasspuren auf der Tragflächenoberseite zu sehen. (Sammlung Dr. Prien)

Eine Me 109 G-6 des Jagdgeschwaders 53 „Pik As", ausgerüstet mit Bordrakete 21, wird für den Einsatz betankt. Die großkalibrigen Bordraketen, von den Flugzeugführern auch als Ofenrohre bezeichnet, waren nicht sehr beliebt. Der Geschwindigkeitsverlust betrug ca. 40 km/h. Da immer mehr alliierte Jagdflugzeuge auftraten wurde diese „Geheimwaffe" wieder schnellstens demontiert.

Diese Me 109 G-6 stammt aus der Produktion vom März 1944 in Regensburg. Die 109 mit dem Stammkennzeichen RU+OZ und der Werknummer 162704 landete am 29. März 1944 um 11.10 Uhr in Samaden, Schweiz, nahe St. Moritz. Die 109 war in RLM 76 graublau über alles lackiert und verfügte über ein weißes Rumpfband. Der Flugzeugführer Oberfähnrich Hirtes hatte sich auf seinem Flug von Erding nach Osoppo aufgrund sehr schlechten Wetters verflogen. Als die rote Kontrollleuchte anzeigte, dass der Treibstoff knapp wurde, entdeckte er in einem Gebirgstal einen Flugplatz und landete dort. Hirtes wurde interniert. Die RU+OZ wurde anschließend zur weiteren Begutachtung nach Dübendorf überflogen.

Me 109 G-6 mit einem 300 Liter Abwurftank.

Die Sauerstoffanlage für den Höhenatmer einer Me 109 G wird von einem Spezialfahrzeug aus mit Sauerstoff befüllt.

Die Flächenwaffe an der Me 109

Zur Bekämpfung der einfliegenden US-Bomberverbände erhielt die 109 durch den Rüstsatz 6 eine Verstärkung der Bewaffnung durch zwei zusätzliche MG 151/20 in Gondeln unter den Tragflächen. Edmund Wrede berichtet über die unterschiedlichen Philosophien von Mölders und Galland: *„Eine weitere Episode habe ich noch gut in Erinnerung und das war die Sache mit der Flächenbewaffnung. Die Me 109 E hatte zwei 20 mm Bordkanonen in den Tragflächen. Als nun die neue F-Baureihe in Produktion ging, war Mölders General der Jagdflieger. Mölders Einstellung war: „Ich brauche die Flächenwaffe nicht!" Er bevorzugte die zentral angeordnete Bewaffnung mit einer schnellschießenden Kanone und den beiden Maschinengewehren über dem Motor. Er begründete das mit dem stabilen Schießbild. Er vertrat die Meinung, dass es hierbei fast keine Streuung der Geschosse gab. Bei einer entsprechenden Justierung konnte das Feuer aller drei Waffen eine fast punktförmige und somit vernichtende Wirkung erzielen. Die Ergebnisse auf dem Schießstand und an der Front gaben ihm Recht. Als Mölders dann im Jahre 1941 in Breslau beim Absturz einer He 111 tödlich verunglückte, wurde Galland sein Nachfolger. Nach seiner Ernennung zum General der Jagdflieger kam Galland zusammen mit Göring ins Regensburger Werk. Als hervorragender Flieger mit hohen Auszeichnungen war Galland in meinen Augen jedoch ohne Führungsqualitäten. Kein Vergleich mit einem Mölders als Jagdflieger und Führungspersönlichkeit.*
Bei dieser Besprechung in Regensburg, die Produktion der Me109 G-6 lief auf vollen Touren, forderte Galland nun die Flächenbewaffnung für die 109. Hier muss ich erwähnen, dass so ein 20 mm Maschinengewehr vom Typ MG 151/20 unter der Tragfläche ein Gefechtsgewicht von rund 70 kg hatte. Auf unsere Einwände, betreffend zusätzlichen Gewichts und der damit verbundenen zusätzlichen Flächenbelastung sowie dem schlechten Schussbild aufgrund der Schwingungen, reagierte Galland folgendermaßen, er stand auf und schlug mit der Faust auf den Tisch und brüllte: „Ich will die Flächenbewaffnung!" Wir alle, einschließlich Direktor Linder, schauten uns betreten und zugleich belustigt an. So etwas hatten wir hier nun doch noch nicht erlebt. Na ja, dann bauten wir halt die Dinger dran. Wie erwartet sah das Schussbild auf dem Schießstand stark nach einem Schrotschuss aus und die Flugeigenschaften der 109 G wurden entsprechend negativ beeinflusst. Piloten erzählten mir, dass man sich mit dem „Kanonenboot" besser nicht auf einen Luftkampf mit feindlichen Jägern einließ. Für die Produktion bedeutete dies eine wesentliche zusätzliche Belastung. Allein für Regensburg waren es 40 zusätzliche Kanonen jeden Tag, deren Einbau, Verkabelung und Einschuss auf dem Schießstand. Soweit ich mich erinnern kann, war es dann bei verstärktem Auftreten von amerikanischen Jägern Anfang 1944 mit den „Kanonenbooten" vorbei."

War diese Bewaffnung für den Luftkrieg gegen Bomber vertretbar und auch für einen bestimmten Zeitraum notwendig, so erforderte dies in der Produktion doch einen nicht unerheblichen Mehraufwand. Wenige Monate später änderte sich zumindest an der Westfront mit dem Auftreten der Spitfire Mk IX und der P-51 „Mustang" die Lage grundlegend. Die Zusatzbewaffnung mit dem Rüstsatz R6 wurde dann von der Luftwaffe kategorisch abgelehnt, da sie sich im Luftkampf gegen Jäger als sehr nachteilig auswirkte.
Anmerkung des Verfassers: Über 5.000 Rüstsätze wurden bis April 1944 geliefert. Hergestellt bei WNF und Nachhod mit Baustopp im August 1944.

Damit aber die Bewaffnung zur Bomberbekämpfung auch bei der 109 verstärkt werden konnte, wurde ein anderer Weg eingeschlagen. Dies führte zur Entwicklung und zum Bau der Me 109 G-6/U4. Bei dieser Version wurde das MG 151/20 durch die MK 108 ersetzt. Der Einbau der MK 108 erforderte aber einige Veränderungen. Der Munitionsbehälter befand sich nun nicht mehr in der linken Tragfläche, sondern war unter der Waffenabdeckung im Rumpf angeordnet. Ferner musste die Pedalsteuerung neu konstruiert werden, da sich die Waffenabdeckung der MK 108 im Führerraum ebenfalls geändert hatte.

Sondernotleistung mit MW 50 und GM 1

Zur Erreichung einer Sondernotleistung des Triebwerks bei Luftkämpfen kamen in der Me 109 zwei verschiedene Verfahren zum Einsatz. Für die Sondernotleistung wurde mehr Kraftstoff eingesetzt, um ein mehr an Leistung in Verbindung mit einer höheren Drehzahl zu erreichen. Damit war aber eine zusätzliche thermische Belastung des Triebwerks gegeben. Deshalb wurden von der Luftwaffe während des Zweiten Weltkrieges zwei verschiedene Verfahren genutzt, um eine Innenkühlung beziehungsweise eine Sauerstoffanreicherung im Triebwerk zu erreichen, mit der eine kurzfristige Leistungssteigerung möglich war. Ein Verfahren war die Einspritzung eines Methanol-Wassergemisches MW, die zweite beruhte auf einer Sauerstoffanreicherung durch Lachgas, das als GM 1 bezeichnet wurde.

MW 50

MW 50 bestand aus 50 Prozent Methanol, 49,5 Prozent Wasser und 0,5 Korrosionsschutzöl und war kältebeständig bis zu -50 Grad Celsius. MW 50 wurde bei der Me 109 G und K in einem stehenden Behälter im Rumpf untergebracht und fasste 70 Liter. Vom Lader wurde über eine entsprechende Leitung verdichtete Luft abgezapft und der MW-Behälter unter 0,7 bar Druck gesetzt. Bei Bedarf konnte das MW 50-Gemisch über eine Düse in den Ansaugschacht eingespritzt werden. Durch die Verdunstung des Methanol-Wassergemisches wurde die Ladeluft abgekühlt, was auch als Innenkühlung des Triebwerkes bezeichnet wird. Dadurch ergab sich eine größere Dichte der Ladeluft und damit eine bessere Füllung der Zylinder. Durch diesen Effekt konnte auf einen Ladeluftkühler bei der Me 109 verzichtet werden. Das Methanol wurde beigemischt, um unkontrollierte Zündungen (Klopfen) in den Zylindern zu verhindern und als Frostschutz, damit die Anlage in großen Höhen nicht einfror. Die Anwendung der Sondernotleistung war auf eine Dauer von zehn Minuten begrenzt. Danach musste oder sollte der Motor mindestens zehn Minuten mit Normalleistung betrieben werden, bevor die Sondernotleistung wieder angewendet werden durfte. Mit der MW 50-Einspritzung konnte die Motorleistung kurzfristig auf 1.800 PS erhöht werden. Der MW 50-Vorrat von 70 Litern reichte für ca. 26 Minuten Sondernotleistung. In Höhen über 8.500 Metern brachte die MW 50-Einspritzung keinerlei Leistungssteigerung mehr. Zur Entnahme der Sondernotleistung musste der Gashebel über die Sperre hinaus auf die Stellung „Sondernotleistung“ vorgeschoben werden. Dabei stieg der Ladedruck auf 1,7 ata und die Drehzahl auf 2.800 U/min an. Über einen gashebelgekoppelten Druckknopfschalter wurde das Schaltventil geöffnet und die MW-Einspritzung begann. Der Druckmesser im Führergerätebrett musste mindestens 0,5 – 0,7 atü anzeigen. War keine Druckanzeige vorhanden, war auch keine MW-Förderung gegeben. In diesem Fall musste der Gashebel sofort auf „Steig- und Kampfleistung“ mit einem Ladedruck von 1,3 ata zurückgenommen werden. Erfolgte dies nicht, war mit einem kapitalen Motorschaden zu rechnen. Ein Einsatz von MW 50 durfte erst nach einer Einlaufzeit des Motors von mindestens fünf Stunden (Flüge mit geringen Belastungen) erfolgen.
Arno Fischer vom JG 53 berichtete dazu: *„Im Luftkampf, vor allem mit den amerikanischen Jägern, achtete aber kaum ein Flugzeugführer auf die Zeit, in der die MW 50 Einspritzung lief. Wir waren ja meistens in der Unterzahl und da ging es ums Überleben. Entweder das Triebwerk hielt durch oder man wurde abgeschossen. War man aus der Gefahrenzone heraus, dann nahmen wir die Leistung des Motors sowieso zurück, denn bei der hohen Drehzahl vibrierte das ganze Flugzeug. Auf die Zeit zu achten, war ein frommer Wunsch, aber fern jeder Realität.“*

GM 1

Das GM 1 (scherzhaft auch als Göring-Mischung bezeichnet) wurde auf Basis von Stickstoffoxydul, auch als Lachgas bekannt, für die Sondernotleistung verwendet. GM 1-

Zugabe durfte erst über Volldruckhöhe erfolgen, da sonst der Motor überlastet wird und trotzdem keine besseren Flugleistungen erzielt werden. Das GM 1 wurde in einem wärmeisolierten Behälter mit einem Fassungsvermögen von bis zu 115 Litern mitgeführt, da dieser weniger beschussempfindlich war. Mittels Druckluft wurde das GM 1 mit einem Druck von 4 bar in den Ansaugschacht des DB 605 über eine spezielle Düse vernebelt und sorgte auch für eine entsprechende Kühlung in den Zylindern. Dadurch erhöhte sich die Sauerstoffmenge im Zylinder und eine vollständige Verbrennung des mehr eingespritzten Treibstoffs mit einer größeren Energieentfaltung war gewährleistet. Der durch die Reaktion freigesetzte Sauerstoff erhöhte die Leistung des DB 605 in Höhen über 8.000 Metern kurzzeitig um mindestens 200 PS. Die Höhenjäger Me 109 G-1, G-3 und G-5 verfügten in der Regel über eine GM 1-Anlage. Me 109, die mit GM 1 Sondernotleistung geflogen wurden, waren schon an der starken Verrußung des Rumpfes erkennbar. Der Einsatz der Sondernotleistung hatte einen höheren Motorverschleiß zur Folge und so durften die Me 109 mit GM 1 nur dann eingesetzt werden, um hoch einfliegende Aufklärer und Bomber zu bekämpfen. An der Westfront wurden spezielle Höhenstaffeln aufgestellt. In Einsatzhöhen unter 8.000 Metern war mit GM 1 keine wesentliche Leistungssteigerung machbar.

- Kleinste Einsatzhöhe mit DB 605 A im Steigflug: ab 8.000 Meter
- Kleinste Einsatzhöhe mit DB 605 AS im Steigflug: ab 10.000 Meter
- Kleinste Einsatzhöhe mit DB 605 AS im Horizontalflug: ab 10.500 Meter

Mit der Verwendung des größeren Laders am DB 605 AS, ASM und D stiegen auch die Volldruckhöhen an, sodass auf den Einsatz von GM 1 in den Baureihen Me 109 G-6 AS, G-10, G-14 AS und K-4 weitgehend verzichtet werden konnte. Eine Ausnahme bildeten Aufklärerversionen der Me 109.
Me 109 mit der GM 1-Anlage waren wegen des veränderten Schwerpunktes schwierig zu fliegen. Hier ein Auszug aus dem Handbuch: **Vorsicht beim Start! Flugzeug ist durch die GM 1-Anlage schwanzlastig und deshalb auf 1 ½ Grad kopflastig zu trimmen!**

Streng geheim: Meldungen von den Einsatzverbänden zu technischen Problemen mit der Me 109

Trotz des bereits länger andauernden Einsatzes der Me 109 G ergaben sich bei den Besprechungen im Mai 1943 immer noch eine ganze Reihe von technischen Beanstandungen:

1. Ca. 90 Prozent aller Motorbrände werden auf unzulässiges Überdrehen des DB 605 zurückgeführt. Das Überdrehen wird zum größten Teil unbeabsichtigt herbeigeführt, da beim Start vergessen wird, die Automatik für die Luftschraubenverstellung einzuschalten, oder die Automatik durch Störung in der elektrischen Anlage ausfällt. Die unerfahrenen Flugzeugführer bemerken das Ausfallen der Automatik nicht oder erst zu spät. Ein Übersteigen der höchst zulässigen Drehzahl wirkt sich nach Aussage der Flugzeugführer beim BMW 801 der FW 190 längst nicht in dieser katastrophalen Weise aus wie beim DB 605. Die Anbringung eines Mitnehmers am Gashebelgestänge, der das Einschalten der Automatik zwangsläufig bei Gas geben herbeiführen soll, ist technisch gesehen falsch. Bei Ausfall der Automatik hat der Flugzeugführer in diesem Fall keine Möglichkeit, auf Handverstellung umzuschalten, da bei Betätigung des Gashebels wieder auf

Automatik umgeschaltet wird. Die Truppe baut daher diesen Mitnehmer grundsätzlich aus. Sie verlegt den Kippschalter an die dem Flugzeugführer zugewandte Seite des Gashebelkastens. Diese Anordnung erscheint recht zweckmäßig. Ich schlage vor, dass durch Einbau eines optischen Signals am Instrumentenbrett dem Flugzeugführer das Ausfallen der Automatik deutlich sichtbar gemacht wird. Die Klärung dieser Frage ist dringlich.

2. Die Truppe kann zahlreiche Fälle anführen, bei denen trotz Betätigung des Notzuges die Kabine nicht abzuwerfen war. Das Nichtfunktionieren der Kabinenabwurfanlage ist also eine zweifelsfrei bewiesene Tatsache. Als Beispiel führe ich folgenden Fall an: Hauptmann Bühling kam in 8.000 m Höhe ins Rückentrudeln (Anmerkung des Verfassers: Eine Form des Flachtrudelns mit Drehung des Flugzeuges um die Hochachse). Er stürzte bis auf 3.000 m durch und versuchte während dieser Zeit mehrmals, die Kabine abzuwerfen, was ihm aber nicht gelang. Zufällig kam die Maschine in 3.000 m aus dem Trudeln heraus. Im sich daran anschließenden Horizontalflug flog plötzlich die Kabine weg.
Ich habe Herrn Oberstleutnant Oesau zugesagt, dass ich mich sofort dafür einsetzen werde, dass hierin eine sofortige Abhilfe geschaffen wird. Die Wege hierzu (Betätigung eines Nockens, um den Kabinendeckel zwangsläufig hochzuführen) sind hinlänglich erörtert worden. Es wird auch immer wieder behauptet, dass auch das hintere Kabinenteil nicht lösbar ist. Meines Wissens sind Funktionsproben im Wasserschleppkanal mit der 109-Kabine seinerzeit nicht durchgeführt worden.

3. Neuerdings reißen wieder Spinner (Propellerhauben) am Blattdurchgang an der Umbördelung ein (ähnliche Vorfälle wie bei der Me 410). Dieser Zustand ist sehr lästig, da die Spinner oft ausgetauscht werden müssen. Abhilfe ist dringend erforderlich.

4. Die Holzverkleidung der Gondelwaffen am Auswurf wird durch die Leerhülsen zerschlagen. Gleichfalls das dahinterliegende Verkleidungsblech. Eine verstärkte Ausführung ist erforderlich.

5. Die Sicht durch das obere gewölbte Glas des festen Kabinenteils ist äußerst mangelhaft und praktisch unbrauchbar. Es sollte möglich sein, optisch einwandfreies Glas zu verwenden. Grundsätzlich ist es unverständlich, weshalb der vor Jahren durchgeführte provisorische Einbau der Panzerscheibe heute noch in dieser primitiven Form mit starker Sichtbehinderung ausgeführt wird. Unsere Kabinenkonstrukteure sollten sich mal andere vorbildliche Kabinen wenigstens ansehen. Beispielsweise wird die Kabine der FW 190 als vorbildlich angesehen. Ich habe mich selbst davon überzeugt und schließe mich dieser Meinung an.

6. Früher wurde schon beanstandet, dass die elektrischen Steckkontakte am Brandschott durch die Nähe der Auspuffrohre in Mitleidenschaft gezogen werden. Es treten öfters Kontaktstörungen durch die Hitzeeinwirkung auf, sodass eine Abschirmung an dieser Stelle erforderlich ist.

7. Stabsingenieur Hertle wünscht den Druckverlauf in der Kabine bei Ladedruckanschluss.

8. Scheuerstellen zwischen Motorhaube und Triebwerk sind seit Jahren hinlänglich bekannt, treten aber immer noch zahlreich auf, wovon ich mich selbst überzeugen musste.

9. Stabsingenieur Hertle wünscht eine Aufstellung von Flugzeiten für Me 109 G mit und ohne Reichweitenverlängerung bei verschiedenen Leistungen.

10. Gegenüber der FW 190 wird es als Nachteil empfunden, dass sich sehr oft schon in Bodennähe in Kurven Kondensstreifen an den Flächenrandkappen bilden. Diese Kondensstreifen machen eine Tarnung illusorisch.

11. Kabinenscheiben zeigen nach verhältnismäßig wenigen Flugstunden feine Risse an der äußeren Seite. Es kann vermutet werden, dass dies mit der Scheibenreinigung in Zusammenhang steht. Ein Probestück geht mit gleicher Post an die Fa. Roehm und Haas. Sie wird aufgefordert, sich über das Ergebnis der Untersuchung nach Augsburg zu äußern.

12. Die ersten Me 109 G mit GM 1-Anlage sind bereits an die 11. Staffel vom JG 2 ausgeliefert worden. Die Einweisung übernimmt Herr Thomas vom Reisestab des RLM. Es ist dringend erforderlich, dass für den DB 605 die 110 prozentige Leistung von Daimler-Benz freigegeben wird. Diesbezügliche Verhandlungen sind bereits zwischen Luftflotte und Daimler-Benz geführt worden. Daimler-Benz macht die Freigabe vorerst abhängig vom Einbau der Ölschleuder. Meines Wissens wird der Einbau der Ölschleuder von WNF abgelehnt. Auf jeden Fall ist eine Klärung dieser Angelegenheit mit das dringlichste bezüglich der Me 109 G.

Besprechungsberichte von Ingenieur Emil Rolle zur Me 109 G:

„Am 23. und 24.5.1943 besuchte ich mit Stabsingenieur Hertle das Jagdgeschwader 2 in Beaumont und Bernay. Ich hatte längere Aussprachen mit Oberstleutnant Oesau, den Gruppenkommandeuren und Staffelkapitänen. Mit Ausnahme von Hauptmann Boltz, Gruppenkommandeur in Bernay, waren alle anderen Herren der Meinung, dass die FW 190 der Me 109 sowohl hinsichtlich Höchstgeschwindigkeit als auch in der Steigleistung überlegen sei. Die besseren Leistungen der Me 109 in großen Höhen kommen nicht zur Auswirkung, da sich die Luftkämpfe gegen Bomberverbände meistens in 7.000 – 8.000 m abspielen. Die Unterlegenheit der Me 109 G wird bei Verwendung von Gondelwaffen nur noch größer. Dies ist vor allem der Grund, weshalb die Gondelwaffen abgelehnt werden. Auch eine Verschlechterung der Flugeigenschaften vor allem durch Schieben im Luftkampf wird als unangenehm empfunden. Von allen Flugzeugführern wird angegeben, dass die Spitfire IX und P-47 „Thunderbolt“ der Me 109 überlegen sind. Hingegen sei die Typhoon der Me 109 G gleichwertig bis unterlegen.“

Bericht der Messerschmitt-Ingenieure Göttel und Rolle von einer Inspektionsreise im August 1943:

„Besucht wurden das Jagdgeschwader 1 (Geschwader TO Oberleutnant Buchholz) und das Jagdgeschwader 26 (Kommodore Oberstleutnant Priller und Hauptmann Schröter als Stellvertretender Technischer Offizier) Stabsingenieur Hertle beim höheren Jagdführer und Oberstleutnant Giese (Chef der Fernaufklärung im Westen) und Luftflotte 3.

Der Einbau der 21-cm-Minenwerfer befindet sich zurzeit bei allen Verbänden in Arbeit. Die Aufrüstung ist aerodynamisch ungünstig und bringt einen Geschwindigkeitsverlust von ca. 40 km/h. Oberstleutnant Priller äußerte sich bezüglich Bewaffnung dahingehend, dass der Einbau weittragender Waffen bevorzugt werden müsse, da von Seiten der Bomber bereits auf 800 Meter Entfernung das Feuer eröffnet wird. Er forderte für die Me 109 den Einbau der MK 103. Auf unsere Erklärung, dass die Me 262 mit MK 108 ausgerüstet werden soll, wurde uns erwidert, dass diese Waffenanlage gänzlich ungeeignet sei. Er versicherte, dass er diesbezüglich mit dem General der Jagdflieger sprechen wird.
Die Verwendung von GM 1 ist zurzeit nicht vordringlich, da die Bomber in 6.000 – 7.000 Metern Höhe fliegen. Die Truppe hat auch zufolge der schlechten Erfahrungen, die mit der jetzigen GM 1-Anlage gemacht wurden, auf die Mitnahme von GM 1-Stoff verzichtet. Beim Jagdgeschwader 1 befinden sich noch vier Maschinen in Erprobung. Der Verband klagt über schlechten Nachschub von Reparaturteilen für die Druckkabine. Stabsingenieur Hertle hat beim Jagdgeschwader 2 eine Me 109 mit GM 1 geflogen und die Flugeigenschaften als katastrophal bezeichnet. Die Maschine ist instabil in allen Fluglagen, besonders erfordert das Einhalten einer bestimmten Steiggeschwindigkeit größte Aufmerksamkeit, die von Truppenpiloten nicht gefordert werden kann. Auch er hat die Steig- und Geschwindigkeitsleistungen der Erprobungsstelle nicht erreicht. Genauere Aufzeichnungen während des Fluges waren ihm zufolge der schlechten Flugeigenschaften nicht möglich.
Die Me 109 G-5 hat bei einem Startgewicht von 3.321 kg eine Schwerpunktlage von 29,7 Prozent. Bei Verwendung des um 12 kg schwereren Holzleitwerkes wird die Schwanzlastigkeit um weitere 1,2 Prozent erhöht. Es besteht bei der Truppe die Übereinstimmung darüber, dass die GM 1-Anlage in der jetzigen Ausführung unbrauchbar ist. Infolgedessen wurde von uns bei den maßgebenden Stellen daraufhin gewirkt, den weiteren Einbau der GM 1-Anlage im Erla-Werk VII sofort einzustellen. Herr Generalingenieur Scheuermann hat entsprechende Mitteilung ergehen lassen.
Aus den Besprechungen, die wir bei Oberstleutnant Giese und Fliegeringenieur Wulf hatten, ergab sich, dass die bei den Aufklärern eingebaute GM-1-Anlage mit Erfolg bei Einsätzen verwendet

werden konnte, und dass die Truppe mit diesem Einbau durchaus zufriedengestellt ist. Leider kann nicht angegeben werden, welche Schwerpunktlagen dabei vorhanden waren.
Es ist beschlossen worden, sofort zwei Maschinen vom Erla Werk VII nach Gyancourt zu bringen, um dort von Fliegeringenieur Wulf den für den Aufklärer verwendeten 75 Liter GM 1-Behälter einbauen zu lassen. Der Behälter kann vertikal gestellt werden und außerdem soll der Sammler in den Gepäckraum verlegt werden. Die Anlage wird zunächst auf eine Förderung von 80 Gramm/Sekunde eingestellt und ergibt somit eine Einspritzdauer von ca. 18 Minuten. Sie hat neben der Gewichtsverminderung in unteren Höhen den Vorteil, dass das Schlingern in Fortfall kommt und eine Benutzung bereits ab 7.000 Metern Höhe möglich ist. Sobald Erfahrungen mit dieser Anlage vorliegen, soll über den weiteren Einbau erneut entschieden werden.
Aus den Aufstellungen, die uns Stabsingenieur Hertle vorlegte, geht hervor, dass beispielsweise allein eine Gruppe des Jagdgeschwaders 2 im Monat Juli 53 Maschinen mit 50 Prozent Bruch verloren hat. Hierin sind die Ausfälle durch Abschuss mit enthalten. Ein nicht unerheblicher Anteil von Unfällen ist auf Versagen der Luftschrauben-Verstellanlage mit Überdrehen des Motors zurückzuführen. Leider konnte ein Fehler in dieser Anlage bisher nicht gefunden werden. Es ist darüber diskutiert worden, ob die Trennung der Zündanlage vom Bordnetz eventuell Störungen beseitigen könnte.
Die Ausfälle bei der Schulung in den Ergänzungsgruppen sind unverhältnismäßig hoch. Stabsingenieur Hertle wünscht dringend zeichnerische Unterlagen über die Schulmaschine Me 109 G-12, damit die Truppe selbst den Umbau vornehmen kann.“

Augsburg, den 19. August 1943,
gez. Rolle

Besuch bei den Jagdergänzungsgruppen in Südfrankreich

Die Kommandeure der Jagdergänzungsgruppen hatten wegen einer Vielzahl an technischen Problemen an der 109 um den Besuch eines Messerschmitt-Ingenieurs gebeten. Hier der Bericht von Emil Rolle.

Dislozierung des Ergänzungsjagdgeschwaders:
Kommodore Major Andres in Toulouse

Casseaux (Gruppe West) Major Michalek
1. Staffel liegt in Ossun Hauptmann Bethke
2. Staffel liegt in Biaritz Oberleutnant Neu.
3.und 4. Staffel liegen in Casseaux

Toulouse (Gruppe Ost) Hauptmann Bauer
2 Staffeln liegen in Toulouse-Blagnac

Orange (Gruppe Süd) Major Behr
3 Staffeln liegen in Orange,
Salon de Provence und Nimes

Gesamtbestand an Flugzeugen:
180 Flugzeuge,
davon 126 Me 109 und 54 FW 190.

Beanstandungen und Änderungswünsche der einzelnen Staffeln:

1) Von der Gruppe West wird beanstandet, dass wiederholt Versagen der Fahrwerksknopfschalter aufgetreten ist. In ca. sechs bis acht Fällen wurde beobachtet, dass beim Ausfahren des Fahrwerks unmittelbar nach Erreichen der Ausfahrstellung und nach Aufleuchten der grünen Lampen trotz herausgesprungener Schaltknöpfe das Fahrwerk sofort wieder einfuhr.
Mehrere Bauchlandungen sind demzufolge eingetreten. Ich habe einen solchen Schalter mitgenommen und werde die Funktion desselben nach dem Aufschneiden des Schalters untersuchen lassen. Herrn Hauptmann Bethke (Staffelkapitän der 1. Staffel West) wurde zugesagt, dass ihm über das Ergebnis berichtet wird.

2) Die mechanische und optische Fahrwerkanzeige wird als nicht genügend auffällig bezeichnet. Das Aufleuchten der grünen

Lampen ist am Tage sehr schlecht zu beobachten, eine Wahrnehmung, die ich aus persönlicher Erfahrung heraus unterstreichen muss. Die mechanische Anzeige ist nicht genügend auffällig und soll durch weiße Knöpfe anstelle der roten eine bessere Übersicht erhalten.

3) Die Exzenterbolzen am Federbeinlager werden bei der Gruppe grundsätzlich nicht eingebaut, da sie in mindestens 10 Fällen zu Bruch gegangen sind. Übrigens wird vom Prüfleiter der dortigen Gruppe angegeben, dass die Ursache des Fahrwerkspiels vor allem in einem Ausschlagen des Anschlags am Gussteil zu suchen ist. Der am Gussteil vorhandene Finger wird dort nach dem Ausschlagen elektrisch aufgeschweißt und ist somit wieder verwendbar. Dieses Verfahren hat sich bestens bewährt. Die Gruppe kann somit auf die Verwendung des Exzenterbolzens verzichten.

4) Von mehreren Stellen wird beanstandet, dass die Madenschraube, die den Achsschenkel gegen Verdrehen sichern soll, öfters ausgeschlagen ist. Die Sicherung muss verstärkt werden.

5) Gruppe West wünscht den Einbau des FuG 7, da die Ersatzmaschinen fast durchwegs ohne FuG 16 angeliefert werden. Sie greift auf das FuG 7 zurück, da dieses Gerät in größeren Stückzahlen vorhanden ist. Die Gruppe wünscht, dass bei Zuteilung, die ja wohl vorzugsweise aus Reparaturwerken erfolgt, bereits dort das FuG 7 eingebaut wird.

6) Die Staffel in Laleu beanstandet, dass der Nachschub der Federbeinlager erhebliche Schwierigkeiten bereitet.

7) In Laleu und auch in Casseaux wurde festgestellt, dass der Luftschraubenverstellmotor öfters dadurch ausfällt, dass der Torsionsstab, der die Verbindung zwischen Verstellmotor und Luftschraubengetriebe herstellt, durch Lockerung der Verstellmotorbefestigung entweder gänzlich herausfällt oder einen Bruch am Antriebsnocken erfährt und somit zum Versagen der Luftschraubenautomatik führen muss.

8) Zahlreiche Motorstörungen werden auf Überdrehen der Luftschrauben zurückgeführt. Die Gruppen West und Ost versprechen sich von einer Maßnahme, die auf Vorschlag eines BMW-Monteurs in einem V-Muster durchgeführt wurde, einigen Erfolg. Die Maßnahme besteht darin, dass eine Sicherung gegen Erreichen von Überdrehzahlen eingebaut wird. Ein elektrischer Kontakt schaltet bei Erreichen der Drehzahl von 2.800 U/min den Verstellmotor so, dass die Luftschraube auf größere Steigung gebracht wird.

9) Die Staffeln in Ossun und Orange haben einen enormen Reifenverbrauch. Dies ist in erster Linie auf die steinige Beschaffenheit der Plätze zurückzuführen. Ich habe mehrere Maschinen nachgeprüft und festgestellt, dass sie einen Reifendruck von 3,3 bis 3,6 atü anstatt 4,25 atü wie gefordert hatten. Ich habe dem Staffelkapitän vorgeschlagen, einen Mann speziell für die Überwachung der Reifendrücke zu beauftragen. Die starken Temperaturschwankungen von morgens bis abends und zwischen Start und Landung erschweren die Überwachung der Reifendrücke. Es ist jedenfalls festzustellen, dass die Reifen und Schläuche vor allem durch Aufschlagen der Felge an der Innenseite des Rades auf dem harten Boden zerstört werden, was auf zu geringen Reifendruck schließen lässt.

10) Im Schulbetrieb wird in Casseaux grundsätzlich mit verriegeltem festen Sporn geflogen. Angeblich sind damit gute Erfahrungen gemacht worden. Im Gegensatz dazu wird in Orange die Spornverriegelung nicht benützt, da sie wegen der dortigen Erfahrungen zu Bruch geht, jedenfalls bei E-Maschinen.

11) Von mehreren Staffeln wurde betont, dass der bei der Me 109 E seinerzeit verwendete Drehschalter für die Fahrwerksbetätigung wesentlich zweckmäßiger war als der bei der 109 F und G verwendete Knopfschalter. Vor allem wird hervorgehoben, dass sich das Zurückspringen in Ruhelage leichter kontrollieren lässt als beim jetzigen Druckknopfschalter.

12) Alle Verbände klagen über starke Ausfälle der Leistritzpumpen in der Druckölanlage (Anmerkung: Hydraulikanlage). Allein die Gruppe West benötigte 40 Stück pro Monat. Die bei der 109 G zum Teil eingebauten neuen Druckölpumpen haben sich bestens bewährt und werden auch, soweit sie greifbar sind, bei der 109 F verwendet.

Grundsätzlich ist zu den obigen Beanstandungen zu bemerken, dass gerade bei den Ergänzungsgruppen sehr viele wertvolle Erfahrungen gesammelt werden und es muss als ein Mangel bezeichnet werden, dass es uns zurzeit nicht möglich ist, diese Gruppen gebührend zu unterstützen.
Soweit es nach einer derart kurzzeitigen Besichtigungsreise überhaupt statthaft ist, glaube ich sagen zu können, dass der Schulbetrieb bei den Ergänzungsgruppen fast durch weg in den Händen bewährter Männer liegt. Auch das technische Personal ist im Allgemeinen sehr gut mit der Me 109 vertraut. Die betreffenden Gruppenkommandeure sind ohnehin Offiziere, die sich an allen Fronten hervorragend ausgezeichnet haben.
Hingegen gewann ich aus verschiedenen Äußerungen den Eindruck, dass in der Schulung auf den Jagdschulen in der Einweisung der Schüler auf die Me 109 Fehler gemacht werden. Es ist meines Erachtens erforderlich, dass der Schulbetrieb bei den Jagdschulen hinsichtlich der Einweisung auf das Muster Me 109 einer Prüfung durch uns unterzogen wird. Beim Erfliegen der Gipfelhöhe wird offenbar mit zu großem Anstellwinkel geflogen. Nach Angaben dreier Schüler, die vom Höhenflug zurückkehrten und nur 9.000 bis 9.500 m Gipfelhöhe erreichten, wurde in dieser Höhe mit 160 – 170 km/h geflogen. Mein Hinweis darauf, dass in diesen Höhen die günstigste Steigleistung bei etwa 240 – 250 km/h liegt, wurde mit großem Erstaunen aufgenommen. Ich habe die Vermutung, dass auch bei der Truppe bei Erfliegen der Gipfelhöhe mit falschem Anstellwinkel geflogen wird.
Abschließend sei noch eine persönliche Äußerung von Major Behr berichtet. Herr Major Behr, der, wie er zugab, fast alle Abschüsse auf der Me 109 im Osten erreicht hat, sagte mir, dass er hoffentlich nicht mehr bei seinem nächsten Einsatz auf einer Me 109 fliegen müsse. Er lehnt dieses Muster wegen der großen Beschussempfindlichkeit der Kühler und des Motors sowie wegen der schlechten Flugeigenschaften und Leistungen bei Verwendung der Gondelwaffe ab.

Erfahrungsbericht zum Einsatz der Me 109 G-6 als Nachtjäger beim JG 300

Bericht des Messerschmitt-Ingenieurs Emil Rolle: *„Über den allgemeinen Nachtflugbetrieb, den ich in der Nacht während des Einsatzes gegen Frankfurt und Mannheim beobachten konnte, ist kurz folgendes zu sagen: Die Flugzeuge starten entlang der Lichterreihe ohne Benutzung des Bordscheinwerfers. Mit FuG 16 ZY werden sie zum Einsatzort geleitet. Der An- und Rückflug wird durch zahlreiche Funkfeuer und Leuchtzeichen sichergestellt. Die Landung erfolgt unter Benutzung der Lichterreihe und zweier am Platzrande aufgestellter großer Scheinwerfer, die die beiden Landebahnen beleuchten.*
Nach den bisherigen Erfahrungen ist die Abwehr der feindlichen Bomber bei Nacht verhältnismäßig gering, da der im Scheinwerfer liegende Bomber keine Möglichkeit hat, den anfliegenden Jäger zu erkennen. Die meisten Abschüsse werden im Scheinwerferlicht der Bodenabwehr erzielt. Es ist bisher gelungen, mehrere Moskitos abzuschießen. Die Me 109 hat in 9.000 Metern Höhe einen Geschwindigkeitsüberschuss von schätzungsweise 20–30 km/h gegenüber den Moskitos.

Anmerkung des Verfassers: Es dürfte sich hierbei um mit Bomben beladene Moskitos als Pfadfindermaschinen gehandelt haben.

Im Allgemeinen ist beim Nachteinsatz im Sparflug geflogen worden mit einem Ladedruck von 0,9 ata. Mit dem 300 Liter Rumpf-Zusatzbehälter wurden Flugzeiten von bis zu drei Stunden und sieben Minuten erreicht. Die bei dieser Motorleistung erflogenen Geschwindigkeiten werden aber als zu gering angesehen. Aus diesem Grunde wird auch die Benutzung von Flammenvernichtern abgelehnt. Es wird ein Blendschutz angebaut, wie er üblicherweise bei der Me 410 die Blendung des Flugzeugführers verhindert und gleichzeitig eine Abdeckung gegen das Beleuchten der Tragfläche darstellt, sodass bei Sicht von vorn von den Auspuffflammen nur zwei kleine blaue Pünktchen gesehen werden können. Es ist beabsichtigt, diesen Blendschutz röhrenförmig auszubilden und somit allseitig zu schließen. Für einen von Messerschmitt AG zu liefernden Flammenvernichter besteht Interesse, soweit der dadurch hervorgerufene Geschwindigkeitsverlust ca. 5 km/h nicht überschreitet.
Bezüglich der Einsatzbereitschaft der Me 109 bei Nacht kann festgestellt werden, dass zellenseitig nur wenige Störungen vorhanden sind. Der Hauptanteil der Störungen entfällt auf das Bordnetz und die Funkanlage. Die in Bonn-Hangelar liegende I./JG 300 wünscht die Abstellung eines Messerschmitt-Elektrikers zwecks Einweisung des dortigen Personals. Auch erweist sich eine Einweisung der Warte als dringend erforderlich, da diese meist von den Fliegertechnischen Schulen kommen, ohne im Umgang mit der Me 109 praktische Erfahrungen gesammelt zu haben. Der Messerschmitt-Monteur Niklas wird für eine Einweisung abgestellt.
Mein Vorschlag, den Rumpfzusatzbehälter durch Anbringung einer Verkleidung zwischen Rumpf und Behälter aerodynamisch zu verbessern, wurde mit Interesse von Herrn Oberstleutnant Hermann aufgenommen. Ich habe dem Herrn Stabsingenieur Irmer die Lieferung einer solchen Verkleidung als Mustersatz zugesagt. Herr Bartsch vom Erla-Werk VII wird entgegenkommenderweise die Anfertigung einer solchen Verkleidung übernehmen.“

Folgende Punkte an Beanstandungen und Wünsche wurden geäußert:
Oberstleutnant Hermann schnitt die Frage an, ob die Beschaffung von 500 Liter Zusatztanks, zwecks Reichweitenvergrößerung, möglich ist.
Der Kommandeur der I. Gruppe Hauptmann Jansen erklärte mir, dass er sowohl mit der FW 190 als auch mit der Me 109 Abschüsse erzielt habe und dass seiner Meinung nach die FW 190 für Nachteinsatz besser geeignet sei. Hervorgehoben werden vor allem die besseren Start- und Landeeigenschaften sowie die übersichtlichere Anlage der Instrumente.
In die Unterseite der linken Tragfläche der Me 109 ist ein elektrisch ausfahrbarer Scheinwerfer eingebaut worden. Dieser Scheinwerfer befindet sich zwischen den beiden Flächendeckeln. Der Ausschnitt ist randversteift. Es müsste noch untersucht werden, ob dieser Einbau statisch zulässig ist.
Es wird beanstandet, dass die Kabinen innen beschlagen. Zur Beseitigung dieses Übelstandes wird von mir vorgeschlagen, die Gummidichtung der Kabinen zu entfernen zwecks Erreichung eines besseren Luftdurchsatzes. Dieser Vorschlag wurde abgelehnt, da bei der längeren Flugdauer bis zu drei Stunden eine derart zugige Kabine nicht verwendet werden kann. Man will versuchen, durch Anzapfung des Laders der Kabine Warmluft zuzuführen, um auf diese Weise das Beschlagen der Scheiben zu verhindern.
Die Kühlerabschaltung hat schon zu mehreren Maschinenausfällen geführt. Die Ventile schalten bei Verwendung des vorgeschriebenen 0,3 mm starken Sicherungsdrahtes von selbst ab und führen somit zum Ausfall des Triebwerks und damit bei Nacht zum Totalverlust der Maschine. Dieser Übelstand muss schnellstens abgestellt werden. Die Truppe behilft sich dadurch, dass die Ventile grundsätzlich mit einem 0,8 mm starken Draht abgesichert werden, und verzichtet somit auf eine Betätigungsmöglichkeit der Abschaltventile, da bei Nacht ohnehin das Erkennen eines Kühlerausfalls nicht möglich ist. Auch von den Tagjägern ist dieselbe Beanstandung wiederholt vorgebracht worden. Nach meinen Informationen wird im Einflugbetrieb das Abschaltventil mit einem starken Draht gesichert, um ein selbsttätiges Abschalten während des Einfliegens zu unterbinden. Bei Ablieferung der Maschine wird dieser starke Sicherungsdraht gegen den vorgeschriebenen schwachen wieder ausgetauscht. Dieser Zustand ist gänzlich unhaltbar. Ich stelle daher die Forderung, dass die Kühlerabschaltventile solange nicht zum Einbau kommen, bis durch konstruktive Maßnahmen ein richtiges Funktio-

nieren der Abschaltventile sichergestellt ist. Es wird beanstandet, dass die Kerzen von M2 sehr oft ausfallen. Es erweist sich als notwendig, den Kerzenstecker nach 1–2 Flugstunden zu wechseln, da dieser anfällig ist. Dieselben Erfahrungen wurden mir von den Ergänzungsjagdgruppen gemeldet.
Es wurde kürzlich bei Nacht eine Notlandung mit der Me 109 vorgenommen, weil nach Aussagen des Flugzeugführers die Kabine nicht abgeworfen werden konnte. Der Flugzeugführer wurde dabei schwer verwundet. Dieses Nichtfunktionieren des Kabinenabwurfes wird von uns auf das Haften der Gummidichtung am Kabinenaufsatz zurückgeführt. Es soll beseitigt werden durch Einbau eines Nockens am Verriegelungshebel. Dieser Einbau muss schnellstens in der Serie einlaufen.
Die Oberflächenbeschaffenheit der beim JG 300 befindlichen Maschinen ist außerordentlich schlecht. Oberstleutnant Hermann beabsichtigt, Oberfläche nachzubehandeln. Ich habe ihm die Unterstützung durch Übermittlung der Erfahrungen des Erla-Werk VII Antwerpen zugesichert. Bereits im Juni wurde von Professor Messerschmitt angeordnet, dass die Oberflächenbeschaffenheit der Serienmaschinen schnellstens wesentlich zu verbessern sei. Es ist somit die Tatsache festzustellen, dass nach über einem Vierteljahr die Serie immer noch in dem alten schlechten Zustand ausgeliefert wird.
Für die Beleuchtung des Instrumentenbrettes wird die Anbringung von Leuchten gewünscht. Die Truppe behilft sich zurzeit mit Taschenlampen.
Das Erfliegen großer Reichweiten erfordert die Kenntnis über die günstigste Zuordnung von Ladedruck und Drehzahl auch in den unteren Leistungsbereichen für alle Flughöhen. Die Truppe fliegt oft mit Handverstellung, da die Automatik bei 0,9 ata Ladedruck zu geringe Drehzahlen ergibt. Es müssten also der Truppe die günstigsten Werte in tabellarischer Form zusammengestellt werden.
Dem Gruppen-TO, Leutnant Dudack, müssen elektrische Schaltpläne für die Me 109 G-6 übersandt werden. Diese Pläne in vierfacher Ausfertigung. Für die Einweisung des Bodenpersonals werden dringend Lehrtafeln und Hydraulikpläne benötigt.

Einsatzkommando Helsinki

Eine Me 109 G-6 mit einem provisorischen Wintertarnanstrich auf dem Flugplatz von Helsinki-Malmi Februar 1944. (Sammlung Dietsche)

In der Nacht vom 6./7. Februar erfolgte ein schwerer Luftangriff durch die sowjetischen Luftstreitkräfte auf die finnische Hauptstadt Helsinki. Da die finnische Luftwaffe über so gut wie keine Nachtjagdverbände verfügte, ersuchte die finnische Regierung um Unterstützung bei der Abwehr der sowjetischen Bomber. Für den Einsatz von Nachtjägern war aber eine entsprechende Bodenorganisation unabdingbar. Kurzfristig blieb nur die Möglichkeit, eine Elitestaffel des JG 302, ausgerüstet für die helle Nachtjagd dem Wilde-Sau-Verfahren, nach Helsinki abzugeben. Von der I./JG 302 erhielt die 2. Staffel den Befehl nach Helsinki zu verlegen. Insgesamt zwölf Me 109 G-6 wurden beginnend am 13. Februar 1944 auf den Flugplatz von Malmi-Helsinki verlegt. Der Flugplatz von Malmi befindet sich ca. 10 Kilometer nordöstlich der finnischen Hauptstadt. Bereits in der Nacht vom 16./17. Februar 1944 waren die deutschen Jäger erfolgreich. Es gelang der Abschuss von zwei russischen Bombern. Weitere vier Bomber wurden in der Nacht vom 26./27. Februar als Abschuss gemeldet. Auch während des Tages stand die Staffel zur Verteidigung von Helsinki bereit. Die Personalstärke umfasste zwei Offiziere, 12 Unteroffiziere und 22 Flugzeugmechaniker. Kommandoführer war Hauptmann Richard Lewens, der dann aber am 21. April 1944 von Hauptmann Karlheinz Dietsche abgelöst wurde. Hauptmann Dietsche war nach seinen Angaben bis zum 15. Mai 1944 Führer des Einsatzkommandos Helsinki.

Rechts Hauptmann Karlheinz Dietsche im Gespräch. (Sammlung Dietsche)

Eine Me 109 G-6 der 2./JG 302 auf dem Flugplatz von Helsinki-Malmi. Die „Schwarze 33“ mit dem Namenszug „Dieter“ auf der Motorhaube. Vermutlich rotes Rumpfband hinter dem Balkenkreuz. Im Hintergrund das Flughafengebäude von Helsinki, welches heute noch so erhalten geblieben ist. (Sammlung Dietsche)

Auch die finnische Luftwaffe wurde mit Me 109 G ausgerüstet. Das Hakenkreuz war während des 2. Weltkrieges das offizielle Hoheitsabzeichen der Finnen und stand nicht in Verbindung mit dem deutschen Hakenkreuz. (Sammlung Dietsche)

Die Auswirkungen der schweren Luftangriffe auf die Produktion der Me 109

Einen erheblichen Rückschlag in der Produktion musste Messerschmitt und das RLM hinnehmen, als im August 1943 die ersten schweren Luftangriffe auf die Produktionsstätten der Me 109 erfolgten. Am 13. August '43 wurden die Wiener Neustädter Flugzeugwerke getroffen und vier Tage später am 17. August traf es vernichtend die Anlagen der Messerschmitt GmbH in Regensburg. Zudem waren noch fast 400 Tote in der Belegschaft zu verzeichnen.
Kaum waren die gröbsten Bombenschäden beseitigt und die Produktion der 109 weiter gesteigert worden, begannen die US-Luftflotten 8 und 15 mit einer Angriffsserie gegen die Jagdflugzeugproduktion unter dem Codewort „BIG WEEK". Bedingt durch die Luftangriffe auf das gesamte Deutsche Reich ergaben sich in der Messerschmitt-Flugzeugproduktion erhebliche Schwierigkeiten und Engpässe. Die WNF wurden während des Krieges insgesamt 19 mal von der 15. USAAF angegriffen. Messerschmitt-Regensburg traf es achtmal und die Erla-Maschinenwerke in Leipzig zwölfmal. WNF dezentralisierte seine Produktion daraufhin an über 20 verschiedene Orte. Ein Teil der Produktion wurde in Eisenbahntunnel in Mähren unter dem Decknamen „Diana" verlagert. Die Folgen dieser Verlagerungen waren dramatisch, denn die Arbeitsstunden für die Herstellung einer Me 109 G-6 erreichten bisher unbekannte Höhen, siehe nachfolgende Tabelle.

Flugzeugwerk: Produktion Me 109 G-6	**Januar 1944: Produktionsaufwand in Stunden**
Erla-Leipzig	3.000 Arbeitsstunden
Messerschmitt-GmbH Regensburg	2.000 Arbeitsstunden
Wiener Neustädter Flugzeugwerke	7.000 Arbeitsstunden

Nach den Luftangriffen im Februar 1944 mussten auch die Messerschmitt GmbH Regensburg und die Erla-Maschinenwerke in Leipzig ihre Produktion dezentralisieren, um der totalen Vernichtung zu entgehen. Für die Messerschmitt GmbH in Regensburg bedeutete dies, dass bis Kriegsende die Produktion in 31 verschiedene Betriebe in Bayern, Böhmen und Österreich verlagert wurde. Hinzu kamen noch mindestens 28 Läger, in denen entsprechendes Material vom Duralblech bis zum Flugzeugtriebwerk gelagert wurde. Eine geschützte Flugzeugteileproduktion war ab diesem Zeitraum nur noch unterirdisch möglich. Eine provisorische Montage in getarnten Waldwerken war als Übergangslösung in der Umsetzungsphase, die bis August 1944 abgeschlossen war. Für die Verbunkerung der Produktion lief ein entsprechend gigantisches Bauprogramm an.

Dezentrale Flugzeugfertigung als Folge der schweren Luftangriffe am Beispiel der Messerschmitt GmbH Regensburg

Aufgrund der katastrophalen Schäden war die Produktion der 109 in Regensburg zum Erliegen gekommen. Hinzu kamen die mehr als schleppend anlaufenden Reparaturen. Es fehlte an Arbeitskräften und Material, um die für die Aufrechterhaltung der Produktion notwendigen Aufräumarbeiten und Reparaturen durchzuführen. Ferner mussten die notwendigen Baumaßnahmen auf dem Fliegerhorst zur Verlegung der Vor- und Endmontage in die noch intakte Halle 7 durchgeführt werden. Durch Umschichtung und Versetzung großer Teile des Personals gelang es der Werkleitung in Tag- und Nachtschichten, die Produktion der 109 bis Anfang März mit fünf Maschinen pro Tag auf dem Fliegerhorst Obertraubling wieder in Gang zu bringen.

Am 10. März 1944 traf ein Sonderzug des Oberkommandos der Luftwaffe mit Generalfeldmarschall Milch und Reichsamtsleiter Saur vom Reichsjägerstab in Regensburg ein. In diesem Befehlszug wurden im Gespräch mit dem Regensburger Werkleiter Generalingenieur Lucht sofortige Maßnahmen zur Dezentralisierung der Produktion festgelegt, denn allen Beteiligten war klar, dass eine ungeschützte zentralgeführte Flugzeugproduktion nicht mehr möglich war. In einem ersten Schritt wurde die Verlagerung der gesamten Metallbearbeitung in den Olympiatunnel von Eschenlohe beschlossen, galt es doch, die wertvollen und unersetzlichen Pressen, Stanzmaschinen, die Dreherei usw. in Sicherheit zu bringen. In Regensburg standen zwei große Pressen für die Rumpfhalbschalen der 109. Von diesen Pressen war nur noch eine in Wiener Neustadt vorhanden. Wären die Regensburger Pressen vernichtet worden, hätte dies bedeutet, dass die halbe Fertigung der 109 ausgefallen wäre. Bis Mitte 1944 war diese Verlagerung in den Olympiatunnel abgeschlossen. Für eine weitere Verlagerung in Stollen und Tunnels konnte vom Reichsjägerstab allerdings keine Unterstützung gegeben werden. Es wurde die Produktionsaufteilung der 109 in drei Fertigungskreise Nord, Mitte und Süd eingeleitet. Es existierten dann bis Ende 1944 drei Endmontagen für die 109, und zwar in Vilseck (8.000 m^2) Deckname „Babel“, Cham (5.000 m^2) Deckname „Chamotte“ und Regensburg „Gauting“. Auf dem Fliegerhorst Obertraubling, dem Waldwerk Gauting, Prüfening und Sinzing umfasste die Produktionsfläche insgesamt 10.500 m^2. In Bodenwöhr entstand ein weiteres Waldwerk, Deckname „TO“ für die Rumpfmontage mit einer Fertigungsfläche von 4.500 m^2. Einflugbetrieb wurde in Puchhof bei Straubing, Cham, Schafhof bei Amberg, Vilseck und Charlottenhof bei Schwandorf durchgeführt. Dies führte dazu, dass die Gesamtausbringung der 109 durch die Messerschmitt GmbH Regensburg auf 6.316 Flugzeuge im Jahre 1944 gesteigert werden konnte. Allein im Oktober 1944 wurden an die Luftwaffe 755 Me 109 G und K ausgeliefert. Die Konzentrationslager Flossenbürg und Mauthausen wurden verstärkt in die Flugzeugproduktion eingeschaltet. Siehe auch Karte über die dezentralisierte Flugzeugproduktion der Messerschmitt GmbH Regensburg. Die Anzahl der Beschäftigten lag Mitte 1944 bei 11.687, davon 4.886 Zwangsarbeiter. Bis Kriegsende erhöhte sich die Gesamtbelegschaft auf 12.824, davon 6.350 Zwangsarbeiter und Kriegsgefangene.

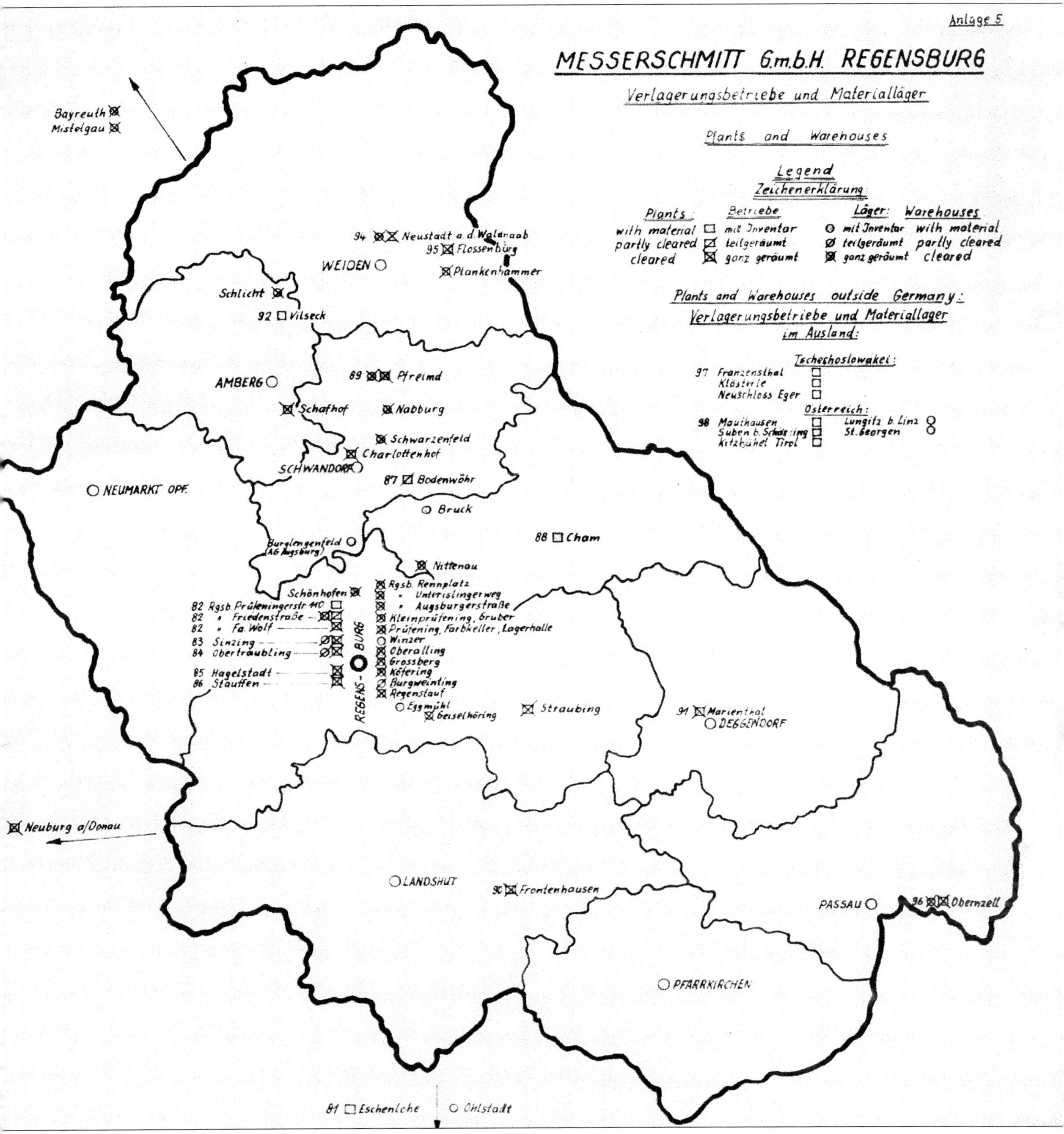
Anlage 5
MESSERSCHMITT G.m.b.H. REGENSBURG
Verlagerungsbetriebe und Materialläger
Plants and Warehouses
Legend
Zeichenerklärung:
Plants: Betriebe
with material mit Inventar
partly cleared teilgeräumt
cleared ganz geräumt
Läger: Warehouses
mit Inventar with material
teilgeräumt partly cleared
ganz geräumt cleared
Plants and Warehouses outside Germany:
Verlagerungsbetriebe und Materiallager im Ausland:
Tschechoslowakei:
97 Franzensthal
Klösterle
Neuschloss Eger
Österreich:
98 Mauthausen
Suben b. Schärding
Kitzbühel Tirol
Lungitz b. Linz
St. Georgen
Bayreuth
Mistelgau
94 Neustadt a. d. Waldnaab
95 Flossenbürg
Plankenhammer
WEIDEN
Schlicht
92 Vilseck
AMBERG
89 Pfreimd
Schafhof
Nabburg
Schwarzenfeld
Charlottenhof
SCHWANDORF
87 Bodenwöhr
NEUMARKT OPF.
Bruck
88 Cham
Burglengenfeld (AG Augsburg)
Nittenau
Schönhofen
Rgsb. Rennplatz
" Unterislingerweg
" Augsburgerstraße
Kleinprüfening, Gruber
Prüfening, Farbkeller, Lagerhalle
Winzer
Oberalling
Grossberg
Köfering
Burgweinting
Regenstauf
Eggmühl
Geiselhöring
82 Rgsb. Prüfeningerstr. 110
82 " Friedenstraße
82 " Fa. Wolf
83 Sinzing
84 Obertraubling
85 Hagelstadt
86 Stauffen
REGENS-BURG
Straubing
91 Marienthal
DEGGENDORF
Neuburg a/Donau
LANDSHUT
90 Frontenhausen
PASSAU
96 Obernzell
PFARRKIRCHEN
81 Eschenlohe
Ohlstadt

Die Verlagerung in den Olympiatunnel Eschenlohe

Die Verlagerung in den Olympiatunnel erforderte dessen Vollsperrung. Dies hatte aber für den Verkehrsablauf in Richtung Garmisch-Partenkirchen keinerlei Auswirkungen, da ab 1943 sogut wie keine Privatfahrzeuge mehr fahren durften. Der übrige Kraftfahrzeugverkehr musste die vorhandene alte Ortsdurchfahrt von Eschenlohe benutzen. Eine erste Inspektion des Tunnels ergab, dass er zur Aufnahme des gesamten Regensburger Maschinenparks an Pressen, Stanzen, Dreh- und Fräsbänken nicht die entsprechende Größe von 6.000 m^2 aufwies.

Mit Unterstützung durch den Jägerstab und der OT (Organisation Todt) wurde beschlossen, im Bereich des 60 Meter langen nördlichen Tunnels diesen durch einen beiderseitigen Anbau zu verlängern. Dazu wurden in einer Gewaltaktion entsprechende Baufirmen herangezogen, die umgehend mit den Planungen und dem Bau begannen.

Auch hier erfolgte der Einsatz von Zwangsarbeitern. Am südlichen Ende des Südtunnels entstand ein 17 Meter langer Vorbau. Dieses Torbauwerk sollte im Falle eines Luftangriffs einen direkten Treffer in den

Das Nordportal des nördlichen Tunnels. Sichtbar ist ein Portal aus massiven Beton. Hier beginnt der betonierte Teil der ehemals streng geheimen Produktionsanlage für Flugzeugteile. Der eigentliche durch Fels geschlagene „Olympiatunnel" beginnt erst ca. 120 Meter weiter. Diese nördliche 1944 in betonbauweise erstellte Verlängerung nahm das Presswerk der Messerschmitt GmbH Regensburg auf.

Luftaufnahme vom 5. April 1945 (Foto Nationalarchiv Washington)

A Nordtunnel
A-1 Verlängerung Nordtunnel
A-2 Verlängerung Nordtunnel
B Südtunnel
B-1 Verlängerung Südtunnel
C Materiallagerplätze, Heizhaus, Baracken usw.
D Lager für Arbeitskräfte
E Eschenlohe
F Bahnhof Eschenlohe
G Reichsstraße 2 (heute Bundesstraße B 2)
H Bahnlinie nach Garmisch-Partenkirchen
I Straße nach Garmisch-Partenkirchen

Eine Detailaufnahme des Tunnelportals zeigt die Mächtigkeit des Betonbaus. Meterdicker Beton schützte damals eine der wichtigsten Produktionsstätten. Hier wurden alle Metallteile für Tragflächen und Rümpfe der Me 109 und später die Blechteile für den Rumpfbau der Me 262 beginnend vom April 1944 bis zum Kriegsende hergestellt.

Eine Detailaufnahme zeigt die Stärke der Betonkonstruktion.

Ein Blick in den Tunnel von der Nordseite. Erkennbar ist, dass dieser Bereich des Tunnels eine Zwischendecke aus Beton hatte. Ein Teil des Bewehrungsstahls ist sichtbar. Hinter der rechten Betonwand des Tunnels befanden sich weitere Stollen in zwei Ebenen. Die unteren Zugänge zu diesem Bereich sind verschlossen worden. Im oberen Bereich sind die Zugänge, soweit erkennbar, offen.

Tunnel verhindern. Parallel dazu lief bereits der Umzug der Messerschmitt GmbH Regensburg nach Eschenlohe.
Das größte Bauwerk am Olympiatunnel ist die ca. 120 Meter lange nördliche Verlängerung des Nordtunnels. Diese Verlängerung erhielt eine Zwischendecke, sodass auf zwei Ebenen produziert werden konnte. Die Lage dieser Decke ist noch heute deutlich aufgrund des herausstehenden Bewehrungsstahls erkennbar. Seitlich erfolgte der Ausbau weiterer Räume, deren Zugänge im unteren Bereich heute verschlossen, aber im oberen Bereich noch offen sind. Durch die Baumaßnahmen erreichte der Südtunnel eine Länge von 230 und der nördliche Tunnel eine Länge von 260 Metern. Auf der Freifläche zwischen beiden Tunnels befand sich das Heizhaus und die Baracken für die Verwaltung, Kantine und das Materiallager. In diesem Bereich wurden auch noch zusätzliche seitliche Stollen in den Fels getrieben. Für die Belegschaft wurde ein Luftschutzstollen angelegt, der heute noch erhalten ist. Die gesamte Anlage wurde unter dem Decknamen „Ente“ geführt. Hier arbeiteten in der Produktion für die Me 109 und der Me 262 (Rümpfe) insgesamt 3.500 Beschäftigte. Interessant ist in diesem Zusammenhang, dass für den Bau ursprünglich Kosten in Höhe von 900.000 Reichsmark veranschlagt worden sind. Als Ende 1944 alle Arbeiten abgeschlossen waren, hatten sich die Baukosten auf einen Betrag von 4,7 Millionen RM erhöht. In einem Bericht des Betriebsführers der Messerschmitt AG Augsburg (Kokothaki) wurde die Anlage in Eschenlohe als durch einen Luftangriff stark gefährdet angesehen. Die Deckenstärke der Tunnelverlängerungen waren gegen einen direkten Treffer schwerer Sprengbomben nicht ausreichend stark dimensioniert worden. Selbst der in Naturstein vorhandene Bereich des Nordtunnels war von der Überdeckung durch Fels nicht ausreichend stark für den Fall, dass die RAF Bomben vom Typ „Tall Boy“ oder „Grand Slam“ einsetzen sollte. Dazu ist es aber glücklicher Weise nie gekommen, denn ein Luftangriff hätte wohl auch die unmittelbar benachbarte Ortschaft Eschenlohe stark in Mitleidenschaft gezogen.

Das Südportal des Nordtunnels wurde ebenfalls in massiver Betonbauweise erstellt.

Blick in den Nordtunnel von Süden her. Die Aufnahme zeigt, dass der Betonvorbau des Tunnels höher liegt als der ursprünglich in den Fels geschlagene Olympiatunnel. Dieser Bereich nahm die hohen Pressen für die Rumpfhalbschalen und Rumpfspanten auf. Von diesen Pressen gab es nur drei Stück. Eine befand sich im Flugzeugwerk Wiener Neustadt und die anderen beiden wurden aus Regensburg nach Eschenlohe verlagert.

Diese Aufnahme zeigt das Südportal des südlichen Tunnels. In diesem Bereich wurde ebenfalls ein massiver Betonvorbau aus Luftschutzgründen errichtet. Schon der Anblick der Tunnelöffnung wirkt bedrohlich und vermittelt den Eindruck eines Bollwerks.

Eine Aufnahme des Luftschutzstollens, der heute noch begehbar ist. (Sammlung Steffen Wündisch)

Das Waldwerk „Gauting“

Bis eine geschützte unterirdische Werkanlage zur Verfügung stand, sollte als Ausweichlösung ein provisorisches Montagewerk angelegt werden. Für die Endmontage der Me 109 in Regensburg wurde nun ein Waldwerk geplant und mit dem Bau sollte sofort begonnen werden. Schnellbauhallen wurden aus dem besetzten Frankreich angefordert. Ein Waldbauzug des RLM wurde nach Regensburg beordert. Diese Züge führten Personal und Material mit, um die Voraussetzungen für eine schnelle Verlagerung und Wiederaufnahme der Rüstungsproduktion zu schaffen.
Dieses Waldwerk wurde mit primitiven Schnellbauhallen, bestehend aus vorgefertigten Holzelementen für die Dächer und Wände an der Reichsstraße 15 in einem großen Waldstück zwischen Alteglofsheim und Hagelstadt errichtet. Die Hallenbauteile wurden aus dem besetzten Frankreich angeliefert. Zahlreiche Baracken, die vom Fliegerhorst Obertraubling angeliefert wurden, vervollständigten das Waldwerk. Südlich von Regensburg an der Bahnlinie nach München gelegen, hatte das Werk eine Ausdehnung von ca. 1.000 Meter auf ca. 500 Meter, siehe auch Lageplan. Dazu wurde ein bereits bestehendes System von Waldwegen ausgebaut. Wegen der Waldbrandgefahr und zum Gebäudebrandschutz, es waren ja alle Gebäude in Holzbauweise errichtet worden, entstand neben dem Haupteingang eine Feuerwache, in der ständig zwei Löschfahrzeuge stationiert waren. Die sehr dezentral aufgebauten Montagehallen verfügten nur zum Teil über Betonböden. Auch die Streifenfundamente für die Fließbänder wurden innerhalb kürzester Zeit angelegt. Die gesamte Produktionsfläche umfasste rund 5.000 m^2.
Die Anlieferung des benötigten Materials erfolgte per Bahn. Nach Angaben von Zeitzeugen wurden in der Bauzeit auch Landwirte zu Transportfahrten verpflichtet. Die Abholung des Materials erfolgte von den Bahnhöfen in Hagelstadt und Köfering. Die für das Waldwerk erforderliche Infrastruktur, wie Elektrizitätsversorgung, Trinkwasserleitung, Abwasserentsorgung, Wegebau, eine Umzäunung usw. wurde innerhalb weniger Wochen unter Einsatz von Reichsarbeitsdienst, Zwangsarbeitern und von Kriegsgefangenen erstellt.
Das Werk durfte nur mit einem entsprechenden Ausweis betreten werden. Alle Ausweisinhaber mussten eine schriftliche Verschwiegenheitserklärung unterzeichnen. Über die Vorgänge im Werk durfte nichts in der Öffentlichkeit berichtet werden. Bei Zuwiderhandlungen war ein Verhör durch die Gestapo die Konsequenz. Diese rigorose Maßnahme hat vermutlich auch dazu beigetragen, dass kaum Informationen nach außen gedrungen sind. Die hier eingesetzten Zwangsarbeiter durften mit einem Passierschein das Waldwerk verlassen. Die aus dem osteuropäischen Raum stammenden Arbeitskräfte mussten auf ihrer Kleidung den Schriftzug „OST“ tragen und waren damit für die Bevölkerung entsprechend gekennzeichnet. Gleiches galt auch für die Zwangsarbeiter aus dem Westen (Franzosen, Belgier und Niederländer). Die russischen Kriegsgefangenen verblieben in dem mit Stacheldraht abgesperrten Lagerbereich innerhalb des Werks. Die Verpflegung der russischen Kriegsgefangenen muss als äußerst mangelhaft beschrieben werden.
Die gesamte Produktion lief in acht kleineren Hallen ab. Insgesamt waren ca. 1.200 Personen in den verschiedenen Gebäuden mit dem Rohbau und in der Endmontage für Tragflächen und Rümpfe sowie in der Triebwerksaufrüstung beschäftigt. Die Aufrüstung der Flugzeugtriebwerke erfolgte in einer Montagehalle, die über eine zweispurige Gleisanlage verfügte, um die ca. 900 kg schweren Daimler-Benz Triebwerke mittels Montagewagen zur Rumpfendmontage transportieren zu können. Die Tagesproduktion lag bei 15 – 20 Me 109.

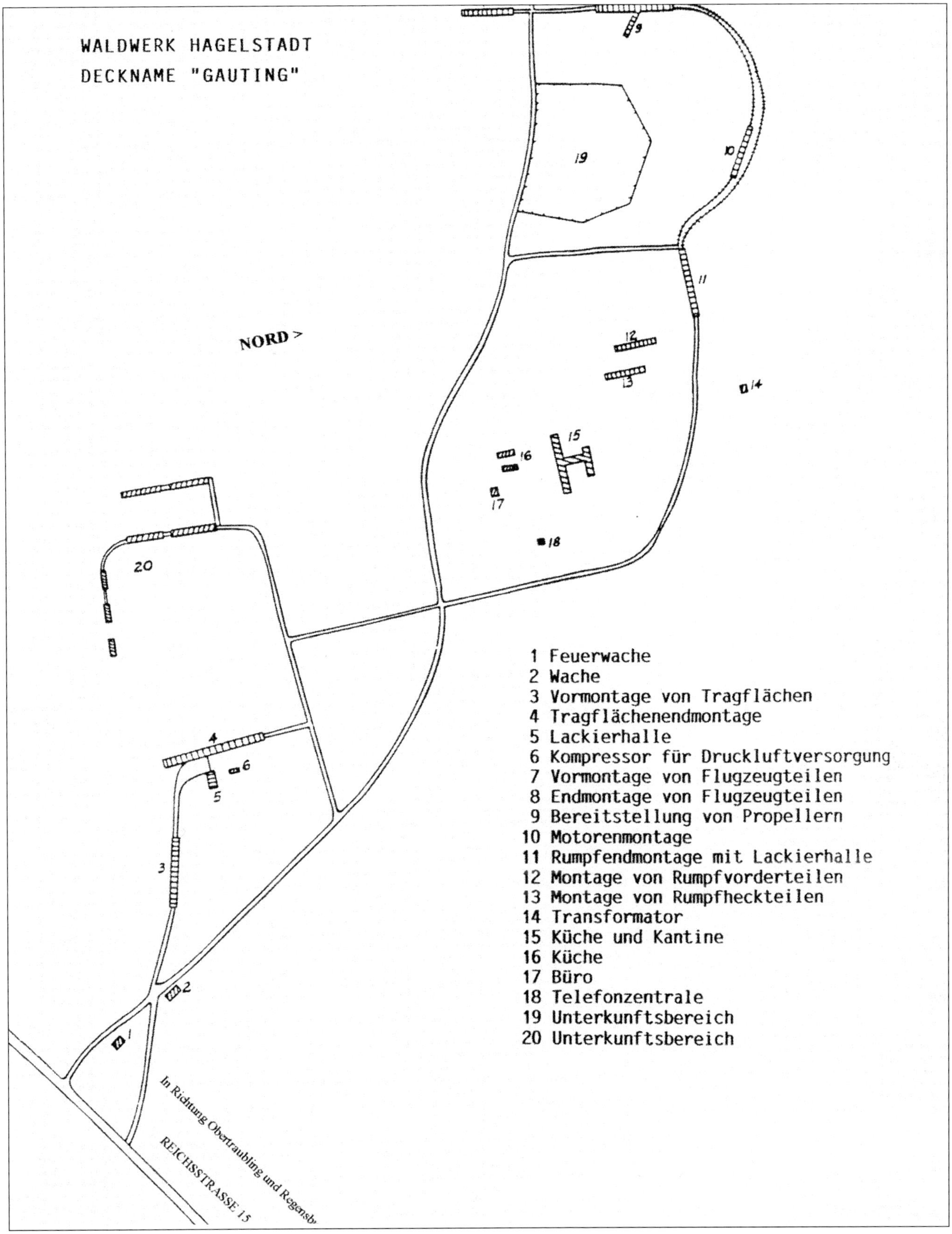

Ein Lageplan des Waldwerks „Gauting". Dieser Plan verdeutlicht die dezentrale Anordnung aller Gebäude. Das Waldwerk „Gauting" war über eine Fläche von ca. 1.000 Meter in Ost-West-Richtung und ca. 500 Meter in Nord-Süd-Richtung verteilt. Die eingezeichneten Waldwege existieren in ihrer Form heute noch. Von der Ortsheimatpflegerin aus Alteglofsheim, Doris Schwarz, werden in den Sommermonaten für Interessenten Führungen durch das Areal des ehemaligen Waldwerks angeboten.

Eine Luftaufnahme vom April 1945 zeigt die Ausdehnung des Waldwerks „Gauting" umrandet. Ganz rechts ist die Bahnlinie Regensburg-München erkennbar. Links davon die Reichsstraße 15, heutige B 15.

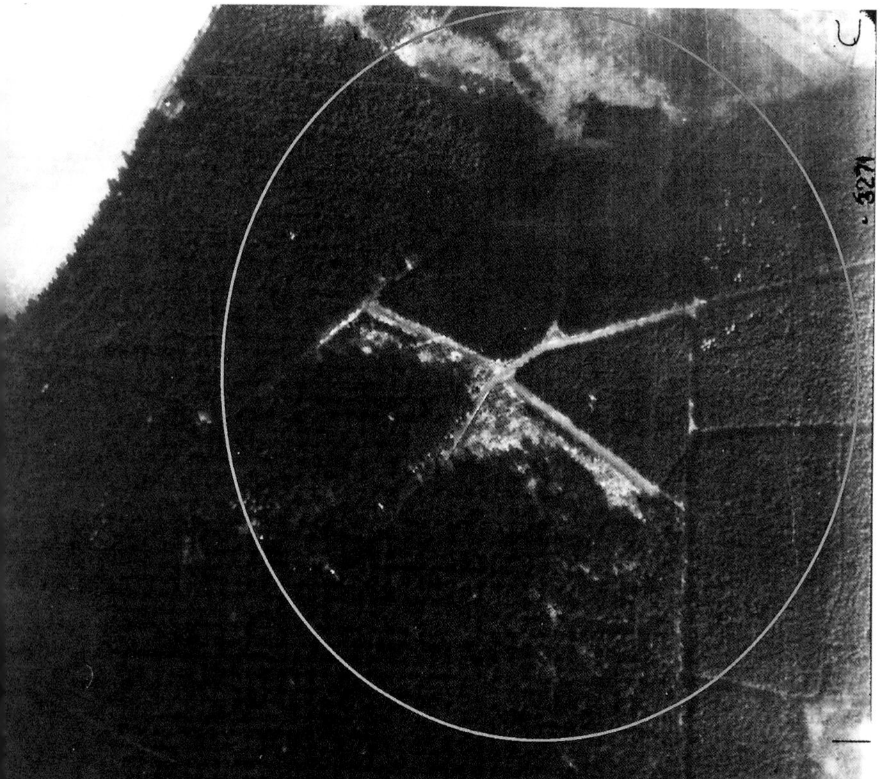

Eine Vergrößerung zeigt das Zentrum des Waldwerks. Es sind weder Hallen noch Gebäude zu erkennen. Auch abgestellte Flugzeuge entziehen sich dem Betrachter.

Ab dem Juni 1944 lief die Produktion, von der alliierten Luftaufklärung nicht erfasst, auf vollen Touren. Die fertiggestellten Flugzeuge wurden mit abgenommenen Tragflächen an den Waldwegen unter Bäumen abgestellt. Nachts erfolgte der Transport mit LKWs oder Traktoren mit Anhänger über die Reichsstraße 15 auf den Fliegerhorst Obertraubling. Dabei wurden die Tragflächen auf LKWs oder Anhänger verladen. Das Spornrad der 109 lagerte auf der Ladefläche eines Anhängers und der Rumpf rollte auf seinem Hauptfahrwerk hinterher. Die Transporte gingen nicht immer reibungslos vor sich. In der Ortsdurchfahrt von Köfering löste sich anscheinend ein ungenügend befestigtes Spornrad von einem Anhänger und die angehängte 109 fiel auf die Straße, durchbrach einen Gartenzaun und landete an einer Hausmauer. Da rückte dann ein Trupp von der Luftwaffe mit Fahrzeugen an und zog die 109 wieder auf die Straße. Auf dem Fliegerhorst angekommen, wurden die Tragflächen montiert, die Bewaffnung eingeschossen und die 109 für den Einflug vorbereitet. Eine größere Konzentration von Me 109 durfte auf dem Fliegerhorst nicht mehr abgestellt sein. Während des Tages waren maximal 24 Me 109 mit einem Abstand von 150 Metern zueinander geparkt.
Diese Auflage war vom Jägerstab unter Generalfeldmarschall (GFM) Milch für Regensburg ausgegeben worden. Deshalb mussten auf dem Fliegerhorst immer einige Flugzeuge für die alliierten Aufklärer zu sehen sein. GFM Milch sagte zum damaligen Betriebsführer Generalstabsingenieur Lucht: *„Für die Amerikaner müssen hier immer einige Flugzeuge auf dem Fliegerhorst Obertraubling zu sehen sein. Stellen die hier keinen Betrieb mehr fest, dann fangen die mit Sicherheit an zu suchen! Wir werden für das Waldwerk auch keinen Flakschutz aufbieten, sobald die Amerikaner bei einem Überflug Flakfeuer bekommen, wissen die, was da los ist. In punkto Flak machen wir gar nichts, aber die Tarnung muss perfekt sein. Lucht, am besten Sie nehmen mal eine Maschine und fliegen da selbst drüber. Kontrollieren Sie die ganze Anlage aus der Luft!"*

Die für den Einflug bereitgestellten Flugzeuge wurden umgehend auf andere Flugplätze überführt. Dies waren in der Regel immer gut getarnte Feldflugplätze in der näheren Umgebung. Einer dieser Flugplätze war Puchhof bei Straubing. Bei Puchhof westlich von Straubing gelegen, war eine größere zusammenhängende Wiese als Feldflugplatz eingerichtet worden. Dort befanden sich gut getarnt die Abstellplätze an einem kleinen Waldrand. Einige Baracken und zwei kleinere Hallen als Scheunen getarnt waren dort vorhanden. Oberleutnant Adolf Riedmeir berichtet dazu: *„Es kamen ja tagtäglich neue Flugzeuge aus dem Waldwerk und standen dann auf dem Fliegerhorst Obertraubling. Anfangs flogen wir mit einer FW 58 „Weihe“ immer mit ca. 8 Mann an Bord von Puchhof nach Obertraubling. Dort übernahmen wir dann die neuen 109er. Nach einer eingehenden Überprüfung stiegen wir in die Flugzeuge. Verlief der Probelauf des Motors einigermaßen zufriedenstellend, dann überflogen wir die Maschinen nach Puchhof und führten auch gleich die ersten Tests durch. Meistens mussten die Querruder an der Bügelkante etwas nachjustiert werden. Bei den Triebwerken machte uns so ab Oktober 1944 die Feuchtigkeit zu schaffen. Die Flugzeuge standen ja in keinen Hallen, sondern meistens im Freien und waren da voll der Witterung ausgesetzt. Die Zündanlage war da schon ein empfindliches Teil und wir achteten immer sehr genau darauf, dass die Abdeckplanen richtig aufgezogen wurden. Jeder hatte die Anweisung bekommen, vor dem Start den Zündschalter auf die Magnete M1 und M2 nochmals genau zu überprüfen und auf die Größe des Drehzahlabfalls zu achten. Kann mich noch gut daran erinnern, wie bei einer Me 109 Ende Oktober '44 in Puchhof kurz nach dem Start, das Fahrwerk war schon fast eingezogen, der Motor mit zahlreichen Fehlzündungen an Leistung verlor. Dem Flugzeugführer blieb nichts Anderes übrig, als die nagelneue 109 auf den Bauch zu legen. Auch das Bodenpersonal konnte sich über Mangel an Arbeit nicht beklagen. Vor allem Undichtigkeiten aller Art waren zu beseitigen. War eine größere Reparatur notwendig, zum Beispiel dann, wenn das Triebwerk oder eine Tragfläche abgebaut werden musste, verlegte das Bodenpersonal die 109 in eine der kleinen Hallen, um vor der Witterung einigermaßen geschützt zu sein. Da sich Ende 1944 verstärkt Tiefflieger in unserer Gegend bemerkbar machten, wurden Maschinengewehre zur Fliegerabwehr aufgebaut. Diese wurden vom Bodenpersonal bedient. Vor allem die Liegeplätze der Flugzeuge mussten geschützt werden. Zusätzlich verlegte eine leichte Flakbatterie auf den Feldflugplatz. Mir wurde neben dem Einflugbetrieb auch noch das Kommando über die Batterie erteilt. Die hatten zwar ihren eigenen Batteriechef, aber der unterstand in der Regel immer einem Offizier vom fliegenden Personal, um den Flugbetrieb und den Flakschutz zu koordinieren. Nicht dass die Flak bei einem Angriff vor Aufregung noch unsere Liegeplätze ins Visier oder gar eine anfliegende 109 unter Feuer nahm. Als Oberleutnant war ich der Ranghöchste und da blieb das mit der Flak bei mir hängen. Also legten wir gemeinsam die Stellungen rund um den Platz fest. Wir regelten auch die Alarmierung der Bedienungen über Sirene und stimmten die Feuerräume zwischen Flak und MG-Stellungen ab. Wäre ja nicht das erste Mal passiert, dass man sich gegenseitig unter Beschuss nimmt. Als dann die ersten US-Tiefflieger unseren Platz etwas näher begutachten wollten, flog denen jede Menge Leuchtspur um die Ohren, sodass sie sich schleunigst im Tiefflug verzogen. Ende '44 hatten wir derart viele 109er auf dem Platz stehen, dass wir nicht mehr wussten, wohin damit. Wir waren gezwungen, sie auf andere Plätze in der Nähe zu verteilen.“*

Ein Blick in die Halle für die Rumpfmontage nach der Fertigstellung. Deutlich ist die primitive Bauweise der Halle erkennbar. Die Dachkonstruktion besteht aus Nagelbindern und die Wände sind mit Heraklith-Platten verkleidet. Für den Einbau des Fließbandes sind die Betonfundamente bereits gegossen. Es wurden nur Streifenfundamente eingebaut, der restliche Boden war nicht betoniert. Leider sind die Fotos des Waldwerks „Gauting“ von keiner guten Qualität, aber es sind die bisher einzigen bekannten Aufnahmen.

Deshalb wurden die bereits eingeflogenen Flugzeuge auf die Plätze in Straubing, Landau/Isar, Plattling usw. überflogen und an die 3./FlüG 1 Gruppe-Süd übergeben, welche die weitere Überführung an die Fronten durchführte.
Anmerkung zur 3./FlüG 1 Gruppe-Süd: Die 3. Staffel verfügte über rund 60 Flugzeugführer. Darunter befanden sich mindestens 20 russische Piloten, die der Wlassow-Armee angehörten. Kommandeur der 3./FlüG 1 Gruppe-Süd war Hauptmann Dr. Josef Weißmüller aus Regensburg.
Ab Ende 1944 wurde im Waldwerk „Gauting" auch die Rumpfendmontage für die Me 262 untergebracht. Die angelieferten Rohbaurümpfe wurden hier für die Endmontage aufgerüstet. Die Tarnung durch Bäume und Tarnnetze war dermaßen perfekt, dass die US-Aufklärer dieses Flugzeugwerk während des gesamten Krieges nicht entdeckten und die Produktion bis weit in den April '45 erfolgte. Erst als die US-Armee am 25. April 1945 im Raum Regensburg die Donau erreichte, wurden alle Arbeiten eingestellt und das Personal evakuiert. Nach Kriegsende wurde das Werk von der Bevölkerung aus den umliegenden Dörfern geplündert.
Alles, was irgendwie brauchbar erschien, wurde demontiert. Nur die zahlreichen Tarnnetze fanden keine Abnehmer, die blieben erstmal liegen. Die Anzahl an bereits fertig montierten Flugzeugteilen war so groß, dass es über drei Monate dauerte, bis alles abtransportiert werden konnte. Nach Angaben von Zeitzeugen wurden die Flugzeugteile in eine transportable Größe zerlegt und zum Bahnhof nach Hagelstadt gefahren, um dort auf Waggons verladen zu werden. Alle Flugzeugteile aus Dural waren an eine Aluminiumhütte nach Altötting verkauft worden. Nachdem die Hallen und Einrichtungen rückgebaut worden waren, erfolgte auf Anordnung der amerikanischen Militärregierung die Sprengung aller Betonfundamente. So sind heute die Spuren weitgehend verwischt und nur Eingeweihte kennen noch die Lage des ehemaligen Flugzeugwerkes, unter Bäumen versteckt.

Eine Me 109 wird über die Straße transportiert. Die Luftschraube ist nicht montiert. Deutlich ist der Ölbehälter, der das Untersetzungsgetriebe umschließt, erkennbar. Das Spornrad ist auf einem Anhänger gelagert.

Die tiefgreifende Zerstörung der Regensburger Werke durch gezielte Angriffe von US-Bomberverbänden zwang die Messerschmitt GmbH Regensburg dazu, alternative Fertigungen aufzubauen. Geschützt vor den Augen der alliierten Luftaufklärung entstanden in der Oberpfalz verschiedene Produktionsstätten, die zum Teil unter primitivsten und möglichst zweckdienlichen Verhältnissen die Aufgaben des Stammwerks in Regensburg übernahmen. Dabei entstanden drei Fertigungskreise, Süd, Mitte und Nord. Den Fertigungskreis Mitte bildeten das Waldwerk in Bodenwöhr zur Rumpfendmontage und der Flugplatz Cham-Michelsdorf zur Endmontage sowie den Einflug der fertigen Flugzeuge.
Gerade der Bodenwöhrer Fertigungsstandort nimmt eine Sonderstellung unter den Waldwerken ein, da er nicht wie die anderen Fertigungsstandorte gleich nach Kriegsende abgebrochen wurde, sondern als Flüchtlingslager diente.
Im September 1944 wurden die Arbeiten im neu entstandenen Waldwerk bei Bodenwöhr aufgenommen. Das Werk wurde im damals gemeindefreien Bodenwöhrer Forst ca. 5 km südöstlich des Ortszentrums und 400 m südlich der Straßenkreuzung zwischen der heutigen Bundesstraße 85 und der Staatsstraße 2.150 errichtet. Auf ca. 4.500 m^2 wurde die Rumpfmontage hauptsächlich der Me 109 K-4 und zum Teil der G-14/AS durchgeführt. Es ist davon auszugehen, dass die Teilbaugruppen, wie Rumpfzellen, Motorabdeckungen und Leitwerke, als fertige Baugruppen angeliefert wurden. Die Arbeiten in Bodenwöhr beschränk-

Der Rumpf einer Me 109 K-4 aus dem Waldwerk Bodenwöhr. Der Tarnanstrich hat sich gegenüber den ersten Baumustern völlig geändert. Unterhalb der hellen Wellenlinie (vermutlich Farbton RLM 76 graublau) ist keine Lackierung mehr erkennbar. Ganz offenbar waren die letzten K-4 an den Unterseiten von Rumpf und Flächen nicht mehr in graublau lackiert, sondern verblieben im „Farbton Aluminium".

ten sich somit auf die Endmontage der Rumpfsektion, die Installation des Flugmotors DB 605, die Ausstattung mit Geräten und Kabineneinbauten, die Vorbereitung und den Einbau aller elektrischen und betriebsmittelführenden Leitungen, dem Einbau und Einstellen der Steuermechanik und der Montage kleinerer mechanischer Komponenten, die zu diesem Zeitpunkt bereits zum Großteil aus Stahl, Pressstoff und Flugzeugsperrholz gefertigt wurden. Niet- und Lackierarbeiten wurden hier nur in sehr geringem Umfang vorgenommen. Die Anlieferung erfolgte per Bahn. Belegt ist zudem die Anlieferung von Rümpfen aus dem KZ Flossenbürg und Mauthausen, nahe Linz, in denen ab 1944 Teile für die 109 hergestellt wurden. Ein Luftbild des Areals im Bodenwöhrer Forst vom 17. Mai 1945 zeigt, dass die Bahntrasse zwischen dem ehemaligen Neukirchener Bahnhof und

Hier wurden unter Bäumen eine ganze Reihe von Rümpfen Me 109 K-4 abgestellt, die nicht mehr abtransportiert werden konnten. Vermutlich eine Aufnahme aus dem Waldwerk Bodenwöhr. Ein GI besichtigt die Kabine.

Neubäu, also nördlich des Werksareals, sehr breit ausgeführt wurde. Es sind verschiedene kistenförmige Strukturen erkennbar, die mitten im Wald im Bereich einer bis heute erhaltenen Verladerampe stehen. Dies lässt vermuten, dass die Materialanlieferung nicht nur über den Bahnhof in Blechhammer, sondern auch gut versteckt östlich des Neukirchener Bahnhofs erfolgte. Breite Wege, die direkt zum damaligen Werk führen, waren vorhanden.

Am Westende des Areals, am Rand der heutigen B 85, wurden Schneisen in den Wald geschlagen, die als Abstellflächen für fertiggestellte Flugzeugrümpfe gedient haben. Von hier aus erfolgte bei Nacht der Abtransport zum etwa 5 km entfernten Bahnhof Bodenwöhr Nord im Ortsteil Blechhammer. Über die Zeit seines Bestehens von September 1944 bis April 1945 zeigt sich das Bodenwöhrer Werk zusammen mit der Endmontage am Flugplatz Cham-Michelsdorf für den Großteil der bis Kriegsende produzierten Me 109 K-4 und zahlreicher Me 109 des Typs G-14/AS verantwortlich. 750 – 1000 russische Kriegsgefangene wurden zu diesem Zweck zur Arbeit gezwungen. Jeweils 20 Gefangene waren in 50 Holzbaracken mit einer Grundfläche von circa 5 x 10 Meter untergebracht. Die extrem gute Tarnung der Anlage führte dazu, dass die Alliierten zwar geahnt haben mussten, dass sich in der Region ein Flugzeugwerk befindet, es den Aufklärungseinheiten aber nicht möglich war, den genauen Standort zu ermitteln. Die Luftbilder aus dieser Zeit belegen, das Werk war quasi unsichtbar. Um keinen zusätzlichen Verdacht zu erwecken, hielten sich die Luftabwehrmaßnahmen, wie auch an anderen vergleichbaren Standorten, in Grenzen. Lediglich am Bahnhof in Blechhammer war zeitweise eine mobile Vierlingsflak auf einem Flachbettwagon stationiert.

Ein Angriff der amerikanischen Bomberverbände belegt möglicherweise den starken Verdacht der US-Aufklärung. So gingen am 28.12.1944 gegen 12:15 Uhr ca. 120 Bomben auf die kleine Ortschaft Stadl ca. 5 km westlich des Waldwerks nieder. Dabei wurde ein Großteil der Gebäude des Dorfes teilweise stark beschädigt. Direkt um den Bodenwöhrer Forst sind mehrere Tieffliegerangriffe belegt.

Die Vergrößerung aus einer Luftaufnahme zeigt das Waldwerk Bodenwöhr (Deckname TO). (Foto National Archiv Washington)

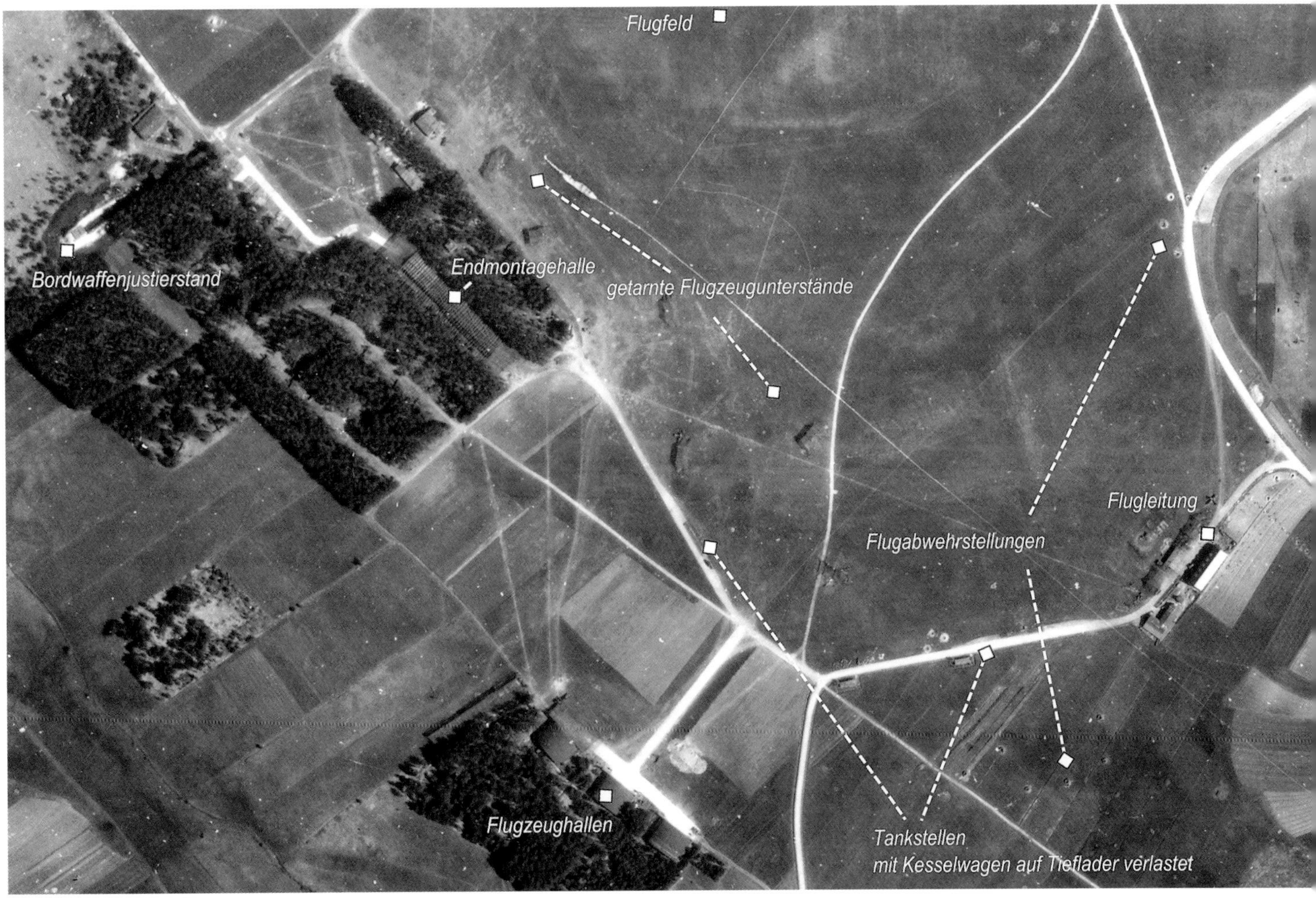

Ausschnitt aus einer Luftaufnahme der USAAF vom Flugplatz Cham/Michelsdorf. Es zeigt die wichtigsten Einrichtungen des Flugplatzes und die Endmontagehalle für die Me 109 G-14 AS und K-4. (Foto National Archiv Washington)

So wurde am 01.03.1945 ein Flüchtlingszug am Bahnhof Altenschwand in Brand geschossen. Hier waren 28 Opfer zu beklagen. Im März 45 erfolgte ein Angriff auf einen Personenwagon zwischen Blechhammer und Erzhäuser. Weitere Angriffe auf die Bahnstrecke Schwandorf-Cham sind zwischen dem 28.11.1944 und 07.12.1944 und zwischen dem 16.02.1945 bis zum Kriegsende nachgewiesen, einige davon in direkter Nachbarschaft der Produktionshallen zwischen Neukirchen und Neubäu. Klarheit über die tatsächlichen Aktivitäten der Messerschmitt GmbH dürfte es aus Sicht der Alliierten erst nach der Einnahme durch das 41st Tank Battalion der 11th Armored Division am 23.04.1945 gegeben haben.
Über den ehemaligen Fertigungsstandort Bodenwöhr ist wenig bekannt und dokumentiert. Heute weiß kaum mehr jemand von der Flugzeugproduktion im ehemaligen Staatswald. Etwas besser dokumentiert ist die Nutzung des Geländes in den Folgejahren. Denn ab 1946 wurde aus dem ehemaligen Standort ein Aufnahmelager für Heimatvertriebene und Flüchtlinge. Den russischen Kriegsgefangenen, den Mitarbeitern von Messerschmitt und den deutschen Wachmannschaften folgten 500 bis 700 Vertriebene, zum Großteil sudetendeutscher oder schlesischer Herkunft.
Die Endmontage der Me 109 mit den im Bodenwöhrer Forst hergestellten Rümpfe erfolgte auf dem etwa ca. 20 Kilometer entfernten Flugplatz Cham. Der Flugplatz wurde bereits 1938 in Betrieb genommen und war schon während der Sudetenkriese mit Einheiten der III./Sturzkampfgeschwader 165 belegt. Ab 1939 beherbergte der Platz immer wieder verschiedene Fliegerschulen der Luftwaffe. Unter anderem machten das Fliegerausbildungsregiment 53 aus Straubing, gefolgt vom Fliegerausbildungsregiment 13 aus Neubiberg Station in Cham. Ab 1940 bis Januar 1945 nutzte dann die Flugzeugführerschule A/B 121 den Platz. Anfang 1945 wurden auch Teile der Luftkriegsschule 10 nach Cham verlegt. Diese Aktivitäten blieben der alliierten Luftaufklärung nicht verborgen, so dass der E-Hafen Cham bereits ab dem Frühjahr 1944 regelmäßig Ziel von alliierten Aufklärungsflügen war. Als Ausweichziel der 15. US- Air Force wurde der Platz erstmals am 4. November 1944 von B-17 „Flying Fortress" angegriffen. An diesem Tag wurden zwischen 350 und 400 Bomben abgeworfen, die offenbar den Flugplatz Cham in Schutt und Asche legen sollten. Auf Grund der schlechten Wetterverhältnisse verfehlten die Bomben ihr Ziel. Einen Monat vorher wurde in einem Waldstück, ca. 100 Meter nördlich der Flugzeughallen mit dem Bau einer Endmontagelinie der Regensburger Messerschmitt-Werke begonnen. Diese bestand aus einer ca. 80x20 m großen Endmontagehalle aus Holz mit einer Wandverkleidung aus Heraklith-Platten. Zwei Tarnnetze erweiterten die Halle in Längsrichtung auf ca. 100 m Länge. Zusätzlich entstanden zwei kleinere Gebäude sowie ein Schießstand mit Erdwall zum Einschießen und Justieren der Bordwaffen. Die Fläche der Flugzeugfabrik betrug in Summe 5.000 m². Die aus Bodenwöhr kommenden Rümpfe wurden am Bahnhof von Cham über eine Kopframpe entladen und dann auf dem Hauptfahrwerk durch die Stadt zum Flugplatz Michelsdorf transportiert. Erst in der Endmontage wurde die Funkausrüstung FuG 16 ZY und FuG 25 eingebaut. Die Anlieferung der Tragflächen erfolgte aus dem Waldwerk Gauting bei Regensburg sowie aus der Produktionsstätte „Bürg" im KZ Flossenbürg. Ebenfalls belegt ist auch eine Anlieferung von Flugzeugteilen aus dem KZ Mauthausen bei Linz. Nach der Flächenmontage erfolgten das Einschießen der Bordwaffen und die Endkontrolle der nun fertig montierten Flugzeuge. Anschließend wurden die Me 109 an den Einflugbetrieb übergeben. Aus diesem Grund wurden speziell dafür ausgebildete Piloten (Einflieger) auf dem Platz stationiert. Ihre Aufgabe war der Einflug und die Endabnahme der Flugzeuge. Von Cham aus wurden die fertigen Flugzeuge an die Einheiten der Luftwaffe durch das FlÜG 1 abgeflogen. Teilweise holten die Jagdflieger ihre neuen Maschinen selbst in Cham ab. Sie konnten sich dann unter den zur Verfügung stehenden Maschinen eine aussuchen. Die Übergabe an die Luftwaffe erfolgte dann an Ort und Stelle.

Matthias Ruder,
Schmidgaden, im Januar 2017

Probleme bei der Fertigung von Querrudern

Über seine Erfahrungen 1944/45 berichtet Ingenieur Edmund Wrede: „Als Gruppenleiter war ich im Betriebsbüro der Messerschmitt GmbH Regensburg für die Abteilung Kalkulation verantwortlich und wurde von Direktor Linder auch als z.b.V. eingesetzt. Das bedeutete, dass ich in den Bereichen im Werk, in denen es Probleme gab, „Feuerwehr" spielen musste. Dies betraf auch Zulieferbetriebe, die in Schwierigkeiten steckten. Einer dieser Zulieferer war die Firma Zarges in Weilheim. Zarges stellte die Querruder und die Kühlwasserbehälter für die Me 109 her. Von den Querrudern konnte Zarges bis Ende Dezember 1943 nicht mehr als 200 Satz im Monat liefern. Durch die Großserienfertigung der 109 wurden jedoch weitaus mehr benötigt und so machten sich Direktor Linder und ich, Anfang Januar 1944, auf den Weg nach Weilheim zur Firma Zarges. Der Firmenchef zeigte uns auf einem Rundgang sein Werk und erklärte uns, dass er für einen höheren Ausstoß an Querrudern eine größere Produktionshalle benötigte. Herr Zarges sagte in einem sehr energischen Ton: „Herr Linder ich sage Ihnen, die Fertigung muss hier raus!" Dies sagte er aber einen Monat später nicht mehr, denn da produzierten wir bereits 400 Satz der Querruder.
In der Kürze der Zeit die Produktion zu verlagern, war absolut nicht zu machen, ja aufgrund der Materiallage fast als utopisch anzusehen. Direktor Linder erteilte mir den Auftrag, die Fertigung hier neu zu organisieren, und setzte mich als bevollmächtigten Verbindungsingenieur ein. In einer großen Besprechung mit allen Führungskräften der Firma Zarges wurden alle wesentlichen Punkte festgelegt. Die Firma Zarges besorgte mir ein Hotelzimmer und von Messerschmitt wurde mir ein Dienstwagen zur Verfügung gestellt, der aber nicht auf Regensburg, sondern auf Rosenheim zugelassen wurde. Direktor Linder fuhr ohne mich nach Regensburg zurück und da stand ich nun alleine da. Meine bisherigen Erfahrungen mit der Blechverarbeitung waren nicht besonders groß, hatte ich ja überwiegend in der spanabhebenden Fertigung gearbeitet. Ich dachte mir aber, dass die Fertigungsabläufe im Allgemeinen doch gleich sein müssten, und ich musste mich in die Arbeitsabläufe eben rein denken.
Beim Rundgang durch die Produktion waren mir schon einige Dinge aufgefallen, die verbesserungsfähig waren. Da liefen fast alle Arbeitsgänge in der Fertigungshalle total durcheinander, aber es gab auch Unstimmigkeiten in den Zeichnungen, in den Bauvorrichtungen und bei der Arbeitsvorbereitung. Die nächsten Tage stellte ich mich am vorderen Eingang der Halle auf und studierte alle Fertigungsabläufe. Die Leute dachten sicherlich: „Der spinnt, aber ganz gewaltig!" Ich machte mir entsprechende Notizen und nach einer Woche hatte ich den neuen Fertigungsablauf im Kopf. Anschließend besorgte ich mir einen Lageplan der Produktionshalle mit dem eingezeichneten Fertigungsablauf. Aus einem Karton schnitt ich maßstabsgetreu die einzelnen Herstellungsabläufe aus und ordnete sie neu in den Hallengrundriss ein. So tüftelte ich die neu angeordnete Produktion aus. Danach setzte ich eine Besprechung mit dem Hallenleiter, allen Meistern und Vorarbeitern aus der Produktion an. Den Plan mit der neuen Anordnung hatte ich in meinem Büro aufgehängt und erläuterte daran die neu organisierten Fertigungsabläufe. Sie können sich gut vorstellen, dass so ziemlich alle ihre Bedenken und Zweifel hatten. Die Stimmung war so nach dem Motto: „Da kommt da einer aus Regensburg und erklärt uns jetzt wie wir unsere Arbeit richtig zu machen hätten!" Aber von Direktor Linder war ich mit allen Vollmachten ausgestattet, und ich gab daher die Anordnung, dass in der Nachtschicht von 18:00–6:00 Uhr die Vorarbeiter mit ihren Gruppen die wichtigsten Teile der Produktion nach Plan umzubauen hatten. Mit Beginn der neuen Frühschicht stand alles an seinem Platz und die Produktion lief weiter. Der Erfolg gab mir Recht, denn im Februar hatte sich der Ausstoß bereits auf 400 Satz Querruder verdop-

pelt. Dann folgte der Feinschliff. Durch ständige Verbesserungen im Produktionsablauf, vor allem durch die Beseitigung der bereits erwähnten Unstimmigkeiten bis hin zu Maßnahmen personeller Art, steigerte sich der Ausstoß im März 1944 auf 550 Satz und erreichte im September 1944 die Höchstzahl von 1.100. Und dies alles in der gleichen Produktionshalle in der, wie bereits erwähnt, im Januar 1944 nur 200 Satz hergestellt worden waren. Es funktionierte trotz der Bösartigkeit leitender Persönlichkeiten in der Firma. Ich hatte ja Vollmachten wie ein Kommissar und trotz aller Auseinandersetzungen gelang es mir, die Lage immer voll im Griff zu halten.

Nur noch ein letztes Mal setzte man mir bei Zarges ein großes Hindernis in den Weg und das war der Querruderhebel. Dieser Hebel wurde mit einer Zugfestigkeit von 60 auf 90 kg vergütet. Die Vergütung für den Querruderhebel wurde durch Erwärmung des Materials erreicht und dafür wiederum war Gas notwendig. Aufgrund der Luftangriffe auf München war der Vergütungsbetrieb ausgefallen und die gesamte Fertigung bei Zarges war kurz vor dem Stillstand. Ohne Vergütung konnten keine Querruder ausgeliefert werden und ohne Querruder konnte auch keine 109 an die Luftwaffe übergeben werden. Direktor Linder gab mir die Anweisung, die Produktion so schnell wie möglich wieder voll zum Laufen zu bringen, nur wie dies zu erreichen war, konnte er mir selbst nicht sagen. Als ich bei Zarges ankam, grinsten mich einige Herren ziemlich schadenfroh an. Ich ließ mir die Lage nochmals eingehend erklären und dachte: „Wrede jetzt sitzt du aber ganz schön in der Klemme." In mir brodelte es. Da es schon später Abend war, verabredeten wir uns für den nächsten Morgen.

Aus alter Gewohnheit ließ ich mir alle Fertigungsunterlagen für die Querruder von Zarges mitgeben. Außerdem hatte ich in meiner Aktentasche die wichtigsten Unterlagen immer dabei. In meiner Wohnung im Kormannweg saß ich dann die halbe Nacht über den Zeichnungen und Unterlagen und grübelte darüber nach, welche Möglichkeiten der Problembeseitigung es gab. Nirgends stand etwas vom Vergüten der Hebel. Beim nochmaligen Durchsehen und Vergleichen meiner sowie der Unterlagen von Zarges fiel mir auf, dass es für den Querruderhebel eine Änderungsanweisung gab. Bei Zarges hatte irgendeiner der Verantwortlichen die Änderungsanweisung nicht richtig oder auch gar nicht gelesen. Meine Vermutung war, wie sich am nächsten Morgen auch bestätigte, dass die Hebel in verstärkter Ausführung gebaut wurden und trotzdem noch eine Vergütung erfolgte. Bedeutend ruhiger konnte ich die Nacht verbringen.

Am anderen Morgen war ich schon in aller Herrgottsfrüh auf dem Weg zu Zarges. Sofort marschierte ich in die Fertigung und kontrollierte die Hebel. Sie waren alle, durch die Bank, vom verstärkten Typ und ein Meister versicherte mir glaubhaft, dass schon lange keine anderen Hebel mehr eingebaut wurden. Schon lange vorher hatte es diese Änderungsanweisung gegeben, die aber von der Arbeitsvorbereitung nicht beachtet und auch nicht weitergegeben worden ist. Sofort rief ich alle Führungskräfte zu einer Besprechung zusammen und erklärte ihnen den Sachverhalt. Nur der Leiter der Materialprüfung, mit dem ich mich sowieso nicht verstand, widersprach mir energisch. Daraufhin ordnete ich schriftlich den Einbau der unvergüteten Hebel an. Meine Widersacher rieben sich die Hände und dachten, jetzt könnten sie mir an den Kragen gehen. War aber nichts! Aus Augsburg ließ ich mir die Anweisung nochmals kommen: Darin stand, dass diese Hebel vom Konstruktionsbüro Messerschmitt verstärkt worden waren und damit eine Vergütung deshalb nicht mehr erforderlich war. Da gab es bei Zarges etliche betroffene Gesichter und hochrote Köpfe dazu. Auf jeden Fall war wertvolle Arbeitszeit und Material mit dem Vergüten der Hebel vertan, nur, weil die Änderungsmeldung nicht beachtet und die Arbeitspläne nicht geändert worden sind. Hätte ich das nun dem Werkschutz gemeldet, wäre eine hochnotpeinliche Untersuchung durch die GESTAPO erfolgt. Das habe ich aber unterlassen, denn mit einer Verhaftung war mir nicht gedient, ich brauchte jeden Mann für die Produktion. Auf jeden Fall hatte ich ab jetzt bei Zarges meine Ruhe und die Produktion lief auf vollen Touren.

Kaum lief die Produktion bei Zarges störungsfrei, es war so um Ostern 1944, lag schon der nächste Sonderauftrag für mich vor. Direktor Linder rief mich an und begann wie immer mit seiner üblichen Frage: „Wrede, bringscht dei Programm?" Als ich mitteilte, dass der Laden jetzt läuft, bat er mich umgehend nach Regensburg zu kommen."

Sabotage in der Produktion

„Als ich aus Weilheim zur Besprechung bei Direktor Linder in das Verwaltungsgebäude in Regensburg kam, lag auf dem Tisch ein Tragflächenbeschlag einer 109. Ich fragte natürlich: „Wie kommt denn der hierher?" Linder war noch ganz außer sich: „Wrede, schauen Sie sich das ruhig mal genau an, das hier ist eine Riesenschweinerei. Französische Kriegsgefangene haben diesen Beschlag angesägt und in eine Fläche eingebaut. Nach dem Einbau in den Flügel wird ja über den Beschlag noch ein Abdeckblech zur Versteifung der Fläche eingenietet, so dass der Tragflächenbeschlag dahinter nicht mehr zu sehen ist. Bei dieser 109 war dieses Versteifungsblech schlampig eingenietet und von der Kontrolle beanstandet worden. Nachdem die Nieten wieder ausgebohrt und das Blech entfernt worden war, kam der angesägte Tragflächenbeschlag zum Vorschein. Nur durch einen dummen Zufall sind wir denen auf die Schliche gekommen. Haben sich mit der schlampigen Arbeit praktisch selbst ans Messer geliefert. Die dort beschäftigten Franzosen wurden sofort vom Werkschutz verhaftet und der GESTAPO übergeben, die diese Leute umgehend abtransportierte. Was mit diesen Gefangenen geschah, habe ich nie erfahren, aber meiner Meinung nach gab es zur damaligen Zeit nur zwei Alternativen: Todesurteil oder KZ. Wir haben auch nicht erfahren, wie viele Me 109 mit angesägten Tragflächenbeschlägen ausgeliefert wurden oder wegen Bruch einer Fläche im Einsatz abgestürzt sind. Es ging bei dieser Besprechung aber nicht um die Sabotage, sondern es war ein Problem mit dem Höhenleitwerk der 109 aufgetreten."

Welche Folgen Sabotage für die Flugzeugführer bedeutete, zeigen die Fotos vom Absturzort Peter Heller in Obertraubling.

Die Absturzstelle von Peter Heller am Ostrand des Flugplatzes von Obertraubling, nahe Lerchenfeld, am 17. März 1944. Unmittelbar nach dem Start kam es zu einem Triebwerksausfall. Der Aufprall auf den Boden erfolgte in einem flachen Winkel mit relativ geringer Geschwindigkeit. Dabei brach der Rumpf in zwei Teile. Motor und Tragflächen liegen vor dem Rumpf. Stammkennzeichen RU+GS, Werknummer 162601.

Die Absturzstelle von vorne betrachtet. Das Triebwerk liegt vor den Tragflächen. Der tote Flugzeugführer ist mit einer Plane abgedeckt.

Die beiden herausgerissenen Tragflächen mit dem DB 605.

Die zerstörte Me 109 RU+GS von der anderen Seite aus betrachtet, zeigt deutlich auf, dass die 109 im Bereich der Kabine auseinandergebrochen ist. Aufgrund der Lackierung des Leitwerks müsste es sich um ein aufgestocktes Holzleitwerk handeln.

Eine Aufnahme des Triebwerks. Ganz links im Bild die Munitionskasten für die MG 131.

Eine weitere Detailaufnahme des DB 605 A. Rechts das total zerstörte Untersetzungsgetriebe. Auf dem Deckel des Kurbelgehäuses sind im Bereich des „A" zwei Öffnungen erkennbar.

In dieser Großaufnahme des Motors sind im Bereich des „A" die beiden Öffnungen (Löcher) erkennbar. Aufgrund der Form kann davon ausgegangen werden, dass das Abdeckblech mit einer Materialstärke von 7 mm von innen nach außen durchschlagen worden ist. Offensichtlich hatte sich im Kurbeltrieb ein Teil gelöst und den Triebwerksausfall verursacht. Ein Sabotageakt beim Triebwerksbau kann nicht ausgeschlossen werden.

Eine Gesamtansicht der Absturzstelle. Der dunkle Fleck am Boden dürfte die Aufprallstelle gewesen sein.

Das herausgerissene Untersetzungsgetriebe mit der Luftschraube. Dahinter liegt die Kabinenhaube.

Der tote Flugzeugführer noch angeschnallt in der total zerstörten 109. Der Tod von Peter Heller ist aller Wahrscheinlichkeit auf einen Sabotageakt am DB 605 A zurückzuführen.

1.100 Höhenleitwerke der Me 109 G mit Strakfehler

„Im Andresen-Werk in Asch, einer ehemaligen Handschuhfabrik, befanden sich ca. 1100 Höhenleitwerke für die Me 109, die von der Bauaufsicht nicht abgenommen wurden, weil sie einen Strakfehler aufwiesen. Wieder mal musste der Wrede „Feuerwehr" spielen. Direktor Linder beorderte mich nach Asch, zwischen Franzens- und Marienbad gelegen, und so fuhr ich an Ostern nicht nach Hause, sondern versucht die Ursache für den Strakfehler zu finden. Was war passiert? Die Verbindungselemente für die Ober- und Unterschale vom Höhenleitwerk waren nur einige Zehntelmillimeter zu weit innen angenietet worden, aber das reichte. Der Grund hierfür lag in einer verkehrt justierten Bauvorrichtung. Umgehend ließ ich einen Ingenieur für die Bauvorrichtungen mit der „Muttervorrichtung" aus dem Augsburger Konstruktionsbüro kommen, damit im Andresen-Werk alle Bauvorrichtungen eingehend überprüft und neu justiert werden konnten. Eigentlich konnte die Produktion damit relativ schnell wieder in Gang gebracht werden, aber es fehlte plötzlich an Material. Meine Anfrage in Regensburg ergab, dass alles fristgemäß geliefert worden ist. In Asch war aber nichts angekommen. Verdammt, was war da wieder los. Nach eingehender Befragung bekam ich heraus, dass der Direktor Hahn in Asch die Bespannungsstoffe ballenweise an Bauern verschoben hatte. Auch Bezugsscheine für Aluminium und Stahl hatte er gegen Nahrungsmittel eingetauscht. Mir blieb nichts anderes übrig, als die Tatsachen nach Regensburg zu melden, denn ich brauchte ja Ersatz für das fehlende Material, damit die Produktion wieder anlaufen konnte. Wenige Stunden nach meiner Meldung wurde Direktor Hahn verhaftet. Einige Tage später wurde Direktor Gille als Nachfolger eingesetzt, mit dem ich mich hervorragend verstand. Die Zusammenarbeit klappte hervorragend.

Was aber sollten wir mit den vielen Leitwerken machen, die den besagten Strakfehler aufwiesen und sich jetzt nutzlos in einer großen Halle stapelten? Die Ober- und Unterschale wurden durch Scharniere mit einem Stift verbunden. Da die Scharniere zu weit innen lagen, entstand beim Einführen des Stiftes eine Spannung, die eine etwas höhere Wölbung des Straks verursachte. Nun die Frage: Hatte sich dadurch das Profil und damit auch das aerodynamische Verhalten des Leitwerks geändert? Da war nun guter Rat teuer. In Regensburg wurden die Höhenleitwerke dringend gebraucht. Es gab nur eine Möglichkeit, ich setzte mich mit dem Leiter der Produktionsabteilung Küffner in Regensburg in Verbindung und schilderte ihm das Problem. Wir verabredeten, eines der Leitwerke an eine 109 anzubauen und von Flugkapitän Trenkle testen zu lassen. Also schnellstens einen Transport nach Regensburg organisiert und dort das Leitwerk an eine 109 montiert. Trenkle sagten wir vor dem Start nichts von dem Strakfehler am Höhenleitwerk, denn sonst hätte er sicherlich irgendein Schütteln bemerkt oder an der Höhenruderwirkung was auszusetzen gehabt. Er testete die Maschine, wie es üblicherweise beim Einflug durchgeführt, wurde und hatte nach der Landung auch nichts zu beanstanden. Wir befestigten nun an jedem Höhenleitwerk einen kleinen Zettel mit der Aufschrift: „Wegen Strakfehler von der Bauaufsicht nicht abgenommen!" Alle Leitwerke wurden so an die 109 angebaut und gingen an die Front. Der kleine Zettel ging meistens schon bei der Montage in Regensburg verloren, spätestens jedoch beim Einflugbetrieb. Für den Fall, dass hier etwas schiefgelaufen wäre, hätten wir sicherlich die GESTAPO näher kennen gelernt. Direktor Linder hatte ich davon erst kurz vor Kriegsende berichtet. Offensichtlich war er aber schon durch Küffner informiert worden, hatte aber geschwiegen.

Linder, ein Schwabe wie aus dem Bilderbuch, war für mich der große Lehrmeister und das große Vorbild, obwohl die ersten beiden Jahre mit ihm in Regensburg ein einziger Leidensweg waren. So bald Linder auftauchte und einem mit „Sie" ansprach, war Qualm in der Luft. Wäre ich damals nicht frisch verheiratet gewesen, hätte ich die Brocken hingeschmissen und wäre abgehauen. Sprach man mit Linder unter vier Augen, war er nett, freundlich und zuvorkommend. Sobald aber sein gesamter Stab angetreten war, zeigte er seine raue Schale. So ziemlich jeder bekam von Linder seinen Anschiss vor versammelter Mannschaft verpasst und dies war oft verletzend und unfair. Das ging so lange, bis ich mich einmal zur Wehr setzte. An meinem Geburtstag, dem 12. Oktober 1944, bekam ich von Linder den Auftrag, sofort nach Schwäbisch-Hall zu fahren, da gäbe es ein Problem mit dem Leitwerk an der Me

262 und ich sollte ihm anschließend telefonisch berichten. Umgehend fuhr ich nach Hall und klärte das mit dem Leitwerk, was eigentlich nur eine Bagatelle war. Wegen der Luftangriffe kam keine Telefonverbindung nach Regensburg zustande. Anschließend fuhr ich nach Oberstdorf, da hatte ich die Firma Stahely zu betreuen. Auch am Abend gab es keine Verbindung mit Regensburg. Im Bekanntenkreis feierte ich dann in Oberstdorf noch meinen Geburtstag. Mir hat es dann auch nicht geeilt und erst am Dienstag war ich dann wieder in Regensburg. Als ich auf dem Weg zum Verwaltungsbau war, kam mir Linder mit allen meinen Kollegen entgegen und als er mich sah, ging er sofort brüllend auf mich los: „Wo waren Sie? Warum haben Sie mich nicht verständigt? Zum Spazieren fahren brauche ich Sie nicht, schauen Sie, dass sie zum Militär kommen." Ohne ein Wort zu sagen, drehte ich mich um, ging zu meinem Wagen und fuhr zu meiner Arbeit, das heißt, zu den Betrieben die ich zu betreuen hatte. Am Freitag ging ein Fernschreiben an alle Betriebe raus, bei denen ich mich aufhalten konnte.
Folgender Wortlaut: „Senden Sie Wrede sofort nach Regensburg." In Asch erreichte mich die Nachricht. Oh weh, dachte ich, jetzt ist es aus. Entgegen sonstiger Gepflogenheiten erledigte ich erst noch alle offenen Arbeiten und fuhr dann nach Regensburg, aber nicht ins Werk, sondern nach Hause zu meiner Familie. Endlich mal wieder ein Sonntag daheim.
Am Montag fuhr ich dann so gegen 9.00 Uhr ins Werk, um mich bei Linder zu melden. So ca. eine Stunde wartete ich dort auf ihn, dann sagte ich seiner Sekretärin: „Sagen Sie dem Chef, ich war da und bin jetzt hier und hier zu finden." Ich griff zur Türklinke von innen und Linder von außen. „Grüß Gott, Wrede, bringscht dei Programm?" „Ja Herr Direktor!" Er sah mich lachend an und sagte zur Sekretärin: „Gibn a Flaschn Schnaps!" Von da an hatte ich Ruhe! Ja so war er, und ich denke, diese Anekdote stellt Linder so richtig dar. Linder hat in Regensburg eine unwahrscheinliche Karriere hingelegt. 1937 Abteilungsleiter, dann Betriebsleiter, anschließend technischer Direktor, kurze Zeit Geschäftsführer und dann Produktionsleiter des gesamten Messerschmitt-Konzerns. Keiner konnte ihm das Wasser reichen.
In dieser Zeit bekam er auch das Ritterkreuz zum Kriegsverdienstkreuz verliehen, das er sich in Berlin abholen sollte. Sein Kommentar: „Die, die können mich mal!" Nach Berlin ist er jedenfalls nicht gefahren. Er war auch nicht parteifreundlich, und obwohl er Parteimitglied war, grüßte er immer laut und deutlich mit „Grüß Gott". Als in einer Besprechung im engsten Kreis, bei der ich anwesend war, einer mit „Heil Hitler" grüßte, bekam er von Linder das Götzzitat zu hören. Da blieb einem schon manchmal die Luft weg.
Linder hasste es auch, mit Herr Direktor angesprochen zu werden, und antwortete dann immer mit einem kernigen Spruch. Ich bedauere zutiefst, dass man diesen Mann in den vielen Büchern und Schriften, die in den letzten 50 Jahren über Messerschmitt erschienen sind, nicht besser gewürdigt hat. Er hätte es verdient gehabt!"

Montage eines Höhenleitwerks am Rumpf einer Me 109. Insgesamt 1.100 Höhenleitwerke mit einem Strakfehler wurden im Zweigbetrieb in Asch von der Messerschmitt GmbH Regensburg hergestellt und von der Bauaufsicht nicht abgenommen. Nach einem Versuchsflug mit einem der fehlerhaften Leitwerke, der keine negativen Auswirkungen zeigte, flossen die beanstandeten Höhenleitwerke in die Produktion ein.

Produktion der Kabinenhauben (Erlahaube) nach Luftangriff zerstört

Am 21. Juli 1944 wurden die beiden Regensburger Messerschmitt-Werke in Prüfening und Obertraubling zeitgleich von den Amerikanern bombardiert. Der Schaden vor allem auf dem Fliegerhorst war immens. Riesige Rauchsäulen standen über beiden Werken. Die Endmontage lief zu dieser Zeit bereits im Waldwerk Hagelstadt. Die Teilefertigung für bestimmte Bauteile lag aber immer noch in den Werken I Prüfening und II Obertraubling. Nun hatten wir für die Fertigung der Kabinenhauben jeweils eine Linie in beiden Werken und wie es der Teufel haben wollte, waren am 21. Juli beide Fertigungslinien für die Kabinenhauben zerstört bzw. schwer beschädigt worden. Ohne Kabinenhaube konnten aber keine 109er ausgeliefert werden. Nach einer kurzen Bestandsaufnahme, aller durch den Luftangriff entstandenen Schäden, trommelte Direktor Linder alle leitenden Ingenieure zu einer Besprechung zusammen. Linder sprach alle Schäden an, welche den Ausstoß an Flugzeugen primär beeinträchtigte, und legte fest, wer sich um was zu kümmern hatte. Das größte Problem waren die Kabinenhauben. Er schaute kurz in die Runde: „Wrede, das machst Du!" Er sagte mir nur nicht wie, aber am Montag waren 30 fertige Kabinen in Hagelstadt anzuliefern. Ich wartete das Ende der Besprechung gar nicht ab, da ich schon eine Idee hatte. Schnell packte ich alle Unterlagen zusammen und schaute mir sofort die Schäden in den beiden Werken an. Dann ließ ich alles, was noch irgendwie brauchbar war, vor allem Maschinen und das Rohmaterial auf LKW, verladen und nach Asch fahren. Dort gab es noch eine Halle, in der wir die Produktion aufnehmen konnten. Anschließend noch alle Zeichnungen mitgenommen, derer ich habhaft werden konnte.
Wir Messerschmitt-Ingenieure waren zu dieser Zeit mit allen Vollmachten ausgestattet und ich hatte auch einen eigenen PKW. Also ab nach Asch und dort ging es sofort an den Aufbau und die Wiederinbetriebnahme der Produktion. Ich gab Anweisung an die Kriegsgefangenen Italiener, dass erst Feierabend ist, wenn alles nach Plan aufgebaut und funktionsfähig ist. Während ich noch telefonierte, damit eine Nachtschicht organisiert wurde, und Regensburg anwies, weiteres Rohmaterial nach Asch umzuleiten, sammelten sich schon einige Italiener zum Abmarsch ins Lager. Die konnten aber meines Erachtens noch gar nicht fertig sein. In die Halle gelaufen, und es war genauso, wie ich vermutet hatte: Nichts war fertig! Der Meister sagte mir, dass die Leute nicht zu halten waren, die meinten, es ist Feierabend. Zurück in das Pförtnergebäude, dort hatte ich meine Aktentasche mit einer Pistole. Aufgrund der vielen Fremdarbeiter hatten alle Führungskräfte eine Pistole erhalten. Auf den Hof raus und die Italiener mit der gezückten Pistole in die Halle zurückgescheucht. Es war das einzige Mal, dass ich das Schießeisen für so etwas in die Hand genommen habe. Die Verpflegung ließ ich direkt in die Halle liefern und dazu noch eine Sonderzuteilung an Zigaretten, da waren meine Italiener wieder halbwegs versöhnt.
Tag und Nacht wurde gearbeitet und ich war laufend dabei, alles zu prüfen. Schließlich mussten die Hauben auch passen, wir konnten da keinen Ausschuss liefern. Wir brachten es fertig, dass am Montag ein LKW mit den Hauben in Hagelstadt stand. Einmal 30 Hauben liefern war kein Kunststück, wir mussten dies aber jetzt Tag für Tag sicherstellen. Da gab es noch einige Probleme zu lösen. Arbeitskräfte und Material mussten organisiert werden, denn die gleichzeitige Produktion der Leitwerke durfte ja nicht darunter leiden."
Noch eine Episode: „Im August/September 1944 gab es Schwierigkeiten bei der SUMAG in Klösterle, einer Fabrik, die ursprünglich Maschinen zur Holzbearbeitung herstellte, aber jetzt das komplette Leitwerk für die Me 262 produzierte. Der Ausstoß an Leitwerken blieb weit hinter der Planung von 80 Stück im Monat zurück. Mit Direktor Linder fuhr ich nach Klösterle. Wir führten Gespräche mit den Geschäftsführern und begutachteten die Montagelinien für das Leitwerk. Aufgrund der gemachten Beobachtungen und Aussagen gewannen wir den Eindruck, dass die Fertigung vor allem vom zweiten Direktor Tetzner sabotiert und hintertrieben wurde, was wir aber nicht direkt beweisen konnten. Unsere Reaktion auf das Verhalten von Tetzner war die Verlagerung eines Teiles der Produktion in das Andresen-Werk nach Asch."

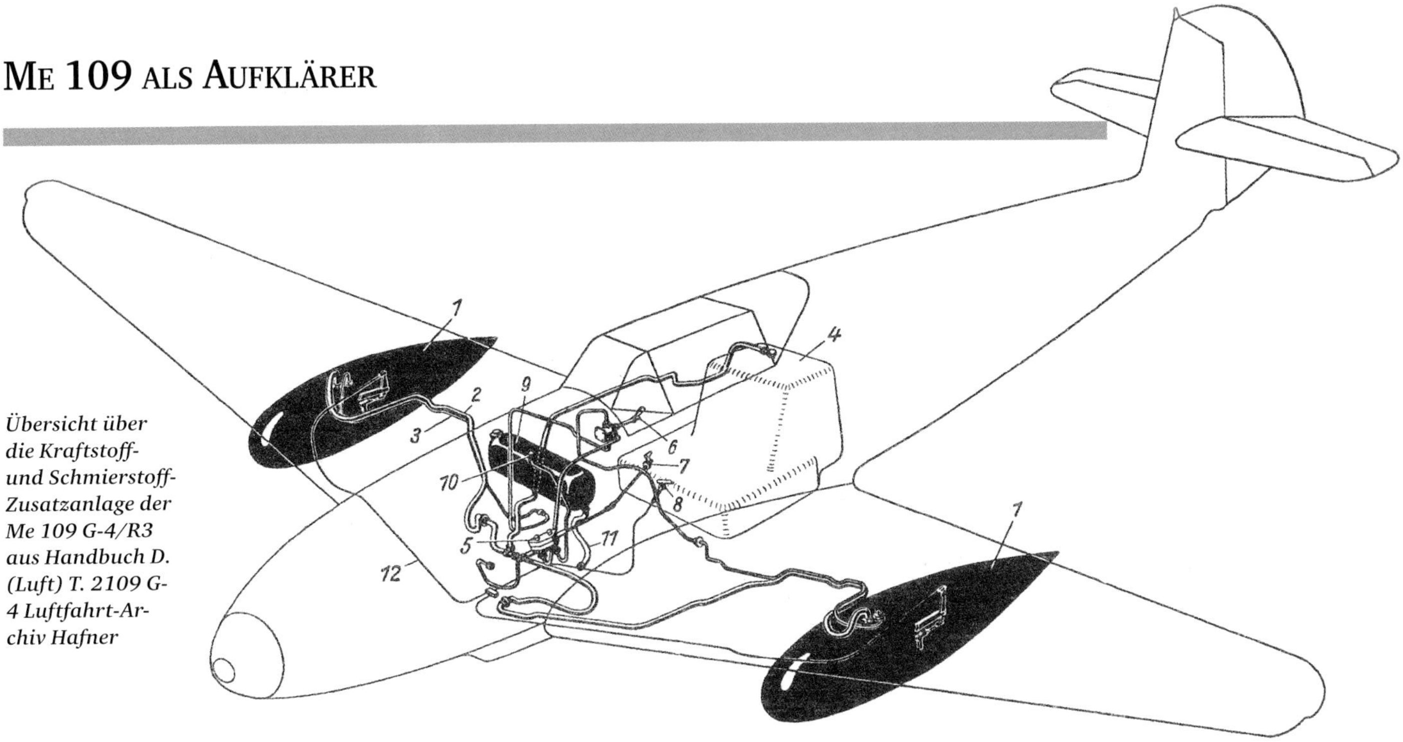

Übersicht über die Kraftstoff- und Schmierstoff-Zusatzanlage der Me 109 G-4/R3 aus Handbuch D. (Luft) T. 2109 G-4 Luftfahrt-Archiv Hafner

1 Kraftstoff-Zusatzbehälter
2 Kraftstoff-Förderleitung
3 Ladeluftleitung
4 Kraftstoff-Rumpfbehälter
5 Batterieventil
6 Schaltung für linken bzw. rechten Kraftstoff-Zusatzbehälter
7 Schaltung für Ladedruck
8 Notzug
9 Schmierstoff-Zusatzbehälter
10 Anschluss für Ladedruckleitung
11 Schmierstoff-Förderleitung
12 Seilzug für Notauslösung

Eine Me 109 G-4/R3 der Aufklärungsgruppe NAGr. 11 wird für einen Einsatz vorbereitet. Beachte die Steine vor den Rädern als Ersatz für Unterlegkeile. (Foto Gunther Lauser)

Eine Flugaufnahme einer Me 109 G-4/R3. Die Ausführung der G-4/R3 war für die taktische Aufklärung im Einsatz. (Foto Gunther Lauser)

Eine weitere Me 109 G-4/R2 wird für einen Einsatz vorbereitet. Das Staffelkennzeichen auf der Motorhaube wurde offenbar unkenntlich gemacht. (Foto Archiv Airbus Defence)

Eine Me 109 G-4/R2 der NAGr. 11. Die 109 trägt am Rumpf den Schriftzug „Quax“. (Foto Gunther Lauser)

In den drei Aufnahmen links wird der Einbau der Kameras in den Rumpf gezeigt. Im Rumpf der 109 wurden zwei Kameras vom Typ RB 32/7x9 eingebaut. (Foto Archiv Airbus Defence)

Die Me 109 wurde auch als Aufklärer in den Varianten G-6/R2 und G-6/R3 produziert. Von WNF wurden insgesamt 237 Flugzeuge hergestellt. Beim Rüstsatz R3 konnten zur Reichweitenerhöhung unter jeder Tragfläche ein 300 Liter-Abwurftank mitgeführt werden. Die Bewaffnung war auf das MG 151/20 reduziert worden. Die beiden MG 131 waren nicht mehr eingebaut und anstelle der Munitionsbehälter war ein Zusatzbehälter für Motoröl vorhanden. Die G-6 wurden als „Gewaltaufklärer" eingesetzt und waren in der Regel mit einer MW 50 oder GM-1 Anlage zur kurzzeitigen Leistungssteigerung ausgerüstet. Zum Teil erfolgten die Umrüstungen bei den fliegenden Verbänden und wurden durch die verschiedenen Flugzeugwerke technisch unterstützt. Es konnten verschiedene Kameraausrüstungen eingebaut werden. Die 109 wurde als Gewaltaufklärer über England, zum Beispiel entlang der englischen Südküste, eingesetzt. Mit der mitgeführten Kraftstoffmenge von 1.000 Litern konnte die Me 109 G-6/R3 eine Flugdauer von über drei Stunden erreichen.
Anmerkung des Verfassers: MW-50 und GM-1 waren nicht serienmäßig in alle Maschinen eingebaut. Die G-6/R2 und G-6/U3 Aufklärer wurden ursprünglich in nicht geringer Zahl durch Umbau von serienmäßigen G-6 gefertigt. Erst im Herbst 1944 lief die Serienproduktion der G-6/R2 bei WNF an.

Das Triebwerk läuft, die Me 109 der NAGr. 11 kann zum Einsatz starten. Die G-4 konnte in dieser Konfiguration als Fernaufklärer eingesetzt werden. (Foto Gunther Lauser)

Me 109 G-6/AS

Me 109 G-6 AS/R2, mit der Werknummer 169080. Nun ist die 109 wieder weitgehend Beulenfrei. Mit der größeren Motorleistung und der Zusatzleistung durch MW 50 konnte es die G-6 AS ohne weiteres mit den alliierten Jagdflugzeugen aufnehmen. Allerdings konnte auch diese Ausführung die nummerische Überlegenheit der Alliierten nicht ausgleichen. Die hier abgebildete 109 gehörte zur 1./F 123 und war im Rumpf vermutlich mit einem Rb 50/30 ausgerüstet. Da mit dieser 109 Höhenaufklärung geflogen wurde, ist sie in RLM 76 graublau über alles lackiert.

Eine Me 109 G-6 AS wird aus seiner Waldrandstellung gezogen. Deutlich sind die breiteren Propellerblätter, der tiefere Ölkühler, die asphärisch geformte Motorverkleidung und die Vollsichthaube zu erkennen.

Die Me 109 G-6 wurde zwar in großen bisher nicht gekannten Stückzahlen produziert, aber vor allem an der Westfront und in der Reichsverteidigung war sie zunehmend den alliierten Jagdflugzeugen wie der P-47 „Thunderbolt" und der „Spitfire Mk IX" unterlegen. Mit dem Auftauchen des Langstreckenjagdflugzeugs P-51 „Mustang" geriet die Me 109 G-6 sowohl leistungsmäßig als auch zahlenmäßig ins Hintertreffen. Eine Modifikation und Leistungssteigerung der Me 109 war unumgänglich. Erste Umrüstungen auf G-6/AS wurden im Reparaturwerk in Antwerpen im Februar 1944 durchgeführt, desweiteren bei RWE (Reperaturwerke in Erfurth) und Blohm&Voss. Aus fertigungstechnischen Gründen wurden anfangs die normalen Ölkühler verbaut, was aber zu Temperaturproblemen führte. Im Steigflug stand die Öltemperatur fast immer am Anschlag. Erst in der Serienproduktion erfolgte dann der Einbau größerer Ölkühler. Unter den 1944 in Regensburg produzierten G-6 befanden sich auch 325 Me 109 G-6/AS. Damit standen die ersten leistungsgesteigerten Flugzeuge zur Verfügung, die gleichwertig den neuesten alliierten Jägern waren. Diese Ausführung der Me 109 G-6 hatte nicht mehr die charakteristischen Beulen. Die Motorhaube und die Waffenabdeckung waren jetzt durch eine aerodynamische Verkleidung, die sich von der Motorhaube bis zum festen Windschutzaufbau hinzog, ausgerüstet worden. Die bisher dreiteilige Kabinenhaube wurde durch eine sichtverbesserte zweiteilige Haube, der sogenannten Erlahaube, ersetzt. Diese Haube verfügte über eine integrierte Schulter- und Kopfpanzerung, der als Galland-Panzer bezeichnet wurde. Die Panzerung für den Kopf war in Panzerglas ausgeführt. Die größte Veränderung fand unter der Motorhaube statt. Der DB 605A hatte den größeren Lader des DB 603 erhalten und leistete nun 1.600 PS Startleistung. Erkennbar war diese Version am vergrößerten (tieferen) Ölkühler, der jedoch bei den ersten ausgelieferten Flugzeugen noch nicht eingebaut worden war. Durch die erhöhte Leistung des Triebwerks und dem damit gestiegenen Drehmoment musste die Stabilität um die Längsachse erhöht werden. Dazu wurde das Seitenleitwerk aufgestockt (erhöht). Somit ergab sich für die Me 109 ein völlig neues Erscheinungsbild. Die Me 109 G-6/AS war ähnlich der Me 109 F, wieder ein gelungener aerodynamischer Entwurf. Ferner erhielt die AS-Version eine Höhenluftschraube mit breiteren Luftschraubenblättern. Jetzt, ausgerüstet mit einer MW 50-Anlage, konnte sie es ohne weiteres wieder mit den alliierten Jagdflugzeugen aufnehmen und war, was die Steigleistung anbelangte, diesen sogar überlegen.

US-Soldaten untersuchen eine erbeutete Me 109 G-6 AS.

Bericht von Flugkapitän Wendel

Einführungsreise zu den Luftwaffenverbänden im Westen vom 11. – 20. März 1944:

„Die Tag- und Nachtjagdverbände sind zurzeit dabei, größtenteils ihre Einsatzplätze zu verlegen. Die neuen Plätze liegen weiter östlich, sodass einige Verbände im westlichen Reichsgebiet liegen. Der Einflugbetrieb in Antwerpen dürfte dadurch noch schwieriger werden, da in diesem Raum kaum noch mit deutscher Jagdabwehr zu rechnen ist.

Die Me 109 G mit dem AS-Triebwerk, mit der bereits geringe Einsatzerfahrung vorliegt, scheint leistungs- und infolge des großen Seitenleitwerks auch eigenschaftsmäßig die in sie gestellten Erwartungen zu erfüllen. Allerdings treten vorerst noch bei Wasser und Öl Kühlschwierigkeiten auf, die den Einsatz der Flugzeuge im jetzigen Zustand in Frage stellen. Die Wasser- und Öltemperaturen überschreiten die oberen Grenzwerte beträchtlich. Entsprechende Aufzeichnungen eines Messfluges liegen vor. Es müssen also schnellstens die größeren Öl- und Wasserkühler eingebaut werden. Ich mache in dieser Verbindung darauf aufmerksam, dass bei einer Vergrößerung der Wasserkühler in der Bauhöhe ohne Änderung der Kühlerklappen ein Flattern der Klappen auftritt.

Die III./JG 1 besitzt bereits 12 einsatzklare AS-Maschinen. Der Kommandeur Hauptmann Eberle gibt an, dass die 109 mit dem AS-Motor der „Thunderbolt" in der Höhe leistungsmäßig mindestens gleich, wenn nicht überlegen sei. Die Maschine würde auch infolge des großen Seitenleitwerks in der Höhe sehr gut liegen.

*In der Frage des Kabinenbeschlagens ist der Stand folgender: JG 2 und 26 sind mit den Luftduschen sehr zufrieden. Verlangen allerdings, dass die Duschen noch etwas verbreitert werden, zur Vergrößerung des Gesichtsfeldes *. Beim JG 1 wurden zur Herabsetzung der Kabinenluftfeuchtigkeit ein Schlauch von ungefähr 20 – 30 cm Länge über die Austrittsöffnung der Atemmaske befestigt. Im Schlauch kondensiert dann die Ausatemfeuchtigkeit und läuft in flüssiger Form heraus. Das Geschwader ist mit dieser Lösung bei der drucklosen sichtverbesserten Kabine zufrieden. Das gleiche Geschwader lehnt die Druckkabine wegen der schlechten Sicht und Abwurfsicherheit auch für den AS-Motor ab, sodass eine Einsatzerprobung mit Druckkabine und Schlauch nicht vorliegt. Wir haben den JG 2 und JG 26 die Verwendung des Schlauches empfohlen und müssen nun noch das Ergebnis dieser Verbände abwarten. Während Hauptmann Eberle größere Zusatzbehälter ablehnt, ist Oberst Oesau, der Kommodore des JG 1, der Ansicht, dass die Behälter vergrößert werden müssten, sofern dieses ohne wesentlichen Geschwindigkeits- und Steigleistungsverlust möglich sei. Oberst Oesau verlangt weitere 50 Satz der neuen Außenbehälteraufhängungen. Erst nach einer größeren Breitenerprobung will er ein endgültiges Urteil über diese Aufhängung abgeben. Bisher sind alle Verbände mit dieser Aufhängung sehr zufrieden. Herr Bartsch vom Erla-Werk VII hat mir die Herstellung dieser Aufhängungen zugesagt. Entsprechendes Material wurde von der Messerschmitt AG zugesagt. Oberstleutnant Priller sagte mir, dass er in nächster Zeit nach Augsburg kommen will, um die Me 262 zu fliegen. Er hat die Absicht geäußert, sie im Vergleich mit der Me 109 und der FW 190 zu fliegen. Termin steht aber noch nicht fest.*

* Günther Sinnecker, Flugzeugführer in der Höhenjagdgruppe I./JG 300, berichtete über die Luftduschen in der 109: Ein toller Physiker kam auf die Idee, kalte Luft in die Kabine zu leiten, sodass in der Kabine die gleiche Temperatur wie außen herrschte und damit ein Vereisen verhindert wird. Als sich bei winterlichen Temperaturen in Höhen von 8.000 Metern bei einer Temperatur von minus 60 Grad die ersten Erfrierungen in den Gesichtern von Flugzeugführern einstellten, wurde diese Belüftung gleich wieder abgestellt. Bei Vereisung der Kabine in großen Höhen gab es nur eines: die Flughöhe verlassen.

Die Me 109 bekommt ein Holzleitwerk und die damit verbundenen Probleme

Da mit Fortdauer des Krieges und der damit verbundenen erhöhten Flugzeugproduktion der Bedarf an Dural sich ständig vergrößerte, wurden Maßnahmen zur Einsparung vom RLM eingeleitet. Als Ersatz für Dural bot sich der Werkstoff Holz an. Hochdruckverleimtes Buchenholzfurnier war als Ersatz für Dural durchaus geeignet. Es erhöhte sich allerdings dadurch auch das Gewicht. Für die Me 109 begann das Augsburger Konstruktionsbüro mit den Planungen für ein komplettes Holzleitwerk im Mai 1943. Im September 1943 waren die Pläne für das Seitenleitwerk und die Höhenflosse sowie die Ruder fertig. Alle Bauteile wurden in Holzbauweise hergestellt. Nur die Beschläge für die Ruder waren in Metall ausgeführt. Das Seitenleitwerk war bereits in der vergrößerten (aufgestockten) Form konstruiert. Die Seitenleitwerke und Ruder aus Holz waren aufgrund ihres Tarnschemas erkennbar. Erste Testflüge mit dem Holzleitwerk Ende 1943 ergaben keinerlei Probleme.
Die Aufträge zur Produktion der Holzleitwerke wurden an die Firmen Wolf Hirth, Deutsche Edelmöbel AG in Butschowitz und die Firma Oberlechner (später Kärntner Flugzeugwerke) vergeben. Bereits im Februar 1944 sind erste Me 109 G mit dem Holzleitwerk im Regensburger Werk nachweisbar. Bis Mitte 1944 erreichte die Produktion der Holzleitwerke bereits 700 Stück im Monat. Da im Mai 1944 die Serienproduktion der Me 109 nochmals um 4.500 Maschinen erweitert worden war, ist davon auszugehen, dass die Mehrzahl der ausgelieferten Me 109 über das Holzleitwerk verfügen sollten. Die Planungen für Anfang 1945 sahen eine Produktion von 2.000 Holzleitwerken vor.
Dass die Umstellung der Produktion auf Holzleitwerke nicht ohne Schwierigkeiten vor sich ging, lag an der Fertigungsqualität. Aus einem Bericht vom 11. Juli geht hervor, dass bei einer in Regensburg hergestellten Me 109 mit der Werknummer 163247 das komplette Leitwerk abgerissen ist. Was war passiert: Die Me 109 gehörte zur I./JG 302 und flog in 4.000 Metern Höhe mit einer Geschwindigkeit von 600 km/h in Höhe des Plattensees, als der Flugzeugführer eine sich stetig erhöhende Vibration in der Steuerung bemerkte, die sich auf das gesamte Flugzeug übertrug. Seinem Bericht nach gab es plötzlich einen Knall und die 109 war nicht mehr steuerbar. Ihm blieb nur noch die Rettung mit dem Fallschirm. Unmittelbar nach dem Ausstieg aus der 109 konnte er feststellen, dass das gesamte Leitwerk abgerissen war. Bereits am 5. Juni '44 wurde bei den Werknummern 163738 und 163740 ein abreißendes Ausgleichsgewicht am Holzhöhenruder während des Fluges gemeldet. Als Ursache der Brüche wurden eine schlechte Verleimung von Spanten und Beplankung festgestellt. Nach diesen alarmierenden Meldungen wurde am 19. Juli 1944 in Regensburg eine Besprechung abgehalten. Teilnehmer waren Vertreter von Messerschmitt Regensburg, Bauaufsicht Me 109 und den Herstellern der Holzleitwerke Schempp/Hirth, Deutsche Edelmöbel Butschowitz sowie Oberlechner/Spittal. Ab dem 11. Juli und von 18. – 20. Juli wurden in Regensburg entsprechende Testflüge und Versuche durchgeführt, um die Ursache für die Schäden an den Holzleitwerken zu ermitteln. Bei den Testflügen mit den Leitwerken von Schempp/Hirth traten keinerlei Probleme auf. Auch eine neunstündige künstliche Beregnung der Höhenruder mit einer Beplankung von 1,5 mm ergab keine Schäden. Die Leitwerke von Deutsche Edelmöbel Butschowitz wiesen jedoch nach diesen Versuchen erhebliche Mängel auf. Sämtliche Ruder aus dieser Fertigung hatten nur eine Beplankung von 1 mm und wiesen nach einer künstlichen Beregnung von ebenfalls neun Stunden schwere Schäden auf. Bei einer näheren Begutachtung wurde auch eine äußerst mangelhafte Konservierung der Holzbauteile festgestellt. Unzureichende Verleimungen führten zu einer Ablösung der Beplankung. Ferner wurde bei den Leitwerken aus Butschowitz festgestellt, dass die Holzschrauben nicht eindreht

wurden, sondern eingeschlagen waren. Dadurch war die kraftschlüssige Verbindung stark herabgesetzt, weil die Verankerung der Schraube im Holz nicht wie üblich gegeben war. Bei einem Versuchsflug mit einer 109, deren Leitwerk der Witterung ausgesetzt war, der von Hauptmann Obermaier von der BAL in Regensburg durchgeführt wurde, stellten sich bei 720 km/h derartige Schüttelerscheinungen ein, sodass der Steuerknüppel nur mehr schwer zu halten war. Allgemein waren unzureichende Verleimungen und Konservierung die Ursachen für die aufgetretenen Schäden. Als erste Maßnahme wurden daraufhin alle Flugzeuge mit einer Beplankung von einem Millimeter für den Flugbetrieb gesperrt. An die Luftwaffenverbände wurden Anweisungen zur Wartung, Konservierung und Lagerung von Holzleitwerken herausgegeben.

Im Winter 1944/45 führte die E-Stelle Rechlin zahlreiche Kontrollen bei 154 Me 109 mit Holzleitwerken bei den Jagdgeschwadern 26 und 27 durch. Das Ergebnis war niederschmetternd:

- In 70 Fällen wurden Risse am Höhenruderhorn von 10 mm Länge bis hin zu einer völlig aufgerissenen Hornnase festgestellt.
- Bei 44 Maschinen war die Beplankung an Rippe 1 losgeleimt.
- Bei 26 Flugzeugen war die Beplankung zwischen Rippe 1 und 2 losgeleimt.
- In 200 Fällen war die Abschlussleiste der Höhenflosse im Bereich des Höhenruderhornes zum Teil losgeleimt.
- Weitere 42 Flugzeuge wiesen Schäden an den Seitenleitwerken und -rudern auf.
- Bei 15 Flugzeugen waren Risse im Bereich der Beplankung am äußeren Höhenruderlager festgestellt worden.
- Bei 36 Me 109 war die Einsatzfähigkeit durch stark gequollene Höhenruderhorne, die die Nasenbeplankung aufgerissen hatten, weitestgehend gefährdet.

Die Schäden wurden im Zeitraum vom 8. – 12. Dezember 1944 festgestellt und waren im Wesentlichen auf schlechte Verleimung und Konservierung zurückzuführen und nur zum geringen Teil auf schlechte Wartung. Bei einer Besprechung am 16. November 1944 wurde von 5.000 – 6.000 fertigen Holzleitwerken aller Hersteller berichtet.

Es zeigte sich wieder einmal, dass die Produktion mit Hilfskräften ohne grundlegende Kenntnisse und Unterweisung sowie unzureichender Kontrolle zu einer äußerst schlechten Fertigungsqualität führte. Bei einer derart mangelhaften Fertigung ist die weitere Verwendung der Holzleitwerke in Frage gestellt und die Flugsicherheit der Me 109 aufs höchste gefährdet. Es ist weder die Verleimung und Konservierung noch die Holzbearbeitung auch nur einigermaßen fachmännisch durchgeführt worden.

Ausbrechneigung der Me 109

Bericht von Flugkapitän Fritz Wendel über seinen Einsatz im Technischen Außendienst im Westen vom 20. April – 16. Mai 1944. Neben anderen Einheiten besuchte er auch das JG 1:
„Bei meinem Besuch bei der III./JG 1 am 21. April 1944 konnte ich sehen, wie nach Rückkehr von einem Einsatzflug drei Maschinen bei der Landung ausbrachen. Der Flugplatz war klein und es musste mit Seitenwind gelandet werden.
Ich stand in allernächster Nähe der landenden Maschinen und konnte folgendes beobachten: In Folge des ziemlich starken Seitenwindes

schoben die Maschinen. Bis kurz vor Ende der Ausrollstrecke reichte die Richtwirkung von Seitenleitwerk und Sporn aus, um die 109 geradeaus zu halten. Ungefähr 50 m vor Ende der Ausrollstrecke lenkte plötzlich das Spornrad in allen drei Fällen aus. Die Wirkung des Leitwerks reichte nicht mehr aus – gebremst wurde wahrscheinlich zu spät – und die Maschinen brachen aus mit anschließendem Fahrwerksbruch. Ich fuhr sofort zu jeder einzelnen Maschine und konnte mich davon überzeugen, dass die Spornradverriegelung auf „Lose" stand.

Anschließend stellte ich dem Kommandeur Herrn Hauptmann Eberle sowie sämtlichen Flugzeugführern bei einer gemeinsamen Aussprache die Frage, warum die Sporne nicht verriegelt würden. Es stellte sich heraus, dass ein großer Teil der Flugzeugführer nicht wusste, dass in der Me 109 überhaupt eine Spornverriegelung existiert.

Das Ausbrechen ist einzig und allein eine Ausbildungsfrage. Ich halte es für notwendig, dass wir bei nächster Gelegenheit beim General der Jagdflieger diesen Punkt zur Sprache bringen, denn es ist zweckmäßiger, die Ausbildung zu verbessern, als das Bauprogramm zu steigern, um solche Ausfälle an Me 109 zu überbrücken. Sobald als möglich werde ich mir auch einmal den Ausbildungsbetrieb bei den Ergänzungsgruppen ansehen."

Anmerkung des Verfassers: Der Bericht von Fritz Wendel ist schon erstaunlich und deckt zugleich erhebliche Ausbildungsdefizite an den Jagdfliegerschulen auf. Es waren ganz eindeutig nicht immer die Platzverhältnisse oder der zu starke Seitenwind, der zu den großen Verlusten bei der Ausbildung und den Einsätzen führte. War das Spornrad verriegelt, war eine relativ stabile Dreipunktlage des gesamten Fahrwerks gegeben, welche die Richtungshaltung bei Start und Landung erleichterte. Die FW 190 hatte ebenfalls eine entsprechende Verriegelung, die aber über den nach hinten gezogenen Steuerknüppel aktiviert wurde. Bei der 109 ist an der linken Kabinenseite eine Vorrichtung eingebaut, die mit einem Hebel über einen Seilzug die Arretierung des Sporns steuert.

Auch in Manching gab es 1996 einen derartigen Vorfall, als ein Gastpilot mit der Me 109 G-10 auf der Startbahn einen Rolltest durchführte. Dabei brach die 109 aus, scherte ein Fahrwerk ab und die eingebaute originale Metallluftschraube schlug in die Startbahn, sodass der Motor beschädigt und die Motoraufhängung sowie der Rumpf verdreht wurden. Eine sehr teure, langwierige und aufwändige Reparatur waren die Folge. Ursache des Unfalls war auch hier die nicht betätigte Spornradverriegelung.

Geheime Kommandosache: Sonderbericht über eine Dienstreise an die Invasionsfront vom 28. Juni – 6. Juli 1944

(Wiedergabe des Originaltextes des Messerschmitt-Ingenieurs Göttel)

In diesem Zeitraum wurden folgende Me 109-Einheiten besucht:

- Frontreparaturwerk Erla VII Antwerpen
- Jagdgeschwader 2, mit Kommodore Major von Bühlingen und Hauptingenieur Stöckle.
- Jagdgeschwader 26, mit stellvertretendem Kommodore Major Mietusch und Stabsingenieur Battmer. Der Kommodore Oberstleutnant Priller auf Dienstreise im Reich.
- Jagdgeschwader 11, mit Gruppenkommandeur Major Krupinski. Kommodore Oberstleutnant Ihlefeld auf Dienstreise im Reich.
- Fernaufklärer F 123, mit Kommodore Wolf.
- Luftflotte 3

Infolge der schweren Bombardierungen sämtlicher Fliegerhorste haben die Verbände von den Horsten auf versteckte Feldflugplätze verlegt; die Flugzeuge sind ganz in der Nähe der Plätze gut getarnt am Waldrand aufgestellt. Belästigungen dieser Verbände durch Bombenangriffe sind infolge dieser Tarnung und der schweren Auffindbarkeit der Feldflugplätze in letzter Zeit nicht mehr aufgetreten. Zur Verstärkung sind einige Jagdgeschwader aus dem Reich nach dem Westen verlegt worden. Je nach Wetterlage sind an manchen Tagen bis zu 5 Einsätze geflogen worden, wobei jedesmal mit Reichweitenbehälter gestartet wird, das bedeutet durchschnittlich 1,5 – 2 Stunden Flugdauer. Der Jagdkampf spielt sich im Invasionsgebiet durchweg in Höhen unter 4.000 Metern ab. Aufgabe der Jagdverbände ist die Unterstützung der Erdkämpfe im Landekopf, insbesondere die Bekämpfung der feindlichen Schlachtflugzeuge und der tieffliegenden Jäger. Der Luftkampf ist daher ein reiner Jägerkampf geworden. Die Bekämpfung der Bomberverbände ist vollständig in den Hintergrund getreten. Infolgedessen wurden zur Erreichung besserer Wendigkeit und Steigleistung bei der Me 109 sämtliche Flügelgondelkanonen und bei der FW 190 die beiden äußeren Kanonen ausgebaut.
Durch den Einsatz in Geschwaderstärke auf verhältnismäßig engem Raum ist es unseren Verbänden in schwerstem Kampf gelungen, sich wieder einige Achtung bei unseren Gegnern, insbesondere bei den Amerikanern zu verschaffen. Die Kampfmoral und das jagdfliegerische Können der amerikanischen Jagdflieger wird, trotzdem sie dauernd in zahlenmäßiger Überlegenheit auftreten, von unseren Verbandsführern nicht allzu hoch eingeschätzt. Dagegen ist der englische Jagdflieger mit der neuesten Spitfire ein sehr beachtlicher Gegner und wird als erste Klasse bezeichnet. Im Brückenkopf sind bereits zahlreiche feindliche Jagdflugplätze vorhanden.
Um auf den Kampfgeist unserer Jäger, der meines Erachtens gegenüber dem Herbst vorigen Jahres jetzt außerordentlich zugenommen hat (vermutlich durch die Kameradschaft zur jetzt vorhandenen Erdkampffront), sei hier angeführt, dass eine Jagdgruppe, welche nur die normale Me 109 G-6 (mit Beulen und ohne MW 50) im Einsatz fliegt, folgende durchschnittliche Abschussergebnisse erreicht hat:

- Ein bestätigter Feindabschuss gegen ein abgeschossenes eigenes Flugzeug, dazu bei der Landung ein Flugzeug so stark beschädigt, dass es in ein Reparaturwerk überführt werden muss.
- Weiterhin fünf abgeschossene Feindpiloten gegen einen Flugzeugführer-Totalverlust.

In der Zeit vom 6.6. – 26.6.1944 fielen rund 940 Jagdflugzeuge im Westen aus. Dabei konnten bis zu diesem Zeitpunkt rund 750 Jagdflugzeuge nachgeschoben werden. Das Verhältnis Me 109 zu FW 190 beträgt dabei ungefähr 3:1. Der Nachschub der Me 109 wird durchwegs als befriedigend bezeichnet, während der der FW 190 sowohl bezüglich Serie als auch aus der Reparatur als sehr ungenügend bezeichnet wird.
An Feindjägern treten unseren Jagdfliegern im Invasionsraum entgegen: Auf amerikanischer Seite Lightning, Thunderbolt und Mustang. Die in ihren Leistungen als einander ebenbürtig bezeichnet werden, wobei die Lightning besonders leicht brennt.
Auf englischer Seite wurde uns nur die Spitfire genannt; dieselbe scheint den amerikanischen Typen im Luftkampf noch überlegen zu sein, sehr wahrscheinlich durch die höhere Wendigkeit und die bessere Qualität der englischen Piloten.
Neuerdings wird auch bei der FW 190 durch eine für 10 Minuten zugelassene Ladedruckerhöhung eine Leistungssteigerung in Bodennähe ermöglicht. Als Maßstab für die Leistungen der Feindflugzeuge wurde mir von einem Gruppenkommandeur angegeben, dass die FW 190 mit 801 D-Motor ohne diese Leistungssteigerung den Abstand von verfolgenden Feindflugzeugen nicht merklich vergrößern kann, dagegen lässt sich bei Zuschaltung der Leistungssteigerung dieser Abstand sehr rasch vergrößern. Von der Me 109 wird behauptet, dass sie mit MW 50 der FW 190 ohne Leistungssteigerung bezüglich Höchstgeschwindigkeit am Boden ent-

spricht. Der Vorteil der Me 109 mit MW 50 liegt deshalb nur in der wesentlich besseren Steigleistung, wodurch es dann der Me 109 möglich ist, entweder dem Gegner wegzusteigen oder sich in günstigere Kampfposition zu setzen.
Aus dem Vorstehenden ist eindeutig zu ersehen, dass unsere Jäger zurzeit noch ein „außerordentlich hartes Brot essen". Durch das Nachfliegen der Me 262 von Oberstleutnant Mayer hat sich doch einiges bei der Truppe herumgesprochen. Mit Rücksicht auf den jetzt vorgesehenen Einsatz der Me 262 (Anmerkung: gemeint ist hier der Einsatz der Me 262 als Bomber) konnten wir den Jägern keinerlei Hoffnungen machen. Nachdem gerade in der letzten Zeit eine Reihe bewährter alter Jagdflieger ausgeblieben sind, ist dies besonders hart. Ein Gruppenkommandeur (Major Krupinski), der über die Leistungen der Me 262 einiges wusste und der heute noch mit seiner ganzen Gruppe mit der normalen Me 109 G-6 gegen den Feind fliegt, ist der festen Überzeugung, dass es mit einer Gruppe Me 262 möglich wäre, bereits in 3 bis 4 Wochen die Luftlage im Westen grundlegend zu unseren Gunsten zu ändern, sowohl im Jägerkampf als auch bei der Abwehr der Feindbomber.
Unter diesem Gesichtspunkt und auch deshalb, weil die derzeitigen Ausfälle bei der zahlenmäßigen und leistungsmäßigen Überlegenheit der Gegner ganz erheblich sind und weil gerade in letzter Zeit auch von den besseren und besten Jagdfliegern sehr viele weggeblieben sind, wäre es sehr zu wünschen, dass die Me 262 ihrem eigentlichen Einsatzzweck als schwerer Jäger sobald als möglich zugeführt würde.

Bericht über Me 109 als Aufklärer bei der Fernaufklärungsgruppe 123

Major Wolf teilte mit, dass es mit den umgebauten 109-Flugzeugen in den letzten Wochen möglich war, Aufklärungsergebnisse zu erhalten, wie sie im ganzen vergangenen Jahr nicht mehr erreicht hatte. Er bemängelte lediglich, dass die Flugzeuge für die Aufklärer in der nunmehr als richtig erkannten Ausführung von der Industrie noch nicht in der nötigen Stückzahl zur Verfügung gestellt werden konnten. (Anmerkung des Verfassers: Es handelt sich dabei ganz offensichtlich um Me 109 mit MW 50-Anlage und den integrierten Flächentanks.) Der gleichzeitig anwesende technische Ingenieur vom General der Aufklärer, Hauptmann Tesch, bestätigte jedoch, dass von der Industrie alles unter den Umständen nur Mögliche getan würde, dass aber mit Rücksicht auf die erforderlichen großen Ausbringungsstückzahlen von der Industrie keine Abwandlungen mehr verlangt werden könnten. Die Überprüfung des Lieferbestandes ergab, dass durch die in nächster Zeit bevorstehende Auslieferung von Umrüstflugzeugen bei Erla VII in Ausführung G-5/R-2 und G-6/R-2 der dringendste Bedarf gedeckt werden wird. Bei Umstellung auf die 109 K ist der Aufklärer im Serienprogramm in entsprechender Stückzahl enthalten.
Abschließend bedauerte Major Wolf außerordentlich, dass die ursprünglich vorgesehenen drei Umbauflugzeuge Me 262 nicht für die Aufklärung zur Verfügung stehen, da gewisse Spezialaufgaben nur mit diesem Flugzeug befriedigend gelöst werden könnten. Er hofft jedoch, dass diese Notwendigkeit in Kürze auch von den höheren Stellen eingesehen wird.

Bericht von der Luftflotte 3

Generalingenieur Scheuermann und seine Mitarbeiter wurden über die bei den Verbänden gemachten Erfahrungen orientiert. Es wurde gemeinsam festgestellt, dass wartungsmäßig an keiner Stelle größere Schwierigkeiten mit der Me 109 aufgetreten sind. Infolge des intensiven Einsatzes ist der Klarstand der Flugzeuge jedoch lange nicht befriedigend. Es kommt laufend vor, dass Verbände nur etwa 30 Prozent ihrer Flugzeuge startklar melden können. Die Überprüfung hat gezeigt, dass es sich bei den Beanstandungen im Wesentlichen um Zündstörungen, Motorwechsel, Bauchlandungen durch Beschuss oder auch um Fahrwerksbrüche handelt. Nebenbei sei bemerkt, dass bei der Verlegung von den Fliegerhorsten auf die Feldflugplätze auch eine außergewöhnlich hohe Anzahl von Rumpfstauchungen bei der FW 190 aufgetreten ist. Nach Gewöhnung an die neuen Verhältnisse ist jedoch bereits eine wesentliche Besserung festzustellen. Da sämtliche Einsätze mit Reichweitenbehälter geflogen werden und derselbe im Luftkampf abgeworfen wird, bestehen größte Schwierigkeiten, den Nachschub für die Abwurfrüstsätze zu beschaffen. Diese Schwierigkeiten werden noch dadurch erhöht, dass alle Verbände die ursprünglich vorgesehenen serienmäßigen Traggerüste sowohl bei der Me 109 als auch bei der FW 190 entfernt haben und sich selbst Aufhängungen entwickelt haben, welche nach Abwurf des Behälters einen glatten Rumpf und daher einen Geschwindigkeitsgewinn ergeben. Jeder Verband bietet nun seine eigene Entwicklung als die beste an. Um eine Vereinheitlichung zu erzielen, wurde in einer von der Luftflotte einberufenen Besprechung, bei der auch der Bezirksingenieur West von der Firma Focke-Wulf, Herr Sanders, anwesend war, eine vorläufige Einigung erzielt, dass die für die Me 109 bereits in größerer Stückzahl von Erla VII gefertigte einfache Bandeisenaufhängung ohne Änderung für die Me 109 und für die FW 190 verwendet werden soll. Bei der FW 190 ist lediglich ein zusätzlicher Zwischenträger erforderlich, da die Rumpfanschlüsse bei der Me 109 und der FW 190 nicht übereinstimmen. Da es nicht möglich war, in der kurzen zur Verfügung stehenden Zeit auch den General der Jagdflieger und die E-Stelle zuzuziehen, hat es die Luftflotte 3 übernommen, die endgültige Genehmigung dieser Vorschläge bei diesen Stellen zu erwirken.

Schlussbetrachtungen:
Um zu würdigen, was unsere Erdtruppe an der Invasionsfront heute leistet, sei noch mitgeteilt, dass an einzelnen Tagen seit Invasionsbeginn je nach Wetterlage bis zu 9.000 feindliche Einflüge gezählt werden. Diese feindliche Luftüberlegenheit bedeutet eine außerordentliche Belastung unserer Frontkämpfer, wie man sich denken kann und wie mir auch wiederholt mitgeteilt wurde. Wie bereits berichtet, tun die Jagdverbände mit den ihnen derzeit zur Verfügung stehenden Jagdmustern ihr Möglichstes. Trotzdem es ihnen gelungen ist, die feindlichen Tiefflieger zu etwas mehr Zurückhaltung zu zwingen, ist auch heute bei Tage in Frankreich noch kaum ein Verkehr auf den Straßen festzustellen. Sämtlicher Nachschub und die Truppenverschiebungen beginnen erst mit Einbrechen der Dunkelheit und spielen sich in den wenigen Nachtstunden ab. Über Tage hält sich alles in den mehr oder weniger ausgedehnten Wäldern verborgen. Andererseits ist festzustellen, dass durch die laufenden Bombardierungen französischer Städte und nicht zuletzt auch durch die Ermordung des bei der französischen Bevölkerung beliebten Henriot ein erheblicher Stimmungsumschwung bei den Franzosen zu unseren Gunsten stattgefunden hat. In Paris ist wiederholt beobachtet worden, dass die Bevölkerung bei Abschuss feindlicher Bomber durch die Flak Beifall klatschte.
Die bevorstehenden schweren Schlachten im Westen können für uns nur dann günstig verlaufen, wenn der Nachschub in genügender Menge und rechtzeitig an die Front gebracht werden kann. Die Stimmung der Franzosen zu unseren Gunsten wird sich auch nur halten, wenn sich auf unserer Seite mehr und mehr Erfolge wiedereinstellen. Die V-1 ist nur ein kleiner Schritt, dem nun mit dem Einsatz der Me 262 als Jäger der zweite und größere so schnell wie möglich folgen muss. Durch Vortrag an höherer Stelle muss eine Entscheidung herbeigeführt werden, dass die Me 262 schnellstmöglich doch mindestens zur Hälfte als Jäger zum Einsatz kommt.

Gez. Göttel 9.7.1944

Me 109 G-8

Parallel zur Me 109 G-6 wurde die Aufklärerversion G-8 hergestellt. Die G-8 wurde in 337 Exemplaren nur von WNF produziert. Weitere 739 G-8/R5 wurden ebenfalls von WNF produziert und zur Leistungssteigerung mit einer MW-50 Anlage ausgerüstet. Die Me 109 G-8 konnte wahlweise mit folgenden Aufklärungskameras ausgerüstet werden:

Rb 75/30
Rb 50/30
Rb 32 / 7x9 (eine Kombination mit einer Rb 12,5/ 7x9 war möglich)
Rb 12,5 / 7x9 (Zwei Kameras dieses Typs konnten mitgeführt werden)
Bei Verwendung von zwei Kameras wurden diese mit einem bestimmten Verschwenkungswinkel eingebaut. Die Ausrichtung erfolgte mit einem Prüfwinkel oder einer Winkelwasserwaage. Für die Rb 12,5/ 7x9 betrug der Winkel 15 Grad und bei der Rb 32 / 7x9 betrug er 6 Grad.

Aus einem geheimen Bericht des Bezirksingenieurs West, Emil Rolle, an die Messerschmitt AG Technischer Außendienst ist zur Me 109 als Aufklärer folgendes zu entnehmen:
Am 23.5.43 Besuch mit Stabsingenieur Härtle vom Jagdführer West bei den Aufklärungsverbänden in Gyancourt und Buc. Es fanden Besprechungen mit Herrn Wulf, Herrn Oberstleutnant Giese und Herrn Hauptmann Hirdes statt. Aus diesen Besprechungen ergab sich folgender Sachverhalt:
„Bis zum Frühjahr 1942 war die Aufklärung mit der Me 109 F ohne Schwierigkeiten möglich, da die 109 F damals noch dem Gegner leistungsmäßig überlegen war. Seitdem macht sich in zunehmendem Maße auch bei der Verwendung der Me 109 G die Leistungsüberlegenheit des Gegners bemerkbar. Mit der Me 109 G wird die Aufklärung über den Kanal bis nach Bristol durchgeführt. Zum Teil ist Reichweitenverlängerung erforderlich. Die Verwendung von Außenbehältern wird aus Gründen der Leistungsverschlechterung abgelehnt. Von Herrn Wulf wurden Reichweitenbehälter in die Fläche eingebaut. Diese Behälter liegen im Bereich des inneren und äußeren Deckels. Dies sind auf jeder Seite drei Behälter aus Pantal geschweißt. Jede Seite mit 122 Litern Inhalt, insgesamt 250 Liter. Wenn die Behälter ausgeflogen sind, werden sie mit Kohlensäure (CO_2) ausgeblasen. Beschussversuche mit Brandmunition zeigten ein günstiges Ergebnis.
Anmerkung des Verfassers: Das Ausblasen der Tanks war erforderlich, um die brennbaren Dämpfe zu entfernen. Bei einem Beschuss, wären die Tanks sonst unter Umständen explodiert und hätten die Tragfläche zerstört/abgerissen.
Leider ist es Herrn Wulf aus Kapazitätsgründen nicht möglich, mehrere Maschinen mit dieser Ausrüstung zu versehen. Auch wird an der Tatsache, dass die Me 109 G den neuesten gegnerischen Flugzeugmustern nicht mehr überlegen ist, nichts geändert.
Zurzeit werden an einer Me 109 G zwei starre MG 17 an der Unterseite des Rumpfes im Bereich der Fläche angebaut, die nach hinten schießen. Durch Spiegel mit Kennmarke ist eine primitive Zielvorrichtung geschaffen worden. Die Truppe verspricht sich von dieser Maßnahme allerdings keine durchschlagende Wirkung. Diese Versuche sind jedoch nicht als Spielerei zu betrachten, sondern entsprechen der Tatsache, dass bei der derzeitigen Leistungsunterlegenheit eine Aufklärung mit den bisherigen Methoden an der englischen Südküste nur noch schwer möglich ist.
Die Truppe hat die Absicht, eine Leistungsverbesserung durch Verwendung von GM 1 zu erreichen. Der Einbau der Rb 50x30 ermöglicht aber nicht die Verwendung der jetzigen GM 1 Anlage. Es muss versucht werden, für Aufklärer GM 1-Behälter im Flügel unterzubringen. Von einer Verwendung der alten GM 1-Anlage wurde von mir abgeraten. Es wurde vereinbart, in der Werft von Gyancourt unter Mitwirkung eines GM-1 Fachmannes eine derartige Anlage für die Aufklärerversion der Me 109 G herstellen zu lassen."

Me 109 G-10

Die Me 109 G-10 ging fast gleichzeitig mit der K-4 in Serienproduktion und war eine Weiterentwicklung aus der Me 109 G-2 und G-6 Serie. Die G-10 war als leichter Jäger konzipiert und konnte durch den wahlweisen Anbau von Rüstsätzen zu verschiedenen Einsatzzwecken umgerüstet werden. Die Me 109 G-10 gilt als die schnellste Einsatzversion der 109-Baureihe mit einer Höchstgeschwindigkeit von 700 km/h in 7.500 m Höhe. Die Verkleidungen für MG 131 sind entsprechend wie bei der Me 109 G-6/AS aerodynamisch in den Rumpf eingestrakt gestaltet. Das Hauptfahrwerk erhielt breitere Reifen mit den Maßen 660x190. Eine entsprechend größere Verkleidung in rechteckiger Form war auf der Tragflächenoberseite notwendig. Die G-10 aus der Regensburger Fertigung hatten allerdings noch die Bereifung 660x 160 und die alte Tragfläche mit der tropfenförmigen Beule auf der Oberseite eingebaut. Es kam sowohl der lange als auch der kurze Sporn zum Einbau. Hinter dem 400 Liter fassenden Haupttank befindet sich der MW-Tank mit einem Fassungsvermögen von 115 Litern.
Der zusätzliche Einbau der MW 50-Anlage diente zur Erhöhung der Start- und Notleistung des Triebwerkes auf Sondernotleistung.
Die höchstzulässige Einsatzdauer der MW 50-Anlage betrug zehn Minuten. Nach Ausstattung mit dem Rüstsatz 3 konnte ein abwerfbarer 300 l Zusatz-Kraftstoffbehälter unter dem Rumpf an einem Einbau-Schloss 503 eingehängt werden. Das elektrische Bordnetz und die Funkanlage entsprachen weitgehend der G-5 mit FuG 16 ZY und FuG 25a. Die Schusswaffenanlage entsprach ebenfalls der der Me 109 G-5 mit zwei MG 131 und je 300 Schuss Munition sowie einem MG 151/20 mit 200 Schuss.
Bei der Me 109 G-10/U4 war anstatt des MG 151 eine 30 mm Kanone vom Typ MK 108 eingebaut. Allerdings reduzierte sich der Munitionsvorrat auf 90 Schuss. Die G-10/U4 wurde in 356 Exemplaren nur von WNF hergestellt. Erla produzierte die größte Anzahl an G-10 mit insgesamt 1.534 Maschinen, davon 916 G-10/R6, welche über eine Jägerkurssteuerung vom Typ Patin verfügten. Diese Maschinen gingen in erster Linie an die Schlechtwettergeschwader JG 300, 301 und 302. Diese Verbände konnten auch nachts, im sogenannten „Wilde Sau-Jagdverfahren" (auch als helle Nachtjagd bekannt), eingesetzt werden.
Einige Komponenten wurden aus der Me 109 K-4 übernommen, wie das Triebwerk DB 605 D mit der Höhenluftschraube VDM 9-12159 mit den breiteren Blättern und einem Durchmesser von 3.000 mm, die Sauerstoffanlage, die elektrische Sichtscheibenheizung und die Scheibenluftspülung. Mit dem DB 605 D wurde auch wie in der K-4 die automatische Ölkühlerklappenregulierung eingebaut. Nur das vergrößerte Seitenleitwerk in Holz- oder Metallausführung kam zum Einbau. Ferner war der Einbau eines einziehbaren Spornes und der Restabdeckung für das Hauptfahrwerk wie in der K-4 geplant.

Die Me 109 G-10 wurde von Oktober 1944 – März 1945 produziert:

ERLA:
1.534 Me 109 G 10 von November 1944 – Februar 1945, davon 916 G-10/R6

Mtt. GmbH Regensburg:
116 Me 109 G-10
von Oktober 1944 – Januar 1945

WNF
361 Me 109 G-10/U4
von Januar – Februar 1945

Im März 1945 wurden weitere 518 G-10 von ERLA und WNF gebaut. Dann endete dort kriegsbedingt die Produktion. Die Messerschmitt GmbH Regensburg produzierte seit Februar '45 nur noch Me 109 G-14 AS und K-4.

Eine Me 109 G-10/U4 der II./JG 52 aufgenommen in Neubiberg. Die II./JG 52 überflog am 8. Mai 1945 ihre 30 Me 109 G und K zur Kapitulation nach München. Im Hintergrund sind weitere Me 109 dieser Einheit zu sehen.

Eine weitere Me 109 G-10/U4 der II./JG 52, Werknummer 611155, aufgenommen in Neubiberg. Diese 109 ist vom Stab der II./JG 52, was an der Winkelkennzeichnung sichtbar ist. Im Hintergrund die Motorpartie einer P-51 „Mustang", dem gefürchteten Gegner der Me 109.

Eine Me 109 G-10 des Jagdgeschwaders 300 auf dem Flugplatz von Prag/Kbely im Mai 1945.

Eine Me 109 G-10 des JG 6 aus dem Werknummernblock 491400 steht mit Tarnnetzen bedeckt für den nächsten Einsatz bereit. (Foto Gunther Lauser)

Ebenfalls unter einem Tarnnetz verborgen, wartet diese Me 109 G-10 auf den nächsten Einsatz. Die Tarnung der abgestellten Flugzeuge war überlebensnotwendig wegen der bei Kriegsende überall umherstreifenden feindlichen Tiefflieger.

Sehr schön sind hier die Details der Kabinenhaube zu sehen. Die Erla-Haube ist mit Kopf- und Schulterpanzer ausgestattet. Der Kopfpanzer ist im oberen Teil mit einer Panzerplatte und darunter in Panzerglas ausgeführt. Der feste Windschutzaufbau verfügt über sehr grob ausgeführte Schweißnähte. Die Frontpanzerscheibe ist mit einer Trockenpatrone gegen Beschlagen ausgerüstet. Die Ausschussöffnung für die Leuchtpistole ist mit einer Belüftungshutze abgedeckt.

Diese Me 109 G-10/R2 „Schwarze 12“, Werknummer 770269, von der 2./NAGr 14 wurde von der US-Armee am 8. Mai in Fürth erbeutet.

Das gleiche Flugzeug Me 109 G-10/R2 von der NAGr 14. Beachtenswert ist die starke Verrußung an der Rumpfseite. Diese Rußbildung lässt den Rückschluss zu, dass die Maschine sehr oft mit Notleistung geflogen worden ist. Eine andere Erklärung wäre eine sehr schlechte Treibstoffqualität.

Auch die italienische faschistische Luftwaffe flog die Me 109 G-10. Die 109 steht in einer Splitterschutzbox, die mit einem Tarnnetz abgedeckt worden ist. Der Zusatztank weist starke Ölspuren auf.

Zahlreiche Me 109 G-10 warten nach Kriegsende auf ihre Verschrottung.

Eine ehemalige Me 109 G-10 der Luftwaffe als Avia S-99 nach Kriegsende in tschechischen Diensten.

Technische Mängel an der Me 109 G-10

Ab 1944 wurde die Luftwaffe mit erheblichen technischen Mängeln von neu aus der Industrie gelieferten Flugzeugen konfrontiert. Diese Mängel waren in nicht unerheblichem Umfang auf Sabotage durch Zwangsarbeiter und KZ-Häftlinge zurückzuführen, die im Arbeitseinsatz in der Flugzeugindustrie standen. Die Berichte zeigen auch, dass das Bodenpersonal alle Hände voll zu tun hatte, damit die Einsatzbereitschaft der fliegenden Verbände gewährleistet werden konnte.

Das NAGr 3 meldete folgende Mängel an neu gelieferten Flugzeugen im März 1945: *„Bei neu angelieferten Flugzeugen vom Typ Me 109 G-10/R-2 aus der Neufertigung wurde festgestellt, dass die Motoren DB 605 schmier- und kühlstoffundicht waren. Um diese Beanstandungen zu beheben, war der Ausbau der Motoren erforderlich. Die Einstellung der Motoren in Bezug auf – Ladedruck und Drehzahl – stimmte nicht. Die Schmierstoff-Schlauchleitungen waren an den Verschraubungen lose. Schmierstoffleitungen wiesen starke Scheuerstellen auf und mussten erneuert werden. Die Kühlstoffpumpen und die zu den Zylinderblöcken führenden Anschlüsse waren undicht, sodass zum Teil die Saugrohre ausgebaut werden mussten. Die Verschraubungen der Kühlwasserleitungen an den Zylinderblöcken waren ebenfalls undicht, einige davon waren schon verstemmt und mussten infolge dieser nicht fachgerechten Verstemmung ausgewechselt werden. Die Kühlstoffanlage, vor allem die Rohrleitungen zu den Kühlern in den Flächen, waren an den Verschraubungen undicht. An einem Flugzeug war wegen beschädigter Gewindeverschraubung ein Tragflächenabbau erforderlich.*
An mehreren Flugzeugen mussten die Befestigungsschrauben der Federbeinlager nachgezogen werden. Nach wenigen Starts war das Gelenklager Gl 14 DIN L 351 in Beschlag 109.50-7002 geplatzt. Der Beschlag musste gewechselt werden. Vermutliche Ursache: loses Gelenklager in der Beschlagbohrung. Eine Kontrolle an allen Flugzeugen ist hierauf täglich erforderlich. Die Durchführung der Beseitigung aller Mängel erforderte einen hohen Zeitaufwand. Die in den Flugzeugen eingebauten Waffen waren zum Teil stark angerostet. An einem Flugzeug waren die Hülsenabführschächte vollkommen durch Erde verstopft. Angelieferte 300 Liter Zusatzbehälter waren undicht und mussten gleich nach dem Betanken wieder entleert und gewechselt werden.“

Probleme mit der Außenbehälteraufhängung System Erla

„Bei der III./JG 300 wurde erstmals beanstandet, dass die Behälter bei Erla-Aufhängung teilweise abfallen. Die Aufhängung wird deswegen dort nicht mehr verwendet. Man führt das Abfallen darauf zurück, dass beim Rollen die Behälter sich verformen und der Abstand zwischen vorderer und hinterer Aufhängung sich verkleinert und infolgedessen die hintere Aufhängung vom Bolzen abrutscht. Da keine Flugzeuge mit diesen Aufhängungen mehr vorhanden waren, konnte ich nicht überprüfen, ob die primäre Ursache eventuell falsche Montage ist. Bei der Umrüstwerft in Köln-Ostheim wurden daraufhin Distanzrohre zwischen beide Aufhängungen eingeschweißt. Da aber diese Änderung nicht mit einwandfreien Lehren durchgeführt wurde, passte die Aufhängung nicht mehr. Es ist erforderlich, dass diese Beanstandung bei Erla-Werk VII überprüft wird.“

Me 109 G-12

Dass die Me 109 bei Start und Landung ein nicht gerade einfach zu steuerndes Flugzeug war, zeigte sich besonders auf den Flugzeugführerschulen der Luftwaffe. Bei der Schulung der Nachwuchspiloten traten mit der Me 109, vor allem mit den Einsatzmustern, hohe Personal- und Materialverluste ein. Dies zeigte deutlich auf, dass für das Erfliegen auf den Einsatzmustern dringend eine Zweisitzer-Version der 109 erforderlich war, bei der ein erfahrener Fluglehrer eine entsprechende praktische Einweisung an Bord durchführen konnte. Dies führte schließlich zur Konstruktion und zum Bau der G-12.
In der Regel wurden beschädigte Maschinen in der Industrieinstandsetzung zu G-12 umgebaut. Dieser Umbau wurde von der Firma Blohm &Voss in Hamburg durchgeführt. Es dürften in den Jahren 1943 – 45 ca. 280 – 300 Me 109 G-12 aus Reparaturflugzeugen umgebaut worden sein.
Flugschüler und Fluglehrer saßen hintereinander. Die G-12 hatte eine nach hinten verlängerte Kabine. Die Kabinenhaube für den hinten sitzenden Fluglehrer hatte auf beiden Seiten dreieckige nach außen geformte Scheiben. Somit hatte der Fluglehrer Sichtfenster in Flugrichtung. Nur der linke Teil der hinteren Kabinenhaube konnte zum Ein- und Ausstieg geöffnet werden. Um einen entsprechenden Platz für den Fluglehrer zu schaffen, wurde der ursprüngliche 400 Liter Rumpftank entfernt und gegen einen kleineren 240 Liter ersetzt. Dieser Tank war unter dem Kabinenboden eingebaut. Dadurch reduzierte sich allerdings die Flugzeit unter Berücksichtigung einer kleinen Reserve auf max. 35 Minuten, abhängig von der abgeforderten Motorleistung. Beim Aufleuchten der roten Reststandswarnlampe waren nur noch 70 Liter Treibstoff für ca. neun Minuten Flugdauer vorhanden. Getankt wurde Flugbenzin B-4.
Wegen des reduzierten Tankvolumens war die G-12 mit dem Rüstsatz 3 ausgerüstet worden und somit bestand die Möglichkeit, einen 300 Liter fassenden Zusatzbehälter unter dem Rumpf mitzuführen. Dadurch konnte die Flugzeit auf ca. 1,5 Stunden verlängert werden und die Flugschüler wurden Schritt für Schritt an das volle Startgewicht einer Einsatz-Me 109 mit Zusatztank und MW 50-Anlage herangeführt.
Anmerkung des Verfassers: Laut Handbuch war in der G-12 keine Bewaffnung eingebaut. Es gibt aber Berichte, dass bei einigen Flugzeugen wieder eine Bewaffnung eingebaut wurde, siehe hier auch den folgenden Bericht der Nahaufklärungsgruppe 3 (NAGr 3).

Einsatz des Doppelsitzers Me 109 G-12 als Aufklärer bei der Nahaufklärungsgruppe 3

Weitgehend unbekannt ist der Einsatz des Doppelsitzers Me 109 G-12 als Nahaufklärer kurz vor Kriegsende an der Ostfront. Die 1./NAGr 3 stand zu diesem Zeitpunkt in den Räumen Kolberg, Stettin, Landsberg und östlich der Oder im Einsatz. In einem Bericht vom 2. April 1945 berichtet die Einsatzstaffel NAGr 3 über den Einsatz der Me 109 G-12 von Februar – März 1945 an der Ostfront, an das Oberkommando der Luftwaffe: *„Seit dem 18. Februar 1945 wurde erstmalig eine Me 109 G-12 nach kurzem Umbau zur Nahaufklärung eingesetzt. Der Umbau beschränkte sich auf den Ausbau der im zweiten Sitz für den Beobachter nicht benötigten Geräte (Gasgestänge, Triebwerksüberwachungsgeräte, Steuersäule usw.), und behelfsmäßigen Einbau eines FuG 16, eines MG 17 und eines Bildgeräts 7x9. In den bisher geflogenen 24 Einsätzen wurden folgende Nachteile festgestellt:*

Die geringe Flugzeit. Bei Ausstattung mit einem Zusatzbehälter von 300 Litern unter dem Rumpf ergibt sich eine Gesamtflugzeit von rund 100 Minuten. Diese Zeit reicht aus, um Gefechts- und erweiterte Gefechtsluftaufklärung genügend dicht zu fliegen. Taktische Luftaufklärung lässt sich nicht durchführen, da, wenn der Zusatzbehälter abgeworfen werden muss, auch bei günstigsten Bedingungen, das heißt unter der Annahme, dass kurz vor dem Abwurf der Haupttank noch vollgepumpt wurde, der Betriebsstoff in den meisten Fällen für einen Rückflug nicht mehr ausreichen würde. Die Bewaffnung mit nur einem MG 17 ist zu gering. Der Einbau von zwei MG 131 oder einem MG 151 wäre möglich, ist aber mit den bei der Gruppe zurzeit verfügbaren Mitteln nicht durchführbar.
Als Vorteile stellten sich heraus: Es ist ein Einsatz bei schwierigen Wetterlagen (geringe Wolkenuntergrenze und schlechte Sicht) möglich, während der Einsatz von normalen Me 109 infolge Orientierungsschwierigkeiten wenig Erfolg verspricht. Da sich der Beobachter voll auf die Beobachtung des Gefechtsfeldes konzentrieren kann, ist eine wesentliche intensivere Aufklärung möglich. Der Flugzeugführer kann sich vor allem, wenn im Tiefstflug geflogen werden muss, nur auf seine fliegerischen Aufgaben konzentrieren. Das Blickfeld aus dem Beobachtersitz ist größer, die Sicht für die Aufklärung günstiger als aus dem Führungssitz beim Einsitzer. Zudem ist die Benutzung eines Fernglases ohne Platzprobleme möglich. Infolge ihrer Ausstattung mit einem Variometer ist die Me 109 G-12 im Gegensatz zum Einsitzer besser für den Blindflug geeignet. Es hat sich als sehr vorteilhaft erwiesen, dass auch der Flugzeugführer als Beobachter ausgebildet ist, um bei der Durchführung des Fluges den Beobachter auf taktische Beobachtungen aufmerksam machen zu können und vor allem so zu fliegen, dass der Beobachter zur Einsicht des betreffenden Geländes den günstigsten Blickwinkel hat. Auf den Rottenflieger kann auch die zweisitzige Me 109 – zumindest bei normalen Wetterlagen – nicht verzichten. Bei Schlechtwetter, wenn die Aufklärung im Tief- und Tiefstflug durchgeführt werden muss, stellt er dagegen eher eine Belastung dar, weil die Rotte im Tiefstflug leichter auseinanderplatzt und dadurch wertvolle Zeit verloren geht, sich wieder zu sammeln. Zudem ist bei Schlechtwetter nur in seltensten Fällen das Auftreten feindlicher Jäger gemeldet worden.
Eine Verschlechterung der Flugeigenschaften durch das Mitfliegen von zwei Besatzungsmitgliedern hat sich nicht ergeben, im Gegenteil zeigte sich, dass die Me 109 G-12 eher wendiger ist als die einsitzige 109, was sich im Tiefstflug sowie bei Jagdberührung sehr günstig auswirkte. Abschließend kann, ohne ein endgültiges Urteil über die allgemeine Eignung der Me 109 G-12 in ihrem jetzigen Zustand zur Nahaufklärung abgeben zu können, gesagt werden, dass die G-12 bei ihrem Einsatz zur Gefechtsluftaufklärung sich sehr gut bewährt hat. Die Ausstattung mit weiteren drei bis vier Flugzeugen dieser Art verspricht Erfolg und würde sich sehr vorteilhaft für die Aufklärung insbesondere des Gefechtsfeldes auswirken.“

Meldung der 1. Fliegerdivision zum Einsatz der Me 109 G-12 als Nahaufklärer

Neben den von der NAGr 3 aufgeführten Vorteilen kommt als weiterer der hinzu, dass junge Besatzungen unter Anleitung eines alten erfahrenen Besatzungsmitgliedes gründlich in den Aufklärungsraum eingewiesen werden können, ehe sie selbstständig zum Einsatz kommen. Die 1. Fliegerdivision verspricht sich von dieser Schulung auf dem Gefechtsfeld eine wesentliche Verbesserung der Aufklärungsergebnisse des von den Schulen kommenden Ersatzes an Flugzeugführern.
Der Nachteil der verhältnismäßig geringen Reichweite der Me 109 G-12, die zurzeit höchstens erweiterte Gefechtsluftaufklärung erlaubt, ist kaum ins Gewicht fallend, da die aufzuklärenden Ziele im taktischen Raum sich hauptsächlich auf gut sichtbaren Verkehrswegen befinden, deren Erkennung und Einorientierung keine Schwierigkeiten bereitet. Gerade bei der Gefechtsluftaufklärung ist der, durch keine andere Funktion, abgelenkte Beobachter sehr wertvoll. Dieser kann sich voll und ganz auf das Orientieren und das Erfassen der meist gut getarnten Ziele auf dem Gefechtsfeld konzentrieren.

Me 109 G-12 mit dem Stammkennzeichen CJ+MG, Werknummer 18419, als Musterflugzeug für die G-12, dem so dringend benötigten Schulflugzeug für die 109. Die CJ+MG wurde als Me 109 G-6/trop am 10. Juni 1943, von Leutnant Adolf Riedmeir in Regensburg eingeflogen, anschließend nach Augsburg überflogen und dort zur G-12 umgerüstet. Testflug am 16. Juli 1943 durch Flugkapitän Fritz Wendel.

Eine Me 109 G-12 beim Start auf dem Flugplatz in Quedlinburg am 29. September 1944. In Quedlinburg befand sich die Überprüfungsstelle für Flugzeugführer. Kennung PI+. (Foto Gunther Lauser)

Der Startposten erteilt einer Me 109 G-12 per Flaggensignal die Startfreigabe. Kennung: 32+PM. (Foto Gunther Lauser)

Vorbereitungen zum Einsatz an einer Me 109 G-12.

Eine Me 109 G-12 des Jagdgeschwaders 104 in Fürth. Kennung 11+EZ. (Foto Gunther Lauser)

Eine weitere Me 109 G-12 des JG 104 in Fürth, ausgerüstet mit einem 300 Liter-Zusatztank. Die Aufnahme entstand im November 1944. (Foto Gunther Lauser)

Eine Me 109 G-12 wird betankt. Kennung 27+Z und gelbes Rumpfband.

Eine Me 109 G-12 von hinten aufgenommen. Deutlich sind die Details der hinteren Kabinenhaube zu erkennen.

Me 109 G-14

Die Me 109 G-14 war das Nachfolgemodell der 109 G-6. Zum Teil wurden G-6 und G-14 parallel gefertigt. Der Ausrüstungsstand beider Modelle vermischt sich, weil sowohl die G-6 und die G-14 über dieselben Ausrüstungsdetails verfügen. Zu erwähnen wären hier:

- Gleiches Triebwerk DB 605 A
- Vollsichthaube für die Kabine (Erlahaube)
- Originales Leitwerk
- Aufgestocktes Leitwerk
- Fahrgestell wie G-6
- Funkausstattung mit FuG 16 und FuG 25a
- Bewaffnung (Sowohl mit MG 151/20 als auch MK 108 als U4)
- Mit und ohne MW 50-Anlage

Die Produktionszahlen Me 109 G-14

Erla	2.009 G-14
Györ	93 G-14
Messerschmitt GmbH Regensburg	480 G-14
WNF	208 G-14/U4
Gesamt	2.790 G-14

Diese Me 109 G-14 von der III./JG 3 mit Werknummer 462818, Produktion Erla, vollführte am 17. Dezember 1944 eine Bauchlandung bei Affeltrangen/Schweiz. Feldwebel Siegfried Henning startete von Erfurt in Richtung Süddeutschland, als er von P-51 „Mustang“ angegriffen und gejagt wurde. Im Tiefflug konnte er sich den Angriffen entziehen, verlor jedoch die Orientierung und um 16.12 Uhr erfolgte dann die Notlandung, die in einem Wassergraben endete. Bei der Notlandung geriet die rechte Tragfläche in einen Stacheldraht, dabei wurde der Randbogen abgerissen. Als J-714 wurde diese 109 dann in den Bestand der Schweizer Flugwaffe aufgenommen und am 28. Mai 1948 außer Dienst gestellt.

Relativ unversehrt hat diese Me 109 G-14 das Kriegsende auf dem Flugplatz von Prag/Kbely überstanden.

Me 109 G-14 „Blaue 11" mit der Werknummer 460520 von der III./JG 76. Die 109 hat den für die Erla-Werke typischen getupften seitlichen Tarnanstrich. Am 11. April 1944 erfolgte der Einflug in Leipzig/Delitzsch. Diese 109 wurde von den Alliierten in Frankreich bei Epernay erbeutet.

Landung einer Me 109 G-14. Die 109 verfügt über das aufgestockte Seitenleitwerk.

Eine Me 109 G-14 der II./JG 52 am 8. Mai 1945 auf dem Flugplatz München/Neubiberg. Im Hintergrund ist eine Me 109 K-4 vom Gruppenstab zu sehen.

Eine Me 109 G-14/U4 mit der Werknummer 510655 aus der Produktion von WNF. Die Me 109 hat ein Rumpfband in schwarz und dahinter ist der weiße senkrechte Balken als Kennzeichnung für III. Gruppe erkennbar. Damit ist diese 109 der III./JG 53 zuzuordnen. Nachdem die III./JG 53 im September 1944 auf Me 109 mit AS-Triebwerk umgerüstet wurde, erscheint diese G-14/U4 im Oktober 1944 bei der Jagdgruppe Ost.

Me 109 G-14 AS

Die Me 109 G-14 AS war das Nachfolgemodell der G-6 AS. Auch die G-14 AS ist als eine Serie zu betrachten, in der die Ausrüstungen von G-6 AS und später auch von der G-10 verbaut worden sind. Die G-14 AS hatte normalerweise den DB 605 AS eingebaut mit der entsprechenden glatten Motorhaube auf der Unterseite. Durch Fotos ist aber auch der Einbau der Motorhaube von der G-10 mit den kleinen Beulen im vorderen Bereich nachweisbar. Bei den Tragflächen waren sowohl die der G-6 als auch die von der G-10 mit den rechteckigen Beulen eingebaut. Dementsprechend die schmalen Räder mit der Bereifung 660 x 160 bei der alten Tragfläche und die Räder 660 x 190 bei den neuen Tragflächen mit der großen rechteckigen Ausbuchtung auf der Oberseite der Tragfläche. Zum Einbau kam auch die Höhenluftschraube mit den breiteren Blättern. Die G-14 AS wurde nur von Erla und Messerschmitt Regensburg hergestellt.

Die Produktionszahlen der Me 109 G-14 AS:

Erla	135 G-14 AS
Messerschmitt Regensburg	1.701 G-14 AS
Gesamt	1.836 G-14 AS

In der Produktion der Me 109 G hatte es mittlerweile über 1.000 Baumusteränderungen gegeben. Diese Vielzahl an Änderungen erforderten eine Bereinigung. Mit der nächsten Baureihe K sollte dies erfolgen. Eine Übergangslösung stellten die Baumuster G-10 und G-14 AS dar. Ab Januar 1945 kamen nur noch die Me 109 G-10, G-14 AS und K-4 aus den Endmontagehallen.

Eine Me 109 G-14 AS der 5./JG 27 mit Leutnant Torfer in der Kabine. Die 109 stammt aus dem Werknummernblock 780 000 und war mit einem AS Triebwerk ausgerüstet. In einer anderen Aufnahme ist deutlich der Treibstoffhinweis „C-3" zu erkennen. Die untere Motorverkleidung hat die Beule, wie sie beim DB 605 D erforderlich war, aber offenbar auch in der Baureihe G-14 AS verbaut worden ist. Der Abwurftank ist an der Frontseite stark verölt, was auf eine Undichtigkeit im Bereich Triebwerk und/oder Ölkühler hinweist. Im Bild ist auch die Position des Moranemast unter der Tragfläche für das FuG 16 zy deutlich erkennbar. (Foto Bundesarchiv)

Daimler Benz DB 605 AS	1 435 PS	VH = 7,8 km	1944

Bauart: 12 Zylinder Einspritz-Flugmotor, flüssigkeitgekühlt
Bauform: Reihenmotor in 60° V-Form mit hängenden Zylindern

Arbeitsverfahren: 4-Takt Höhenlader B 4

Bohrung:	154	mm
Hub:	160	mm
Hub/Bohrung:	1,04	
Zylinderhubraum:	2,99	l
Gesamthubraum	35,7	l
Verdichtungsgrad: Zylinderreihen, links/rechts	1:7,5/7,3	
Länge des Triebwerkes:	2 303	mm
Höhe des Triebwerkes:	1 050	mm
Breite des Triebwerkes:	817	mm
Gewicht des Triebwerkes (Trockengewicht):	730	kg
Einbaugewicht des Triebwerkes (mit Zusatzgeräten):	796	kg
Höchstleistung bei 2 800 U/min in 0 m Höhe:	1 435	PS
Höchstleistung bei 2 800 U/min in 8 000 m Höhe:	1 200	PS
Kurzleistung bei 2 600 U/min in 0 m Höhe:	1 275	PS
Kurzleistung bei 2 600 U/min in 7 800 m Höhe:	1 150	PS
Dauerleistung bei 2 300 U/min in 0 m Höhe:	1 075	PS
Dauerleistung bei 2 300 U/min in 7 700 m Höhe:	1 050	PS
Volldruckhöhe:	7 800	m
Zylinderleistung:	119,5	PS
Hubraumleistung:	40,2	PS/l
Leistungsgewicht:	0,508	kg/PS
Hubraumgewicht:	20,2	kg/l
Kraftstoffverbrauch bei Kurzleistung:	225	g/PS h
Kraftstoffverbrauch bei Dauerleistung:	220	g/PS h
Schmierstoffverbrauch:	6-13	g/PS h

Einlaßventile/Zylinder: 2
gesteuert durch: Königswelle mit gemeinsamen Nocken für Ein- und Auslaß
Auslaßventile/Zylinder: 2
gesteuert durch: Königswelle mit gemeinsamen Nocken für Ein- und Auslaß

Luftschrauben-Untersetzungsgetriebe:	1:1,685
Drehrichtung Kurbelwelle:	links
Drehrichtung Luftschraube:	rechts

Anlasser:	Bosch AL-SGC 24 DR 2 Schwungkraftanlasser von Hand od. elektrisch
Zündanlage:	Bosch ZM 12 DR 8/16 Zwillingszündmagnet
Kühlwasserumlauf:	Daimler Benz Kreiselpumpe
Gemischbildung durch:	Bosch PZ 12 HP 110/25 Einspritzpumpe
Schmierung:	Daimler Benz Zahnradpumpe für Druckschmierung

Bemerkungen: zwei Zündkerzen je Zylinder (Bosch V 1916)
Zündfolge: 1-8-5-10-3-7-6-11-2-9-4-12-1
Kraftstofförderpumpe: Graetzin ZD 500 B-1 oder E

Lader: einstufiges Daimler Benz Schleudergebläse, unmittelbar vom Motor angetrieben. Drehzahlregelung in Abhängigkeit von der Flughöhe über eine hydraulische Kupplung.

Das Triebwerk Daimler Benz DB 605 AS entsprach in seinem konstruktiven Aufbau dem Triebwerkmuster Daimler Benz DB 605 A, erhielt jedoch einen größeren Lader.

Datenblatt für den DB 605 AS. Archiv Mercedes-Benz

Eine Me 109 G-14 AS mit der Werknummer 785762 auf dem Fliegerhorst Obertraubling im Dezember 1944. Pilot war Feldwebel Erwin Schmieder. Da die Kabinenhaube nicht verriegelt ist, hängt der Antennendraht lose herunter. (Foto Gunther Lauser)

Kabine einer Me 109 G-14 AS. Der Antennenmast ist auf der Erla-Haube montiert. Über einen Seilzug wurde beim Verriegeln der Kabinenhaube der Antennendraht gespannt. Der Flugzeugführer verfügt über die übliche Ausrüstung mit FT-Netzkopfhaube und Splitterschutzbrille. Zusätzlich trägt er am linken Oberarm eine gelbe Armbinde mit der Aufschrift „Deutsche Luftwaffe". Im Falle eines Fallschirmabsprungs war er sofort als Angehöriger der Luftwaffe erkennbar und konnte nicht mit einem feindlichen Flieger verwechselt werden.

Zwei Flugzeugführer vor der Me 109 G-14 AS von Erwin Schmieder. (Foto Gunther Lauser)

Me 109 G-14 AS.
(Foto Gunther Lauser)

Gesamtproduktion der Me 109 G

Erla: Produktion bis 31.03.1945

20 G-1	Höhenjäger mit Druckkabine und GM 1-Anlage
160 G-2	
364 G-2/trop	
266 G-4/trop	
475 G-5	Höhenjäger mit Druckkabine und GM 1-Anlage
2.574 G-6	
298 G-6/trop	
324 G-6/U3	
542 G-10	
916 G-10/R6	Mit eingebauter Kurssteuerung
2.009 G-14	
135 G-14/As	

8.083 Me 109 G verschiedener Baureihen von 1942 – 45.

Györ (Ungarn): Lieferung von Me 109 G bis 31.12.1944

1 Ga-2
16 Ga-4
190 Ga-6
93 Ga-14

300 Me 109 G verschiedener Baureihen von 1943 – 44. Angelieferte Baugruppen wurden für die ungarische Luftwaffe endmontiert. Ga = Baureihe G ausländische Produktion.

Messerschmitt GmbH Regensburg: Lieferung Me 109 G von Dezember 1941 – März 1945

67 G-1	Höhenjäger mit Druckkabine und GM 1 -Anlage
80 G-1/R2	Höhenjäger mit GM 1-Anlage
99 G-2	
22 G-2/trop	
50 G-3	Höhenjäger mit Druckkabine und GM 1 -Anlage
89 G-4	
173 G-4/trop	
1.119 G-6/trop	
4.122 G-6	
325 G-6/AS	mit leistungsgesteigertem DB 605 AS (1.600 PS)
121 G-10	mit DB 605 D und MW-50 Anlage
480 G-14	
1.701 G-14/AS	mit leistungsgesteigertem DB 605 AS (1.600 PS)

8.448 Me 109 G verschiedener Baureihen

WNF

914 G-2	
18 G-2/R1	
636 G-4	
80 G-4/R3	
1.158 G-6	
1.634 G-6/U4	Bewaffnung mit MK 108 statt MG 151/20
197 G-6/R2	
40 G-6/R3	
337 G-8	
739 G-8/R5	
356 G-10/U4	Bewaffnung mit MK 108 statt MG 151/20)
208 G-14/U4	Bewaffnung mit MK 108 statt MG 151/20)

6.317 Me 109 G verschiedener Baureihen bis zum März 1945

Gesamtproduktion der Me 109 G
Dies ergibt insgesamt eine Gesamtproduktion von 23.148 Me 109 G verschiedener Baureihen vom Dezember 1941 – März 1945. Für den April 1945 liegt eine Vorschau von 250 Me 109 vor. Nach einer handschriftlichen Notiz des Generalquartiermeisters wurden bis zum 11. April 1945 noch 50 – 60 Me 109 verschiedener Baumuster G und K von der Luftwaffe übernommen. Diese Aufstellung zeigt eine bestmögliche Annäherung an die Gesamtproduktion.

Produktionsübersicht aller G Varianten:

167 G-1
1.578 G-2
50 G-3
1.260 G-4
475 G-5
11.981 G-6, davon 325 AS
1.076 G-8
1.935 G-10
4.626 G-14, davon 1.836 AS

Me 109 H

Die Me 109 H wurde aus der Me 109 G heraus zu einem Höhenjäger und zu einem Höhenaufklärer entwickelt. Bei der Aufklärerversion der Me 109 H-2 erhöhte sich die Spannweite durch den Einbau eines rechteckigen Tragflächen-Mittelteils auf 13,26 Meter. Dieses rechteckige Tragflächenmittelstück wurde an den normalen Tragflächen- und Rumpfbeschlägen befestigt, nahm die Fahrwerkböcke und die Kühler auf. Das Hauptfahrwerk wurde im Bereich des Federbeinkopfes um 200 mm verlängert. Im Bereich vor dem Holm war Raum für einen Treibstoffzusatzbehälter. Den Außenflügel bildete die normale 109-Fläche ohne Kühler, die jedoch durch das Anschäften der Flügelspitze der Me 209 verlängert wurde. Sowohl das Seiten- als auch später das Höhenleitwerk wurden vergrößert. Zur Verwendung kam ein normaler Me 109 G-5 Rumpf mit Verstärkung wegen größerem Seitenleitwerk und erhöhtem Sporn. Als Fahrwerk wurde das der G mit einer Verlängerungshülse eingebaut. Die Räder waren vom Typ 660 x 160. Es wurde aber geplant, später die Räder der Me 109 K-4 660 x 190 oder Reifengröße 700 x 175 einzubauen. Der Sporn war gegenüber der Me 209 um 100 mm erhöht, nicht einziehbar und hatte das Spornrad 350 x 135. Die spätere Ausführung sollte über den einziehbaren Sporn der Me 209 verfügen.

Das Triebwerk war ein DB 605 A mit einer GM1-Anlage bei der V-1. Spätere Ausführungen sollten anstatt der GM 1-Anlage auf flüssigen Sauerstoff umgestellt werden. Für den Vortrieb sorgte eine Luftschraube der Me 210 mit einem Durchmesser von 3.400 mm. Als Bewaffnung waren eine MK 108 als Motorkanone sowie zwei MG 131 über dem Motor und zwei MG 151/20 oder MK 108 in den Tragflächen geplant. Bei der H-2 entfiel die Flächenbewaffnung und die beiden MG 131. Die Panzerung war weitgehend ausgebaut. Die Funkausrüstung bestand aus dem FuG 16 ZY, FuG 25, Morane-Mast, Kurssteuerung, Hermine und ZVG. Das Lichtbildgerät Rb 75/30 ist hinter dem Kraftstoffrumpftank eingebaut. Aus Schwerpunktgründen wurde die Batterie vor dem Brandschott eingebaut und das Funkgerät um einen Spant nach hinten versetzt. In einer Aktennotiz vom 20. Juli 1944 wird auf den weiter bestehenden Bedarf der Me 109 H-2 als Aufklärer hingewiesen. In dieser Aktennotiz wird auch darauf hingewiesen, dass das Fahrwerk für ein Landegewicht von 3.500 kg ausgelegt ist, aber mit einem Gewicht von 3.700 kg bei der Landung gerechnet werden muss. Die Erprobungsflüge wurden mit einem Seiten- und Höhenleitwerk in Holzbauweise durchgeführt. Für die Serie war jedoch das Höhenleitwerk in Metallausführung vorgesehen, da es eine höhere Steifigkeit gegenüber der Holzausführung besaß. Dadurch sollte sich die Stabilität um die Querachse erhöhen. Der Serienanlauf für die Me 109 H-2 war für den 1. November 1944 geplant. Für die Organisation des Serienanlaufs war WNF verantwortlich. Die notwendigen Bauvorrichtungen befanden sich bei italienischen Firmen im Bau, allerdings gingen die Arbeiten dort nur sehr schleppend voran.

Me 209 V5. Bauteile der Me 209 sollten in die Produktion der Me 109 H einfließen.

Bericht Me 109 H

„Die Me 109 H ist kurz vor der Fertigstellung. Ich habe zugesagt, dass ich das Einfliegen der Maschine übernehme. Leider sind bei unserer Erprobung dieses Musters noch folgende zwei Punkte offen:

1) *Die Längsstabilität ist unzureichend. Eine Besserung ist erst mit dem 2,8 m² Metallhöhenleitwerk zu erwarten. Liefertermin in sieben bis acht Wochen.*
2) *Die Hochgeschwindigkeitserprobung zum Nachweis der statischen Festigkeit und der Flattersicherheit steht noch aus. Nach Fertigstellung der V 54 in Lechfeld muss diese Erprobung schnellstens nachgeholt werden.“*

Anmerkung des Verfassers: Am 2. Mai 1944 führte der Testpilot Harry Böttcher von der E-Stelle Rechlin mit einer Me 109 H in Obertraubling einen Erprobungsflug mit einer Dauer von 23 Minuten durch. Nähere Einzelheiten sind dazu aber bisher nicht bekannt.

Flugbericht von Flugkapitän Wendel zur Me 109 H am 5. und 6. April 1944

„Am 5. und 6. April 1944 habe ich in Guyancourt die erste dort montierte Me 109 H eingeflogen. Leider ist die Erprobung der 109 H bei unserer Flugerprobung noch nicht abgeschlossen, es sind vor allem folgende beide Punkte noch offen:

1) *Längsstabilität*
2) *Der fliegerische Nachweis der zulässigen Sturzfluggeschwindigkeit.*

Auf der Maschine in Guyancourt ist das große 2,8 m² Holzhöhenleitwerk aufgebaut. Die Längsstabilität ist damit bei rückwärtiger Schwerpunktlage im Horizontalflug schwach, im Steigflug instabil und somit überraschenderweise etwas besser als bei unserer Maschine in Augsburg. Leider ist aus Beschaffungsgründen das neue G-Seitenleitwerk aufgebaut und nicht, wie gefordert, das größere Me 209 V-5 Seitenleitwerk. Damit ist auch die Richtungsstabilität nicht ganz zufriedenstellend. Für Aufklärungszwecke kann das Flugzeug jedoch eigenschaftsmäßig gesehen, eingesetzt werden, besonders deswegen, weil alle anderen Punkte, wie Ruderwirkung und Ruderkräfte, Abkippverhalten usw., in Ordnung sind. Verbesserungsbedürftig ist lediglich noch die hohe Reibung in der Querrudersteuerung, verursacht durch die äußeren Lager, die als Gleitlager ausgeführt sind. Es müsste dort unbedingt eine Umstellung auf Kugel- oder Nadellager erfolgen.

Vom Flugzeugführer ist zu beachten:

***Längsstabilität**: Bei rückwärtiger Schwerpunktlage (GM-1 und Brennstoff voll) ist die Stabilität um die Querachse nicht voll ausreichend. Im Horizontalflug ist fliegerisch wenig zu merken, im Steigflug dagegen lässt sich das Flugzeug nicht austrimmen, der Knüppel kann also im Steigflug nicht losgelassen werden.*

***Richtungsstabilität**: Ebenso wie die Längsstabilität ist auch die Stabilität um die Hochachse, bei Brennstoff und GM-1 voll, nicht ganz zufriedenstellend. Feststellbar ist dieser Mangel allerdings nur beim Kurven. Die Kurven müssen etwas aufmerksamer mit dem Seitenruder geflogen werden.*
Ist GM-1 und Brennstoff zur Hälfte ausgeflogen, sind die Flugeigenschaften normal. Die Maschine ist zugelassen bis 700 km/h. Diese Geschwindigkeit ist allerdings noch nicht erflogen. Bis zum Abschluss dieser Erprobung bei der Messerschmitt AG ist eine höhere Geschwindigkeit als 600 km/h nur vorsichtig und mit großer Sicherheitshöhe zu erfliegen. Zweckmäßigerweise nur im Notfall. Außerdem besteht eine Beschränkung in der Beschleunigung. Das Flugzeug ist zugelassen bis 4 g. Kurven oder Abfangen mit mehr als 4 g ist verboten. Die Geschwindigkeit besten Steigens ist Va (das ist angezeigte Geschwin-

digkeit) 200 km/h in allen Höhen. Bei der 109 G liegt diese Geschwindigkeit bei 270 km/h. Größere Schwierigkeiten liegen auf dem statischen Gebiet. Das Flugzeug kann vom Statikerbüro nicht auf 750 km/h zugelassen werden. Nach meinen Flügen machte sich ein starkes Arbeiten der Niete und Schrauben (trotz Nachziehen nach dem ersten Flug) auf der Unterseite des Flügelmittelstücks bemerkbar. Bei den nächsten Flügen wird diesem Punkt besondere Aufmerksamkeit gewidmet und es wird dann eventuell erforderlich sein, dass ein Statiker dorthin fährt. Herr Oberingenieur Wulf hat auch bereits im Innenflügel MW-50 Behälter einbauen lassen."

Von der Me 109 H-2 wurden nur einige wenige Versuchsflugzeuge produziert, die als Höhenaufklärer über England eingesetzt wurden. Bei der Jägerausführung Me 109 H-1 wurde ein interner Vergleich zur Me 109 K-4 durchgeführt, um zu prüfen, in wieweit die H-1 die K-4 ersetzen könnte. Man kam zum Ergebnis, dass die Me 109 H-1 keine wesentlichen Vorteile brachte. Vor allem die geringe Belastbarkeit der Gesamtkonstruktion von 4 g war ausschlaggebend, es bei der K-4 zu belassen.

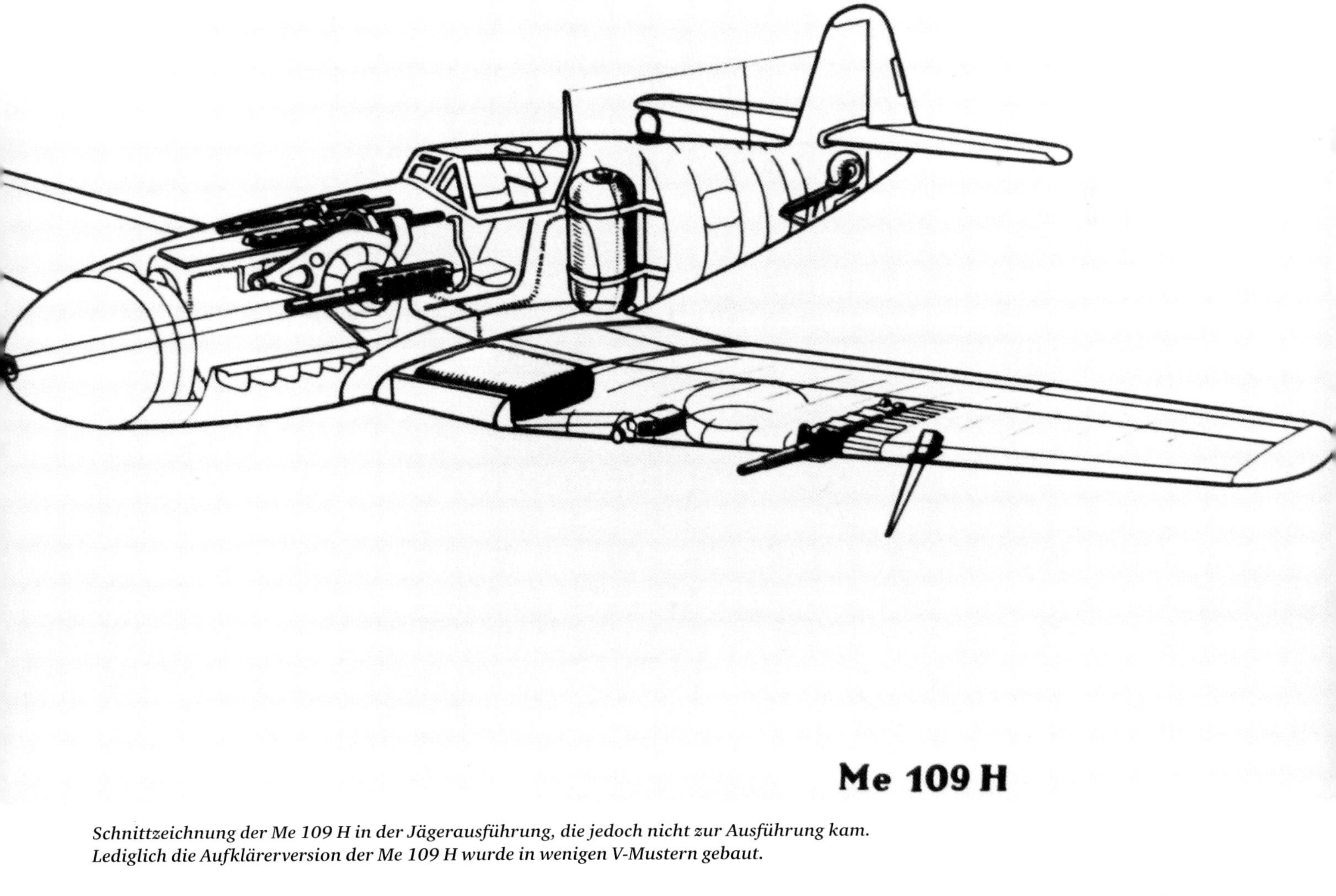

Schnittzeichnung der Me 109 H in der Jägerausführung, die jedoch nicht zur Ausführung kam. Lediglich die Aufklärerversion der Me 109 H wurde in wenigen V-Mustern gebaut.

Me 109 K

Da die Me 109 G mit derart vielen unterschiedlichen technischen Änderungen gebaut wurde, sollte mit der Me 109 K eine Typenbereinigung verbunden mit einer Leistungssteigerung durchgeführt werden. Ludwig Bölkow schildert in seinen Erinnerungen, wie es zur Entwicklung der Me 109 K gekommen ist.

Erinnerungen von Ludwig Bölkow zur Me 109 mit der Entwicklung zur Me 109 K

„Die Produktion der Me 109 G lief ab 1942 in drei großen Werken (Erla, WNF und Messerschmitt GmbH Regensburg) mit insgesamt 16 Baureihen in 82 verschiedenen Baumustern. Es war eine Bereinigungsaktion notwendig, bei der weit über 1.000 Baumusteränderungen in die Zeichnungen eingearbeitet werden mussten. Diese Aktion war unbedingt erforderlich, weil bei Reparaturen und beim Austausch von Teilen größere Schwierigkeiten aufgetreten waren.
Im Spätsommer 1942 wurde ich vom Aufsichtsratvorsitzenden Fritz Seiler gefragt, ob ich die Leitung dieser großen Bereinigungsaktion, die in Wiener Neustadt geplant war, übernehmen würde. Das Serienbüro von Regensburg wurde mir zugeteilt sowie eine Mannschaft von zehn erfahrenen Konstrukteuren der Me 109.
Nach vielem guten Zureden sagte ich „zu". Im Grunde wusste ich damals nicht, worauf ich mich da eingelassen hatte. Ich stand es durch mit einer Mannschaft von letztlich 140 Mitarbeitern. Es wurde für mich die beste Lehrstelle, die ich je gehabt hatte, mit einer großen Gesamtverantwortung.

Die Aufgaben des „Entwicklungsbüros Me 109" wurden wie folgt festgelegt:
- *Überarbeitung sämtlicher Serienunterlagen der Me 109 G mit Einarbeitung der vielen Änderungsmitteilungen.*
- *Schwachstellenbeseitigung, wie zum Beispiel der vielen Fahrwerksbrüche und der starken Neigung zum Ausbrechen bei Start und Landung.*
- *Einbau einer 30 mm Kanone*
  Einbau des stärkeren DB 605 D-Motors mit größerem Lader und gesteigerter Höhenleistung.
- *Geschwindigkeitssteigerung von 50 – 70 km/h in Bodennähe.*
- *Die laufende Serienausbringung durfte auf keinen Fall gestört, das heißt weder verzögert noch unterbrochen werden.*

Eine der ersten K-4 mit der Werknummer 330130 aus der Regensburger Produktion in Augsburg aufgenommen. Sie wurde von Messerschmitt als Mustermaschine für verschiedene Einbauten verwendet. Der Tarnanstrich der folgenden K-4 sollte sich noch grundlegend ändern. Fahrwerkrestabdeckungen unter der Tragfläche sind nicht erkennbar. Der Sporn scheint nicht einziehbar zu sein. Es fehlen zumindest die Abdeckklappen. (Foto Radinger)

Nach Vorbereitungen im Werk Augsburg begannen die Arbeiten des Entwicklungsbüros zu Anfang 1943 im Serienwerk Wiener Neustadt (damals Ostmark). Die Flugerprobung der einzelnen Umbaumaßnahmen musste unter erschwerten Umständen, das heißt ohne genügend Messgeräte und ohne Windkanalmessungen durchgeführt werden. Wir waren in Wiener Neustadt weitab vom Serienwerk in Regensburg und somit auf das Vorhandene angewiesen.
Um die Fluggeschwindigkeit zu steigern, wurden an der Zelle eine Reihe von Änderungen durchgeführt. Zunächst dickten wir die Motorverkleidung und das Rumpfvorderteil um etwa 70 mm auf, sodass alle Beulen in diesem Bereich verschwanden. Die Kabinenhaube wurde aerodynamisch verbessert, die Übergänge abgerundet und gleichzeitig die Sicht für den Piloten verbessert. Es ergab sich dadurch ein geringerer Luftwiderstand.
Die Reifengröße war mit dem wachsenden Abfluggewicht von ursprünglich 1.750 kg auf 3.200 kg bei der Me 109 G-6 so angewachsen, dass größere Räder angebaut werden mussten. Diese ragten jedoch unten an der Fläche heraus.

Details der Kabine einer K-4. Deutlich erkennbar das Reflexvisier Revi 16 B. Unter der Waffenabdeckung sind im Bereich der Aufdickung zwei aufgeklebte Zackenbänder erkennbar. Darunter befanden sich die Schrauben zur Befestigung des Umformers (Elektromotor). Dieser war für den Betrieb des künstlichen Horizontes erforderlich.

Eine Aufnahme vom Mai 1945 zeigt eine in München-Riem abgestellte Me 109 K-4. Am Rumpf trägt sie vermutlich ein (gelbes) Rumpfband. Die Restabdeckung für das Hauptfahrwerk und die Klappen für das einziehbare Spornrad sind vorhanden. Auf der Motorhaube, die vom Tarnanstrich des Rumpfes her deutlich abweicht, befindet sich eine Beschriftung.

Zwischen den beiden Verschlüssen der Motorhaube befindet sich eine mehrzeilige, aber nicht identifizierbare Beschriftung. An der Propellerhaube ist die verstärkte Ausschussöffnung für die MK 108 erkennbar.

Daimler Benz DB 605 D	1 550 PS	VH = 6,5 km	1942

Bauart: 12 Zylinder Einspritz-Flugmotor, flüssigkeitgekühlt
Bauform: Reihenmotor in 60° V-Form mit hängenden Zylindern

Arbeitsverfahren: 4-Takt Höhenlader

Bohrung:	154	mm
Hub:	160	mm
Hub/Bohrung:	1,04	
Zylinderhubraum:	2,99	l
Gesamthubraum	35,7	l
Verdichtungsgrad: Zylinderreihen, links/rechts	1:8,5/8,3	
Länge des Triebwerkes:	2 303	mm
Höhe des Triebwerkes:	1 050	mm
Breite des Triebwerkes:	845	mm
Gewicht des Triebwerkes (Trockengewicht):	724	kg
Einbaugewicht des Triebwerkes (mit Zusatzgeräten):	783	kg
Höchstleistung bei 2 800 U/min in 0 m Höhe:	1 550	PS
Höchstleistung bei 2 800 U/min in 6 500 m Höhe:	1 360	PS
Kurzleistung bei 2 600 U/min in 0 m Höhe:	1 300	PS
Kurzleistung bei 2 600 U/min in 6 500 m Höhe:	1 250	PS
Dauerleistung bei 2 300 U/min in 0 m Höhe:	1 060	PS
Dauerleistung bei 2 300 U/min in 6 200 m Höhe:	1 050	PS
Volldruckhöhe:	6 500	m
Zylinderleistung:	129	PS
Hubraumleistung:	43,4	PS/l
Leistungsgewicht:	0,467	kg/PS
Hubraumgewicht:	20,28	kg/l
Kraftstoffverbrauch bei Kurzleistung:	220	g/PS h
Kraftstoffverbrauch bei Dauerleistung:	215	g/PS h
Schmierstoffverbrauch:	6-13	g/PS h

Einlaßventile/Zylinder: 2
gesteuert durch: Königswelle mit gemeinsamen Nocken für Ein- und Auslaß
Auslaßventile/Zylinder: 2
gesteuert durch: Königswelle mit gemeinsamen Nocken für Ein- und Auslaß

Luftschrauben-Untersetzungsgetriebe: 1:1,685
Drehrichtung Kurbelwelle: links
Drehrichtung Luftschraube: links

Anlasser: Bosch AL-SGC 24 DR 2 Schwungkraftanlasser von Hand od. elektrisch
Zündanlage: Bosch ZM 12 CR 8 Zwillingszündmagnet
Kühlwasserumlauf: Daimler Benz Kreiselpumpe
Gemischbildung durch: Bosch Einspritzpumpe PZ 12 HP 110/25
Schmierung: Daimler Benz Zahnradpumpe für Druckschmierung

Bemerkungen: zwei Bosch DW 250 ET 7 Zündkerzen je Zylinder
Zündfolge: 1-8-5-10-3-7-6-11-2-9-4-12-1
Kraftstofförderpumpe: Graetzin ZD 500

Lader: einstufiges Daimler Benz Schleudergebläse mit automatischem Antrieb über eine hydraulisch schaltbare Kupplung mit barometrischer Regelung.

Kraftstoff C 3 oder C 2

Das Datenblatt für den Flugzeugmotor DB 605 D. (Foto Archiv Mercedes-Benz)

Ich zeichnete noch in Augsburg einen Flügelschnitt im Maßstab 1:1, bei dem ich auf der Oberseite eine Beule solange vergrößerte, bis das ganze Rad in der Tragfläche verschwand. Ich ging dann mit der Zeichnung zum Leiter des Augsburger Versuchsbaues, Hubert Bauer, und hatte in einer Woche für den rechten und linken Flügel je ein Stück Beplankung und dazu die Presswerkzeuge, die ich noch vor meinem Umzug nach Wiener Neustadt bringen ließ. So lief das damals ab. Eine Radkastenabdeckklappe habe ich selbst, aber auch nicht besser als Willy Messerschmitt, konstruiert. Wir haben beide Entwürfe nicht in Serie gebaut, sie waren uns in der Kinematik zu kompliziert.

Das Schmalspurfahrwerk der Me 109 war schon seit langem ein Schwachpunkt, sowohl hinsichtlich der Rolleigenschaften aber vor allem auch betreffend die Festigkeit. Der Aluminiumanschluss brach immer wieder bei harten Landungen oder gar beim Rollen auf unebenen Boden. So konstruierten wir einen neuen Anschlussbeschlag aus Stahl für die Fahrwerksbeine. Die entsprechende Zeichnung wurde von Richard Bauer in Wiener Neustadt selbst erstellt. Die Entwurfszeichnungen brachten wir dann zu Opel nach Rüsselsheim, die das komplizierte Schweißstück fertigen sollten. Wir hatten nach 14 Tagen je ein linkes und ein rechtes Musterstück, das wir einbauen konnten. Nach einer kurzen Erprobung zeigte sich, dass das Problem gelöst war.

Wir beobachteten die Strömung mittels aufgeklebter Wollfäden auf der Tragflächenoberseite in Rumpfnähe. Immer wieder wurde einseitiges Abreißen der Strömung bei Dreipunktlandungen und auch beim Rollen festgestellt. Die Folge war ein Ruck um die Hochachse und oft ein sogenannter „Ringelpietz" mit einseitigem Bruch des Fahrwerkanschlusses. Was konnte man da machen? Glücklicherweise hatten wir die Möglichkeit, an einer FW 190 den Rollwinkel zu messen, der dort etwa 2 Grad kleiner war als bei der Me 109. Dieser, an sich recht gewagte Vergleich, veranlasste uns, den Sporn zu verlängern. Die anschließenden Rollversuche zeigten ein erheblich ruhigeres Verhalten um die Hochachse. Zum Einziehen des verlängerten Sporns musste eine Änderung am Leitwerksträger durchgeführt werden. Die alte Me 109-Mannschaft in Augsburg half mit Überstunden und Wochenendarbeit. Nach dem Wochenende war ein Musterstück mit Konstruktionszeichnung zum Abholen für uns bereit.

Bei der Antenne wurde aus Luftwiderstandsgründen der vordere Mast auf eine minimale Länge gekürzt. Die Flüge mit den uns in Wiener Neustadt zur Verfügung stehenden Flugzeugführern zeigte, dass die abgeänderte Antenne für die normalen Einsatzstrecken ausreichte. Ein Jahr später erreichte mich eine Rüge von der E-Stelle Rechlin wegen unterlassener Zulassung. Nicht alle K sind mit diesem verkürzten Antennenmast gebaut worden.

US Soldaten vor einer erbeuteten Me 109 K-4, siehe einziehbares Spornrad. Die Tragflächenunterseite ist bis auf das Balkenkreuz nicht lackiert.

Das Seitenleitwerk wurde nach Vorschlägen des Chefpiloten der E-Stelle, Heinrich Beauvais, im Außenteil geändert und vergrößert (Aufgestocktes Seitenleitwerk). Der Schießanflug wurde dadurch erheblich ruhiger, da die Me 109 mehr Stabilität um die Längsachse gewonnen hatte.

Eine entscheidende Verbesserung brachte ein wesentlicher Fortschritt beim Antrieb. Anstelle des bisher eingebauten DB 605 A wurde der völlig überarbeitete DB 605 D verwendet, der den größeren Lader des DB 603 eingebaut hatte. Seine Startleistung betrug 1.550 PS und die Volldruckhöhe lag bei 6.500 m. In dieser Höhe hatte der Motor noch immer seine volle Leistung. Die Einbauattrappe des DB 605 D bekamen wir in Wiener Neustadt im Frühsommer 1943. Die Einbauabnahme wurde durch den Luftangriff am 13. August 1943, auf das Werk in Wiener Neustadt verzögert. Wir mussten die Arbeiten zum großen Teil in den Ausweichbetriebsstätten auf den umliegenden Dörfern durchführen. Zu unserem Stolz klappte in den drei großen Fertigungs- und Montagewerken, das heißt in Regensburg, bei Erla in Leipzig und bei uns in Wiener Neustadt, der neue Motoreneinbau nach unseren Unterlagen und Musterteilen auf Anhieb. Und die Me 109 war schneller geworden!

Wir hatten ja den Auftrag, die 30 mm Maschinenkanone MK 108 an Stelle des bisherigen MG 151/20 einzubauen. Beide Waffen schossen durch die hohle Propellerwelle. Der Raumbedarf der MK 108 samt Munition war erheblich größer und brachte Probleme. So musste unter anderem die Pedalsteuerung für das Seitenruder total umkonstruiert werden, um Platz zu schaffen. Ein Zeichner überarbeitete dazu die rohe Entwurfszeichnung, die uns vom Augsburger Konstruktionsbüro zugegangen war. Der Entwurf sah elegant aus, aber man vergaß die Untersuchung auf ausreichende Steifigkeit. Zum Glück brach der Erprobungspilot den Flug ab, da die ganze Steuerung viel zu weich war. Wir änderten den Entwurf in einer Nacht. Zwei Tage später flog der gleiche Pilot wieder und alles war

Me 109 K-4 bei Kriegsende am Bahnhof von Flossenbürg. Im Hintergrund ist die Burgruine von Flossenbürg zu sehen. (Foto Jerry Crandell)

Eine Me 109 K-4 der IV./JG 53 bei Kriegsende. Die Lackierung des Seitenleitwerkes deutet auf ein Holzleitwerk hin.

in Ordnung. Waffentechnisch war die 30 mm-Kanone trotz der geringen Reichweite äußerst wirksam. Ein Treffer in die Tragfläche eines Bombers reichte normalerweise für einen Abschuss. Diese Bewaffnung war technisch ein Erfolg, aber eine Entscheidung konnte sie nicht bewirken.

Zu unseren Bemühungen, die Me 109 schneller zu machen, gehört auch ein Kuriosum. Ein Mitarbeiter aus dem Projektbüro – Arbeitsgebiet Flugeigenschaften – kam einmal in Oberammergau zu mir und meinte, dass die Kantenbrechung an den angeströmten Blechteilen eine Geschwindigkeitssteigerung von 10 km/h bringen müsste. Mit meiner Unterstützung fuhr er nach Regensburg und ließ dort seine Idee bei zwei Flugzeugen der Serienfertigung durchführen. Eine Vermessung bei der gut ausgerüsteten Flugerprobung brachte tatsächlich einen Gewinn von 8 km/h.

Die Hauptaufgabe meiner Arbeitsgruppen war die sogenannte Bereinigungsaktion. In den Fertigungsunterlagen waren über tausend Änderungen der laufenden G-Serien nur durch Zusatzbemerkungen in Zeichnungen und Stücklisten eingetragen. Das Einarbeiten in die neuen Serienzeichnungen war schwierig und umfangreich. Wir schafften das als leichtsinnig und eingebildet zugesagte Ziel, so meinten es die alten Mitarbeiter in Augsburg und in Regensburg zumindest, durch intensive Arbeit und Mut.

Unsere Unterlagen für die Me 109 K-Serie waren zur Jahreswende 1943/44 im Wesentlichen fertig. Durch die zunehmenden Bombenangriffe auf industrielle Anlagen gab es jedoch stärkere Engpässe. Es musste in der Produktion einfach sehr viel improvisiert werden. Wir strickten mit viel Geschick aus Teilen der neuen K-Serie und aus denen der alten G-Serie eine neue Me 109 G-10 und G-14 AS, aus der schließlich die gewollte K-4 wurde. Sie hatte dann wirklich die angestrebte Geschwindigkeitserhöhung von 50 – 60 km/h in niedriger Höhe, sie flog über 700 km/h in 7.500 m Höhe."

Eine Erlahaube in druckdichter Ausführung. Im RLM befürchtete man zunehmend den Einsatz der B-29 in Europa. Mit dem Einsatz des Bombers B-29 hätten sich die Luftkämpfe in zunehmend größeren Höhen abgespielt, deswegen plante man für die Me 109 K-4 den Einbau einer Druckkabine. (Foto Archiv Airbus Defence)

Die druckdichte Ausführung der Erlahaube im geöffnetem Zustand. Deutlich sind die Abdichtungen auf der Unterseite zu sehen. Die Verglasung wurde verstärkt und mit Trockenpatronen ausgestattet. Der feste Windschutzaufbau ist konstruktiv überarbeitet und die Frontscheibe in beheizbarer Ausführung eingebaut worden. (Foto Archiv Airbus Defence)

Me 109 K-4 der 12./JG 77 in Neuruppin 1944, Kennzeichen „Blaue 3", Werknummer 330177, mit Unteroffizier Alfred Nitzsch.

Foto von Me 109 K-4 Rümpfen bei Kriegsende.

Diese Me 109 K-4 mit der Werknummer 333884 blieb nach einer Notlandung liegen. Der Rumpfkennzeichnung nach eine Maschine einer III. Gruppe vermutlich vom JG 27. Ein GI hat sich für ein Erinnerungsfoto postiert.

Eine zerstörte Me 109 K-4 vom Gruppenstab der IV./JG 53 mit einem schwarzen Rumpfband und der Wellenmarkierung. Hinter der K-4 ist der Rumpf einer Me 262 zu erkennen. Vermutlicher Aufnahmeort der Flugplatz von Vilseck.

Eine Me 109 K-4 mit der Werknummer 332455 aus der Endmontage von Vilseck. Rumpf und Tragflächen kamen aus der KZ-Produktion von Flossenbürg. Das Flugzeug wurde von der US-Armee intakt in Regensburg vermutlich am Rande des Fürstlichen Rennplatzes erbeutet.

Instrumentenbrett eine Me 109 K-4. In der Mitte ist die standardisierte Blindflugtafel zu sehen und darunter ist der Zünderschaltkasten angebaut. Eine Sammleranfertigung von Harald Melchner aus Regenstauf.

Produktion der Me 109 K

Bei der Produktion der Me 109 K wurde Dural eingespart. Es kam verstärkt Stahlblech und Holz zum Einsatz. Ein Teil der Motorhaube im Bereich der MG 131 war aus Stahlblech gefertigt. Das Leitwerk bestand aus Holz ebenso die Restabdeckungen für das Fahrwerk. Bis auf wenige Ausnahmen erfolgte die Gesamtproduktion der Me 109 K-4 bei der Messerschmitt GmbH Regensburg von September 1944 – April 1945

2 K-2 (Mit MG 151/20)
1.592 K-4 (Mit MK 108)

Das ergibt 1.594 K, die bis März 1945 ausgeliefert worden sind.

Mit Sicherheit wurden auch im April noch Flugzeuge endmontiert, aber nur mehr wenige von der Luftwaffe übernommen. Eine dieser Einheiten könnte die III./JG 300 gewesen sein. Diese Einheit war ursprünglich reinrassig mit Me 109 G-10/R6 (Schlechtwetterjäger) ausgerüstet, mit Stand vom 19. März 1945.

Auf dem Rückzug vor der US-Armee lag die III./JG 300 einige Tage auf dem Flugplatz in Amberg/Schafhof. Dieser Flugplatz wurde als Industrieplatz von der Messerschmitt GmbH Regensburg zum Einflug der Me 109 K-4 genutzt. Aus einer Stärkemeldung vom 20. April 1945 geht hervor, dass die III./JG 300 neben den G-10 nun auch über K-4 verfügt. Es ist also nicht auszuschließen, dass diese Einheit entweder in Amberg/Schafhof oder Landau/Isar noch neue Flugzeuge 109 K-4 übernommen hat.
Mindestens eine zusätzliche K-4/R6 ist noch von Erla produziert worden. Ein V-Muster wurde von der WNF gefertigt. Bei Fortdauer des Krieges hätte Erla die K-Produktion übernommen, da die Messerschmitt GmbH Regensburg voll in die Produktion der Me 262 eingebunden worden wäre. Dazu liefen seit Oktober 1944 die entsprechenden Planungen und Vorbereitungen.
In Summe erreicht die Me 109 bis zum 31. März 1945 eine Gesamtproduktionszahl von mindestens 32.214 Flugzeugen.

Eine Me 109 K-4 bei Kriegsende in Südbayern vor einer zerstörten Flugzeughalle. Diese Me 109 K-4 weist einen sehr hellen Tarnanstrich auf. Der Rumpf ist in RLM 76 über alles lackiert und es sind nur wenige dunkle Flecken erkennbar. Der Tarnanstrich erinnert stark an den eines Nachtjägers. Am Rumpf ist eine weiße 5 verschwommen erkennbar, die jedoch offenbar teilweise überlackiert wurde. Der Moranemast für FuG 16 zy ist nicht zu sehen und wurde vermutlich demontiert. Unter dem Rumpf ist die Antenne des FuG 25a vorhanden. Die Abdeckklappen für den einziehbaren Sporn sind nicht vorhanden. Das Hakenkreuz wurde von Souvenirjägern aus dem Holzleitwerk herausgeschnitten. Über den Auspuffstutzen ist eine Flammendämpferabdeckung erkennbar. Es handelt sich vermutlich um eine Maschine des NJG 11.

Technische Probleme an der Me 109 K-4 und dem DB 605 D

Bericht von der III./JG 6 vom 16. Februar 1945 zur Me 109 K-4:

Neu zugeführte Flugzeuge sind in den ersten fünf bis zehn Flugstunden sehr störanfällig. Es wiederholen sich fast immer die gleichen Beanstandungen, die den Verband technisch belasten und die Einsatzbereitschaft herabmindern. Beanstandungen folgender Art treten fast regelmäßig auf:

- Spiel der Höhenruder im Lagerhebel der Flosse
- lose Distanzstücke an den Höhensteuerzügen
- zu lange Befestigungsbolzen an der Aufhängegabel der Federbeine
- Fehlen der Wandermarken an den Laufrädern
- undichte bzw. verstopfte Methanol-Anlage MW 50
- Verschaltungen in der elektrischen Anlage
- schlechte Kühlstoffmischung
- fast immer zu wenig Glykol
- teilweise kein Schutzöl 39 eingefüllt
- Scheuern der Schmierstoffrücklaufleitung an der rechten Ventilwanne
- lose Bero-Bänder
- lose Zündkerzen
- Ölen der Motoren durch undichte Flansche
- Waffen schlecht justiert
- Flugzeuge sind durchweg Funkunklar

Eine Me 109 K-4 musste wegen Motorschaden notlanden. Die Untersuchung ergab Wasser in der Kraftstoffanlage. Ähnliche Feststellungen wurden bei anderen Flugzeugen der gleichen Baureihe gemacht. Ursache: Die zu Reichweitenverlängerung umgebaute Methanol-Anlage kann durch einen an der linken Bordwand angebrachten Hebel auf „Kraftstoff" oder „Methanol" gestellt werden. Dieser Hebel wird nun meist unbeabsichtigt betätigt. Ist der Behälter mit Methanol-Wasser befüllt, so tritt oben angegebener Schaden ein. Eine einfache Arretierung des Hebels würde dieses verhüten.

Die Lagerungsplatte des Arretierungsstiftes beim hohen Sporn hat sich als zu schwach erwiesen. Durch das Aufschweißen einer Rippe wurde eine ausreichende Verstärkung erzielt.

Beim Schießen mit der MK 108 versagte die Waffe nach Abgabe weniger Schüsse. Als Ursache wurde festgestellt, dass die Isoliermasse der Zündpille aus der Patrone herausspringt und sich in der Bohrung des Stahlfutters für den Zündstift festsetzt. Eine regelmäßige Kontrolle und Reinigung nach jeder Schussabgabe ist notwendig. Dies ist aber nur als Notbehelf anzusehen. Es muss eine andere Isoliermasse eingesetzt werden. Mehrere Zündstörungen traten durch einseitiges Anschlagen der Zündstifte auf die Munition ein. Die Zündstifte waren nicht sauber gearbeitet und wurden ausgetauscht. Die Gurtzuführung bei der MK 108 war bei einigen Flugzeugen zellenmäßig gegenüber den Waffen um 3 – 5 cm versetzt.

Die Folge war, dass der Gurt nicht richtig eingezogen werden konnte. In verschiedenen Fällen verursachte die Differenz ein Abscheren der Zünder und Verklemmen des Gurtes und damit Brechen der Steuerhebel. Das Einziehen des Gurtes für die MK 108 bei der K-4 stößt auf Schwierigkeiten und nimmt sehr viel Zeit in Anspruch. Zum schnelleren Einführen des Gurteinziehbandes wurde an der unteren Seite des Hülsenableitungsschachtes ein Handlochdeckel angebracht. Dieser ermöglicht eine gute Kontrolle der eingeführten Munition und Beseitigung von Zuführungsschwierigkeiten. Die Ausstattung der Flugzeuge mit Zünderschaltkasten und Zünderbatterie erfolgt nur teilweise.

Schwierigkeiten ergeben sich bei der Beschaffung des langen Sporns Fl 8/2926 E-5 A D, der Zünderbatterie und dem Zünderschaltkasten. Andere schwer zu beschaffende Teile wurden von Bruchflugzeugen entnommen.

Handbuch Me 109 K-4 Teil 0 *(Anmerkung: aus Sammlung Radinger)*

Werkschrift 2109 K-4
Teil 0

Oberkommando der Luftwaffe
Chef der Technischen Luftrüstung

Erprobungsstelle d. Lw. Rechlin
E 2 Nr.280533/44 (V)

Rechlin, den 7. Novemb

Nur für den Dienstgebrauch!

Bf 109 K-4

Flugzeug-Handbuch

Die Werkschrift 2109 K-4 Teil 0 — N. f. D. —
„Bf 109 K-4 Flugzeug-Handbuch Teil 0 Allgemeine Angaben
(Stand Oktober 1944) Ausgabe November 1944"
der Firma Messerschmitt A.G. Augsburg wird hiermit genehmigt.

I. A.
Mannsc

Teil 0
Allgemeine Angaben

(Stand Oktober 1944)

Ausgabe November 1944

Inhalt

Abbildungen

I. Kennzeichen der Bauausführung

A. Allgemeines

Vorliegendes Teilheft ‚0' enthält eine Kurzbeschreibung mit den wesentlichsten Merkmalen des Flugzeugmusters Bf 109 K-4 und dient unabhängig von den übrigen Teilheften dieses Flugzeug-Handbuches in Verbindung mit der Bedienanweisung zur Einweisung.

B. Verwendungszweck

Flugzeuge der Baureihe Bf 109 K-4 werden als leichte Jäger eingesetzt und können durch wahlweisen Anbau von Rüstsätzen zu verschiedenen Einsatzzwecken verwendet werden.

C. Konstruktionsform

1. Allgemeines

Freitragender einmotoriger Tiefdecker in Ganzmetallbauweise bzw. Gemischbauweise ausgeführt. Abmessungen s. a. Anlage 1.

Spannweite	9,92 m
Länge über alles	9,00 m
Größte Höhe in Spornlage	2,35 m
Spurweite	2,10 m

Abb. 1: Bf 109 K-4

6

2. Rumpfwerk

Ausführung: Elliptischer Querschnitt.
Schalenbauweise.
Glatte Außenfläche durch Versenknietung.

Beplankung: Plattiertes Duralblech, nimmt Verdrehungs- und Biegekräfte auf.
Versteifung durch angebördelte Spanten und Profile.

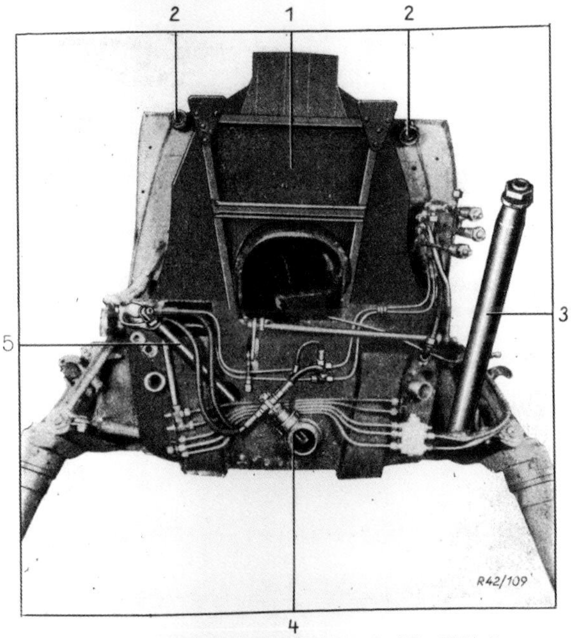

1 Vollgurtkasten für MG 131
2 Triebwerkanschlußbeschläge
3 Abstützstrebe für Biegungsträger
4 Thermostat für Kühlstoff-Kühlerklappenregelung
5 Abfangstrebe für rechte Abstützstrebe

Abb. 2: Rumpfstirnwand mit Anbauten

Unterteilung in: **Rumpfvorderteil:** Abdeckung durch zweiteiligen Windschutzaufbau (Vollsichtkabine).
Vorderteil fest. Abwurfteil nach rechts aufklappbar und durch Notauslösung abwerfbar.

7

Handgriff hierzu an linker Rumpfseitenwand vorn.
Einteilige Führersitzwanne.
Zum Schutz von Flugzeugführer Panzerstirnscheibe, Rückenpanzerung und Kopfschutz.
Kopfschutz besteht aus Panzerplatte mit Panzersichtscheibe. Daher keine Beeinträchtigung der Sicht nach hinten.

Be- und Entlüftung des Führerraumes durch handbetätigte Klappen bzw. Schieber an den Rumpf-Seitenwänden und an der linken Geräteabdeckung.

Vor Rumpfstirnwand Anordnung des Vollgurtkastens, der gleichzeitig zur Aufnahme und Abstützung der Lafetten für die Rumpfbewaffnung dient.

Vor der Rumpfstirnwand an den Ober- und Untergurten Beschläge zur Anlenkung des Triebwerkgerüstes.

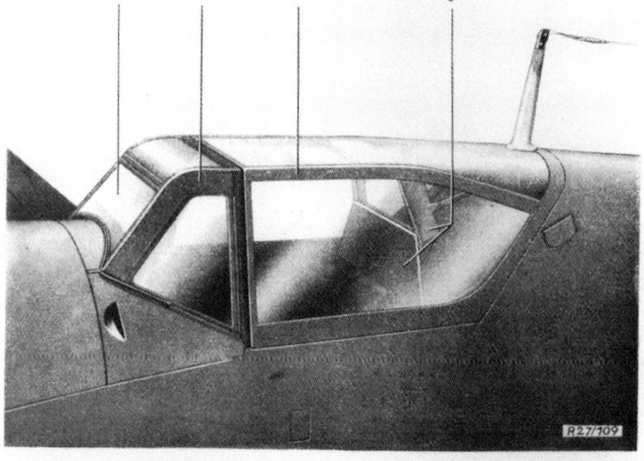

1 festes Teil
2 Abwurfteil
3 Führerkopfschutz
4 Panzerscheibe

Abb. 3: Windschutzaufbau

Rumpfendteil: Zugänglichkeit zum Inneren des Rumpfendteiles durch Mannloch an linker Rumpfseite (Rumpfteil 4).

Im Rumpfteil 8 Beschläge zur Aufnahme des Spornes und zur Anlenkung des Leitwerksträgers.

Leitwerksträger: Im Leitwerksträger Ausschnitt für einziehbaren Sporn und Beschläge zur Lagerung der Spornklappen. Ab- und Anbau des Leitwerksträgers mit aufgesetztem Leitwerk und angebautem Sporn möglich.

3. Fahrwerk

Bestehend aus zwei freitragend, seitlich in die Tragflächen einschwenkbaren Federbeinen und einem einziehbaren Sporn.

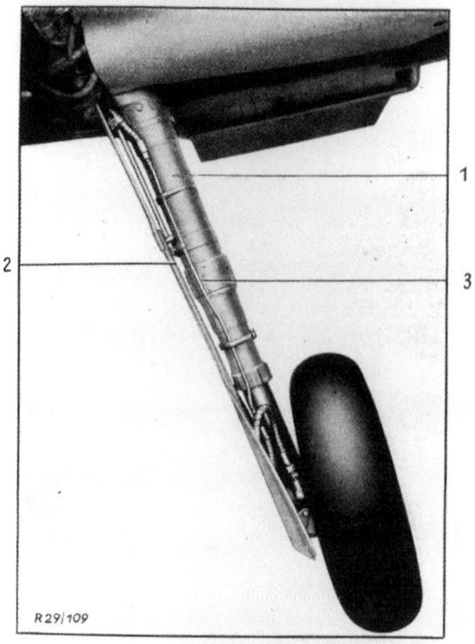

1 Federbein 2 Verkleidung 3 Bremsleitung

Abb. 4: Anordnung des linken Federbeines

Betätigung des Fahrwerks durch Druckölanlage. Schalter im Führergerätebrett links.

Notbetätigung durch Seilzug. Handhebel im Führergerätebrett rechts.

Überwachung elektrisch durch Anzeigegerät im Führergerätebrett links, mechanisch durch Stiftanzeige an Tragflächenoberseite.

Federbein mit Öldämpfung am Rumpf gelagert und gegen Verdrehung durch Führungszapfen am Federbeinkopf gesichert.

Federbeinfülldruck 36 atü (unbelastet).

Im eingeschwenkten Zustand Verrastung der Federbeine in den Flächen.

Im ausgefahrenen Zustand Verriegelung durch Sperrklinke.

Ein- und Ausfahren durch Fahrwerkzylinder in Tragflächen.

Bremsbare EC-Räder mit Tiefbettfelgen für Reifen 660 x 190 mm.

Reifendruck 5 atü.

Öldruckbremsung der Laufräder durch Betätigung der Fußhebel.

Hierdurch Druckübertragung von den Bremspumpen zu den Innenbacken-Duoservobremsen.

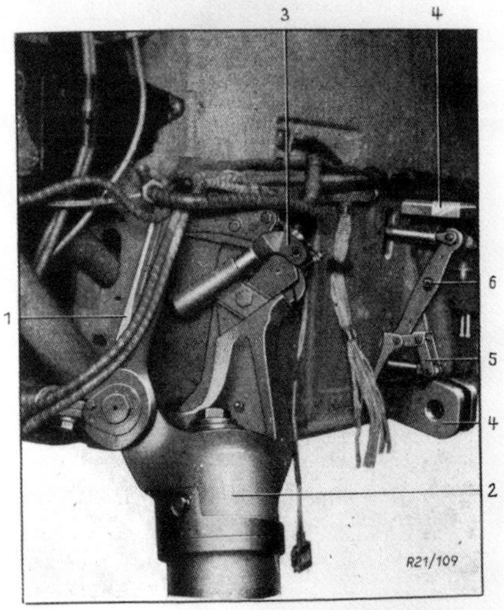

1 Federbeinlager
2 Federbeinkopf
3 Sperrklinke
4 Tragflächenanschlußbeschläge
5 Landeklappenantrieb
6 Querruderzwischenhebel

Abb. 5: Federbeinlagerung

Abdeckung der Radausschnitte sowie der Strebenkanäle durch an den Federbeinen angebaute Verkleidungen sowie einer zwangsläufig mechanisch betätigten Restabdeckung an den Flächen.

Durch Öldruck einziehbarer Radsporn mit Drucköl-Verriegelung und mechanisch handbetätigter Spornfeststellung.

Betätigung der Spornfeststellung durch Seilzug (Handgriff im Führerraum links).

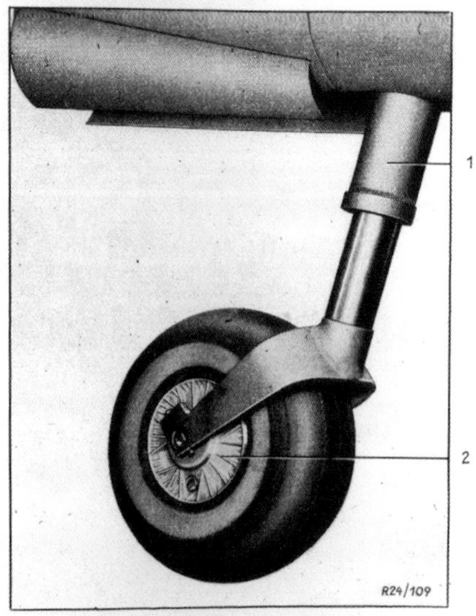

1 Spornfederstrebe 2 Spornrad

Abb. 6: Anordnung des Radspornes

Im eingefahrenen Zustand Spornausschnitt im Leitwerksträger durch zwangsläufig mechanisch betätigte Klappen abgedeckt.

EC-Spornrad mit Felge für Reifen 350 x 135. Reifendruck 3,5 atü.

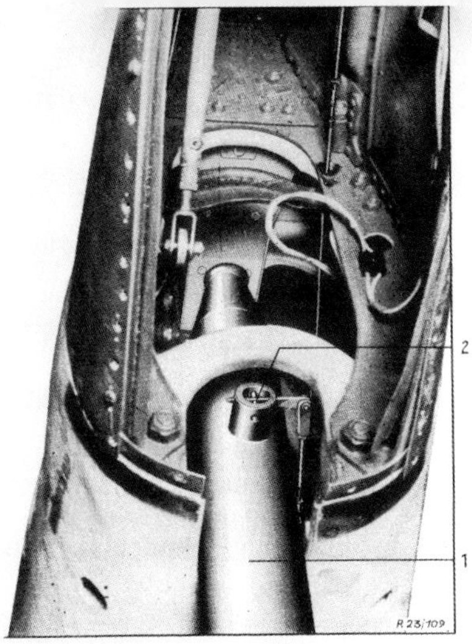

1 Spornfederstrebe 2 Spornfeststellung

Abb. 7: Anschluß der Spornfeststellung am Sporn

4. Leitwerk

Bestehend aus Höhen- und Seitenleitwerk, den Querrudern, Landeklappen und Vorflügeln.

Wahlweise Verwendung von Holz oder Metall-Leitwerken (Höhen- und Seitenleitwerk) möglich.

Metall-Ruder stoffbespannt; Holzruder holzbeplankt.

Höhen- und Seitenflosse auf Leitwerksträger gelagert.

Freitragende Höhenflosse vom Führerraum aus über Seiltrieb verstellbar (Verstellmöglichkeit von + 1° 10′ bis — 6°).

Handrad und Anzeigegerät im Führerraum links.

1 Leitwerksträger
2 Höhenflosse
3 Höhenruder
4 Seitenflosse
5 Seitenruder
6 Ausgleichsruder
7 rechts bzw. links geschränkte Bleche

Abb. 8: Leitwerksträger mit Höhen- und Seitenleitwerk

Luftschraubendrehmoment durch unsymmetrisches Profil der Seitenflosse ausgeglichen.

Seitenruder mit am Boden einstellbarem Ausgleichsruder (Flettner) und geschränkten Bügelkanten versehen.

Querruderanordnung links und rechts an den Tragflächen.

Beide Querruder mit Ausgleichsrudern (Flettner) versehen. Ausgleichsruder z. Zt. festgelegt.

Landeklappen zwischen Querrudern und Kühlerklappen angeordnet.

Betätigung über Torsionstrieb vom Handrad im Führerraum links. Landeklappen und Kühlerklappen sind mechanisch gekuppelt; bei Betätigung der Landeklappen wirken Kühlerklappen ebenfalls als Landehilfe.

Landeklappenausschlag als Starthilfe 20°, als Landehilfe 40°.

Je ein selbsttätig ausschwenkender Vorflügel im Bereich der Rippen 8 bis 13 an der Tragflächennase gelagert.

5. Steuerwerk

Höhen- und Querruderbetätigung durch Handkraft (Steuerknüppel).
Seitenruderbetätigung durch Fußkraft (Fußhebel).
Übertragung der Steuerkräfte durch Stoßstangen und Seilzüge.
Zentrale Steuerknüppel- und Fußhebelfeststellung durch Spanngurt.
Gewichtsausgleich durch Schwinghebel mit Ausgleichgewicht im Rumpfteil 1.

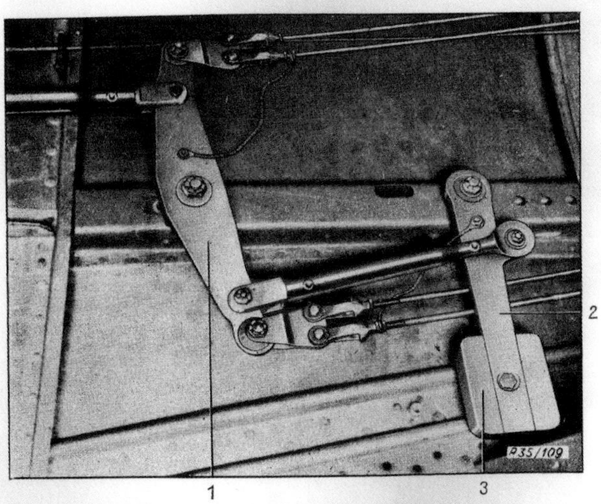

1 Zwischenhebe
2 Schwinghebel
3 Ausgleichsgewicht

Abb. 9: Anordnung des Gewichtsausgleichs für Höhensteuerung

Parallelgesteuerte Fußhebel für Seitensteuerung.

Übertragung der Quersteuerung durch Dreieckhebel und Stoßstangen vom Steuerknüppel zu den Querrudern.

Antrieb der Landeklappen vom äußeren der beiden neben dem Führersitz angeordneten Handräder über Rollenkette, Klappenwelle und Spindeltrieb.

Verändern des Höhenflossenanstellwinkels durch das innere der beiden links neben dem Führersitz angeordneten Handräder.

Übertragung durch Rollenketten und Seilzüge auf die Verstellspindel im Rumpfende.

6. Tragwerk

Freitragendes Tragwerk in Ganzmetallbauweise, bestehend aus zwei Tragflächenhälften, die mit je drei Anschlüssen am Rumpf befestigt sind.

An beiden Flächenenden abnehmbare Randkappen mit eingebauten Kennlichtern.

Zugänglichkeit zu den Einbauten der Flächen durch Deckel und Klappen auf Flächenunterseite gewährleistet.

Einholmiges Tragflächengerippe.

Gemeinsame Aufnahme der Biegekräfte durch Hauptholm und Beplankung.

Übernahme der Verdrehungskräfte durch die Beplankung und den Hilfsholm mit dem hinteren Tragflächenanschlußbeschlag.

Flächennase durch eine eingenietete Formleiste verstärkt.

Für Fahrwerk und Kühler sind entsprechende Ausschnitte in Flächenunterseite, für Räder Beulen an Flügeloberseite vorhanden.

1 Randkappe
2 Vorflügel
3 Radausschnitt
4 Strebenkanal
5 Deckel
6 Kühlerverkleidung mit Klappen
7 Landeklappe
8 Querruder
9 Antenne für FuG 16 ZY
10 Staurohr
11 Restabdeckung

Abb. 10: Linke Tragfläche von unten

7. Triebwerksanlage

Triebwerkanlage umfaßt außer dem Flugmotor mit der Luftschrauben-Verstellanlage die Triebwerkbedienung und -versorgung sowie das Triebwerkgerüst und Verkleidung.

Schnellste Austauschbarkeit der Triebwerksanlage, d. h. stetige Einsatzbereitschaft des Flugzeuges wird durch die Austauschmöglichkeit des angebauten Triebwerkes gegen ein voll aufgerüstetes Ersatz-Triebwerk dadurch gewährleistet, daß sämtliche Schnelltrennstellen zwischen Zelle und Triebwerk gekennzeichnet (rot-weiß) sind und somit der Austausch nach Trennen bzw. Verbinden dieser Triebwerkstrennstellen in kürzester Zeit durchgeführt werden kann.

1 Verkleidung
2 Ansaughutze
3 Luftschraubenhaube
4 Abgasstutzen
5 Zugang zum Füllstutzen für Schmierstoff
6 Schmierstoffkühler
7 Schnellverschlüsse
8 Einlaufhutze für Zündkerzenbelüftung
9 Kühlstoffkühler

Abb. 11: Anordnung des verkleideten Triebwerkes

Flugmotor DB 605 D

Flüssigkeitsgekühlter, im Viertakt-System arbeitender 12-Zylinder-Reihenmotor mit in V-Form hängenden Zylindern und barometrisch hydraulischer Ladergetriebeschaltung.

Drehsinn der Luftschraube rechts laufend
Drehsinn der Kurbelwelle links laufend } in Flugrichtung gesehen.

Leistungsangaben

Leistungsangaben für den DB 605 D-Motor siehe „Entwurf einer vorläufigen Motorkennkarte DB 605 D-E, Ausgabe A, Juli 1944".

Anlassen des Motors mit Bosch-Schwungkraftanlasser durch Handandrehkurbel oben im Rumpfteil 1.

Zündung über Bosch-Zwillingszündmagnet ZM 12 DR 16 (druckbelüftet) für Summer-Anlaßzündung.

Anordnung des Zündschalters im Führergerätebrett links.

Anordnung des mechanischen Drehzahlmessers mit Meßbereich von 500 bis 3500 U/min im Führergerätebrett.

Überwachung des Ladedruckes am Ladedruckmesser (Meßbereich von 0,6 bis 1,8 ata) im Führergerätebrett.

Luftschraubenanlage

Dreiflügelige VDM-Verstell-Luftschraube mit elektrisch-mechanischer Verstellautomatik.

Die Luftschrauben-Verstellautomatik ist eine leistungshebelgekuppelte Automatik derart, daß zu jedem Ladedruck die entsprechende Drehzahl geregelt wird. Zusammenhang zwischen Ladedruck und Drehzahl bis Volldruckhöhe.

Umschalter im Führerraum links unter Leistungshebelkasten.

Über Daumenschalter (Leistungshebel) wird Möglichkeit gegeben, die Luftschraubenblätter von Hand zu verstellen.

Mit Handverstellung wird geflogen bei Reichweiten- und Sparflug.

Bei Versagen der Verstellautomatik kann Verstellung ebenfalls durch Daumenschalter erfolgen.

Ablesen der jeweiligen Blattstellung am mechanischen Stellungsanzeiger im Führergerätebrett.

linke Motorseite

1 linker Biegungsträger
2 rechter Biegungsträger
3 Kühlstoffausgleichbehälter
4 Druckölbehälter
5 Dampfabscheider
6 Elt-Trennstellen
7 Andrehwelle
8 Kaltstarthahn
9 Motorbratzen
10 Abstützstrebe
11 Ölschleuder
12 untere Motorverkleidung mit eingebautem Schmierstoffkühler
13 Schmierstoffbehälterverkleidung
14 Motorentlüftung

Abb. 12: Anordnung des DB 605 D-Flugmotors

Triebwerkbedienanlage

Triebwerkbedienung über Gestänge und Seilzüge betätigt durch Bedienhebel im Führerraum.

Anordnung der Bedienhebel:

Leistungshebel	Leistungshebelkasten Führerraum links
Brandhahnbetätigungshebel	Leistungshebelkasten Führerraum links
Schnellstopp-Hebel	Leistungshebelkasten Führerraum links
Winterstarthilfe-Zug	Leistungshebelkasten Führerraum links
Kühlstoffkühlerklappen-Verstellungsgriff	Führerraum rechts
Zusatzbehälter- bzw. Bombennotwurfgriff	Führerraum links
Umschalter für Luftschrauben-Automatik	unter Leistungshebelkasten Führerraum links
Kaltstarthahn	Triebwerk rechts
Handpumpe für Anlaß-Einspritzanlage	Führerraum links
Anlaßschalter	Führergerätebrett links
Zündschalter	Führergerätebrett links
Schalter für Kraftstoff-Behälterpumpe	Hauptschalttafel
Schnellablaßzug für Kraftstoffzusatzbehälter im Rumpf	Führerraum rechts
Ventilbatterieschalter für MW- bzw. Zusatzkraftstoffbetrieb	Führerraum links

1 Leistungshebel mit Daumenschalter
2 Brandhahnbetätigungshebel
3 Schnellstopphebel
4 Winterstartzug
5 Umformer für Elt-Wendehorizont
6 Behälter- bzw. Bombennotwurfgriff
7 Ventilbatterieumschalter
8 Umschalter für Luftschrauben-Automatik
9 Handgriff für Spornverstellung
10 Druckknöpfe für Fahrwerksschalter
11 Fahrwerksanzeige
12 Scheibenspülung
13 Netzausschalter
14 Handpumpe für Anlaßeinspritzanlage
15 Anlaßschalter
16 Kabinennotwurfgriff
17 Führerraum-Entlüftung
18 Handrad für Landeklappen-Verstellung
19 Handrad für Höhenflossen-Verstellung
20 Flossen-Verstellanzeige
21 UV-Leuchte

Abb. 13: Anordnung der Triebwerksbedienhebel im Führerraum links

Triebwerkversorgungsanlage

Kraftstoffanlage

400 Ltr. fassender, sesselförmiger SG-Kraftstoffbehälter im Rumpf unter und hinter Führersitz angeordnet.

Vergrößerung der Reichweite durch Unterhängen eines 300 Ltr. fassenden Zusatzbehälters unter dem Rumpf. Bezeichnung des Zusatzbehälters „Rüstsatz III".

Mitnahme von weiteren 118 Ltr. Kraftstoff, wenn der Behälter der MW-Anlage statt mit MW-Stoff mit Kraftstoff aufgefüllt wird.

Kraftstoffentnahme aus dem Hauptbehälter durch die FB-Armaturen. Nachfüllen des Hauptbehälters aus Zusatzbehälter mittels Ladeluft. Umpumpüberwachung am Schauglas Führerraum rechts.

Überfüllen des Hauptbehälters wird durch Umpumpbegrenzer vermieden.

Kraftstoffvorratsmessung durch Vorratsanzeiger im Führergerätebrett. Kraftstoffreststandswarnung durch Aufleuchten der roten Warnlampe, wenn Kraftstoff nur noch für etwa 20 Min. Flugdauer vorhanden ist.

Vor Anlassen des Triebwerkes elektrische Behälterpumpe einschalten und nach der Landung ausschalten.

Auffüllen von Kraftstoff über Außenbordanschluß links im Rumpfteil 2. Überwachung des Kraftstoffdruckes zusammen mit Schmierstoffdruck am Doppeldruckmesser (Führergerätebrett).

Sonderstoff MW bzw. Kraftstoff-Zusatzanlage

Der 118 Ltr. fassende Behälter ist hinter dem Kraftstoff-Hauptbehälter angeordnet. Bei Füllung mit 85 Ltr. MW versorgt er über Leitungssystem das Triebwerk mit MW-Stoff derart, daß der unter Ladedruck geförderte Stoff einer Verneblerdüse am Gebläse zugeführt und somit eine erhöhte Sondernotleistung des Triebwerkes erzielt wird.

Einschalten der MW-Anlage durch Einlegen des Kippschalters (Führergerätebrett links) und Verschieben des Leitungshebels auf 110% Leistung.

Höchstzulässige Einsatzdauer der MW-Anlage beträgt 10 Min.

Bei Füllung mit 118 Ltr. Kraftstoff wird dieser nach Umschalten der Ventilbatterie (Führerraumseitenwand links) mittels Ladeluft in den Hauptbehälter gedrückt.

Bei Feindberührung bzw. Notlandung kann Zusatzbehälter mittels Schnellablaß entleert werden.

Auffüllen des MW- bzw. Zusatzkraftstoffes über Außenbordanschluß rechts im Rumpfteil 2.

Anlaßeinspritzanlage

Einspritzanlage bestehend aus dem 3 Ltr. fassenden Einspritzbehälter im Rumpfende und der an der linken Rumpfseite angeordneten Anlaßeinspritzpumpe.

Auffüllen des Einspritzkraftstoffes über Außenbordanschluß an rechter Rumpfseite im Rumpfteil 5.

Schmierstoffanlage

Schmierstoffanlage besteht aus dem vor dem Motor angeordneten und mit 50 Ltr. Schmierstoff (+ 6,5 Ltr. Luftraum) auffüllbarem Schmierstoffbehälter und dem Schmierstoffkühler in der unteren Triebwerksverkleidung.

Automatische Kühlerklappenbetätigung mittels Thermostaten.

Versorgung des Triebwerkes mit Schmierstoff über die am Triebwerk angeordnete Zahnradpumpe.

Entschäumung durch Ölschleuder.

1 Schmierstoffkühler
2 Thermostat
3 Arbeitszylinder
4 Stoßstange für Kühlstoffkühlerklappe

Abb. 14: Anordnung der Schmierstoffkühlerklappenbetätigung

Schmierstoffeintrittstemperatur und Druck sind an den Anzeigegeräten im Führergerätebrett abzulesen.

Auffüllen des Schmierstoffes über Außenbordanschluß (Triebwerk vorn links).

An die Schmierstoffanlage angeschlossen ist die, durch den rechts am Triebwerk angeordneten Absperrhahn zu betätigende Kaltstartanlage.

Kühlstoffanlage

Kühlung des Triebwerkes in geschlossenem Kühlstoffkreislauf.

Je ein Kühlstoff-Ausgleichsbehälter am linken und rechten Motorträger.

Je ein Kühlstoffkühler unter linker und rechter Tragfläche.

Automatische Kühlerklappenbetätigung mit Drucköl über Thermostaten.

Auffüllen der Kühlstoffanlage über Füllstutzen am linken Ausgleichsbehälter.

Überwachung der Kühlstofftemperatur am Kühlstofftemperaturanzeiger im Führergerätebrett.

Winterstarthilfe

Verbesserte Startbereitschaft des Motors bei polarem Klima durch Winterstarthilfe bestehend aus Azetylen-Anlaßanlage, Zündzeitpunktverstellung und Schmierstoffkühlerabdeckung.

Außenbordanschluß für Azetylen-Einspritzung am Triebwerk (Kennzeichnung: gelber Ring).

Zündzeitpunktverstellung über Seilzug am Leistungshebelkasten im Führerraum.

Triebwerksgerüst

Aufhängung des Flugmotors in Biegungsträger, die an der Rumpfstirnwand befestigt und durch Abstützstreben abgefangen sind. Befestigung des Flugmotors mittels Bratzen und Schwingmetall-Lagerungen.

Triebwerksverkleidung

Das Triebwerk ist durch eine mehrteilige Verkleidung abgedeckt. Im unteren Teil der Abdeckung ist der Schmierstoffkühler eingebaut. Schneller Ab- und Anbau der Triebwerksverkleidung wird durch Schnellverschlüsse gewährleistet.

Belüftung der Zündkerzen durch Einführung von Frischluft durch links und rechts an der Triebwerksverkleidung angebrachte Hutzen. In der Verkleidung sind Luftschächte mit Austrittsschlitzen.

8. Ausrüstung

a. Allgemeine Ausrüstung

Triebwerksüberwachungs-, Flugüberwachungs- und Navigationsgeräte sind auf dem Führergerätebrett angeordnet.

Triebwerküberwachungsgeräte

Die zur Triebwerküberwachung benötigten Anzeigegeräte sind bereits unter 7. „Triebwerksanlage" erwähnt.

Flugüberwachungsgeräte

An Flugüberwachungsgeräten sind eingebaut:

1 Fahrtmesser,
wird versorgt vom Staurohr an linker Tragfläche,
1 Variometer,
Luftausgleich über Ausgleichsgefäß,
1 Fein- und Grobhöhenmesser.

Navigationsgeräte

An Navigationsgeräten sind eingebaut:

1 Fernkompaßanlage PEK 1
bestehend aus:
Führertochterkompaß im Führergerätebrett,
Mutterkompaß im Rumpfende,
1 Elt-Wendehorizont.

Rettungs- und Sicherheitsgeräte

1 Bauchgurt am Führersitz,
2 Schultergurte mit Schnellschieber (Führerraumrückwand),
1 Notproviantbehälter im Führerraum.

Weiterhin ist die Möglichkeit gegeben, ein Einmannschlauchboot mitzunehmen.

Verständigungsgeräte

Leuchtpistole wird in der Ausschußöffnung (Führerraum rechts) festgeklemmt. Munition wird vom Flugzeugführer mitgeführt.

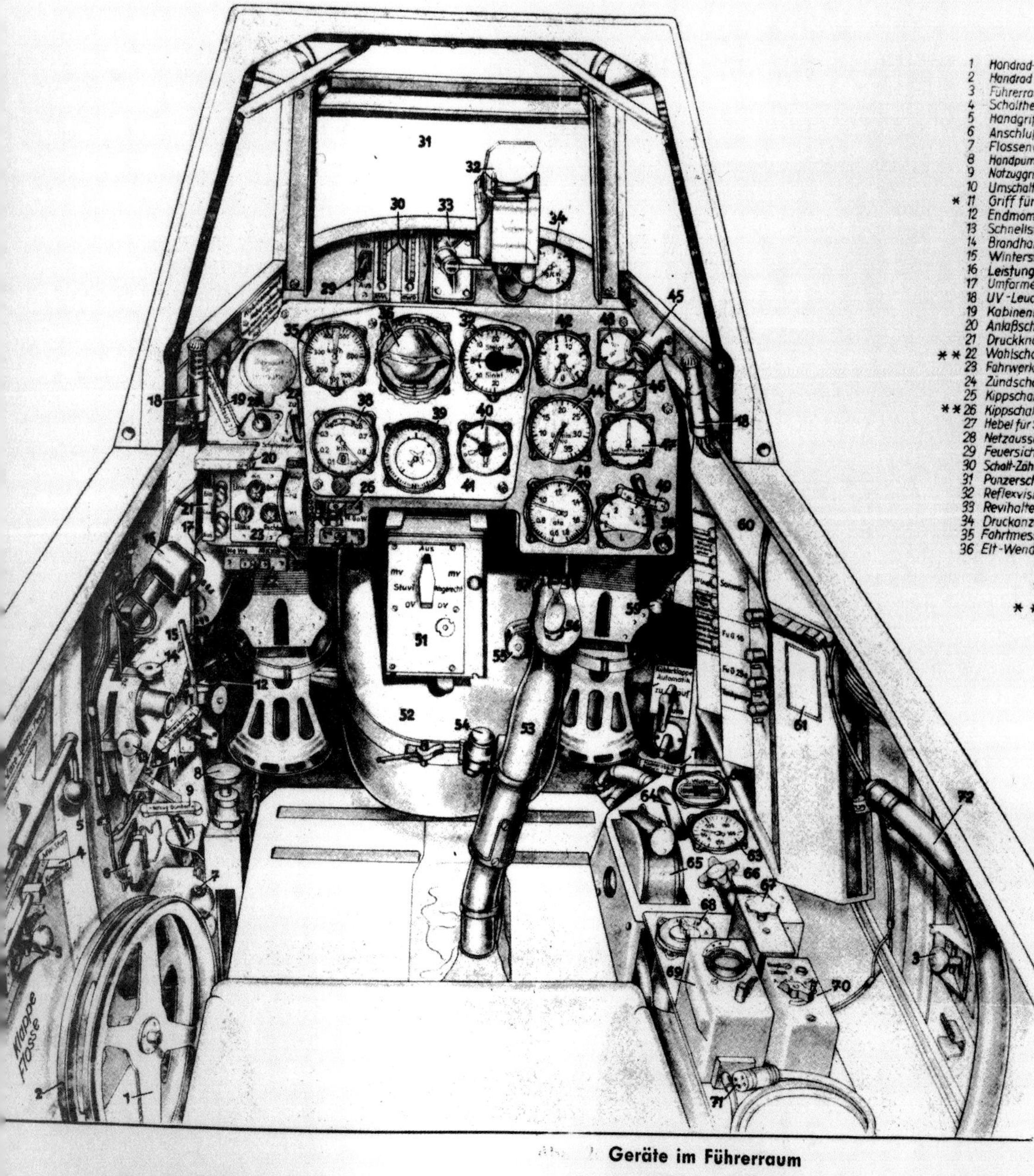

1 Handrad für Höhenflossenverstellung
2 Handrad für Landeklappenverstellung
3 Führerraum-Entlüftung
4 Schalthebel für Ventilbatterie
5 Handgriff für Spornfeststellung
6 Anschluß für Heizhandschuhe
7 Flossenverstellanzeige
8 Handpumpe für Anlaßeinspritzanlage
9 Notzuggriff f. Bomben o. Zusatzbehälter
10 Umschalter für Luftschrauben-Automatik
* 11 Griff für Kühlerabschaltung
12 Endmomentschalter mit Anschlag
13 Schnellstopphebel
14 Brandhahn-Betätigungshebel
15 Winterstartzug
16 Leistungshebel mit Daumenschalter
17 Umformer für Elt-Wendehorizont
18 UV-Leuchten
19 Kabinennotzuggriff
20 Anlaßschalter
21 Druckknöpfe für Fahrwerksschalter
** 22 Wahlschalter für Nebelwerfer oder MK108
23 Fahrwerksanzeige
24 Zündschalter
25 Kippschalter für MW-Anlage
** 26 Kippschalter für Nebelwerfer-Absprengung
27 Hebel für Scheibenspülung
28 Netzausschalter
29 Feuersicherschalter
30 Schalt-Zähl-und Kontrollampen SZKK3
31 Panzerscheibe
32 Reflexvisier Revi 16B
33 Revihalterung
34 Druckanzeigegerät für MW-Anlage
35 Fahrtmesser
36 Elt-Wendezeiger
37 Variometer
38 Fein-und Grobhöhenmesser
39 Führertochter-Kompaß
40 Anzeigegerät AFN2
41 Blindflugtafel
42 Doppeldruckmesser f Kraft-u. Schmierstof
43 Temperaturanzeiger für Kühlstoff
44 Nahdrehzahlmesser
45 Halterung für Leuchtpistole
46 Temperaturanzeiger für Schmierstoff
47 Luftschrauben-Stellungsanzeiger
48 Ladedruckmesser
49 Notzuggriff für Fahrwerk
50 Reststand-Warnlampe
51 Hilfsgerätetafel mit Zünderschaltkasten (ZSK2
52 Waffenabdeckung für MK108
53 Knüppelgriff KG13A
54 Durchladeknopf für MK108
55 B2-Knopf für Abwurfwaffe
56 B1-Knopf Abzug d. MK108 u. Fl. Go.W.
57 A-Knopf Abzug der MG131
58 Kühlerklappenverstellung
59 Zug für Schnellablaß
60 Selbstschalterträger
61 Ablenkungstafel (Deviation)
62 O_2-Wächter
63 Sauerstoff-Druckmesser
64 Schauglas für Kraftstoffzusatzanlage
65 Höhenatmer
66 Absperrventil für Sauerstoff
67 Fernbediengerät für Fu G 16 ZY
68 Frequenzschalter für Fu G16 ZY
69 Anschlußdose für Fliegerkopfhaube
70 Bediengerät für Fu G 25a
71 Anschluß für Fliegerkopfhaube
72 Atemschlauch

* *nur in den ersten Flugzeugen*
** *entfällt im Zuge der Entfeinerung*

Geräte im Führerraum

b. Höhenatmungsanlage

Höhenatmungsanlage besteht aus:

1 Höhenatmer mit O_2-Wächter und Druckmesser sowie Absperrventil im Führerraum rechts angeordnet,

3 Sauerstoff-Kugelflaschen (2 Ltr.) zusammen mit Füllanschluß in rechter Fläche angeordnet.

1 Höhenatmer
2 O_2-Wächter
3 Sauerstoff-Druckmesser
4 Absperrventil
5 Schnellablaß f. Kraftstoff bzw. MW-Stoff
6 Kühlerklappenverstellung
7 Notzug für Fahrwerk
8 Fernselbstschalter für Stromerzeuger
9 Fernselbstschalter für Sammler
10 Selbstschalterträger
11 Klappe für Führerraumentlüftung
12 Fernbediengerät für FuG 16 ZY
13 Frequenzschalter für FuG 16 ZY
14 Bediengerät für FuG 25a
15 AD 18 für Kopfhaube
16 Halterung für Leuchtpistole
17 Umpumpkontrolle für Kraftstoff-Zusatzanlage

Abb. 16: Führerraum rechts

c. Stirnscheibenreinigung

Reinigung der Stirnscheiben von Ölschmutz und Staub durch die von Hand zu betätigende Kraftstoffscheibenspülung. Ein-Ausschalten der Anlage durch Handhebel im Führergerätebrett links.

1 festes Kabinenteil
2 Stirnscheibe
3 Führerraumbelüftung
4 Versorgungshahn für Scheibenspülung
5 Leitungsverlegung der Scheibenspülung

Abb. 17: Leitungen für Stirnscheibenreinigung

d. Elt-Ausrüstung

Gesamte Leitungsverlegung einadrig.

Stromerzeugung durch einen 2000-Watt-Stromerzeuger mit 24 Volt Spannung.

24 Volt/7,5 Amp.h-Sammler im Rumpfteil 3 angeordnet.

Trennung zwischen Sammler und Bordnetz bzw. Stromerzeuger und Bordnetz durch Selbstschalter (Selbstschalterträger).

Elektrisch werden betätigt:
Luftschraubenverstellanlage,
Anzeigevorrichtungen,
Kraftstoffbehälterpumpe,
Panzer- und Seitenscheibenheizung,
Schußwaffenanlage,
Beleuchtungsanlage,
FT-Anlage,
und die Rüstsätze, soweit sie elektrisch geschaltet sind.

Sicherung der einzelnen Stromkreise über Selbstschalter in Selbstschalterträger (Führerraum rechts).

Abschalten der Elt-Anlage über Netzausschalter (Führergerätebrett links).

e. Druckölanlage

Ein- und Ausfahren des Fahrwerks sowie des Spornes, Betätigung der Kühlerklappen für Schmierstoff- und Kühlstoffkühler durch Drucköl.

Versorgung der Druckölanlage mit Drucköl von Motorpumpe am Geräteteil des Flugmotors. Förderleistung der Pumpe ca. 12 l/min bei Reisedrehzahl des Motors.

Der am Triebwerk links angeflanschte Druckölbehälter ist nach Öffnen der linken Triebwerksverkleidung mit 2,3 Ltr. Drucköl auffüllbar. Bedienung der Fahrwerksanlage durch Druckknopfschalter (Führerraum links). Überwachung durch Kontroll-Lampen (Führergerätebrett links) und Sicherungsklappen über den Schaltknöpfen.

Betätigen der Kühlerklappen durch automatische Steuerung über Thermostaten.

Ein rechts im Führerraum angeordneter Handgriff betätigt einen Drehschalter und ermöglicht einen Eingriff in die Kühlstoffkühlerklappenbetätigung unabhängig vom Thermostaten.

f. Schußwaffenanlage

Zwei zwangsläufig gesteuerte, durch den Luftschraubenkreis feuernde MG 131 mit je 300 Schuß sind auf der Rumpfdecke starr angeordnet.

Zugehöriger Einbausatz besteht aus Drahtantenne auf Rumpf, Antennenanpassungsgerät AAG 16 E-1 im Rumpfhinterteil, Antennenanpassungsgerät AAG 16 E-3 und Antennenmast (Moran), beide Flügel links, Umformer U 17 und Verteilerkasten V 16 beide auf Geräteträger im Rumpfende.

Die Frequenzschalter PL 10 III 24 sowie das Fernbediengerät FBG 16 und Schalter PL 10 IV 24 sind im Führerraum rechts angeordnet.

Peilrahmenanordnung auf Rumpfteil 3.

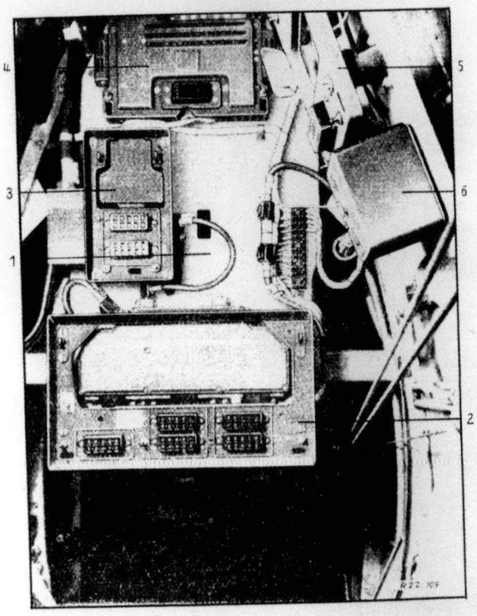

1 Geräteträger
2 Grundplatte für Geräteblock FuG 16 ZY
3 Grundplatte für Zielflugvorsatz ZVG 16
4 Grundplatte für Umformer U 17
5 Grundplatte für Sende- und Empfangsgerät SE 25a
6 Widerstandskasten WK 25

Abb. 20: FT-Geräteträger mit Grundplatten im Rumpfende

Funkgerätesatz FuG 25a bestehend aus Sende- und Empfangsgerä SE 25a sowie dem Sprengsatz I 13 sind auf dem Geräteträger im Rumpfend angeordnet.

Zugehöriger Einbausatz umfaßt das Antennenanpassungsgerät m Stabantenne AAG 25a im Rumpfteil 3.

Weiterhin den Widerstandskasten WK 25 und die Verteilerdose VD 25 die beide auf dem Geräteträger im Rumpfende befestigt sind.

Bediengerät BG 25a sowie der Kippwechselschalter für Sprengun sind im Führerraum rechts, letzterer auf Selbstschalterträger angeordne

Zugänglichkeit zu den Geräten der FT-Anlage im Rumpfende durc Mannloch im Rumpfteil 4.

1 Sende- und Empfangsgerät SE 25a
2 Zielflugvorsatzgerät ZVG 16
3 Geräteblock FuG 16 ZY
4 Sammler
5 Widerstandskasten WK 25

Abb. 21: FT-Anlage im Rumpfende

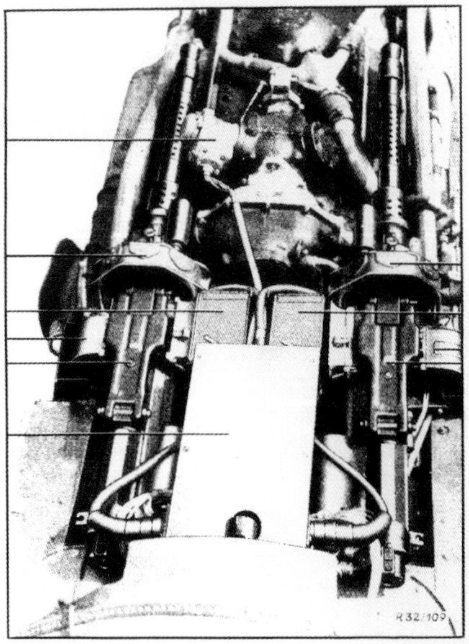

von oben gesehen mit heruntergeklapptem Geräteträger

von rechts gesehen mit aufgeklapptem Geräteträger

1 linkes MG 131
2 rechtes MG 131
3 Geräteträger mit Elt-Zusatzgeräten
4 Vollgurtkästen für MG 131
5 Abführschächte für MG 131
6 Doppelschußgeber für MG 131
7 vorderes Waffenlager
8 hinteres Waffenlager
9 Vollgurtkasten für MK 108

Abb. 18: Anordnung der MG 131

Eine MK 108-Motorwaffe mit 65 Schuß ist mit Lafette im Motor gelagert und ragt in den Führerraum hinein.

1 MK 108 2 Spannband für Verkleidung

Abb. 19: Anordnung der MK 108

Sämtliche Waffen werden über den Knüppelgriff KG 13 A bedient. Durchladung und Abfeuerung der MG 131 elektrisch.

Schußzählung und Durchladekontrolle für MG 131 am SZKK 3 (über Führergerätebrett).

Durchladung der MK 108 elektrisch-pneumatisch handbetätigt, Druckknöpfe am KG 13 A, Abfeuerung elektrisch.

Anordnung der Preßluftflaschen sowie des zugehörigen Auffüllanschlusses für die MK 108 in linker Tragfläche.

Schußzählung und Durchladekontrolle für MK 108 nicht vorhanden. Abschwenkbares Reflexvisier 16 B eingebaut.

g. **Bordfunkanlage**

Die Bordfunkanlage umfaßt:

Funkgerätesatz FuG 16 ZY bestehend aus einem Geräteblock mit Sender S 16 Z, Empfänger E 16 ZY, Bediengerät BG 16 ZY, Fernantrieben und Zielflugvorsatz ZVG 16 (im Rumpfende angeordnet).

h. Rüstsätze

Anbaumöglichkeit für folgende Rüstsätze entsprechend dem Einsatzzweck der Flugzeuge unter Rumpf und Tragflächen gegeben.

Rüstsatz I

Abwurfwaffe 1 x 500 kg oder 1 x 250 kg.

Hierzu Schloß ETC 500/IX b oder Einbau-Schloß 503 im Rumpf hängend. Zünderbatteriekasten ZBK 241/1 im Rumpfteil 5 sowie Zünderschaltkasten ZSK gehören zum Rüstsatz. (Später wird der ZBK 241/1 durch den Zündumformer ZU 24 ersetzt.)

Bedienung der Abwurfwaffe über Bombenknopf (B 2-Knopf) am Knüppelgriff KG 13 A sowie über den ZSK 244 A am Hilfsgerätebrett.

Überwachung durch Merkleuchte ebenfalls im Hilfsgerätebrett.

Rüstsatz III

300-Ltr.-Zusatz-Kraftstoffbehälter — im Fluge abwerfbar — wird in Schloß 503 A-1 aufgehängt.

Mittels Ladeluft wird der Kraftstoff vom Zusatzbehälter in den Hauptbehälter gedrückt.

Rüstsatz IV

Flächengondelbewaffnung bestehend aus je cinem MG 151/20 unter linker und rechter Fläche.

Je eine Waffe mit zugehörigen Geräten ist zu cinem Rüstsatz vereinigt und durch eine Verkleidung abgedeckt.

Munitionsversorgung von 135 Schuß pro Waffe aus der in der Tragfläche liegenden, auf dem Rüstsatz befestigten Trommel.

Bedienung der Waffen über den B 1-Knopf am Knüppelgriff KG 13 A.

Durchladung automatisch bei Einschalten des Sicherungsschalters am SZKK 3.

Überwachung der Flächenwaffen durch Kontrollampen links des SZKK 3 und rechts des MW-Druckanzeigers.

Rüstsatz VI

Einbau einer BSK 16 Filmkamera in der linken Tragfläche (zwischen Nasenrippe 3 und 4).

Bedienung selbsttätig zusammen mit Schußwaffen bei Abfeuerung der Schußwaffen.

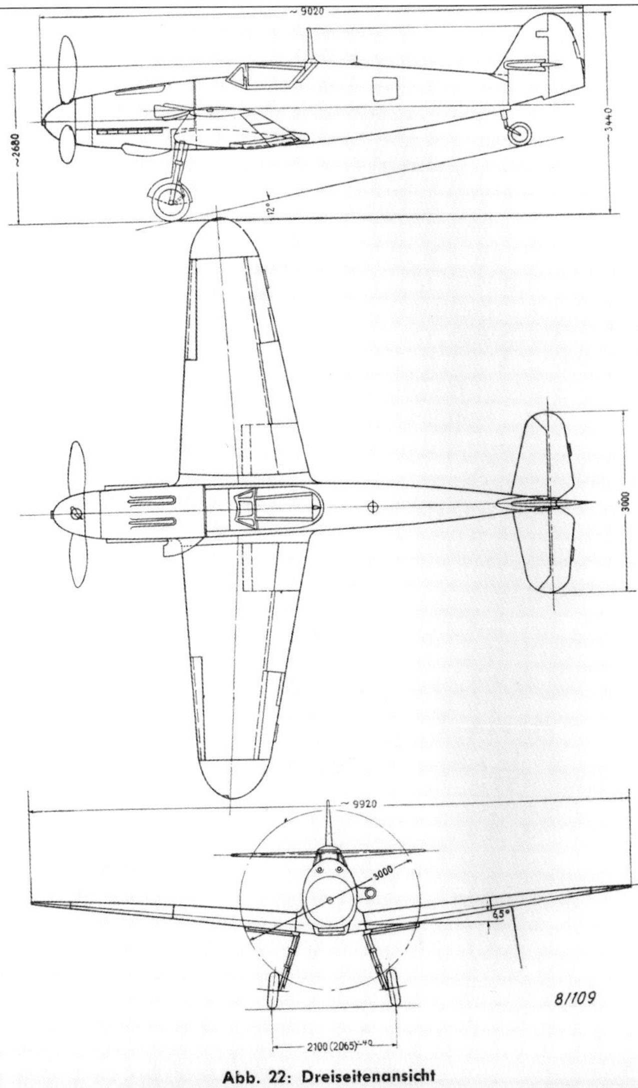

Abb. 22: Dreiseitenansicht

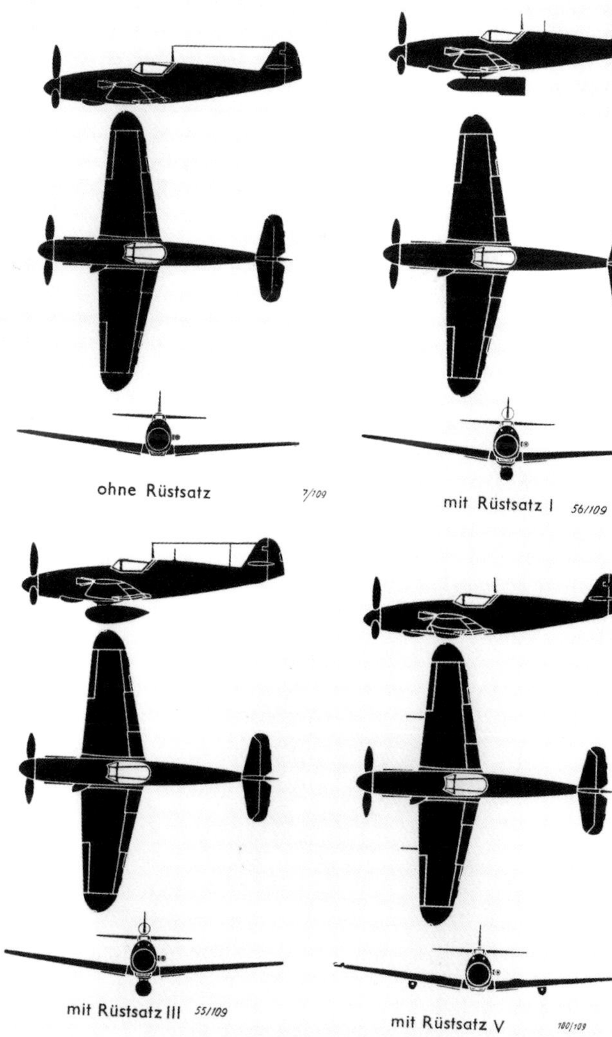

Abb. 23: Schattenrisse (M 1: 200)

Ein Mängelbericht der Waffenerprobungsstelle Tarnewitz vom 14. Oktober 1944 zur Me 109 K-4:

Me 109 K-4, Werknummer 330112, mit MK 108 im Motor und 2 MG 131: Dem Vertreter der Erprobungsstelle Tarnewitz wurde das Flugzeug von Messerschmitt Regensburg auf dem Flugplatz in Amberg/Schafhof in folgendem Zustand übergeben:

a) Seitenruderscheit und Pedale reiben und klemmen am Rumpfboden.
b) Vorflügel stark verbeult, klemmt beim Aus- und Einfahren.
c) Bremsen zogen nicht an.

Die Beanstandungen wurden erst vom Vertreter der Erprobungsstelle Tarnewitz festgestellt. Überführungsflug in Brandis wegen Kühlstoffverlust abgebrochen. Nachdem erst Anfang September 1944 von der Firma Messerschmitt Regensburg in Obertraubling die Me 109 K-2, Werknummer 600056, ohne gesicherte Höhenruderbolzen abgeliefert wurde, mit Blockierung des Höhenruders nach dem zweiten Start in Tarnewitz, wird das Kommando der Erprobung um Veranlassung beim Rüstungsstab gebeten, auf die Firma Messerschmitt Regensburg einzuwirken, dass Einhaltung des Fertigungsprogrammes nicht auf Kosten der Sicherheit der Flugzeuge erfolgt. Bisher bekannt: Ausfall von 82 Me 109 bei Erstüberführung vom Werk.

Anmerkung des Verfassers: Diese Qualitätsmängel der 109, die die Flugsicherheit massiv gefährdeten, waren das Ergebnis der ständigen Überbeanspruchung des Personals in der Produktion einerseits und mangelnder Kontrollen in den Produktionsabläufen andererseits. Es fehlten in allen Bereichen die entsprechenden Fachkräfte.

Technische Probleme am DB 605 D der Me 109 K-4 beim JG 3 „Udet“

Der nachfolgende Bericht zeigt, dass die Flugmotoren der Me 109 K-4 vom Typ Daimler-Benz DB 605 D bei Kriegsende äußerst störanfällig sind. Die Ursachen lagen in fehlender Güte des Materials, Sabotage bei der Motorenmontage bis zu den Auswirkungen durch mangelhafte Benzinqualität und Überbeanspruchung im Einsatz, da bei Luftkämpfen sehr oft mit Sondernotleistung mit einem Ladedruck von 1,8 ata geflogen werden musste. Vor allem im Treibstoffbereich wurden in den letzten Kriegsmonaten zunehmend Mischkomponenten mit minderer Qualität eingesetzt. Der Technische Offizier des Jagdgeschwaders 3 „UDET“ meldet am 31.03.1945 in einem geheimen technischen Erfahrungsbericht zum Einsatzmuster K-4 folgende Mängel:

Motorwechsel an Me 109 K-4 mit Motor 605 DB, Werknummer 01110065821: Nach 25 Betriebsstunden haben Zylinder 1 und 2 durchgebrannte Kolben und die anderen Zylinder nur mehr geringe Kompression.

Motor 605 D, Werknummer 11700392, nach 26 Betriebsstunden haben die Zylinder 3, 4 und 5 Kolbenbrenner und alle anderen geringe Kompression. Dadurch war starker Schmierstoffverlust aus der Motorgehäuseentlüftung zu verzeichnen.

Motor mit der Werknummer 11900313 zeigt die gleiche Erscheinung bereits nach 15 Betriebsstunden.

Beim Motor mit der Werknummer 011102668 sind nach nur 8 Betriebsstunden die Pleuellager der Zylinder 1, 3, 4, 5 und 6 gefressen und das vom Zylinder 2 ausgelaufen. Vermutlich war der Motor zu lange mit Sondernotleistung geflogen worden.

Die Werknummer 1170138 erreicht 40 Betriebsstunden dann hat der Motor keine Leistung mehr wegen Kompressionsmangel der Zylinder 1, 4, 5 und 11. Die Auslassventile der übrigen Zylinder blasen ab.

Bei der Werknummer 11900267 blasen nach 10 Betriebsstunden, sämtliche Auslassventile ab.

Bei der Werknummer 11701650 ist nach zwei Betriebsstunden der Kolbenboden von Zylinder 10 durchgebrannt.

Bei der Werknummer 11200002 ist nach nur drei Betriebsstunden der Schwinghebel eines

Auslassventils gebrochen. Ursache ist vermutlich unsachgemäße Montage.
Bei der Werknummer 01100967 ist nach 25 Betriebsstunden der Abdichtring am Untersetzungsgetriebe stark undicht.
Eine Steigerung der Einsatzbereitschaft wurde durch restlose Ausschaltung eines jeden nicht unbedingt notwendigen Kraftstoffverbrauchs im Wartungsbetrieb erreicht. Die bisher durchgeführten Kontrollen und Überprüfungsläufe sind weggefallen. Die hiermit genommene Überprüfungsmöglichkeit wird durch folgende Wartungsarbeiten in vollem Umfang ersetzt: Nach Ablauf von drei Stehtagen des Flugzeuges wird mittels einer Druckpumpe Öl in die Hauptölleitungen des Motors gedrückt und gleichzeitig der Motor von Hand mehrere Male durchgedreht, wobei der Stoppzug gezogen wird. Durch das Ziehen des Stoppzuges wird verhindert, dass Kraftstoff in die Verbrennungsräume der Zylinder eingespritzt wird und dadurch der Ölfilm an den Zylinderlaufbuchsen erhalten bleibt. Dadurch wird nach mehrtägigem Stillstand der Motoren eine einwandfreie Schmierung aller gleitenden Teile erreicht, sodass bei plötzlicher Inbetriebnahme keine Motorschäden auftreten können.
Je nach Wetterlage, bei Niederschlag und Nebel werden laufend Kontrollen an den Zündkerzenkrümmern durchgeführt, um im Betrieb Motorstörungen in der Zündanlage zu verhindern. Bei diesen Überprüfungsarbeiten ist besonderes Augenmerk auf das Kerzeninnere, den Bakelitsteckern und den Kontaktschrauben in Bezug auf Feuchtigkeit gerichtet. Gegebenenfalls ist Austrocknen der genannten Teile erforderlich.
Hierdurch wurden auftretende Zündstörungen an den Motoren weitestgehend ausgeschaltet. Durch diese Maßnahmen wurde die Betriebssicherheit der Motore auch bei Nichtdurchführung eines Bremslaufs gewährleistet. Bei Flugzeugüberführungen wurde festgestellt, dass in mehreren Fällen das Gasgestänge am Flansch des Gehäuses vom Lader auf Stellung Leerlauf scheuert. Hierdurch wird Spannung des Gashebels verursacht und die Motordrehzahl im Leerlauf erhöht.
Erhebliche Schwierigkeiten bei der Landung sind die Folge. Ursache sind ein unsachgemäßes Befestigen des Erdungskabels und eine ungenügende Biegung des Anschlusshebels."

Mängel an Zelle und dem Fahrwerk der Me 109 K-4

Wiederholt trat ein selbstständiges Auslösen der Spornradfeststellung auf. Ursache ist die ungenügende Festigkeit der Verriegelungsanlage. Dies wirkt sich besonders negativ bei der Landung aus. Durch bereits geringe Erschütterungen wird die Verriegelung des Spornes aufgehoben und die Neigung zum Ausbrechen des Flugzeuges bei der Landung erhöht.
Überprüfungen haben ergeben, dass die Auslösevorrichtung für die Fahrwerksrestabdeckung sehr störanfällig ist. Die Mängel sind auf schlechte Lagerung der Umlenkhebel zurückzuführen, wie auch auf ungenügende Sicherung des Gestängeanschlusses. In einem Falle hatte sich das Gestänge am Gabelstück des Umlenkhebels selbstständig gelöst und in einem anderen Fall war der Umlenkhebel im Durchbruch des Radschachtes in seiner Lagerung ausgeschlagen. In beiden Fällen war eine Bauchlandung des Flugzeuges die Folge. Eine laufende Überwachung des Auslösemechanismus auf Freigängigkeit und richtige Einstellung ist erforderlich.
Trotz ständiger Berichte und Meldungen trat die bereits bekannte Beanstandung des Fahrwerks auch in diesem Berichtsmonat wieder häufiger auf. Schon nach wenigen Starts und Landungen mussten Flugzeuge wegen zu großen axialen Spiels im Federbeinkopf aus dem Flugbetrieb gezogen werden. Die Ursache war in allen Fällen auf starken Verschleiß der Fahrwerksklinke bzw. der Feststellsteine zurückzuführen. Auswechseln der Federbeinköpfe war erforderlich, da ein Nachstellen der Exenterbolzen die Beanstandung nicht beseitigte. Weiterhin zeigten sich ein erhöhter Verschleiß der Klinkenlagerbuchsen und deren Halterungen, wobei die Buchsenlager zum Teil derartig ausgeschlagen waren, dass die Laschen ausgewechselt werden mussten.
Anmerkung des Verfassers: Trotz aller Mängel verfügten die II. und III./JG 3 „UDET" mit gemeldetem Stand vom 11. April 1945 über insgesamt 84 einsatzbereite Me 109 K-4. Dieser hohe Klarstand war aber nur dem unermüdlichen Einsatz des Bodenpersonals zu verdanken.

Ablauf der Me 109 Produktion

Aus dem Briefverkehr mit dem Hauptausschuss Flugzeugbau im Reichsministerium für Rüstung und Kriegsproduktion ergibt sich dazu folgender Ablauf:
Ursprünglich sollte laut Lieferprogramm 226 die Auslieferung der letzten Me 109 aus Regensburg im Januar '45 erfolgen. Die Einstellung der Gesamtproduktion der Me 109 auch bei Erla und WNF wäre dann im Februar '45 erfolgt. Im Mai 1944 wurde die Entscheidung getroffen, das Programm 109 um 4.500 Flugzeuge zu verlängern. Die Vorlaufzeiten für die Materialbestellungen lagen zu diesem Zeitpunkt für Dural bei 6 Monaten und für Schwermetalle bei sieben bis acht Monaten. Laut Bericht vom 7. Dezember 1944 hatte Regensburg für insgesamt 12.077 Me 109* die Aufträge bereits im Betrieb laufen und sämtliche Einzelteile dafür befanden sich auch schon in Arbeit.
Ab dem Oktober 1944 liefen in Regensburg bereits die Planungen für die komplette Umstellung der Produktion von Me 109 auf die Me 262. Im Lieferprogramm 226/2 war für den April 1945 der Ablauf der 109 Produktion geplant. Laut einer Meldung des Generalquartiermeisters der Luftwaffe vom 11. April 1945 wurde in diesem Monat noch mit einer Auslieferung von ca. 250 Me 109 G-10, G-14 AS und K-4 gerechnet.

*Anmerkung des Verfassers: Die 12.077 Me 109 bedeuten die Gesamtproduktion in Regensburg seit 1939. Nachweisbar sind für die Messerschmitt GmbH Regensburg die Produktion von 10.888 Me 109. Dabei ist die noch laufende Produktion vom April 1945 nicht berücksichtigt, da hierzu die Stückzahlen aufgrund des Zusammenbruchs nicht mehr vollständig erfasst worden sind. Faktisch lief die Fertigung an den einzelnen Produktionsstandorten bis wenige Tage vor Einmarsch der US-Armee. Damit endete im April 1945 der Bau eines der legendärsten Jagdflugzeuge in der Luftfahrtgeschichte. Interessant ist in diesem Zusammenhang, dass die Planungen des RLM für die Produktion der Me 109 bis September 1945 liefen. In diesem Monat sollten dann noch 150 Me 109 K an die Luftwaffe abgeliefert werden.

Programm und tatsächliche Lieferung Me 109
(Zahlen aus Unterlagen OKL Generalquartiermeister Chef Nachschub 2. Abt. II:

1944	Juni	Juli	August	September	Oktober	November	Dezember	Gesamt
Programm	1.150	1.230	1.530	1.774	1.850	1.230	1.426	10.190
Lieferung	1.120	1.237	1.138	1.511	1.505	1.312	1.016	8.839

1945	Januar	Februar	März	April	Mai	Gesamt
Programm	1.500	1.850	1.820	1.300	1.000	7.470
Lieferung	1.190	925	722	250	0	3.087

Die Zahlen geben die Produktion von neuen Flugzeugen (Jäger und Nahaufklärer) wieder. Reparaturflugzeuge sind in dieser Aufstellung nicht berücksichtigt. Immer wieder taucht die Frage auf, welches Flugzeugwerk die größte Anzahl an Me 109 produziert hat. Hier die drei größten Hersteller im Vergleich:

1939 – 03/1945	**Erla**	**Mtt.-Regensburg**	**WNF**	**Gesamt**
Me 109 E	1.113	295	409	1.817
Me 109 F	1.011	385	1.266	2.662
Me 109 G	8.083	8.448	6.317	22.848
Me 109 K		1.594		1.594
Gesamt	**10.207**	**10.722**	**7.992**	**28.921**
		(10.888)		

In Regensburg befanden sich Bauteile für insgesamt 12.077 Me 109 in der Produktion. Deshalb die Differenz zwischen 10722 abgenommenen und 10.888 gefertigten Me 109 für Regensburg. Über die Gesamtauslieferung der Me 109 im April 1945 gibt es eine handschriftliche Meldung des Generalquartiermeisters vom 11. April 1945. In dieser Meldung wird von 50 oder 60 übernommenen Me 109 aus der Industrie berichtet. Mit Sicherheit sind aber auch danach noch Me 109 G und K von der Industrie an die Luftwaffe übergeben worden.

Trotz der enormen Verluste an der Invasionsfront und in der Reichsverteidigung betrug der Bestand am 30. September 1944 bei den Jagdverbänden 2.637 Me 109. Weitere 1.306 Me 109 befanden sich zur Reparatur in Flugzeugwerken. 136 leicht beschädigte Me 109 waren in den Werften der Luftwaffe zur Reparatur abgestellt. Trotzdem waren die Verluste der Luftwaffe im Jahre 1944 enorm. Dies geht aus der nachfolgenden Aufstellung von Carl E. Charles mehr als deutlich hervor, in der sowohl Totalverluste als auch beschädigte Me 109 erfasst sind.

Verluste der Luftwaffe

Totalverluste und schwere Beschädigungen

	109 E	**109 F**	**109 G/K**	**Summe Me 109**	**Aufklärer Me 109**
1944-Jan					
Feind	3	30	258	291	0
ohne Feind	5	65	199	269	1
Summe	8	95	457	560	1
1944-Feb					
Feind	5	3	338	346	8
ohne Feind	3	51	323	377	11
Summe	8	54	661	723	19
1944-März					
Feind	1	1	552	554	1
ohne Feind	22	42	379	443	6
Summe	23	43	931	997	7
1944-April					
Feind	0	0	451	451	33
ohne Feind	30	11	548	589	25
Summe	30	11	999	1.040	58
1944-Mai					0
Feind		5	625	630	15
ohne Feind		55	418	473	18
Summe		60	1.043	1.103	33

Bemerkungen: Die in der Tabelle aufgeführten Zahlen basieren auf den materiellen Verlustmeldungen der fliegenden Einheiten. Aufgrund der Meldewege sind leichte Abweichungen zwischen den Monaten anzunehmen. Die Meldungen sind zumindest ab Dezember 1944 nicht vollständig, ab Februar 1945 sind deutliche Lücken anzunehmen, da viele Verlustmeldungen der Einheiten nicht mehr zum General-Quartiermeister gelangt sind. C.E. Charles München 2017

	109 E	109 F	109 G/K	Summe Me 109	Aufklärer Me 109
1944-Juni					
Feind		2	194	196	15
ohne Feind		7	572	579	5
Summe		9	766	775	20
1944-Juli					
Feind		6	955	961	10
ohne Feind		13	723	736	49
Summe		19	1.678	1.697	59
1944-Aug					
Feind		5	565	570	16
ohne Feind		12	573	585	60
Summe		17	1.138	1.155	76
1944-Sept					
Feind		1	445	446	44
ohne Feind		4	401	405	47
Summe		5	846	851	91
1944-Okt					
Feind			502	502	56
ohne Feind			485	485	58
Summe			987	987	114
1944-Nov					
Feind			345	345	43
ohne Feind			364	364	45
Summe			709	709	88
1944-Dez					
Feind			462	462	39
ohne Feind			532	532	39
Summe			994	994	78
1945-Januar					
Feind			655	655	25
ohne Feind			562	562	45
Summe			1.217	1.217	70
1945-Feb					
Feind			225	225	32
ohne Feind			260	260	30
Summe			485	485	62
1945-März					
Feind			381	381	59
ohne Feind			441	441	46
Summe			822	822	105

Quelle: Militärarchiv Freiburg RL2 III/1070 und 1071

Ab August 1944 wurden zahlreiche Kampfgeschwader der Luftwaffe aufgelöst. Grund für die Auflösung war Treibstoffmangel. Die freiwerdenden Flugzeugführer erhielten eine Umschulung auf Jagdflugzeuge FW 190 und Me 109. Für die Piloten war es jedoch eine totale Umstellung. Sind sie bisher als ein Teil einer Besatzung im Einsatz gestanden, so waren sie jetzt als Einzelkämpfer unterwegs. Es waren alles hervorragend ausgebildete Piloten mit Blindflugschein, aber für den Einsatz als Jagdflieger mussten sie erst noch eingehend taktisch geschult werden. Nur wenige von ihnen haben den Einsatz als Jagdflieger überlebt.

Flugzeuglage betreffend Me 109 in 1945 aus Aktenbestand RL 2 III

Bestand Me 109 bei den Frontverbänden aus Bundesarchiv RL 2 III

Baumuster	Dezember '44	Januar '45	Februar '45
G-6	328	71	68
G-14, G-14/U4	190	438	434
G-10, G-10/U4			
G-14 AS	566	568	537
K-4	314	314	448
G-10/R6		51	103
G-12	5	9	2
G-6/R2, G-8	75	311	311
Gesamt	**1.478**	**1.762**	**1.903**

Totalverluste Me 109 Dezember 1944 – Februar 1944 aus RL 2 III

Baumuster	Dezember '44		Januar '45		Februar '45	
	Durch Feindeinwirkung	Ohne Feindeinwirkung	Durch Feindeinwirkung	Ohne Feindeinwirkung	Durch Feindeinwirkung	Ohne Feindeinwirkung
G-6	10	107	6	18	10	6
G-14, G-14/U4	262	204	152	84	80	84
G-10, G-10/U4						
G-14 AS	224	155	134	62	114	84
K-4	105	62	52	34	71	72
G-10/R6				1		
G-12						
G-6/R2 G-8	38	42	46	22	46	22
Gesamt	**638**	**570**	**390**	**221**	**321**	**268**

Zum Totalverlust von 1.349 Me 109 durch Feindeinwirkung kommen noch 1.059 Me 109 hinzu, die durch Unfälle in diesem Zeitraum verloren gegangen sind. Diese hohen Verluste ohne Feindeinwirkung innerhalb von drei Monaten dürften auf mangelhafte, weil zu kurze Ausbildung, sowie auf das der Jahreszeit entsprechend schlechte Wetter zurückzuführen sein. In Summe sind das 2.408 Me 109, was zu diesem Zeitpunkt der Produktion von mehr als zwei Monaten entsprochen hat. Ein großer Teil der beschädigten Flugzeuge konnten Mangels Personal und Ersatzteilen nicht mehr repariert werden und wurden als Totalschaden abgeschrieben. Was noch brauchbar war, wurde im günstigsten Fall ausgebaut und als Ersatzteil gelagert. Nach Aussage ehemaliger Flugzeugführer war es Anfang 1945 leichter, eine neue Maschine zu bekommen, als ein bestimmtes Ersatzteil aufzutreiben. Die Organisation der Luftwaffe begann, sich Anfang 1945 langsam aufzulösen. Gravierender noch waren aber die Verluste an Flugzeugführern in diesem Zeitraum. 1.603 Personalverluste mit und ohne Feindeinwirkung innerhalb dieser drei Monate wurden registriert, davon 804 durch Feindeinwirkung. Da die restliche Luftwaffe, bis auf wenige Ausnahmen, schon aus Treibstoffmangel kaum mehr in Erscheinung trat, ist davon auszugehen, dass die erlittenen Verluste in erster Linie nur die Jagd- und Schlachtverbände betroffen hat.

Zum Vergleich: Die USAAF verlor während des Zweiten Weltkrieges in Europa insgesamt 2.904 Jagdflugzeuge. Davon wurden 1.293 durch deutsche Jagdflieger abgeschossen. 1.611 Jagdflugzeuge gingen durch die Flak verloren.

Personalverluste der Luftwaffe

Für die Luftwaffe begann 1944 ein Massensterben seines fliegenden Personals. Gegen die Alliierten und deren Materialüberlegenheit konnte die Luftwaffe nicht mehr viel aufbieten, außer dem Opfermut einer jungen Generation. Diese durch eine Schnellausbildung gejagten Piloten wurden verantwortungslos verheizt. Sie hatten kaum eine Chance zu überleben. Erschreckend sind die Gesamtverluste seit Kriegsbeginn. Es war ein einziger blutiger Opfergang, an den sich heute kaum noch jemand erinnert.

Tote	**Dezember 1944**	**Januar 1945**	**Februar 1945**	**Gesamt seit 1.9.39**
Fliegendes Personal				
Durch Feindeinwirkung	428 (80)	282 (54)	94 (21)	23.865 (4.475)
Ohne Feindeinwirkung	183 (31)	148 (23)	53 (08)	
Verluste an Schulen	131 (05)	201 (21)	83 (08)	9.557 (827)
Gesamt	**742 (116)**	**631 (98)**	**230 (17)**	
Bodenpersonal	185 (06)	54 (02)	13 (01)	9.229 (401)
Gesamt				**42.651 (5.703)**

Vermisste/ Gefangene	**Dezember 1944**	**Januar 1945**	**Februar 1945**	**Gesamt seit 1.9.39**
Fliegendes Personal				
Durch Feindeinwirkung	796 (104)	639 (84)	272 (38)	27.000 (4.349)
Ohne Feindeinwirkung	19 (-)	9 (3)	9 (2)	
Verluste an Schulen	5 (-)	4 (-)	10 (2)	276 (25)
Gesamt	**820 (104)**	**652 (87)**	**291 (42)**	
Bodenpersonal	66 (2)	11 (-)	----	17.990 (369)
Gesamt				**45.266 (4.743)**

Verwundete	**Dezember 1944**	**Januar 1945**	**Februar 1945**	**Gesamt seit 1.9.39**
Fliegendes Personal				
Durch Feindeinwirkung	331 (45)	203 (50)	71 (16)	17.025 (3.075)
Ohne Feindeinwirkung	174 (31)	107 (20)	48 (7)	
Verluste an Schulen	101 (6)	105 (4)	36 (5)	6.178 (484)
Gesamt	**606 (82)**	**415 (74)**	**155 (28)**	
Bodenpersonal	137 (1)	32 (2)	21 (-)	9.229 (827)
Gesamt				**32.430 (4.386)**

Anmerkung: Die Zahlen haben keinen Anspruch auf Vollständigkeit, da in den letzten Kriegsmonaten aufgrund der Kriegslage nicht immer alle Meldungen von den einzelnen Verbänden das RLM auch tatsächlich erreichten.

( ) Davon Verluste an Offizieren

Situationsbericht: Die Luftwaffe im Februar 1945

Wie dramatisch die Lage der Luftwaffe war, geht aus einer Monatsmeldung hervor, die hier auszugsweise im Originaltext wiedergegeben wird.

Gen.Qu.6.Abt. (III) Hauptquartier
22.3.45
Monatsmeldung
Stand: 28.2.45

Im Februar beeinträchtigten Flugbetriebsstofflage, Verkehrslage und der Verlust von Fertigungsstätten in den Ostgebieten die Flugzeugausbringung erheblich.
Es wurden insgesamt 2.223 Frontflugzeuge von der Industrie übernommen. Die Zahl der am 28.2. noch bei der Industrie im Einflug befindlichen Neubau-Frontflugzeuge betrug 381 und hat sich damit gegenüber dem 31.1. weiterhin verringert.
Die sich jetzt zum Frühjahr laufend bessernde Wetterlage und die erforderlich werdende weitere Einschränkung des Fertigungs-Programms lässt für März eine weitere Verringerung der jeweils im Einflug stehenden Flugzeuge erwarten.
Die sich weiterhin verschärfende Flugbetriebsstofflage, insbesondere der Otto-Kraftstoffe, zwingt zu weiterer Einschränkung der Flugzeugfertigung, sodass im März mit noch geringerem Industrieausstoß gerechnet werden muss. Die wird sich auf die Erhaltung der Verbände kaum auswirken, da diese ebenfalls mangels Betriebsstoff nur noch beschränkt zum Einsatz gebracht werden können und somit geringere Verluste eintreten werden. Lediglich bei den Strahlflugzeugen wird weitere Steigerung der Ausbringung angestrebt und muss auch mit größtmöglichem Nachdruck gefordert werden.
Der Bestand in den Nachrüstbetrieben betrug am 28.2. insgesamt 384 Flugzeuge. Dieser Anstieg ist hauptsächlich bedingt durch die Ausbringung nicht fronteinsatzklarer He 162, vermehrte Ausbringung Me 262 und Fertigstellung der infolge der Lageentwicklung im Osten von den Herstellerwerken unfertig zurückgeführten Me 109 und FW 190.

Der Industrie-Abholrückstau, das heißt von den Industrieflugplätzen noch nicht der Truppe zugeführte, jedoch von der Luftwaffe bereits übernommene Flugzeuge, ist mit 428 Neubau- und Reparaturflugzeugen gegenüber dem Vormonat aufgrund der sich laufend bessernden Überführungswetterlage auf unter die Hälfte abgesunken. Der neben der Wetterlage bisher vorhandene Hauptgrund für das schleppende Abfliegen von Flugzeugen von Industrieflugplätzen war der schlechte Auslieferungszustand. Durch den Rüstungsstab wurde inzwischen eine Qualitätskommission gebildet, deren Hauptaufgabe es ist, dafür Sorge zu tragen, dass die Industrie nur voll frontbrauchbare Flugzeuge ausliefert.

Der Istbestand in den Frontverbänden ist im Berichtszeitraum bei den

Jagdverbänden	um 594
Nachtjagdverbänden	22
Schlachtverbänden	190
Aufklärungsverbänden	75
See-Aufklärungsverbänden	1
Zerstörerverbänden	2

Flugzeuge gestiegen. Bei den Kampfverbänden blieb der Istbestand unverändert.

Das Ansteigen des gesamten Istbestandes ist eine Folge der außerordentlich schlechten Flugbetriebsstofflage, die z. B. bei den Verbänden der Reichsverteidigung* und den Kampfverbänden (Ausnahme Strahlerverbände) zur völligen Einstellung jeden Einsatzes und bei den übrigen Verbänden zu starker Beschränkung des Einsatzes geführt hat. Lediglich die Transportverbände mussten vermehrt zur Festungsversorgung eingesetzt werden und hatten dabei erhebliche Verluste. Bei Anhalten dieses Einsatzes in der kommenden Zeit ist mit Verbrauch des gesamten Transport-Flugzeugbestandes einschließlich der noch ausschöpfbaren Reserven in etwa vier bis fünf Monaten zu rechnen, da sowohl aus Neufertigung wie auch aus Reparatur keinerlei Nachschub mehr zufließt.

Die im Berichtsmonat sehr geringe Lieferung von nur 178 Me 109 Schlechtwetter-Jäger wirkte sich nicht aus, da die Verbände fast nicht zum Einsatz kamen.
Die Strahl-Jäger-Lieferung konnte gegenüber dem Vormonat wieder etwas gesteigert werden. Es wurden einschließlich Reparatur 155 Me 262 Frontflugzeuge von der Industrie übernommen. Vom Muster He 162 wurden 18 Flugzeuge übernommen, die jedoch noch nicht sämtliche für Fronteinsatz erforderlichen Änderungen haben. Sie werden der Erprobung zugeführt. Gegen Ende März sind jedoch aller Voraussicht nach die ersten fronteinsatzklaren He 162 zu erwarten. Die Ausbringung von nur drei Ta 152 im Februar ist auf die noch nicht abgeschlossene Verlagerung zurückzuführen.
Der Anlauf der Ar 234 C wird sich aus Triebwerksbeschaffungsgründen verzögern.
Zur Sicherstellung der Einsatzbereitschaft der Strahl-Verbände muss ausreichende Bereitstellung von Ersatzteilen, insbesondere Triebwerken, gefordert werden, und zwar ist hier nicht nur die Bereitstellung des jeweiligen Ersatzes für bereits ausgefallenes Gerät ausreichend, sondern es muss tatsächlich eine der Transportlage angepasste Bevorratung – insbesondere der westlichen Einsatzräume – sichergestellt werden, da sonst die Abstellung und damit Brachlegung hochwertigen fliegenden Geräts nicht zu vermeiden ist.
Die EZ 42 -Fertigung war völlig unzureichend. Im Februar wurden nur 73 Geräte geliefert, sodass das Gerät immer noch nicht in ausreichender Stückzahl in den Einsatz gebracht werden konnte. Auch im März kann nur mit geringer Lieferung gerechnet werden, da der Aufbau der Fertigung nach der Verlagerung auf erhebliche Schwierigkeiten stößt.

Die erwarteten Schwierigkeiten in der Bewaffnung der Jagdflugzeuge mit MG 131 und MK 108 werden sich infolge der verringerten Flugzeugausbringung vorerst kaum auswirken. Jedoch wird bei Hochlauf der Strahler-Fertigung in einigen Monaten die Bereitstellung der erforderlichen MK 108 erneut Schwierigkeiten bereiten.
Zur Erreichung größtmöglicher Wirkung mit Strahlflugzeugen ist Ausrüstung mit Drosselkompass und Kurskopplern erforderlich. Bereitstellung der benötigten Geräte bedarf des größten Nachdrucks.
Mit neuen Nachtjagdsuchgeräten wurden im Februar 80 Nachtjagdflugzeuge mit FuG 218 nachgerüstet. 180 FuG 218 konnten nicht geprüft und damit auch nicht eingebaut werden, da das Prüffeld ohne Stromversorgung war.
Besondere Schwierigkeiten gab es in der Ausrüstung mit Flugzeugen mit Berlin N 1a, welches aufgrund der bisherigen Einsatzerfahrungen noch nicht als truppenbrauchbar zu bezeichnen ist.
Für FuG 244/245 (Bremen) ist die Herstellung des Zwischenfrequenzverstärkers total ausgebombt. Liefereinbruch ist noch nicht zu übersehen.
Durch den Ausfall der Firma Schaub, Pforzheim, sind erneut starke Einbrüche an ZVG 16 und U 17 zu erwarten, die die Einsatzbereitschaft der fliegenden Verbände beeinträchtigen werden.

Abschließend muss bezüglich der Nachschub- und Versorgungstransporte für die fliegenden Verbände nochmals auf die außerordentlich angespannte Verkehrslage hingewiesen werden. Ein großer Teil des benötigten Gerätes, welches aufgrund seiner Spezialausführung nicht in größeren Mengen eingelagert werden kann, wird durch Sonderkuriere mühsam den Verbänden zugetragen und bindet somit eine erhebliche Menge Personal der fliegenden Verbände, welches hierdurch der Truppe für die Sicherstellung der Einsatzbereitschaft entzogen ist. Für größere Nachschubtransporte wirkt sich besonders das disziplinwidrige Verhalten der örtlichen Bahnstellen nachteilig aus. Zahlreiche hochwertige Nachschubgüter sind hierdurch bereits in Verlust geraten. Es muss in Zukunft sichergestellt werden, dass durch die Wehrmacht-Transportdienststellen befohlene Ganzzüge auch wirklich zusammengestellt werden und nicht, wie es des Öfteren geschehen ist, bereits beladene Waggons willkürlich an andere Züge angehängt werden und dann nicht zu überwachen sind.

Verteiler: gez.
Gruppe V
Gruppe III

*Anmerkung des Verfassers: Gemeint ist hier wohl die Einstellung der Angriffe auf einfliegende Bomberverbände.

Gegenüberstellung der Verluste

Verluste	Flugzeuge (Totalverluste)	Personal (Tote)
USAAF in Europa	18.000	79.285
RAF	22.000	79.281
Luftwaffe	*57.000	**42.651

* In dieser Zahl sind auch die Verluste an der Ostfront mit enthalten. Die Aufstellung enthält sowohl Verluste im Luftkampf, Verluste ohne Feindeinwirkung als auch am Boden zerstörte Flugzeuge.
** Mit Stand vom 28. Februar 1945 nach Meldung von allen Fronten.

Aus dieser Aufstellung ist ersichtlich, dass der Luftkrieg am Himmel Europas eine mörderische Materialschlacht war. Der aufopferungsvolle Einsatz der Luftwaffe konnte jedoch nicht verhindern, dass die USAAF rund 971.000 t und die RAF 955.000 t an Bomben auf Ziele in Deutschland abwarfen.
Die Zielgenauigkeit bei den Nachtangriffen der RAF hielt sich in Grenzen. Von den abgeworfenen Bomben fielen nur 12 Prozent auf kriegswichtige Ziele. 24 Prozent der Bombenladung wurden auf deutsche Großstädte abgeladen. Bei Kriegsende bedeckten 400.000.000 Normkubikmeter Schutt und Asche die deutschen Städte. Ruinenlandschaften kennzeichneten Deutschland und selbst alliierte Kommissionen, die die Wirksamkeit der Luftangriffe überprüften, waren über die angerichteten Schäden total schockiert. Es wurde mit einer Wiederaufbauphase von bis zu 50 Jahren gerechnet. Bei der Frauenkirche in Dresden traf dies ja auch annähernd zu. 1995 wurde mit dem Wiederaufbau begonnen, der 2005, also 60 Jahre nach Kriegsende, abgeschlossen werden konnte.

Lage zur Treibstoffversorgung der Luftwaffe 1944/45

Bei einer Lagebesprechung im April 1943 äußerte Generalfeldmarschall Milch: „Die Hydrierwerke sind das Schlimmste, was uns treffen kann; damit steht und fällt die Möglichkeit der ganzen Kriegsführung. Es stehen dann ja nicht nur die Flugzeuge, sondern auch die Panzer und U-Boote still, wenn die Werke wirklich getroffen werden sollten."
Der Mann war ein Prophet!
Rüstungsminister Speer äußerte sich bei den Nürnberger Prozessen: „Mit der Zerstörung der mitteldeutschen Hydrierwerke war der Krieg produktionstechnisch verloren."
Als im August 1944 die rumänischen Ölfelder verloren gingen, erfolgte ein dramatischer Produktionseinbruch, der aber noch durch die vorhandenen Reserven aufgefangen werden konnte. Die Luftwaffe benötigte jeden Monat ca. 100.000 Tonnen an Treibstoffen.
Im Mai 1944 begannen die Alliierten die Luftoffensive gegen die deutsche Treibstoffproduktion, den „Oilstrike", der systematischen Zerschlagung der deutschen Treibstoffproduktion. Innerhalb eines Jahres kam die Produktion zum Stillstand.
Die im Monatsbericht aus dem Februar 1945 gemachte Aussage des Generalquartiermeisters über den sich ständig verschärfenden Treibstoffmangel soll anhand dieser Aufstellung nochmals verdeutlicht werden.

Produktion von Flugbenzin im Deutschen Reich und besetzte Gebiete

Die Treibstoffreserven für Flugbenzin betrugen **am Jahresende 1943 noch 440.000 t** bei einem monatlichen Verbrauch von 100.000 t. **Ende 1944 waren es nur noch 146.000 t** bei einem monatlichen Verbrauch von damals 45.000 t.

Damit im April 1945 überhaupt noch Einsätze geflogen werden konnten, wurden die letzten Reserven aus dem Bestand OKL und OKW aufgebraucht.

1944		**1945**	
Mai	156.000 t	Januar	11.000 t
Juni	53.600 t	Februar	9.000 t
Juli	29.500 t	März	1.600 t
August	12.000 t	April	0 t
September	10.000 t		
Oktober	20.000 t		
November	42.000 t		
Dezember	25.000 t		

Ein Tankfahrzeug der Luftwaffe auf einem Mercedes LKW-Fahrgestell vom Typ LG 3.000 mit einer Nutzlast von 3 Tonnen. Der Tankaufbau fasste 3.000 Liter Treibstoff und reichte aus, um sieben Me 109 zu betanken. Wurde mit Zusatztank geflogen, konnten nur vier Maschinen betankt werden. Neben dem LG 3000 waren in der Regel auch noch Tankwagen auf Opel-Blitz 3t und Tankanhänger im Einsatz. Die gesamte Kriegführung beruhte auf einem ausreichenden Treibstoffnachschub und daran hat sich bis heute nichts geändert.

Wie groß der Treibstoffengpass im August/September 1944 war, zeigt diese Aufnahme. Nach der Landung mussten die Flugzeugführer aus der Landerichtung herausrollen und dann den Motor abstellen. Dann hieß es warten, bis ein Schleppkommando den Transport zum Liegeplatz übernahm. In diesem Falle wird eine Me 109 G-6 AS durch ein Ochsengespann gezogen.

Auf diesem Foto wird im August 1944 eine Me 109 G-6 AS durch ein Ochsengespann zum Auftanken an einen Tankanhänger herangezogen. Des Öfteren wurden auch Anhänger umgerüstet, um von einem Pferde- oder Ochsengespann gezogen zu werden. Das Deutsche Reich führte mittlerweile einen Krieg des armen Mannes, es fehlte an allem.

Flugbetriebsstofflage im April 1945

Die Lage war hoffnungslos, denn es war kein Nachschub an Treibstoffen mehr in Sicht! Damit kamen alle Kampfhandlungen der Wehrmacht zum Stillstand. Es war die Bankrotterklärung des III. Reiches.
Gerade das Fehlen der Luftwaffe an allen Fronten machte sich bei den Bodentruppen durch sich laufend steigende Personal- und Materialverluste bemerkbar. Vor allem die Versorgung der Truppe mit den lebensnotwendigen Versorgungsgütern war durch die totale Luftüberlegenheit der Alliierten auf das Äußerste gefährdet. Es ergab sich aber auch ein psychologischer Effekt. In der Wehrmacht sank die Stimmung auf den Nullpunkt angesichts der hoffnungslosen Kriegslage. Nur noch an der Ostfront wurde den vorrückenden sowjetischen Truppen ein erbitterter Widerstand geleistet, um der Bevölkerung die Flucht zu ermöglichen. Die Luftwaffe hatte im Februar 1945 die Bekämpfung der alliierten Bomber weitgehend eingestellt und flog fast nur noch Einsätze an der Ostfront, um den Bodentruppen Entlastung zu bringen, sofern es die Treibstofflage zuließ.
In einigen Großtanklagern gab es noch Treibstoffvorräte, aber es war mittlerweile ein logistisches Problem, größere Mengen abzutransportieren. Tankfahrzeuge und Züge mit Kesselwagen, sofern vorhanden, konnten nur noch nachts fahren. Für Transportzüge mit Kesselwagen bestand der Befehl, tagsüber außerhalb von Ortschaften perfekt getarnt abgestellt zu werden. Ansonsten bestand die große Gefahr, von den überall umherstreifenden Tieffliegern entdeckt und zusammengeschossen zu werden.

Ein Beispiel: Am 20. Februar 1945 befanden sich im Bahnhof von Bad Abbach ein Zug mit 16 Kesselwagen, die Diesel-Kraftstoff geladen hatten, sowie auf dem Nachbargleis ein leerer Lazarettzug, der eindeutig mit Rot-Kreuz gekennzeichnet war. Trotzdem nahmen P-38 „Lightnings“ die Kesselwagen und den Lazarettzug unter Beschuss. Die Angriffe wurden solange geflogen, bis auch der letzte Kesselwagen brannte. Beide Lokomotiven waren so schwer beschädigt, dass sie ihre Fahrt nicht fortsetzen konnten. Der Lazarettzug brannte zum Teil aus. Die alarmierten Feuerwehren konnten nichts mehr retten.

Die letzten Treibstoffreserven waren auf den Flugplätzen konzentriert worden, von denen aus noch Einsätze geflogen wurden. Waren diese Vorräte erschöpft, wurde auf Flugplätze verlegt, die noch über Treibstoff verfügten. Ferner bestand ein Befehl, einen Teil der im Großraum München vorhandenen Treibstoffmengen in die Alpen zu den dort vorhandenen Flugplätzen zu verlegen. Viele Einheiten der Luftwaffe standen bis zum Kriegsende mit der Me 109 im Gefecht. Sie hatten sich Mangels Treibstoffnachschub bis zur Kampfunfähigkeit geschlagen. Am Kriegsende ging eine durch die alliierte Materialüberlegenheit demoralisierte Deutsche Luftwaffe in die Kriegsgefangenschaft.

Die mangelnde Treibstoffbevorratung der Flugplätze ließ kaum mehr eine größere Anzahl von Einsätzen gegen die vorrückenden Alliierten zu. Nur an der Ostfront und im Kampf um Berlin flog die Luftwaffe nochmals eine größere Anzahl an Einsätzen zur Bekämpfung der Roten Armee. Für einen Einsatz von 10 Me 109 waren mindestens 4.000 Liter (4 m^3) B-4 oder C-3 erforderlich. Bei einem Einsatz mit Zusatzbehälter erhöhte sich die erforderliche Treibstoffmenge um weitere 3.000 Liter, was einer Gesamtmenge von 7.000 Liter (7 m^3) entspricht. Für den Einsatz von 10 Me 262 waren mindestens 20.000 Liter (20 m^3) J-2 erforderlich. Zwar waren an den zahlreichen Fliegerhorsten des Luftgaus VII (Bayern) noch rund 2.000 m^3 an J-2 vorhanden und weitere 3.325 m^3 lagerten im GTL Krailling. Sobald aber auf einem Flugplatz Nachschub benötigt wurde, war es, wie bereits schon erwähnt, ein Problem, den Treibstoff aus den Tanklagern zu den Flugplätzen zu transportieren. Der Bestand wird im folgendem Dokument in m^3 = Kubikmeter = 1000 Liter angegeben.
B-4 = Flugzeugbenzin mit 87 – 89 Oktan
C-3 = Flugzeugbenzin mit 95 Oktan
J-2 = Düsentreibstoff als Mischkomponente aus B-4 und Dieselkraftstoff

Wie es um die Flugbetriebsstofflage der Luftwaffe am 22. April 1945 im Bereich der Luftgaukommandos VII und VIII bestellt ist, zeigt die folgende Aufstellung. Es waren die letzten vorhandenen Treibstoffbestände. Die Tanklager der Luftwaffe waren weitgehend leer, siehe LTL in der Tabelle.

Die folgende Tabelle zeigt die hoffnungslose Treibstofflage wenige Tage vor Kriegsende.

Luftgau VII Fliegerhorst	B-4	C-3	J-2
Fürstenfeldbruck	24	25	102
Gablingen	13	34	11
Kaufbeuren	2	-	62
Landsberg	10	16	37
Lechfeld	15	33	218
Leipheim	24	13	152
Lichtenau	5	19	-
Memmingen	4	2	55
Neuburg	5	20	133
Neu-Ulm	-	2	1
Schongau	10	-	-
Wörishofen	22	18	-
Bad Aibling	1	2	-
Ainring	8	-	-
Erding	48	19	-
Innsbruck-Hötting	2	6	-
Holzkirchen	3	6	-
Innsbruck-Reichenau	2	-	-
Klein-Karolinenfeld	-	10	-
Mühldorf	48	-	37
Neubiberg	19	30	6
München-Oberwiesenfeld	5	3	-
München-Riem	11	8	132
Schleißheim	36	21	-
Cham	-	-	-
Ergolding	-	-	-
Ingolstadt	8	-	-
Kirchham	-	2	-
Landau	2	7	37
Plattling	9	3	368
Pocking	10	-	135
Obertraubling	-	1	-
Schwandorf	-	-	-
Straubing	1	2	-
Laupheim	-	5	-
Rißtissen	-	5	-
Baltringen	-	-	106
Reichenbach	12	26	-
Mengen	2	-	140
LTLWeissenhorn	-	-	-
LTL Regensburg	-	-	-
LTL München-Olex	-	-	185
GTL Neuburg (ohne Angabe)			
GTL München-Krailling	907	945	3.325

Luftgau VIII Fliegerhorst	B-4	C-3	J-2
Beneschau	-	-	-
Eckersdorf	5	-	-
Mährisch Ostrau	8	-	-
Hirschberg	-	-	-
Schweidnitz	22	13	-
Raudnitz	-	2	-
Görlitz	8	6	-
Glatz	10	1	-
Königsgrätz	160	34	-
Pardubitz	-	-	-
Chrudim	1	-	-
Pilsen	6	9	-
Eger	-	-	-
Marienbad	2	1	-
Wischau	1	-	-
Proßnitz	10	-	-
Kosteletz	-	7	-
Olmütz	14	-	-
Prerau	-	-	-
Prag-Rusin	25	-	34
Prag-Gbell	-	-	-
Prag-Letnian	21	-	20
Prag-Kletzan	26	-	-
Niemes	-	16	-
Reichenberg	37	93	-
Deutsch Brod	20	-	-
Budweis	10	-	-
Hohenmauth	5	12	-
Zauchtel	-	2	-
Chotzen	-	-	-
Senoschat	6	-	-
Saaz	-	4	-
LTL Olmütz	2	-	-
LTL Domaschin	-	-	-

Alle Mengenangaben in m^3 mit Stand vom 22. April 1945, um 18.00 Uhr.

Ein Kapitel für sich: Der Einsatz von Kriegsgefangenen, Zwangsarbeitern und KZ-Insassen in der Flugzeugproduktion

Ein dunkles Kapitel ist der Einsatz von Kriegsgefangenen, Zwangsarbeitern und KZ-Insassen in der Rüstungsproduktion. Mit zunehmender Kriegsdauer wurden immer mehr Fachkräfte aus der Rüstungsindustrie zur Wehrmacht eingezogen. Waren die Verluste der Wehrmacht in den Jahren 1939 – 1941 noch überschaubar, so stiegen die Verluste bis Ende 1942 stark an. Im Jahre 1943, nach den Katastrophen an der Ostfront (Stalingrad) und der Kapitulation des Afrikakorps in Tunesien verschärfte sich die Lage dramatisch. Allein 1943 betrugen die Verluste der Wehrmacht von Januar – Oktober eine Million Mann. Mit der Ausrufung des totalen Krieges durch Propagandaminister Göbbels im Berliner Sportpalast am 18. Februar 1943 wurde die Wochenarbeitszeit auf 72 Stunden erhöht. Dies bedeutete eine tägliche Arbeitszeit von zwölf Stunden an sechs Tagen in der Woche und nur noch der Sonntag war frei. Mit der Aufstellung des Volkssturmes mussten alle Männer im Oktober 1944 bis zum 60. Lebensjahr an Sonntagen auch noch dort ihren Dienst zur Ausbildung ableisten. Es gab für die arbeitende Bevölkerung kaum noch Erholungsphasen. Immer mehr, auch ursprünglich UK-Gestellte, wurden zur Wehrmacht eingezogen. Die Lücken versuchte man mit der Dienstverpflichtung von Frauen in der Rüstungsproduktion zu schließen, was aber nur unzureichend gelang.

Der Materialverschleiß an den Fronten hatte gigantische Ausmaße angenommen.

Hier ein Beispiel aus dem Bereich der Luftwaffe:

- Betrug die durchschnittliche Lebensdauer einer Me 109 im Jahre 1941 noch knapp ein Jahr und 115 Flugstunden, so sank die Lebensdauer im Jahre 1942 auf ein halbes Jahr und 65 Flugstunden ab.
- Die Lebensdauer der FW 190 fiel noch schlechter aus. Die FW 190 erreichte im Jahre 1941 zwar ebenfalls eine durchschnittliche Lebensdauer von einem Jahr, aber bei nur 65 Flugstunden. Im Jahre 1942 reduzierte sich diese auf vier Monate Einsatzzeit bei nur noch 25 Flugstunden.

Um diese Verluste auszugleichen, war eine Steigerung der Produktion unabdingbar. Hinzu kamen ab August 1943 die zunehmenden Luftangriffe der USAAF auf die Flugzeugwerke und hier im Besonderen auf die Produktionsanlagen von Jagdflugzeugen. Die Angriffe im Februar 1944 waren dann auch der Anlass, dass die Dezentralisierung der Flugzeugproduktion nun massiv vom neu gegründeten Jägerstab betrieben wurde. Die Aufspaltung der Produktion in kleine und kleinste Produktionsstätten war aber wiederum nur mit einem „mehr" an Arbeitskräften zu schaffen. Bis zur Jahresmitte 1944 war die Dezentralisierung der Produktion für den Flugzeugbau weitgehend abgeschlossen und in einer weiteren Phase war die Verlagerung in unterirdische Produktionsstätten geplant und zum Teil auch schon in der Umsetzungsphase. In einem Bericht des Rüstungskommandos von Regensburg ist erwähnt: „Dass der Arbeitseinsatz von Frauen nicht die Arbeitsleistung von Männern ersetzen kann!" Zur Einführung der 72-Stundenwoche wurde vermerkt: „Dass damit zwar kurzfristig eine Steigerung der Produktion möglich gemacht wurde. Da aber kaum noch Ruhezeiten für die Belegschaften gegeben waren, wurde langfristig ein stetiges Absinken der Arbeitsleistung registriert."
Anmerkung: Dieses Absinken der Arbeitsleistung zeigte sich auch im starken Anstieg der Ausfallstunden, bedingt durch Krankheit und körperliche Erschöpfung.

In dem Maße in dem sich die Kriegslage in den Jahren 1943 – 45 für das Deutsche Reich verschlechterte, um so verzweifelter, radikaler und brutaler wurde die Beschaffung von Arbeitskräften für die Rüstungsindustrie betrieben. Der Reichsminister für Rüstung und Kriegsproduktion (RuK) Speer und sein Stab leiteten entsprechende Schritte ein, die notwendig waren, um die Kriegsproduktion überhaupt noch am Laufen zu halten beziehungsweise unter den gegebenen Umständen auch noch zu steigern. Ein erster Schritt war die Dienstverpflichtung zum Arbeitseinsatz im Reich durchgeführt worden. Dies betraf die deutsche Zivilbevölkerung, hier vor allem Frauen, die in der Rüstungsproduktion und in anderen Bereichen eingesetzt wurden und damit Arbeitsplätze von Männern übernahmen, die zur Wehrmacht eingezogen wurden. Parallel dazu lief der Einsatz von Kriegsgefangenen in der Rüstungsindustrie und der Landwirtschaft. In den besetzten Gebieten begann die Rekrutierung von Arbeitskräften. Anfangs (1941) geschah dies noch weitgehend auf freiwilliger Basis, später fanden rücksichtslose Zwangsrekrutierungen in den besetzten Gebieten, vor allem im Osten, statt. So mussten sich junge Männer in den besetzten Gebieten nach Vollendung des 18. Lebensjahres zum Arbeitseinsatz bei den zuständigen Polizeidienststellen melden.
Die SS verfügte in den Konzentrationslagern über hunderttausende von Häftlingen und bot diese als Arbeitskräfte dem RuK und der Industrie gegen Bezahlung an.
Als die WNF und die Messerschmitt GmbH Regensburg bereits im August 1943 durch Luftangriffe schwer getroffen worden waren, begann bereits ab diesem Zeitpunkt eine erste Welle der Verlagerungen. Entsprechende Planungen müssen aber bereits vorher bestanden haben. Nach den massiven Angriffen auf die Jagdflugzeugproduktion in der „BIG WEEK“ im Februar 1944 war eine weitere Verlagerung und Zersplitterung der Produktion notwendig. Es galt, die wertvollen zum Teil unersetzlichen Maschinen für die Produktion in unterirdische Bereiche (Tunnel und Stollen) geschützt vor Bombenangriffen zu verlagern. Ab dem 1. März 1944 griff der Jägerstab hier massiv in die Produktion von Jagdflugzeugen ein. Was den Messerschmitt-Konzern anbelangte, wurden die bisherigen Betriebsführer weitgehend entmachtet. Werkbeauftragte, Sonderbevollmächtigte und Kommissare traten an ihre Stelle und übernahmen das Kommando. Immer mehr Zwangsarbeiter und KZ-Häftlinge wurden in die Produktion eingebunden. Aber auch hier gab es innerhalb des Messerschmitt-Konzerns nicht etwa eine einheitliche Vorgehensweise, sondern man fand völlig unterschiedliche Maßnahmen zur Einbindung von KZ-Häftlingen in die Flugzeugproduktion. Bei der Messerschmitt AG in Augsburg wurde ein Barackenlager in unmittelbarer Nachbarschaft zum Flugzeugwerk nach Vorgaben der SS errichtet und Häftlinge aus dem Konzentrationslager Dachau wurden im Flugzeugwerk beschäftigt. Bei der Messerschmitt GmbH Regensburg beschritt die Werkleitung einen ganz anderen Weg. Hier wurden Teile der Produktion in die Konzentrationslager Flossenbürg und Mauthausen ausgelagert.
Professor Messerschmitt sowie die Betriebsführer der Messerschmitt AG (Kokothaki) und der Messerschmitt GmbH (Linder) weigerten sich, bei einer Besprechung mit dem Jägerstab am 17. November 1944 in Augsburg, weitere KZ-Häftlinge in die Flugzeugproduktion aufzunehmen. Messerschmitt, Kokothaki und Linder lehnten dies kategorisch ab und wollten dafür auch keinerlei Verantwortung für die geforderten Produktionszahlen des Jägerstabes übernehmen. Hintergrund der sehr stürmisch verlaufenden Sitzung war die Forderung des Jägerstabes nach einer Produktion von 1.000 Me 262 monatlich ab September 1945.
Anmerkung des Verfassers: Direktor Linder soll sich dazu so geäußert haben, dass für die Produktion einer derart großen Anzahl die Rohstoffe nicht verfügbar und für den Einsatz die erforderlichen Treibstoffmengen nicht vorhanden waren. Ein weiterer Punkt war, dass sich die aerodynamische Güte der 109-Zelle dramatisch verschlechtert hatte. Dies war eindeutig auf den Einsatz von Zwangsarbeitern und KZ-Häftlingen zurückzuführen. Alle Maßnahmen, die Qualität wieder zu verbessern, waren bisher nicht besonders erfolgreich verlaufen. Daimler-Benz versuchte zwar durch stetige Verbesserungen die Leistung des DB 605 D zu erhöhen, das mehr an

Leistung wurde aber durch die schlechte Verarbeitung der Zellen wieder zunichtegemacht. Daher forderten die Betriebsführer der Messerschmitt-Werke in dieser Besprechung die Rückversetzung von Facharbeitern aus der Wehrmacht in die Flugzeugwerke. Durch deren Einsatz in der Flugzeugproduktion versprach man sich auf Seiten Messerschmitt eine wesentlich bessere Verarbeitung und damit Steigerung der Flugleistungen. Dies betraf sowohl die Me 109 als auch die Me 262. Das Gespräch wurde laut Zeitzeugen in einem lautstarken zum Teil brüllenden Ton abgehalten. Dem Regensburger Betriebsführer Direktor Karl Linder wurde durch Oberingenieur Lange vom Jägerstab der gestreifte KZ-Anzug angedroht. Nur dem massiven Einsatz von Professor Messerschmitt und Generaldirektor Frydag vom Jägerstab war es zu verdanken, dass der Regensburger Betriebsführer Linder nicht durch die Gestapo verhaftet wurde. Trotz der Intervention der Messerschmitt-Führung stieg die Anzahl der KZ-Häftlinge im Bereich der Messerschmitt AG bis Januar 1945 auf über 6.000 Häftlinge an, was rund 27,5 Prozent der Gesamtbelegschaft ausmachte.

Im Deutschen Reich lag die Anzahl der Beschäftigten im Flugzeugbau im Jahre 1940 bei 195.783, diese stieg bis Mitte 1944 auf 342.601 an. Die Anzahl von Mitarbeitern im Flugzeugmotorenbau erhöhte sich von 80.353 im Jahre 1940 auf 203.000 im Jahre 1944. Nur durch diesen drastisch erhöhten Personaleinsatz konnte der Ausstoß an Flugzeugen gesteigert werden und erreichte im Herbst 1944 seinen Höhepunkt.

Im nun folgenden Bericht des Betriebsführers der Messerschmitt AG Augsburg, Rakan Kokothaki wird aufgezeigt, wie die Einsätze von Fremd- und Zwangsarbeitern sowie KZ-Häftlingen in der Flugzeugindustrie zustande kamen. Nicht uninteressant ist auch der betriebswirtschaftliche Vergleich eines ungelernten deutschen Arbeiters mit einem KZ-Häftling in Bezug auf Kosten und Arbeitsleistung. Ferner wird hier der sich ständig steigende Einfluss der SS auf die Flugzeugproduktion erkennbar. Allerdings stellte sich die Besetzung des stellvertretenden Werkbeauftragten, in Person eines SS-Untersturmführers, im Augsburger Messerschmitt-Werk als eine totale Fehlentscheidung heraus.

Fremdarbeiterbehandlung in den Messerschmitt-Betrieben

(Bericht des Augsburger Betriebsführers Rakan Kokothaki)

Grundlagen für die Fremdarbeiterbeschäftigung

Bei dem Fremdarbeiterprogramm sind drei Kategorien zu unterscheiden.

1. Fremdarbeiter als Angehörige fremder Nationen, die mittels Arbeitsvertrag zur Mitarbeit in den Messerschmitt-Betrieben verpflichtet wurden.

2. Fremdarbeiter aus dem Osten, die ähnlich wie die deutschen Dienstverpflichteten eingestellt wurden, also keine Wahl hatten, vorgelegte Arbeitsverträge abzulehnen.

3. Fremdarbeiter als Angehörige von KZ-Lagern, Straflagern, Gefängnissen und dergleichen mehr, die auf der Basis von Arbeitskräfteanforderung von höheren Dienststellen uns zwangsweise aufgedrängt wurden.

Für alle drei Fälle ist das Kriterium entscheidend, ob sie auf Initiative der Messerschmitt-Betriebe zur Verfügung gestellt wurden oder von höheren Dienststellen gezwungen wurden, Arbeitsleistungen in den Messerschmitt-Betrieben zu vollbringen. Um diese Frage klar entscheiden zu können, muss man die Frage der Auftragsvergebung an die Messerschmitt-Betriebe analysieren; dabei interessieren natürlich

nur die Verhältnisse ab Kriegsbeginn, dem 1.9.1939.
Ein Auftrag kam dadurch zustande, dass die Planungsabteilung des C-Amtes im RLM (Reichsluftfahrtministerium), das für die Beschaffung von Serienflugzeugen zuständig war, ein Soll-Programm aufgestellt hat, dazu den Firmen zur Stellungnahme übermittelt wurde. Die Firma hat daraufhin erklärt, dass sie z. B. das Programm nicht erfüllen kann, weil es ihr dann an den nötigen Arbeitern und Ingenieuren, an Maschinen, Einrichtungen, Vorrichtungen, Arbeitsflächen usw. mangeln würde. Dementsprechend hat die Firma Messerschmitt dann angegeben, welche Stückzahlen sie nach ihrer Meinung mit den vorhandenen Menschen, Einrichtungen ect. pro Monat herausbringen kann. Die Planungsabteilung hat dann meist nachgefragt, welche Bedingungen bezüglich Zurverfügungstellung von Arbeitern, Maschinen, Einrichtungen ect. notwendig sei, um das von ihr gewünschte Programm zu gewährleisten.
Nach Angabe dieser Zahlen ist es dann vielfach zu eingehenden Verhandlungen gekommen, die des Öfteren zu Kompromissen führten und so schließlich die Einigung über ein Programm brachten.
Mit der Verschärfung des Krieges, die sich besonders in einem katastrophalen Mangel an Flugzeugen bemerkbar machte, genügte dieses Verfahren dem RLM nicht mehr. Die Belange der Serienproduktion von Flugzeugen ging am 1.3.1944 an RuK (Ministerium für Rüstung und Kriegsproduktion) über, nachdem dieses bereits vorher in der Form dem RLM Hilfestellung geleistet hat, als es im Herbst 1943 einen Beauftragten in der Person des späteren Abteilungsleiters für den Flugzeugzellenbau des Jägerstabes, Herrn Lange, zum Wiederaufbau das durch den Angriff vom 17.8.1943 stark beschädigten Werkes Regensburg dorthin beorderte.
An dem genannten 1.3.1944 gründete RuK den sogenannten Jägerstab, bei dem Angehörige des C-Amtes des RLM zunächst noch zur Mitarbeit eingesetzt wurden. Der Jägerstab hatte sich besonders mit der Steigerung der Flugzeugserienproduktion zu befassen. Speer ernannte seinen Hauptdienstleiter (Staatssekretär) Saur zum Leiter des Jägerstabes. Saur setzte sofort als Außenorgane in den Werken sogenannte Werkbeauftragte ein, und zwar in Augsburg zu allererst; hier in der Person des Professor Overlach, dessen Vertreter SS-Untersturmführer Essig war. Dieser Werkbeauftragte hatte die klaren Vollmachten eines Staatskommisars, er erteilte auch dementsprechend seine Befehle, ohne sich dabei der Zustimmung des Vorstandes oder der Betriebsführung zu vergewissern oder auch nur diese hinzuzuziehen, wenn er an Abteilungsleiter oder einfache Firmenangehörige seine Weisungen gab.
Als Betriebsführer der Messerschmitt AG unterlag ich (Kokothaki) im besonderen Grade der Ausschaltung, da ich nur Kaufmann war, während nach Ansicht RuK dieser Posten von einem Techniker eingenommen werden musste. Saur verlangte deshalb im Juni 1944 meine Absetzung, da ich nicht einmal das Vertrauen der DAF (Deutsche-Arbeits-Front) genieße, und die Einsetzung von Schmidt an meiner Stelle. Schmidts Protektor war Oberst Schaede im Stabe Saurs, der Schmidt auch zu Sauckel gebracht hat.
Mit dem Auftreten des Jägerstabes wurde die Programmgestaltung wesentlich rigoroser, indem bestimmte Programme diktiert wurden; entsprechende Entgegnungen der Firma wegen mangelnder Menschen wurde dahingehend beantwortet, dass diese Forderungen genauestens nachgeprüft wurden. Zu reichliche Angaben wurden als schwere Sabotage geahndet, so wurde bei der Messerschmitt AG ein solches Kriegsgerichtsverfahren wegen angeblich zu hoher Anforderungen von Vorrichtungsbauern eingeleitet; außerdem wurde nachgeprüft, ob die Firma die Arbeitskräfte genügend auslastet. Der im Auftrage von Milch und Saur entsandte Major Bock (Rüstungskommando Hannover) hat in Augsburg festgestellt, dass die Arbeitsleistung der Fremdarbeiter und der KZ-Häftlinge viel zu gering sei, weil ich diesen Einsatz nicht forciere, im Übrigen sei ich dazu viel zu weich. Alle Weisungen, die Produktion betreffend, gingen an den technischen Direktor – bis Mitte Juli 1944, Eberhardt Schmidt. Das Verharrungsvermögen in diesem stur-technischen Gesichtspunkt war so groß, dass der im November 1944 wegen Fluchtversuch in die Schweiz verhaftete Schmidt immer noch als Träger der Produktion bei der Messerschmitt AG galt, indem Speer das von ihm persönlich unterzeichnete Schreiben vom 15.2.1945 bezüglich der Einsetzung von

Degenkolb, noch zu Händen von Direktor Schmidt adressierte Beweis: Schreiben Reichsführer RuK Speer vom 15.2.1945.
Nach Schmidts Nervenzusammenbruch Mitte Juli 1944 wurde von mir vorgeschlagen, als dessen Vertreter Essig einzusetzen, da der Werksbeauftragte ohnedies die Führung im Werk an sich gerissen habe, weshalb er auch die Verantwortung übernehmen solle.
Schmidt hat nach dem schweren Angriff auf das Werk Augsburg am 25.2.1944 vom Aufsichtsratsvorsitzenden Seiler seine Aufnahme in den Vorstand verlangt unter gleichzeitiger Aufhebung seiner Unterstellung unter das technische Vorstandsmitglied Direktor Hentzen. Der Aufsichtsratsvorsitzende hat in Anbetracht der Notlage diesem Verlangen stattgegeben.
Gleichzeitig verlangte das RLM und der Jägerstab die Absetzung Hentzens als Leiter des Sonderausschusses für den Bau von Me-Flugzeugen. Diese Position wurde dem Werksbeauftragten Prof. Overlach übertragen.
Als Essig nach Schmidts Nervenzusammenbruch dessen Stelle übernahm, hat Prof. Overlach auch die technische Oberleitung der Messerschmitt AG für die Serienproduktion übernommen. Er ließ sich dementsprechend das Gehalt eines Vorstandsmitgliedes auszahlen.
Damit war alle Macht bezüglich der Firmenleitung in der Hand des Jägerstabes vereinigt. Vorstand und Betriebsführer konnten nur noch versuchen, Härten auszugleichen und sich schützend vor die Messerschmitt Mannschaft zu stellen, wobei alle Leute in leitender Stellung besonders gefährdet waren.
Daraus ist klar ersichtlich, dass alle Programmgestaltung und damit auch die Anforderungen von Menschen in den Händen des Jägerstabes bzw. des Werkbeauftragten lagen.
Als die Ausbringungsergebnisse von Me 262 des Werkbeauftragten bei der Messerschmitt AG restlos unbefriedigend waren, ernannte Saur im November oder Dezember 1944 einen Sonderbeauftragten für die Me 262-Fertigung in der Person des Direktor Degenkolb (was Speer erst am 15.2.1945 schriftlich bestätigt!), der dem Werkbeauftragten praktisch übergeordnet war.
Die Überstürzung der Ereignisse veranlasste Hitler, im Februar 1945 Saur die Me 262-Produktion wegzunehmen und dem SS-Obergruppenführer Kamler zu übertragen, der Degenkolb wiederum als einen Sonderbevollmächtigten einsetzte. Die SS war im Herbst 44 schon in die Tätigkeit des Werkbeauftragten eingedrungen, indem der SS-Oberführer Kloth als sogenannter Pate (eine Organisationserfindung von Saur) Hilfe in allen Fällen leisten solle, die der Werkbeauftragte nicht selbst erledigen konnte.
Von diesem Zeitpunkt an waren laufend SS-Leute im Stabe des Werkbeauftragten tätig; Klotz war Leiter des SS-Rohstoffamtes.
Die Entwicklung zeigt auf, dass man bei Beurteilung von Fragen, welche die Messerschmitt-Betriebe betreffen, grundsätzlich zwischen der Zeit vor dem 1.3.1944 und der Zeit nach diesem Datum unterscheiden muss. Folgerichtig auch die Frage des Einsatzes von Fremdarbeitern und KZ-Häftlingen.
Der Jägerstab bzw. später umbenannt in Rüstungsstab hat sich dabei keineswegs nur mit reinen Produktionsfragen befasst, sondern hatte z. B., ein eigenes Sozialreferat errichtet, das von Dr. Birkenholz geleitet wurde. Diese Stelle hatte z. B. Zulagefragen generell zu regeln, verteilte Prämien in natura, so Schnaps, Zigaretten, Schokolade, Ölsardinen, und zwar nicht etwa über die Betriebsführung, sondern direkt über die Werkbeauftragten. Zu persönlicher Fühlungnahme erschien Dr. Birkenholz wiederholt in Augsburg, aber nicht beim Betriebsführer, sondern beim Werkbeauftragten Professor Overlach, der den Betriebsführer nach Gutdünken zugezogen hatte.
An einer beispielhaften Gegebenheit sei aufgezeigt, wie sehr sich der Werkbeauftragte als Betriebsführer der Messerschmitt AG betrachtete. Einer meiner Abteilungsleiter, Herr Himmelreich, wurde wie alle anderen Abteilungsleiter direkt zum Vertreter des Werkbeauftragten, SS-Untersturmführer Essig, bestellt, der ihm bestimmte Befehle erteilte. Himmelreich weigerte sich, diese auszuführen, weil er derartige Befehle nur vom Betriebsführer entgegennehmen würde. Darauf erklärte Essig: „Die Betriebsführung sind wir!" Auf die Frage Himmelreichs wen er mit „wir" meine, erklärte ihm Essig, das sind Professor Overlach und ich als Werkbeauftragte!
Fremdarbeiterbeschäftigung vor dem 1.3.1944: Die vom RLM nach Kriegsbeginn geforderten Steigerungen der Programme und die gleichzeitige Einziehung der wehrfähigen

deutschen Belegschaftsmitglieder verlangte sowohl zusätzliche als auch Ersatzkräfte.
Das RLM hat daher über das Arbeitsministerium das zuständige Arbeitsamt anweisen lassen, uns ausländische Arbeitskräfte zuzuführen. In der Folgezeit wurde Sauckel, wie bekannt, mit der Durchführung des Fremdarbeitereinsatzprogramms betraut. Das RLM, das in der Person des Ingenieur Friedrich eine eigene Amtsstelle für den Arbeitseinsatz hatte, musste sich daher von da ab mit Sauckel über die Zuweisung von Fremdarbeitern an die Flugzeugindustrie ins Benehmen setzen. Die Zuweisungen erfolgten auch von diesem Zeitpunkt ab, genauso wie vorher, über das Arbeitsamt Augsburg. Ab 1943 wurde Herr Friedrich vom Reichsminister Speer als Reichsarbeitseinsatzingenieur übernommen. Im Jägerstab hatte die Arbeitsstelle für den Arbeitseinsatz der allgewaltige Herr Dr. Schmelter in Berlin.
Von den Dienststellen Sauckel, DAF usw. wurden weitgehende Vorschriften erlassen über Unterbringung, Bezahlung, Verpflegung, Freizeitgestaltung usw.
Die Anwerbung erfolgte bekanntlich durch Beauftragte von Sauckel, wobei wir keineswegs mit deren Methoden einverstanden waren. Da wir bald nach Zuweisung der ersten Fremdarbeiter feststellen mussten, dass die Sauckel'schen Werber Versprechungen machten, die allein schon aufgrund der tatsächlichen Verhältnisse nicht gehalten werden konnten, haben wir immer wieder versucht, uns dazwischen zu schalten und diesen Werbern ins Handwerk zu pfuschen.
So hat Herr von Plottnitz selbst bei der Anwerbung von Franzosen in zwei Fabriken bei Paris (Caudron und SNCAN) in französischer Sprache die französischen Arbeiter darauf aufmerksam gemacht, dass die Versprechungen der Sauckel'schen Werber bezüglich Unterbringung in Privatquartieren von uns nicht gehalten werden können, da dies in Augsburg und Umgebung nicht mehr möglich war, dass wir den Transfer ihrer Bezüge nicht gewährleisten können, da wir hierauf keinerlei Einfluss hätten, dass wir die Koppelung ihrer Dienstverpflichtung mit der „action-reléve“ (Kriegsgefangenen-Entlassung gegen freie Arbeiter im Verhältnis 2:1) ablehnen müssen, da wir darauf ebenfalls keinen Einfluss haben.
Dafür hat sich Herr von Plottnitz persönlich später mit Nachdruck dafür eingesetzt, dass die „action-reléve“ wenigstens bei den im Werk Augsburg eingesetzten französischen Kriegsgefangenen restlos durchgeführt wurde.
Die Firma Messerschmitt hat auch für die Fremdarbeiter grundsätzlich die gleichen Unterbringungsmöglichkeiten vorgesehen wie für Deutsche, nämlich Privatquartiere; die Ausländer konnten sich frei bewegen. Sie erhielten den gleichen Arbeitsvertrag, auch dieselbe Bezahlung. Es muss dabei besonders erwähnt werden, dass wir Ausländer nicht nur als Arbeiter, sondern auch eine sehr große Anzahl ausländischer Angestellter hatten, insbesondere im Konstruktionsbüro.
Durch die ständig steigende Zahl der Beschäftigten war es nach kurzer Zeit nicht mehr möglich, weitere Unterbringung in Privatquartieren zu bewerkstelligen. Es wurde deshalb der Barackenbau in größerem Umfange begonnen.
Bei der Planung der ersten großen Barackenlager in Haunstetten wurde die Frage, wer in die Baracken kommen sollte, überhaupt nicht besprochen oder gar berücksichtigt. Es wurde lediglich eine Unterscheidung dahingehend gemacht, dass man die Einrichtungen danach entsprechend gestalten müsste, ob die Baracke von Handarbeitern oder geistigen Arbeitern bewohnt würde.
Herr Himmelreich hatte die Bauleitung. Als er mich fragte, wie die Baracken gebaut und ausgestattet werden sollten, habe ich ihm zur Antwort gegeben: „Bauen Sie die Baracken so gut, wie wenn wir selbst darin wohnen wollten, denn wir werden vielleicht selbst einmal darin hausen müssen!“
Es ist daher für uns immer ganz selbstverständlich gewesen, dass tadellose Krankenreviere, Duschen, Gemeinschaftsräume ect. vorhanden waren. Gerade das Revier in der französischen Baracke galt als Mustereinrichtung.
Für die Unterbringung der Ostarbeiter, überwiesen ab Herbst 1942, wurden Bestimmungen der DAF und anderer Dienststellen erlassen. Wir haben uns an diese eingehenden Bestimmungen so wenig wie irgend möglich gehalten, weil unsere Einstellung von Anfang an so war, dass, abgesehen von menschlichen Erwägungen, schon allein aus sachlichen Gründen die bestmögliche Pflege der zur Arbeit nötigen

Menschen zweckmäßig ist, wenn man eine Leistung erwarten will.
Wir haben deshalb bewusst die diskriminierenden Bestimmungen abgebaut oder konterkariert; z. B. wurde ein Stacheldrahtzaun um das Russenlager verlangt, wir haben so lange gebohrt, bis dieser Zaun durch Aufhebung des damit verbundenen Ausgangsverbots illusorisch wurde.
Im Russenlager war ebenfalls ein eigenes Krankenrevier mit russischen Ärzten und Sanitätspersonal, auch eine Entlausungsanlage. Nicht umsonst haben die Russen nach Kriegsende dem dafür verantwortlichen Werkarzt Dr. Silbernagl schriftlich das beste Zeugnis ausgestellt. Es ist immerhin interessant, dass dieses Russenlager heute ein Musterlager der Bayerischen Arbeitslager ist (Frauenarbeitslager in Göggingen!).
Für Kriegsgefangene war die Unterbringung genau nach den Vorschriften der Stalag vorzunehmen, die bekanntlich das auch selbst verwaltet hat (Verpflegung, Bewachung ect.) Das Gleiche gilt für die KZ-Arbeitslager. Nachdem wir vom RLM im März 1943 den Befehl erhalten hatten, dass wir wegen Mangel anderweitiger Arbeitskräfte ab sofort KZ-Gefangene bei der Flugzeugserienproduktion einzusetzen hätten, nach genauen Weisungen, die vom Reichsführer SS erlassen wurden, bekamen wir vom Leiter des Lagers Dachau (damals Kommandant Weiss) die Auflage, ein Lager nach den Weisungen seiner Dienststelle zu errichten, das von dieser nach Fertigstellung übernommen würde. Gemäß diesen Weisungen wurde das Lager in Haunstetten gestaltet und dann auch von der SS übernommen. Erst dann hatte die SS das Lager mit KZ-Häftlingen belegt und selbst verwaltet, unabhängig von der Firma.
Verpflegung: Die Fremdarbeiter in Privatquartieren erhielten ihre Lebensmittelkarten wie Deutsche, ebenso diejenigen, die in Baracken wohnten. Später haben die DAF und die Partei die Gemeinschaftsverpflegung für die Fremdarbeiter verlangt, in Zusammenhang mit der Unterbringung in Gemeinschaftslagern; diese Forderung entsprang aus der Tatsache, dass die deutsche Bevölkerung vielfach mit den Fremdarbeitern fraternisierte.
Wir haben uns so lange als nur irgend möglich gegen diese Bestimmungen gesträubt; als sie dann nicht mehr zu umgehen waren, erhielt jeder Fremdarbeiter eine werkeigene Lebensmittelkarte, auf der die ihm zustehenden Verpflegungssätze in Markenabschnitten festgelegt waren, sodass jeder Fremdarbeiter eine genaue Kontrolle hatte, ob er die ihm zustehenden Sätze wirklich bekam.
Die Verpflegung der KZ-Häftlinge war alleinig Angelegenheit der SS-Verwaltung des Lagers. Trotzdem hat die Firma ihr Möglichstes getan, um auch das Los dieser Menschen so weit als irgend möglich zu erleichtern. Ich habe z. B. einige Male Beträge von ca. RM 10.000 bezahlt, um den Häftlingen zusätzliche Nahrungsmittel zukommen zu lassen. Später habe ich einem Prämiensystem meine finanzielle Zustimmung gegeben, um den Häftlingen dadurch zu ermöglichen, dass sie sich zusätzliche Nahrungsmittel und Kantinenwaren kaufen konnten; die Prämien waren pro Mann und Woche in Höhe von RM 5 vorgesehen. Außerdem erfolgte von uns die zusätzliche Verteilung von Rauchwaren an die Häftlinge, ebenfalls zu Lasten der Firma. Die Firma hatte an die SS pro Mann und Arbeitstag einen Betrag von meines Wissens RM 6 zu bezahlen. Wenn man den Satz von RM 6 einer genauen Betrachtung unterzieht, dann kann man feststellen, dass dies bei zwölfstündiger Arbeitszeit und 100 prozentiger Arbeitsleistung der Häftlinge einen Stundensatz von RM 0,50 ergeben würde. Die Lohnsätze für einen ungelernten Arbeiter waren RM 0,60 – 0,65 pro Stunde und für deutsche Frauen RM 0,50 – 0,60 pro Stunde, wobei berücksichtigt werden muss, dass diese aus ihrem Verdienst die Wohnungsmiete zu bestreiten hatten, die beim KZ-Lager auf jeden Fall in Wegfall kommt; es ließen sich noch weitere Auslageposten, die von den deutschen Männern und Frauen aus ihrem Lohn bestritten werden mussten, die aber bei KZ-Häftlingen nicht im Ansatz kamen, aufführen, doch soll von vornherein eine Diskussion über die Berechtigung oder Nichtberechtigung ausgeschaltet werden. Dagegen muss angeführt werden, dass die Häftlinge in der günstigsten Zeit, nämlich 1943, nur eine Leistungsfähigkeit hatte, die bei höchstens 50 Prozent derjenigen eines deutschen Normalarbeiters lag; damit erhöhte sich der Aufwand der Firma für das Stundenentgelt eines KZ-Häftlings auf RM 1 pro Stunde, was den Stundenverdienst eines deutschen Facharbeiters für Spezialarbeiten entsprach.

Tatsächlich ist die Leistung der Häftlinge 1944 aber bis auf 20 Prozent gesunken; berücksichtigt man noch die freiwilligen zusätzlichen Leistungen der Firma, dann steht die Arbeitsleistung in keinem Vergleich zum Aufwand. Schon das Ergebnis bei 100 prozentiger oder gar bei der tatsächlichen 50 prozentigen Arbeitsleistung zeigt einwandfrei, dass mit dem Satz von RM 6 alle Kosten für die Häftlinge von der SS zu tragen waren, weshalb diese tatsächlich auch die gesamte Verwaltung und Führung der KZ-Lager inne hatte.

Urlaub: Für die Fremdarbeiter der westlichen Staaten waren Urlaubsfahrten vorgesehen. Als bei den Franzosen eine große Zahl aus dem Urlaub nicht mehr zurückkehrte, wurde von der DAF ein Urlaubsverbot für diese erlassen. Trotzdem habe ich auf eigene Verantwortung die Franzosen weiter in Urlaub fahren lassen. Das Ergebnis war so, dass die Zahl der beschäftigten Franzosen stark abgenommen hatte, sodass mir schwere Vorwürfe deshalb gemacht wurden, die durchblicken ließen, dass man meine Handlungsweise als Sabotage betrachten müsse.

Bezahlung: Die Bezahlung der Fremdarbeiter mit Ausnahme der Russen erhielten die deutschen Lohn- und Gehaltssätze. Die Frage des Transfers war von den deutschen amtlichen Stellen geregelt. Für die Ostarbeiter waren etwas niedrige Entlohnungssätze vorgesehen, das Transfer war ebenfalls staatlich geregelt.
Luftschutzmaßnahmen: Vorweg muss betont werden, dass für die Fremdarbeiter genau die gleichen Luftschutzmaßnahmen vorgesehen waren wie für die Deutschen. Als der Angriff auf das Werk Regensburg am 17.8.1943 den großen Verlust von ca. 250 Menschen brachte (Anmerkung des Verfassers: Es waren fast 400), habe ich entgegen den Vorschriften des RLM den Bau von Luftschutzgräben außerhalb des Werkes (ca. 1 km Entfernung) angeordnet und die gesamte Belegschaft jeweils bereits bei Voralarm diese Gräben aufsuchen lassen. Man hat mir damals mit Anzeige wegen Sabotage gedroht; auch der Werkbeauftragte hat mir wegen des Arbeitszeitverlustes immer wieder schwere Vorwürfe gemacht.
Eine Ausnahme davon machten die KZ-Häftlinge. Trotzdem ich diesbezüglich keine Anordnungen zu geben hatte, habe ich damals meinen Luftschutzleiter, Herrn Mühlen, mehrmals zur SS-Verwaltung des Lagers geschickt und ihr durch ihn den Vorschlag machen lassen, dass sie von den Häftlingen ebenfalls Splittergräben außerhalb des Werkes anlegen lässt, was jedoch abgelehnt wurde. Später habe ich dann beim Jägerstab über den Werkbeauftragten durchgesetzt, dass richtige Luftschutzbunker gebaut wurden. Diese wurden unterschiedslos für Deutsche, Fremdarbeiter und KZ-Häftlinge zur Verfügung gestellt, sodass von diesem Zeitpunkt ab keine Verluste mehr zu beklagen waren.

Politische Hilfe: Es ist klar, dass die Fremdarbeiter im besonderen Ausmaße die Aufmerksamkeit der Gestapo und des SD gehabt haben. Bei Flugzeugunfällen wurden daher von diesen Stellen meist sofort Untersuchungen eingeleitet, um festzustellen, ob diese auf Sabotage zurückzuführen seien. Direktor Bauer wurde sogar einmal schwer angegriffen, weil er einen Unglücksfall nicht sofort gemeldet hat, der nach Ansicht dieser Stellen Sabotage gewesen sei. Leider mussten wir im Laufe der Zeit zur Überzeugung kommen, dass anscheinend unter den Fremdarbeitern Leute für die Gestapo tätig waren, die ihre eigenen Landsleute bei derselben hinhängten; so hatten wir wiederholt Fälle, dass Franzosen als Gaullisten verdächtigt wurden. Ich selbst kenne zwei dieser Fälle, nämlich den des Verbindungsmannes von Caudron zur Messerschmitt AG namens d'Angeljean und Vignol (nach Kriegsende beim Kontrollrat in Berlin). D'Angeljean sollte von der Gestapo verhaftet werden, weshalb ich ihn sofort mit dem Mittagszug nach Paris schickte und ihn den tatsächlichen Sachverhalt wissen ließ, damit er sich in Frankreich verstecken konnte. Vignol wurde wiederholt als Gaullist bezeichnet; durch Versetzen in Verlagerungsbetriebe habe ich ihn immer wieder dem Blickfeld der Gestapo entzogen.

Allgemeine Hilfe: Um den Fremdarbeitern jederzeit die Möglichkeit zu geben, sich wegen irgendwelcher Missstände in den Lagern und bezüglich aller Betreuungsfragen direkt an das Personalbüro zu wenden, wurde ihnen von uns angeboten, dass sie in ihren Reihen Vertrauensleute ernennen, die in ihrem Auftrag alle strittigen Fragen regeln sollten.

Fremdarbeiterbeschäftigung nach dem 1.3.1944

Durch die Einsetzung des Werkbeauftragten des Jägerstabes, Prof. Overlach, in Augsburg sind die Vorstands- und Betriebsführerbefugnisse de facto auf diesen übergegangen.
Es muss erwähnt werden, dass zu diesem Zeitpunkt auch die Verlagerung des Augsburger Werkes in großem Ausmaße begonnen hat, sodass es für Vorstand und Betriebsführung umso schwerer war, Widerstand gegen die Eingriffe des Werkbeauftragten zu leisten, da oft nur sehr spät oder gar nicht die Kenntnis davon zu den juristischen Vertretern der Firma gelangte.
Mit der Verlagerung des Augsburger Werkes mussten natürlich auch die Arbeitskräfte mit verlagert werden, und zwar sowohl Deutsche wie Fremdarbeiter und KZ-Häftlinge.
Die ohnehin meist stark improvisierte Aufziehung der Verlagerungsbetriebe hatte natürlich auch alle diese Mängel für die Unterbringung der Arbeitskräfte in den Verlagerungsorten.
Trotz dieser ungeheuren Aufgabe kann aber nachträglich festgestellt werden, dass ernstliche Klagen von keiner dieser Verlagerungen bekannt wurden, mit Ausnahme Leonberg.
Die Gründe hierfür werden noch behandelt.
Dabei muss betont werden, dass die Verlagerungen sehr zahlreich waren, die Messerschmitt AG wurde buchstäblich „zerlagert".
Nachfolgend seien diejenigen Verlagerungen, die mir noch gedächtnismäßig in Erinnerung sind, genannt:

Leipheim
Günzburg
Wasserburg
Kottern
Leubas
Fischermühle
Fischen im Allgäu
Schwabmünchen
Bäumenheim
Lauingen
Leonberg
Schwäbisch Hall
Horgau
Kuno I
Memmingen
Ay
Jettingen
Immenstadt
Kirchheim an der Teck
Untertürkheim
Wemding
Neu-Ulm
Burgau
Hammeln
Kaufbeuren
Weissenhorn
Oberstdorf
Bobingen
Groß Aitingen
Lowald
Dinkelscherben
Donauwörth
Schwaz in Tirol
Neustadt an der Donau
Schrobenhausen
Gablingen
Ettringen
Oberammergau
Garmisch
Linderhof
Altenau
Offingen
Gotha
Höchstädt
Kempten
Sulzberg
Roggden
Weissenburg
Wettenhausen
Inningen
Lechfeld
Monheim
Burglengenfeld
und andere

Meiner Erinnerung nach ca. 80 Verlagerungsorte.
Diese Verlagerungswelle wurde durch den schweren Angriff vom 25.2.1944 auf das Werk Augsburg ausgelöst, der es auch verständig macht, dass diese Verlagerungen zum großen Teil innerhalb drei bis vier Monaten nach dem Angriff durchgeführt wurden.
Dabei darf nicht vergessen werden, dass auch die Verlagerungsbetriebe wieder angegriffen wurden, wie z. B. Bäumenheim, Schwabmünchen, Kottern, Leipheim, Wasserburg, Neustadt, Memmingen, Schwäbisch Hall, Lechfeld, wodurch wieder Verlagerungen der Verlagerungen ausgelöst wurden. Der Betrieb befand sich buchstäblich ständig auf der Flucht.
Diese Verlagerungen erfolgten durchwegs mehr oder weniger überstürzt, denn sobald durch einen Angriff auf Augsburg irgendein Teil der Fabrikation oder des Materials zerstört wurde, hat RuK die Verantwortung dafür der Firma Messerschmitt zugeschoben, weil sie zu langsam gewesen sei; diese Schuldfrage hatte natürlich immer das bedeutungsvolle Wort Sabotage als Drohung in Begleitung.
Im Herbst 1943 hat sich das RLM bereits mit der Verlagerung der Luftfahrtindustrie befasst. Es bestand deshalb beim C-Amt des RLM eine eigene Dienststelle hierfür, welche den Firmen geeignet erscheinende Verlagerungsobjekte zuwies. Von dieser Stelle wurde auch das Objekt „Leonberger Autobahntunnel" ausfindig gemacht.
Im Zeitpunkt der Übernahme der Flugzeugserienproduktion durch den Jägerstab des RuK wurde auch die Verlagerungsfrage ganz stark aktiviert und forciert.

Nachdem man endlich an den höheren Stellen die Bedeutung des Düsenjägers Me 262 für die Verteidigung im Luftkrieg eingesehen hatte, stürzte sich das Hauptinteresse auf diesen Typ. Daraus erklärt sich auch, dass die Messerschmitt AG als erste Flugzeugfirma einen Werkbeauftragten bekam.
Kurze Zeit nach dessen Einsatz (ca. in der ersten Märzhälfte) erschien Saur in Begleitung von Staatssekretär Milch und den wesentlichen Referenten des Jägerstabes in Augsburg. Im Turmbausaal des Verwaltungsgebäudes hielt er eine Besprechung, zu der auch die Vertreter derjenigen Augsburger Dienststellen zu erscheinen hatten, deren Mitarbeit und Hilfe bei der nun beginnenden Forcierung des Jägerprogrammes nötig war, so wurden z. B. geladen: Die Reichsbahndirektion, das Arbeitsamt, die Lech-Elektrizitätswerke, der Gauleiter, der Oberbürgermeister, die DAF ect.
Saur gab sein Arbeitsprogramm bekannt, verlangte die äußerste Anspannung aller Kräfte unter rücksichtslosem Einsatz und drohte jedem, der sich nicht restlos in den Dienst dieser Sache stellen würde mit den bekannten schärfsten Strafen. Ich erinnere mich noch, wie Direktor Monath von den Lechwerken beim Verlassen des Saales zu mir sagte: „Donnerwetter, das war ein Tönchen, hat das bei euch immer schon so geherrscht?!“ Ich habe ihm darauf geantwortet, dass diese Tonart auch für uns neu sei, trotzdem wir schon recht beachtlich viel gewohnt seien.
Anschließend machte Saur mit seinen Herren eine Werkbesichtigung, da ihn der Grad der Zerstörung des Werkes anlässlich des Angriffs vom 25.2.1944 interessierte. Nachmittags hielt er dann Einzelbesprechungen mit den Technikern ab, die besonders von Schmidt geführt wurden. Als ich später, etwa Mitte Juni 1944, Schmidt zur Rede stellte, weil er Leonberg als Verlagerung aufgezogen und anlaufen hatte lassen, erzählte er mir, dass er den Befehl dazu von Saur erhalten habe anlässlich des obengenannten Besuches. Saur habe ihm dabei kategorisch erklärt, dass er (Schmidt) dafür verantwortlich sei, dass Leonberg in 14 Tagen anlaufen würde. Ich machte damals Schmidt erste Vorhaltungen, wieso er einen derart kurzen Termin ohne Widerrede annehmen konnte, worauf mir Schmidt erklärte, dass ihm doch gar nichts anderes übriggeblieben sei, ich würde doch Saurs rigoroses Auftreten kennen, es sei mir doch auch bekannt, dass er (Saur) auf einer Inspektionsreise, die unter anderem über Regensburg zu uns führte, dort Leute in seinem Sonderzug vom Fleck weg verhaften habe lassen, die seinen Anordnungen nicht schnell genug nachgekommen waren. (Anmerkung des Verfassers: Bei den verhafteten Personen handelte es sich um einen Baudirektor aus Nürnberg seines Zeichens Gebietsbevollmächtigter für das Bauwesen. Er wurde im Sonderzug verhaftet und dem SD-Berlin SS-Obergruppenführer Kaltenbrunner übergeben. Die zweite verhaftete Person war ein Hauptmann eines Baubataillons, gegen den umgehend ein Kriegsgerichtsverfahren eingeleitet wurde.)
Das besondere Interesse des Jägerstabes gerade für die Verlagerung Leonbergs blieb in der Folgezeit unvermindert bestehen, da Leonberg niemals einwandfrei funktionierte und das ihm gestellte Programm niemals auch nur annähernd erfüllt hat. Besonders schlimm ist dabei die Tatsache zu betrachten, dass Leonberg für viel niedrigere Stückzahlen geplant war, als dann kurz nach seinem sogenannten Anlauf verlangt wurden. Dazu ist nötig, wiederum wie eingangs, von der Frage der Programmgestaltung auszugehen. Im Programm 223 vom 15.6.1943 hatte sich die Firma mit dem RLM dahingehend geeinigt, dass die Me 262 im Januar 1944 einläuft, dass erstmals im Mai 1944 eine Stückzahl von 60 Maschinen erreicht wird, die sich dann im November 1944 auf 70 und im Dezember 1944 auf 125 erhöhen sollte, wobei aber der gleichzeitige Anlauf der Me 262 Produktion in unserer Tochtergesellschaft in Regensburg im November vorgesehen war, daher die Stückzahlerhöhungen in den beiden Monaten November und Dezember.
Die Werke Augsburg und Regensburg sollten dann im Jahre 1945 die Ausbringung fortlaufend steigern, bis sie schließlich im Dezember 1945 auf insgesamt 800 Maschinen pro Monat gekommen wäre. Die Zusammenarbeit für die Ausbringung Regensburg war dabei so

eingeteilt, dass Augsburg unter anderem die Flächen der Me 262 und Regensburg die Rümpfe der Me 262 baute; die Fertigmontage der Flugzeuge sollte von beiden in gleichen Stückzahlen vorgenommen werden, wobei seine Flächen und Rümpfe neben anderen Bauteilen gegenseitig anzuliefern waren.
Dieses obengenannte Programm wurde am 30.8.1943 in ein Programm 223 C geändert, das bis April 1945 mit dem vorherigen Programm gleichlaufend war, dann aber eine Steigerung der Stückzahlen bis auf 1.000 Flugzeuge pro Monat ab September 1945 machte.
Zum 1.10.1943 hatte das RLM generell neue Programme herausgegeben mit der Bezeichnung „Programm 224", das für uns und Regensburg mit dem Programm 223 C jedoch vollkommen gleichlautend war. In den folgenden Monaten Oktober und November 1943 musste das RLM feststellen, dass es die Triebwerke für die im Programm 224 genannten Stückzahlen nicht anliefern können wird, weshalb unterm 1.12.1943 wiederum ein neues Programm 225 ausgegeben wurde, das eine Steigerung der abzuliefernden monatlichen Flugzeugzahlen nur bis auf 660 Maschinen ab Juli 1945 vorsah.
Alle diese bisher genannten Programme von 223 B – 225 haben das wesentliche Merkmal gemeinsam, dass der Anlauf im Jahre 1944 in jedem dieser Programme vollkommen gleichgeblieben ist und auch der Hochlauf der Stückzahlen 1945 bis Juni gleichlaufend war.
Diese vernünftige Einstellung zum Anlauf eines neuen Flugzeugtyps wurde nach Amtsergreifung des Jägerstabes verlassen, indem nun in einem neuen Programm 226 vom 15.5.1944 der Anlauf so forciert werden musste, dass im Dezember 1944 statt 125 nunmehr 210 Flugzeuge abgeliefert werden sollten. Dagegen war die monatliche Höchstzahl, die ab Mai 1945 geliefert werden musste, auf 550 Maschinen herabgesetzt.
Wenn auch die unerfreuliche Forcierung des Anlaufes bei diesem Programm 226 gegeben war, so hielt es sich doch bezüglich der Gesamtstückzahlen, die für die Planung der Größenordnung der Verlagerungsbetriebe außerordentlich wichtig war, in vernünftigen Bahnen.
Dies sollte sich aber bald ändern, indem Saur in einem neuen Programm vom 22.6.1944, das nach ihm HDL (Hauptdienstleiter) bezeichnet wurde, den Anlauf 1944 in einer Form verlangte, dass im Dezember 1944 bereits 500 Flugzeuge Me 262 anstelle von 125 bzw. 210 Flugzeugen nach den bisherigen Programmforderungen ausgestoßen werden mussten. Außerdem musste der Hochlauf auf monatlich 1.000 Flugzeuge bereits im Juni 1945 vollzogen sein.
In diesem entscheidenden Schnittpunkt fällt der ohnedies auf Verlangen Saurs forcierte Anlauf des Verlagerungsbetriebes Leonberg hinein. Es ist klar, dass Leonberg zuerst nur für die Forderungen des Programmes 225 vom 1.12.1943 geplant sein konnte, da die Verlagerung bereits Ende März 1944 in Angriff genommen wurde. Schon das Programm 226 mit einer Steigerung auf 210 statt auf 125 Flugzeuge im Dezember 1944 musste unerfreuliche Begleiterscheinungen bringen, katastrophal mussten sich aber die Verhältnisse gestalten auf Grund der Programmforderung HDL vom 22.6.1944 mit einer Stückzahl von 500 im Dezember 1944.
Da Schmidt nach dem 25.2.1944 in stark aggressiver Form die Absetzung von Direktor Hentzen und seinen alleinigen Führungsanspruch für die Serienproduktion verlangt und auch bekommen hatte, musste er gegen diese Programmforderungen Stellung nehmen, wenn er aufgrund seiner Prüfungen die Unmöglichkeit der Erfüllung festgestellt hatte. Dabei musste er sich wie immer darüber klar sein, welche Voraussetzungen dafür nötig waren.
Schmidt hatte daher vollkommen selbstständig und selbstherrlich die Planung durchgeführt, ohne die anderen Vorstandsmitglieder (Prof. Messerschmitt und Kokothaki) zu verständigen oder gar hinzuzuziehen. Ihm unterstand auch unter anderem die Planungsabteilung und die Bauabteilung. Aufgrund der Tatsache, dass der Jägerstab praktisch nur die technische Führung des Betriebes anerkannte und im Zusammenhang damit meine Absetzung und Ersetzung durch Schmidt verlangt hatte, fühlte sich Schmidt im Vollbesitz der tonangebenden Macht innerhalb der Firma.
In der Folgezeit, also ab März 1944, hat daher der Jägerstab bzw. dessen Vertreter,

der Werksbeauftragte, alle wesentlichen Dinge mit Schmidt besprochen; er war der Exponent der Firma für diese Stelle und gewissermaßen der Sonderbeauftragte für Leonberg. An die Betriebsführer trat man nur dann heran, wenn man einen Sündenbock für einen festgestellten Mangel suchte, z. B. versuchte man den Betriebsführer dafür zur Rechenschaft zu ziehen, weil er die Belegschaft in Augsburg bereits bei Voralarm die Luftschutzgräben außerhalb des Werkes aufsuchen ließ (Verlust von Arbeitszeit ist gleich Sabotage) oder man machte ihn verantwortlich, weil eine großere Zahl von Arbeitern nach einem Angriff auf den Siebentischwald (16.3.1944) einige tagelang nicht zur Arbeit erschienen.

Bei der Beurteilung der Leonberger Verhältnisse schälen sich folgende wesentliche Fragen heraus:

1. Wer war für die Unterbringung der Häftlinge verantwortlich.
2. Wer war für die Verpflegung der Häftlinge verantwortlich.
3. Wer war dafür verantwortlich, dass die Häftlinge in weit größerer Zahl in Leonberg eingesetzt wurden, als die Aufnahmefähigkeit des dortigen Lagers erlaubte.
4. Wer war für die sanitären Anlagen verantwortlich,

a) im KZ Arbeitslager,
b) in der Produktionsanlage.

Zu 1) Die Unterbringung der Häftlinge war eine reine Angelegenheit der SS. Gemäß den Weisungen, welche die Firma seinerseits bei dem Einsatzbefehl bezüglich der KZ-Häftlinge erhalten hatte, musste ein Lager errichtet werden, das den Anforderungen der SS zu entsprechen hatte. Diese hat es nach Meldung der Fertigstellung abgenommen und dann mit Häftlingen belegt. Wenn die SS im Falle von Leonberg anders gehandelt hat, indem sie die Lager vorher belegte, dann hat sie bestimmt Gründe gehabt, um von ihren Vorschriften abzugehen. Dies konnte aber nicht die Firma von ihr erreichen, die einzige Möglichkeit war die Tatsache, dass der Jägerstab bei der Wehrmacht und SS bzw. beim Lagerkommandanten eine diesbezügliche Änderung der Anordnung erwirkt haben musste. Beweis durch von Plottnitz.
Die Tatsache, dass die Firma die Planung des Lagers gemacht hat, und dass Herr Schmidt den Auftrag zur Bauausführung der Firma Lamprecht & Osthus erteilte, und zwar ohne Zustimmung von Vorstand und Betriebsführung, beweist keineswegs das Gegenteil, sondern ist daraus zu erklären, dass die Firma praktisch im Auftrage der SS gehandelt hat. Die Bauten wurden dementsprechend auch direkt vom Reich über die OT an Lamprecht & Osthus bezahlt.
Die SS hat es in früheren Fällen so gemacht, dass sie ein Vorkommando zum Bau eines solchen KZ Außenlagers geschickt hat, um durch dieses das Lager in der gewünschten Form errichten zu lassen. Warum die SS im Falle Leonberg davon nicht Gebrauch gemacht hat, da sie doch andererseits immer mehr Häftlinge nach Leonberg schickten, kann von uns auch nicht geklärt werden. Jedenfalls hätte sie es selbst in der Hand gehabt, die notwendigen Erweiterungen des Lagers durchzuführen.
Die Gestellung der Arbeitskräfte für sämtliche Bauten erfolgte durch den GB-Bau (Gebietsbevollmächtigter für das Bauwesen), für uns General Baurat Giessler München, die Materialstellung für die Bauten durch die OT. Die Messerschmitt AG hat wegen der Durchführung aller Bauten, die sie raschestens erledigen wollte, in einem ständigen Kampf mit diesen Stellen gelegen; sie hat sowohl die Bauarbeiter als auch die Baumaterialien in reichlichem Maße angefordert, aber nicht erhalten.
Die SS-Lagerverwaltung und der Werkbeauftragte des Jägerstabes hatten in Wechselwirkung alle Möglichkeiten in der Hand, die Bauten ect. zu forcieren, die Firma hatte praktisch keine.

a) Da der Vertreter Essig des Werksbeauftragten Prof. Overlach selbst dem Jägerstab angehörte, musste er, nachdem er im Juli 1944 nach dem Nervenzusammenbruch von Schmidt die Leitung der Serienproduktion übernommen hatte, feststellen, dass die Voraussetzungen für die ordnungsgemäße Durchführung der Fabrikation in Form von

Unterkünften, sanitären Anlagen ect. nicht erfüllt waren und die Erfüllung derselben nicht im Ermessen der Firma lag. Er und Overlach haben täglich mit den verschiedenen Referenten des Jägerstabes telefoniert und von ihnen verlangt, die nach ihrem Ermessen zur Erfüllung des Programmes nötig waren. Overlach hat sogar einen Mann aus dem Firmenpersonal genommen und als seinen Verbindungsmann zum Jägerstab nach Berlin eingesetzt, damit dieser seinen Forderungen Nachdruck verleihen konnte. Wenn die Forderungen bezüglich der Voraussetzungen für die Fabrikation in Leonberg nicht erfüllt wurden, dann konnte nur der Werkbeauftragte beim Jägerstab die Heruntersetzung der Programmzahlen verlangen. Die Firma konnte diesen Antrag nur beim Werkbeauftragten stellen, was in jeder wesentlichen Besprechung bezüglich Leonberg von den verantwortlichen Firmenleuten getan wurde.

b) Feststellen, ob die neue Planung der Grundlagen für die Durchführung der wesentlich erhöhten Flächenausbringung, wie im Programm HDL gefordert, stimmt; er musste erkennen, dass offensichtlich die Planung seines Vorgängers Schmidt falsch oder mindestens fahrlässig war, umso mehr hatte er die Verpflichtung seinerseits, entweder Schritte zu unternehmen, um mit außergewöhnlichen Maßnahmen die Voraussetzungen in kürzester Zeit zu schaffen, oder, wenn er sich dies nicht zutraute, an seinen eigenen Jägerstab heranzutreten, um ihm, wie bereits unter a) vermerkt, auf die Unmöglichkeit der Erfüllung des Programms HDL aufmerksam zu machen.

Aus dieser Sachlage ist verständlich, warum Leonberg fortgesetzt mit seinem Ist-Programm erheblich hinter dem Soll-Programm blieb. Daraus erklärt sich wiederum, weshalb gerade diese Verlagerung das besondere Augenmerk des Jägerstabes und seines Werkbeauftragten auf sich zog und sie in besonderem Maße zu seiner speziellen Domäne machte.
Als schließlich Essigs Unfähigkeit immer augenfälliger wurde, musste Overlach sogar seinen Vertreter und Intimus fallen lassen, wenn er nicht selbst beim Jägerstab seinen wachsenden Misskredit verschärfen wollte. Nach dem Versagen von Essig stellte er daher das Verlangen, dass firmenseitig ein Nachfolger gestellt werden sollte, was in der Person des Herrn Göttel erfolgte.
Als Göttel im November 1944 diesen Posten antrat, war Saurs Unzufriedenheit mit Overlach soweit gestiegen, dass er ihm einen Sonderbevollmächtigten in der Person des Direktors Degenkolb vor die Nase setzte; Degenkolb erschien im Dezember 1944 (die briefliche Bestätigung erfolgte durch Speer, allerdings erst mit Schreiben vom 15.2.1945). Die Unzufriedenheit Saurs mag dadurch ausgelöst worden sein, dass die Firmenleitung (Vorstand und Betriebsführung) in einer Besprechung des Me 262 Programmes am 17.11.1944 in Augsburg in sehr geharnischter Form die Vertreter des Jägerstabes, an deren Spitze Lange als Leiter der gesamten Flugzeugzellenproduktion (Flugzeuge ohne Motor/Triebwerk) im Jägerstab, darauf hinwies, dass die Firma von Anfang an den Einsatz von Häftlingen ablehnte. Professor Messerschmitt und ich haben damals die Zurückziehung der Häftlinge und dafür Freigabe von Fachkräften aus der Wehrmacht verlangt, und zwar im brüllenden Ton. Als sich der Betriebsführer von Regensburg Linder in gleicher Weise unseren Ausführungen anschloss, wurde ihm von Herrn Lange der gestreifte (KZ) Anzug angedroht.
Bei dieser äußerst erregten Auseinandersetzung haben wir auch klargemacht, dass die Kanalisation im Lager verbessert werden muss, dass die Verpflegung der Häftlinge gesteigert werden müsse und das den Häftlingen bessere ärztliche Betreuung zu geben sei. Ferner haben wir uns erneut strikt geweigert, weiter Häftlinge anzunehmen und die Verantwortung für die fortgesetzten Häftlingszuweisungen abgelehnt.

Das Ergebnis war dann lediglich die Entsendung eines „Oberkommissars" Degenkolb, der in rigorosester Form die Diktatur über die Firma bzw. den ganzen Konzern übernahm, seine Tätigkeit aber vor allem zunächst darauf richtete, ausgerechnet im Augenblick höchster Not die Firma von unten bis oben umzuorganisieren.

Da Anfang Februar 1945 wieder, wie bereits eingangs geschildert, eine entscheidende Änderung dadurch eintrat, dass Saur die Me 262 Produktion weggenommen und dem SS-Obergruppenführer Kammler übertragen wurde, wobei Degenkolb allerdings blieb, aber nunmehr als Sonderbevollmächtigter von Kammler, war die Führung vom Jägerstab auf die SS übergegangen, die doch ohnedies die zuständige verantwortliche Stelle für die KZ-Häftlinge war.
Auch bezüglich der Verantwortung für die Verpflegung der Häftlinge kann auf die Aussage von Pohl im IG Prozess hingewiesen werden, die in den Tagesnachrichten Nr. 201/47 vom 25.11.1947 der Amerikaner für die Häftlinge des Bunkers im Lager Dachau wörtlich wie folgt aufgeführt war: „Im IG Prozess wurde Oswald Pohl als Zeuge vernommen. Er erklärte, dass die IG in verwaltungs- und versorgungsmäßiger Hinsicht sowie disziplinär keinerlei Befugnisse gegenüber den in ihren Betrieben arbeitenden KZ-Häftlinge gehabt hätte; hierfür wäre durchwegs die zuständige Stelle der SS verantwortlich gewesen.
Bei dieser gegebenen Sachlage konnten Vorstand und Betriebsführung nur versuchen, sich einzuschalten, um aufgetretene Missstände, soweit sie ihnen überhaupt bekannt geworden sind, zu mildern. Als ich z. B. hörte, dass die KZ-Häftlinge die sogenannte Jägerstabszulage verpflegungsmäßig nicht bekämen, habe ich beim Werkbeauftragten solange gedrängt, bis dieser beim Jägerstab in Berlin diese Zulage für die KZ-Häftlinge genehmigt bekam, ebenso wie für die übrigen Deutschen und freien Fremdarbeiter; diese Jägerstabszulage erhielten dann die Häftlinge zusätzlich zu den bereits an sie zur Verteilung gelangenden Lang-Untertage und Schwerstarbeiterzulagen. Als mir berichtet wurde, dass die SS-Lagerleitung verschiedentlich in der Heranschaffung der Lebensmittel versagen würde, was ich natürlich nicht nachprüfen konnte, habe ich Anordnung gegeben, dass Augsburg aus den Nahrungsmittelbeständen für Deutsche und Ausländer ohne Rücksicht auf daraus zu befürchtende Versorgungsschwierigkeiten, aushelfen zu lassen.
Den Betriebsleiter Kirchhammer in Leonberg habe ich ermächtigt, Lebensmittel ohne Mengen- und Preisbegrenzung zu kaufen, sogar schwarz (!) und sie der SS-Lagerleitung für die Häftlinge als zusätzliche Nahrungsmittel zur Verfügung zu stellen. Diese Kosten wurden selbstverständlich alle von uns übernommen, trotzdem wir der SS, wie bereits vorher ausgeführt, pro Häftling und Tag den von ihr verlangten Betrag von meines Wissens RM 6 zu bezahlen hatten. Bestätigen können dies die Herren Wagner und Kirchhammer.

1. Es sei hier nur nebenbei nochmals bemerkt, dass der Firma die Arbeit der KZ-Häftlinge wesentlich teurer kam, als diejenige der freien Arbeiter; darauf sei aber nur hingewiesen, um zu zeigen, dass diese Erwägungen der Firma überhaupt keine Rolle spielten, sondern vielmehr alles getan wurde, was von Seiten der Firma möglich war.

2. Diese zusätzliche Hilfe für die Verpflegung der Häftlinge von uns ist nicht etwa nur in Leonberg erfolgt, sondern auch in den anderen Verlagerungen, in welchen Häftlinge beschäftigt waren; so erinnere ich mich, dass der Betriebsleiter Brummer von Lauingen mit meinem Einverständnis meines Wissens wöchentlich 2.000 Liter Milch schwarz gekauft hat, und zwar mit meiner ausdrücklichen Zustimmung, um sie als zusätzliche Ernährung für die Häftlinge der dortigen SS-Lagerleitung zur Verfügung zu stellen. Der Betriebsleiter des Verlagerungsbetriebes Fischen im Allgäu, Herr Stempfle, hat zusätzlich Pferdefleisch schwarz gekauft, um es ebenfalls für die Häftlinge kostenlos zur Verfügung zu stellen.

3. Die Zuständigkeit der SS-Lagerverwaltung für die Verpflegung der Häftlinge kann auch damit bewiesen werden, dass jedes Lager eine innerhalb des Lagers befindliche eigene Küche hatte, in der das Essen für die Häftlinge zubereitet wurde. Wenn das Essen von der Firma zu stellen gewesen wäre, hätte es dieselbe in ihren Werkküchen gekocht und dann mittels Warmhaltetransportgefäßen angeliefert. Diese Übung war in der Firma keineswegs fremd, denn bei den in Augsburg weit auseinanderliegenden Hallen wurde es so für Deutsche und freie Fremdarbeiter gemacht; bei dem Anlauf verschiedener Verlagerungen in der Nähe Augsburgs wurde das Essen für Deutsche und freie Fremdarbeiter sogar täglich mit Lastwagen aus der Augsburger Werkküche in die verschiedenen Verlagerungen gebracht.

4. Gerade in Leonberg hat die SS-Lagerverwaltung die dortige örtliche Betriebsführung laufend um Gestellung von Lastwagen zum Transport von Lebensmittel, Kantinenwaren, Einrichtungen usw. gebeten, woraus wiederum der Schluss gezogen werden kann, dass die SS für sämtliche Verwaltungsangelegenheiten ihrer Lager allein verantwortlich war. Die SS hat geradezu eifersüchtig darüber gewacht, dass sich die Firma nicht in ihre Angelegenheiten eingemischt hat.

5. Es ist immerhin auch noch bemerkenswert, dass trotz der vielen anderen Verlagerungen der Messerschmitt AG, in welchen Häftlinge beschäftigt waren, Klagen nur über Leonberg bekannt geworden sind, das gerade die Sonderdomäne des Jägerstabes gewesen ist.

Die Überbelegung des Lagers Leonberg ist in seiner Grundursache auf die Programmsteigerung zurückzuführen, die das von Saur befohlene Programm HDL vom 22.6.1944 gegenüber dem Programm 226 vom 15.5.1944 brachte, obgleich auch dieses schon eine leichte Steigerung gegenüber dem Programm 225 vom 1.12.1943 darstellt. Gemäß diesem befohlenen Programm musste die Planungsabteilung der Firma genau berechnen und eine Aufstellung mit monatlicher Unterteilung dem Werkbeauftragten abliefern, die dieser an den Chef des Arbeitseinsatzes beim Jägerstab, Dr. Schmelter, weitergab. Der Jägerstab verlangte dabei, dass die Arbeitszeit pro Mann mit 250 Stunden im Monat angesetzt wird, gemäß der von ihm für das Jägerprogramm generell befohlenen 72 Stunden-Woche, wovon 69 Stunden reine Arbeitszeit sein mussten. Infolge des geringen Wirkungsgrades der Häftlinge (20 Prozent) und der hohen Zeitausfälle allein schon durch die häufigen Fliegeralarme war dieser Durchschnitt viel zu hoch gegriffen, weshalb ich die Verantwortung auf mich genommen habe, dass der Herr Reicherter die Arbeiterbedarfslisten für den Werkbeauftragten in der Form erstellte, dass er nur mit einem Durchschnitt von 180 – 200 Stunden pro Monat rechnete. Was dies bedeutet hat, mag daraus ersehen werden, dass der obenerwähnte Dr. Schmelter im Sommer 1944 ein Kriegsgerichtsverfahren gegen die Firma eingeleitet hat wegen ungenügender Leuteausnutzung.
In der bereits früher erwähnten Sitzung vom 17.11.1944 in Augsburg haben wir uns geweigert, weitere Häftlinge anzunehmen, und, wie bereits ausgeführt, die Erfüllung der entsprechenden Voraussetzungen verlangt. Aus diesem Protest mag ersehen werden, dass es nicht Angelegenheit der Firma war, den Zustrom weiterer Arbeitskräfte, insbesondere in Form von KZ-Häftlingen, zu regeln. Der Werkbeauftragte hat sie beim Jägerstab angefordert, sie wurden der Produktionsleitung (damals Essig, als Mitglied des Jägerstabes) zur Verfügung gestellt und er hatte anzugeben, welchen Verlagerungsbetrieben sie zuzuteilen waren.
Im Zusammenhang mit dem Abgang von Essig verlangten wir zur Entlastung von Leonberg die Errichtung eines weiteren Verlagerungsbetriebes für die Fabrikation von Me 262-Flächen, der dann Anfang 1945 in Horgau auch aufgezogen wurde.
Als ich von den Ungarn Mitteilung bekam, dass die ihre Betriebe wegen der vorrückenden Russen nach Deutschland verlagern wollten, habe ich mich sofort darum bemüht, diesen Verlagerungsstätten als selbstständige Betriebe zu übergeben und ihnen Teile der Me 262-Fabrikation zu übertragen. Mit dieser Maßnahme wollte ich erreichen, dass man auf die Mitarbeit der KZ-Häftlinge verzichten kann, was ich bei jeder Gelegenheit allen beteiligten Leuten immer wieder nahegelegt habe.
Bei der Verantwortung für die sanitären Anlagen muss unterschieden werden zwischen denjenigen, die im KZ-Lager, und denjenigen, die in der Fabrikationsanlage nötig waren. Die im KZ-Lager waren nach den

bisher gemachten Ausführungen Angelegenheit der SS; diese konnte von sich aus, wenn ihr die Verhältnisse ungenügend erschienen, anordnen, dass eine Anzahl Häftlinge zum Bau solcher Anlagen abgezweigt werden. Wenn sie nichts getan hat und heute vielleicht vorgibt, dass sie diese im Interesse der Fabrikation nicht tun konnte, so muss man wieder darauf hinweisen, dass diesbezügliche Weisungsbefugnisse der Firma in keiner Weise bestanden haben und bestehen konnten, wohl konnte dies aber über den Jägerstab geschehen, denn der Chef des Arbeitseinsatzes Dr. Schmelter hatte die Vollmachten für die Verpflichtung der Arbeitskräfte, meines Wissens sogar über die SS hinweg. Dr. Schmelter war nicht nur ob seiner Schärfe im Vorgehen, sondern auch seiner Befugnisse einer der wichtigsten Leute im Jägerstab.
Auch die Firma konnte Bauten und Einrichtungen nur durchführen, wenn ihr die entsprechende Unterstützung vom Jägerstab gegeben wurde. Dieser gab sie nur, wenn ein Bau oder eine Einrichtung von ihm ausdrücklich genehmigt waren. Nach dieser Genehmigung erhielten dann der GB Bau die Anweisung des Jägerstabes, die für den Bau nötigen Arbeitskräfte uns zuzuweisen; ebenso erhielt die OT den Auftrag, das für den Bau oder die Einrichtung notwendige Material zu stellen, der Firma verblieb dann die Bauausführung.
Wie auf dem Fabrikationssektor alle Zuweisungen erheblich unter dem lagen, was benötigt wurde, sowohl an Zahl als auch an Qualität, traf dies auch für die Zuweisungen des GB Bau und der OT zu. Auch hier lag die Firma in einem ständigen Kampf mit diesen Stellen, um nur das Allerdringendste zu erreichen. Das ständige Bohren und Beanstanden der Firma führte bereits Mitte 1944 dazu, dass man der Firma auch noch die Bauausführung wegnahm und diese der OT übertrug. Trotzdem hat die Firma mit viel Nachdruck erreicht, dass in der Fabrikationsanlage Leonberg die sanitären Anlagen auf einen einigermaßen erträglichen Stand gebracht wurde, dass die Entlausungsanlage gebaut wurde und dass Bohrversuche nach zusätzlichen Wasserquellen unternommen wurden, trotzdem es von der Stadtverwaltung Leonberg als aussichtslos hingestellt wurde – Leonberg ist die wasserärmste Stadt Württembergs. Bei der Entlausungsanlage hat dann die OT die technische Einrichtung endlich im Herbst 1944 geliefert; als diese eingebaut war, fehlte es wieder an der nötigen Kohle, um die Anlage in Betrieb zu nehmen.
Die Inbetriebnahme dieser Anlage hat genauso wie alle anderen Dinge in der damaligen Zeit ihre erhebliche Verspätung im Anlauf bekommen, denn es darf schließlich nicht vergessen werden, dass sich durch das Zuspitzen der gesamten Lage in Deutschland überhaupt nichts mehr auf nur einigermaßen normalen Wege abwickeln ließ. Bestätigung durch Lamprecht & Osthus, Braunbarth und Rittinghaus.
Das Fehlen dieser Entlausungsanlage kann aber nicht als Ursache für die Flecktyphus-Epidemie angeführt werden, die im KZ-Lager angeblich geherrscht haben soll; Auskünfte hierüber haben wir niemals erhalten, da die SS-Lagerverwaltung Angaben verweigert hat, weil dies die Firma nichts angehen würde.
Der Flecktyphus wird gemäß medizinischer Anlagen einzig und allein durch Kleiderläuse übertragen. Diese mussten also in das Lager eingeschleppt worden sein. Dies war nur dadurch möglich, dass die Häftlinge, welche aus dem Stammlager kamen, bereits mit Kleiderläusen in erheblichen Maße behaftet waren. Aber auch diesbezüglich wurde von der örtlichen Betriebsleitung in Leonberg verlangt, dass die KZ-Häftlinge entlaust sein müssten, bevor sie bei uns zur Arbeit eingesetzt werden; es wurde in diesem Zusammenhang darauf hingewiesen, dass man sich der Anlage in Kornwestheim bedienen soll, solange das Werk über keine eigene verfügen würde.
Wenn man die Schlussfolgerung für das ganze Kapitel der Fremdarbeiterbehandlung nach dem 1.3.1944 zieht, so muss man nachdrücklich darauf hinweisen, dass die Vorgänge bei der nachträglichen Betrachtung nicht nur als Einzelangelegenheit behandelt werden dürfe; man muss vielmehr die gesamte Situation berücksichtigen, aus der heraus sich viele Dinge zwangsläufig gar nicht anders gestalten lassen konnten. Die Machthaber des 3. Reiches waren durch den ungünstigen Verlauf

des Krieges seit Ende 1942 immer mehr in die Enge getrieben worden. Es ist daher nur allzu verständlich, dass sie ihre Machtmittel bis zum äußersten ausnutzten und jegliche persönliche Regung, insbesondere dann, wenn sie gegen ihre Anordnung war, unterdrückten. Die Darlegungen, wie sie eingangs gemacht wurden, geben, trotzdem es sich nur um einen Teilabschnitt handelt, bereits ein Bild, wie die Machthaber versucht haben, durch immer schärfere Organisation, die sich im Laufe des Jahres 1944 überschlug, indem Kommissare die Aufsicht über Kommissare bekamen, auch für die kleinsten Schritte eine Unzahl behördlicher Genehmigungen als Voraussetzung zu verlangen. Man kann schließlich nicht die einzelnen Menschen oder selbst ganze Firmen dafür verantwortlich machen, dass die Erfolge der Alliierten in der Kriegsführung gegen Deutschland dieses Ergebnis gezeitigt haben und solche Auswirkungen hatten. Diesen Zustand der allgemeinen Auflösung herbeizuführen, lag doch schließlich in der Absicht der Gegner Deutschlands, um dessen Kapitulation zu erreichen.

Augsburg, den 12. Mai 1948
(Rakan Kokothaki)

Rüstungsfertigung Messerschmitt Kommando 2004

In einem Brief des Betriebsführers Linder vom Januar 1945 wird vermerkt, dass rund 35 Prozent der Produktion der Messerschmitt GmbH Regensburg im Jahre 1944 aus den Konzentrationslagern von Flossenbürg und Mauthausen gekommen sind. Am Beispiel des KZ-Flossenbürg wird hier aufgezeigt, wie umfangreich die Produktion in den Konzentrationslagern angesiedelt war. Allein im Konzentrationslager von Flossenbürg waren 2.584 Häftlinge in der Rüstungsproduktion für die Messerschmitt GmbH Regensburg im Arbeitseinsatz. Davon waren 200 Mann als Nachtschicht im Bereich der Tragflächenproduktion tätig. Betrug die Produktionsfläche im Februar 1944 noch 8.902 m², so wurde diese durch zwei weitere Zweigwerke im benachbarten Altenhammer bis zum Jahresende auf 12.555 m² erweitert. Der Tabelle auf Seite 218 ist zu entnehmen, in welchen Bereichen die KZ-Häftlinge in der Produktion in Flossenbürg eingesetzt waren. Die Produktion in Altenhammer ist hierbei noch nicht berücksichtigt.

Diese Aufnahme zeigt die im Steinbruchgelände vorhandenen Hallen, die Bestandteil des KZ-Flossenbürg waren und von der DEST betrieben und verwaltet wurden. DEST stand für „Deutsche Erd- und Steinwerke GmbH", einem Unternehmen der SS, das am 29. April 1938 durch Heinrich Himmler gegründet worden ist. Die hier gezeigten Bilder entstanden vermutlich im Februar 1944. (Foto: KZ-Gedenkstätte Flossenbürg)

Produktion der Me 109 im KZ-Flossenbürg

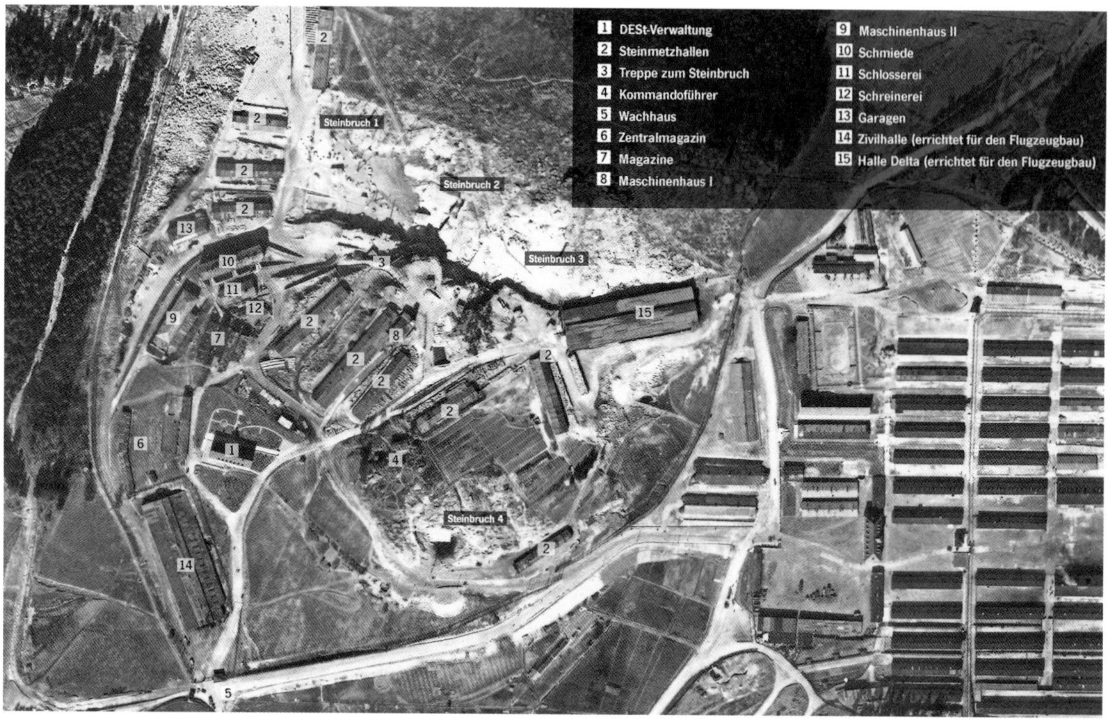

Eine Luftaufnahme des Konzentrationslagers von Flossenbürg einschließlich der Hallen, die für die Flugzeugproduktion von Messerschmitt genutzt wurden. (Foto: National Archiv Washington/KZ-Gedenkstätte Flossenbürg)

Werkstatt	**Aggregate**	**Beschäftigte/Häftlinge**
Halle 1	Nasen- und Endrippen, Hilfsholm und Schubblech	226
Halle 2	Flügelträger, Boden unter Führersitz, Rumpfstirnwand, Seitenwände, Einsteigeklappe (Rumpfteil 1)	223
Halle 3	Werkstoffprüfung: Härte, Druckfestigkeit, Ferroflux. Wareneingang	27
Halle 4	Spenglerei und Einzelteilfertigung	118
Halle 5	Zentrallager und Versandabteilung	50
Halle 6	Hauptholm, Gurtwinkel und Stegblechfabrikation	325
Halle 8	Versuchsbau	300
Halle Delta	Rumpfmontage	300
Zivilhalle	Kühlerverkleidung, Nasenkasten, Flügelbau – Stufe I Flügelbau – Stufe II flugfertig Schleiferei und Malerei für Gesamtaggregate	668
Zentralmagazin	Einzelteile-Lager	10
Schmiede	Zuschneiderei, Blechverformung und Spenglerei	84
Maschinen-Haus II	Mechanische Bearbeitung	53
Nachtschicht	Flügel und Rippenfertigung	200
In Rüstungsfertigung insgesamt eingesetzte Häftlinge		**2.584**

Diese Hallen waren an der Giebelseite mit einer Nummer versehen und dienten der Bearbeitung von Steinblöcken. (Foto: KZ-Gedenkstätte Flossenbürg)

Diese Aufnahme zeigt die Steinmetzhalle, die für die Produktion von Flugzeugteilen umgerüstet wurde. (Foto: KZ-Gedenkstätte Flossenbürg)

Die Zivilhalle war eine der größeren Hallen für die Produktion der Messerschmitt GmbH in Flossenbürg. (Foto: KZ-Gedenkstätte Flossenbürg)

Diese Aufnahme zeigt die Schmiede in der typischen Natursteinbauweise. In diesem Gebäude wurden die Bleche zugeschnitten, die Blechverformung und die Spenglerei eingerichtet. (Foto: KZ-Gedenkstätte Flossenbürg)

Hier ist die Steinmetzhalle noch in ihrem ursprünglichen Zustand zu sehen. In der Hallenmitte ist das Feldbahngleis für den Transport der schweren Granitblöcke zu erkennen. (Fotos: KZ-Gedenkstätte Flossenbürg)

Für Produktion von Flugzeugteilen wurde die Halle mit Heraklith-Platten isoliert und eine Beheizung eingebaut. Deutlich sind die aus der Wand ragenden Heizrohre für die Warmluft erkennbar. In der Steinmetzhalle befand sich die Herstellung für die Kühlerverkleidung. Produziert wurde im Taktverfahren, hier im Bereich Takt 1. (Foto: KZ-Gedenkstätte Flossenbürg)

Ein Blick in die Spenglerei. Ein Teil der Spenglerei war in der Schmiede und ein anderer Teil in der Halle 4 untergebracht. (Foto: KZ-Gedenkstätte Flossenbürg)

Am Ende der Taktstraße erfolgte der Zusammenbau der Kühlerverkleidung. (Foto: KZ-Gedenkstätte Flossenbürg)

Zusammenbau des Nasenkastens. Dies ist der Bereich der Tragfläche der Me 109, in der das Fahrwerk (Federbein) eingezogen wird. (Fotos: KZ-Gedenkstätte Flossenbürg)

Die Produktion von Rippen für die Tragflächenproduktion. (Foto: KZ-Gedenkstätte Flossenbürg)

Blick in die Halle 2, in der die Teile für den Rumpf der Me 109 gefertigt wurden. (Fotos: KZ-Gedenkstätte Flossenbürg)

Die Fertigung für die Holmbrücke. Die Holmbrücke befand sich in der Me 109 unter dem Kabinenboden. Links und rechts der Holmbrücke befanden sich die Anschlüsse für die Tragflächen. (Foto: KZ-Gedenkstätte Flossenbürg)

Herstellung der Gurtwinkel für den Tragflächenholm in der Halle 2. An den Wänden ist deutlich die nachträglich angebrachte Isolierung zu erkennen. (Foto: KZ-Gedenkstätte Flossenbürg)

Die Gurtwinkel werden zu Tragflächenholmen gefertigt. Auch hier lief die Produktion in Takten, wie an den beiden Hinweistafeln links und rechts abzulesen ist. (Foto: KZ-Gedenkstätte Flossenbürg)

Eine Tagesproduktion an Tragflächenholmen stapelt sich in der Halle 6. Im Bild rechts eine Nietmaschine mit der Bauvorrichtung für die Holmproduktion. Hier wurden die vorgefertigten Gurtwinkel zu einem Tragflächenholm zusammengefügt. (Foto: KZ-Gedenkstätte Flossenbürg)

Ein Blick in die Tragflächenproduktion lässt den Aufbau der Tragfläche erkennen. (Fotos: KZ-Gedenkstätte Flossenbürg)

Die Beplankungsbleche auf der Oberseite der Tragfläche sind bereits komplett montiert. Die Fläche geht ihrer Fertigstellung entgegen. (Fotos: KZ-Gedenkstätte Flossenbürg)

Tragflächenproduktion für die Me 109 G-6. Hier ist der konstruktive Aufbau der Fläche deutlich erkennbar. Links steht auf einer Arbeitsbühne ein Nasenkasten bereit, um in die Fläche eingebaut zu werden. (Foto: KZ-Gedenkstätte Flossenbürg)

Blick in die Zivilhalle vor Produktionsbeginn für den Tragflächenbau. Aufbau der Bauvorrichtungen. (Foto: KZ-Gedenkstätte Flossenbürg)

Im Maschinenhaus II befand sich die mechanische Fertigung von Dreh- und Frästeilen. (Foto: KZ-Gedenkstätte Flossenbürg)

Dicht an dicht stehen die Drehbänke und Werkzeugmaschinen. In einem Regal an der rechten Wand lagert Rohmaterial, das auf die weitere Bearbeitung wartet. (Foto: KZ-Gedenkstätte Flossenbürg)

In der Halle 3 befand sich die Werkstoffprüfung. Die angelieferten Materialien wurden chargenweise geprüft. Es wurde eine Prüfung auf Härte, Druckfestigkeit und Rissbildung durchgeführt. (Foto: KZ-Gedenkstätte Flossenbürg)

In der Salzbadanlage (abgedeckter Behälter) wurden die Duralbleche elektrisch erwärmt. Im Hintergrund ist der Schaltschrank mit einem Thermoschreiber zu sehen. Waren die Bleche aufgeheizt, wurden sie aus dem Salzbad herausgenommen und im nächsten Becken mit kaltem Wasser eingelegt und abgeschreckt. Danach war das Dural ca. 30 Minuten weich und ohne Probleme verformbar. Danach nahm es wieder seine vorherige Festigkeit an. Eine Verformung war dann nur noch unter Beschädigung (Rissbildung) des Bauteiles möglich. (Foto: KZ-Gedenkstätte Flossenbürg)

Die Materialbereitstellung. Hier lagerten bis unter die Decke gestapelt alle Rohmaterialien und vorgefertigte Teile für die Produktion der Me 109. (Foto: KZ-Gedenkstätte Flossenbürg)

In der Halle 5 befand sich das Zentrallager. Hier das Werkzeuglager. (Foto: KZ-Gedenkstätte Flossenbürg)

Am Bahnhof von Flossenbürg stehen fertig ausgerüstete Rümpfe der Me 109 K-4. Am Fahrwerk sind die Felgen ohne Bereifung montiert. Beachtenswert sind die nicht lackierten Luftschrauben und das hinter den Rümpfen erkennbare Motorenlager mit DB 605 D. Im Hintergrund die Montagehalle am Bahnhof von Flossenbürg und die Burgruine. (Foto: Jerry Crandell)

Das Lager zur Bereitstellung von Kleinteilen. Unter der Decke hängt ein großes Rohr zur Beheizung. In der Bildmitte ein Warnhinweis vor Diebstahl: Da steigt er ein! (Foto: KZ-Gedenkstätte Flossenbürg)

Dieses Bild bot sich der US-Armee, als sie Flossenbürg einnahm. Blick in die Endmontagehalle für die Rümpfe am Bahnhof von Flossenbürg. Nur bei der zweiten Me 109 ist die Luftschraube lackiert. Beachtenswert ist auch die unterschiedliche Lackierung von Rumpf und Motorhaube.

Ein ganzes Lager mit Seitenleitwerken der Me 109 K-4 in unterschiedlicher Tarnlackierung.

GIs inspizieren abgestellte Me 109 K-4 neben der Montagehalle am Bahnhof in Flossenbürg.

Hans Heimerl
geb. am 17.10.03
in Bodenwöhr
wohnhaft in
Bodenwöhr, Ludwigsheide Nr.11

Bodenwöhr, den 20.August 1945

Bericht

Ich war seit 1938 bei Fa. Messerschmitt G.m.b.H. Regensburg in der Abteilung Vorrichtungsbau beschäftigt. Ende des Jahres 1943 kam ich zu der Spezialabstimmungskontrolle für Vorrichtungen, die in allen Aussenwerken durchgeführt wurde, nach Flossenbürg.

Im April 1944 wurde ich von meiner Arbeit weggenommen und ins KZ-Lager eingeliefert und eingekleidet. Ich wurde in einer Einzelzelle untergebracht und musste gleichfalls schwere Schläge erleiden. Ich wurde dort unter den üblichen bekannten Verhältnissen ca. 8 Tage in dieser Zelle belassen.

Der Grund für meine Einlieferung in die KZ-Einzelzelle war, dass ich Insassen des KZ-Lagers, mit denen ich wegen ihres grossen Hungers Mitleid hatte, laufend Lebensmittel gab. Es handelte sich um ca. 15 Mann, Deutsche, Franzosen, Polen, Tschechen, Russen, die ich laufend versorgte. Leider kann ich mich nicht mehr an die Namen erinnern, weiss nur noch einen Franzosen mit der Nummer 500.

Auf Betreiben meines damaligen Betriebsführers, Herrn Direktor Karl Linder, wurde ich dann aus der Einzelzelle entlassen und wieder in das Werk Regensburg versetzt.

Am 11.Mai wurde ich wieder von der Gestapo in Regensburg verhaftet und ins Gefängnis ins Justizgebäude eingeliefert. Dort wurden mir dreimal Prügel verabreicht.

Meine Überwachung war angeblich noch nicht abgeschlossen, da ich in Erfahrung brachte, dass ich Ende 1944 wieder verhaftet werden sollte. Ich wurde darauf hingewiesen, dass "sie mich schon noch fangen und endgültig kaltstellen" werden.

Aus dieser Haft wurde ich nach 14 Tagen wiederum auf Betreiben meines Betriebsführers, Herrn Linder und meines Abteilungsleiters, Herrn Ing. Mann entlassen und zur Arbeit freigegeben.

Mit Erlaubnis meiner Vorgesetzten habe ich mich Ende März 1945 von meiner Arbeitsstätte entfernt und mich in der Umgebung meiner Heimat aufgehalten, weil ich hörte, dass ich neuerdings verhaftet werden sollte.

Ich möchte noch anführen, dass ich weder Mitglied der NSDAP war, noch irgendeiner Formation angehörte.

Ich bezeuge, dass diese Angaben auf Wahrheit beruhen.

Abschrift

Walter Prinz
Straubing/Bayern
Frauenhoferstr. 15/I

Straubing, den 11.6.50

Erklärung.

Als ehemaliger Häftling des Konzentrationslagers Flossenbürg erkläre ich heute freiwillig:

Vom Lager Auschwitz, (Buna) im Februar 1944 nach dem KZ-Flossenbürg versetzt, war es für mich jeden Morgen eine Wohltat das Lager jedesmal verlassen zu dürfen um in der Kühlerverkleidung (2004) der Messerschmittwerke zu arbeiten.

Es war ein Unterschied wie Tag und Nacht, denn im Lager war das Grauen und schlechte Verpflegung. Im Werk dagegen wurde man den Verhältnissen entsprechend doch besser behandelt und verpflegt bis zur Räumung des Lagers im April 1945.

Wie mir bekannt war, stand das Werk damals unter der Leitung eines Herrn Schubert. Als Häftling kenne ich diesen Herrn nur von gelegentlichen Rundgängen, die derselbe durchführte.

Seinen Einfluß, beziehungsweise das Wirken der Werksleitung spürte ich aber auf anderer Art.

Da man uns als Spezialarbeiter für Rüstungszwecke brauchte, so setzte die Werksleitung es durch, daß die Lager SS uns bei der Arbeit in Ruhe ließ.

Die eigentlichen Messerschmittarbeiter, Meister usw. waren bis auf wenige Ausnahmen, ruhig, gerecht und anständig.

Zweimal als Zeuge mit anderen ehemaligen Häftlingen in Dachau vorgeladen, wurden auch frühere Werksangestellte vorgeführt.
Im allgemeinen konnte aber keiner dieser Leute von uns ehemaligen Häftlingen belastet werden. Ausnahmen mögen aber auch da gewesen sein.

Sehr wohltuend war für uns aber die Zusatzverpflegung, das sogenannte Frühstück (Brot, Wurts oder Käse.

Außerdem gab es für die Arbeit noch eine gewisse Bezahlung.
Für das Geld konnte man sich in der Kantine etwas kaufen. All diese Vergünstigungen wurden trotz der schlechten Verpflegungslage bis kurz vor dem Zusammenbruch durchgeführt.

Ich nehme wohl mit recht an das es die Messerschmittleitung war, die, wohl im Intresse des Werkes und Leistungssteigerung es bei der Lager SS durchsetzte.

Manchen Häftling und vielleicht auch mir, hat das oben geschilderte das Leben gerettet.

Strbg. 11.6.1950

gez. W. Prinz
Walter Prinz
Straubing/Bayern

Die Nebenwerke „Ambos" und „Stich" in Altenhammer

Die Anzahl von 2.584 Häftlingen dürfte als Mindestzahl angesehen werden, da im Sommer 1944 in Altenhammer unmittelbar neben Flossenbürg ein weiteres Montagewerk für Flugzeugteile der Me 109 mit dem Decknamen „Ambos" und „Stich" in Betrieb ging. In Flossenbürg wurden auch beschädigte Me 109 ausgeschlachtet und die intakten Teile der Produktion zugeführt.

Welche enormen Einnahmen die SS durch den Arbeitseinsatz der KZ-Häftlinge erwirtschaftete zeigt eine erhalten gebliebene Abrechnung aus dem Dezember 1944. Der Lagerkommandant des KZ-Flossenbürg Max Kögel, forderte von der Messerschmitt GmbH Regensburg eine „Leihgebühr" von 533.000 RM für die Sklavenarbeit und hat diese Summe wohl auch bekommen.

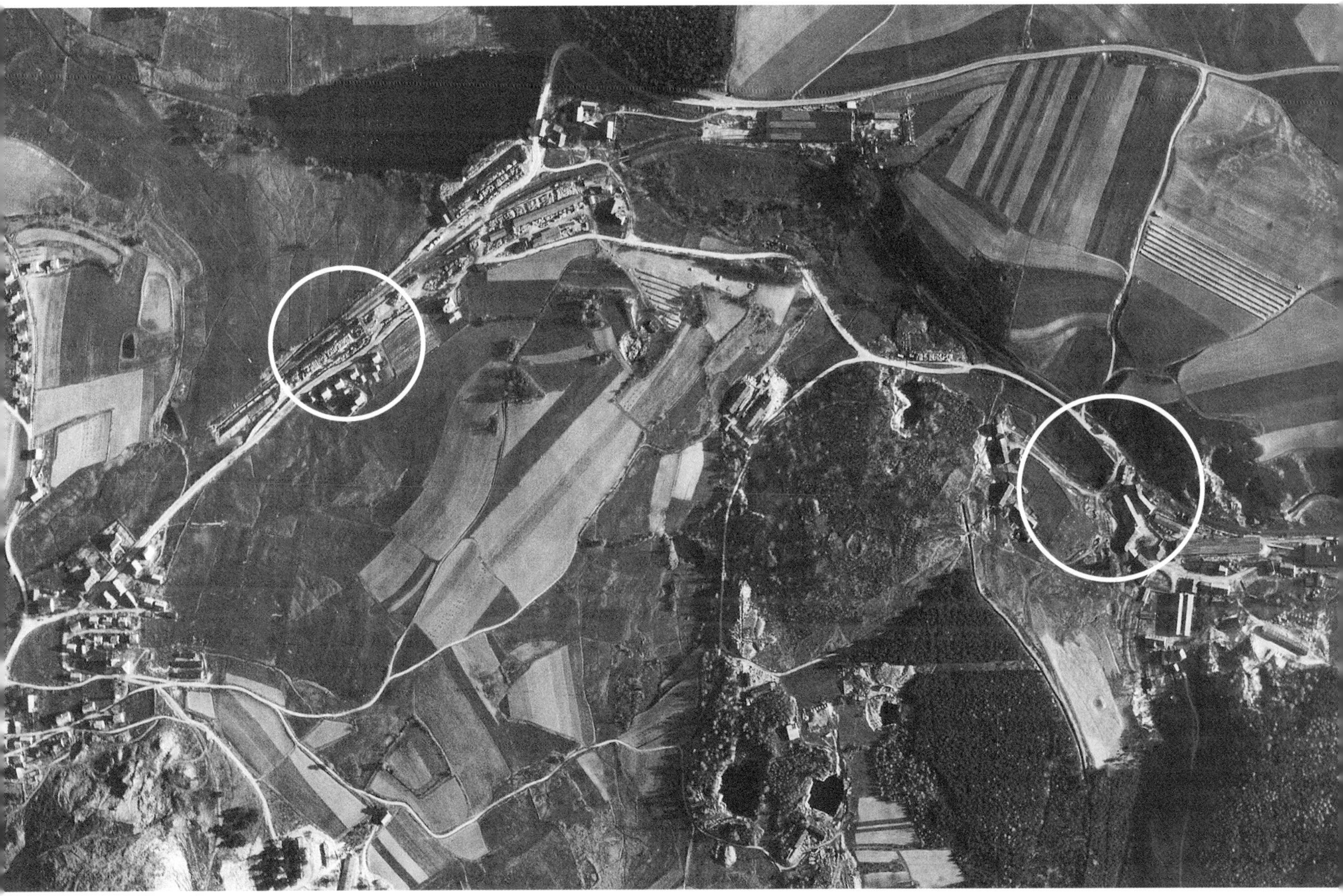

Dieser Ausschnitt aus einer Luftaufnahme vom April 1945 zeigt oben links den Bahnhof von Flossenbürg. Am rechten Bildrand sind die Montagehallen von „Ambos" und „Stich" in Altenhammer zu sehen.

In diesen beiden Werken herrschten etwas andere, vor allem schlimmere Arbeitsbedingungen als im Werk am Hauptlager, da bei geringsten Verstößen vom Kommandoführer und von Aufsehern Prügel verabreicht wurden. Dabei gab es auch Todesfälle. Marschierten die Häftlinge anfangs noch täglich vom Hauptlager nach Altenhammer und zurück, so änderte sich dies zum Jahresende 1944. Der Kommandoführer, ein Major der Luftwaffe, war der Meinung, dass dadurch zu viel an Arbeitszeit verloren ginge. So wurden im Bereich der Arbeitsplätze provisorische Schlafmöglichkeiten geschaffen.

Eine Luftaufnahme vom nördlichen Teil des Flugplatzes in Vilseck. Deutlich sind die beiden großen Endmontagehallen von Messerschmitt am linken Bildrand zu sehen. Auch das Bahngleis ist erkennbar, über dass, die in Flossenbürg gefertigten Rümpfe und Tragflächen angeliefert worden sind. (Foto National Archiv Washington)

Es blieb dann allerdings auch beim Provisorium. Die Verpflegung wurde per LKW jeden Tag in Altenhammer angeliefert. Inwieweit die den Häftlingen zustehenden Portionen dort auch angekommen sind darf bezweifelt werden. Mehrfach wurde berichtet, dass die Zivilangestellten von Messerschmitt den Häftlingen Lebensmittel zusteckten und dafür auch drastisch bestraft worden sind. Für die über 550 Häftlinge waren vor allem die Unterkünfte und die sanitären Verhältnisse katastrophal. Durften die Häftlinge anfangs noch jeden Sonntag zum Duschen ins KZ marschieren und konnten sich mit Prämienscheinen in der Lagerkantine verpflegen, so wurde das ab Februar 1945 nicht mehr durchgeführt. Nachdem über sechs Wochen die Wäsche nicht gewechselt werden konnte, führte dies zur totalen Verlausung. Die Folge des Befalls durch Kleiderläuse waren Fleckfieber- und Typhuserkrankungen. Die beiden Kommandos in Altenhammer galten unter den Häftlingen als Todeslager.

Durch die beiden Nebenwerke in Altenhammer stieg die Gesamtzahl der in der Flugzeugproduktion eingesetzten Häftlinge auf über 3.000 an. Die im KZ-Flossenbürg hergestellten Rümpfe und Tragflächen der Me 109 G und K wurden vom Bahnhof in Flossenbürg per Bahn zum Flugplatz in Vilseck transportiert. Dort erfolgte die Endmontage in zwei großen Produktionshallen. Für den Einflugbetrieb standen in Vilseck am Südrand des Flugplatzes drei weitere Hallen zur Verfügung, siehe auch Lageplan.

Me 109 G-6 mit der Werknummer 166223. Dies ist eine Me 109, die im Sommer 1944 in Vilseck endmontiert worden ist. Rumpf und Flächen stammen aus der Produktion des KZ-Flossenbürg. Interessant ist in diesem Zusammenhang, dass der Jagdflieger Erich Hartmann seinen 300. Luftsieg im August 1944 auf der Werknummer 166221 erzielte.

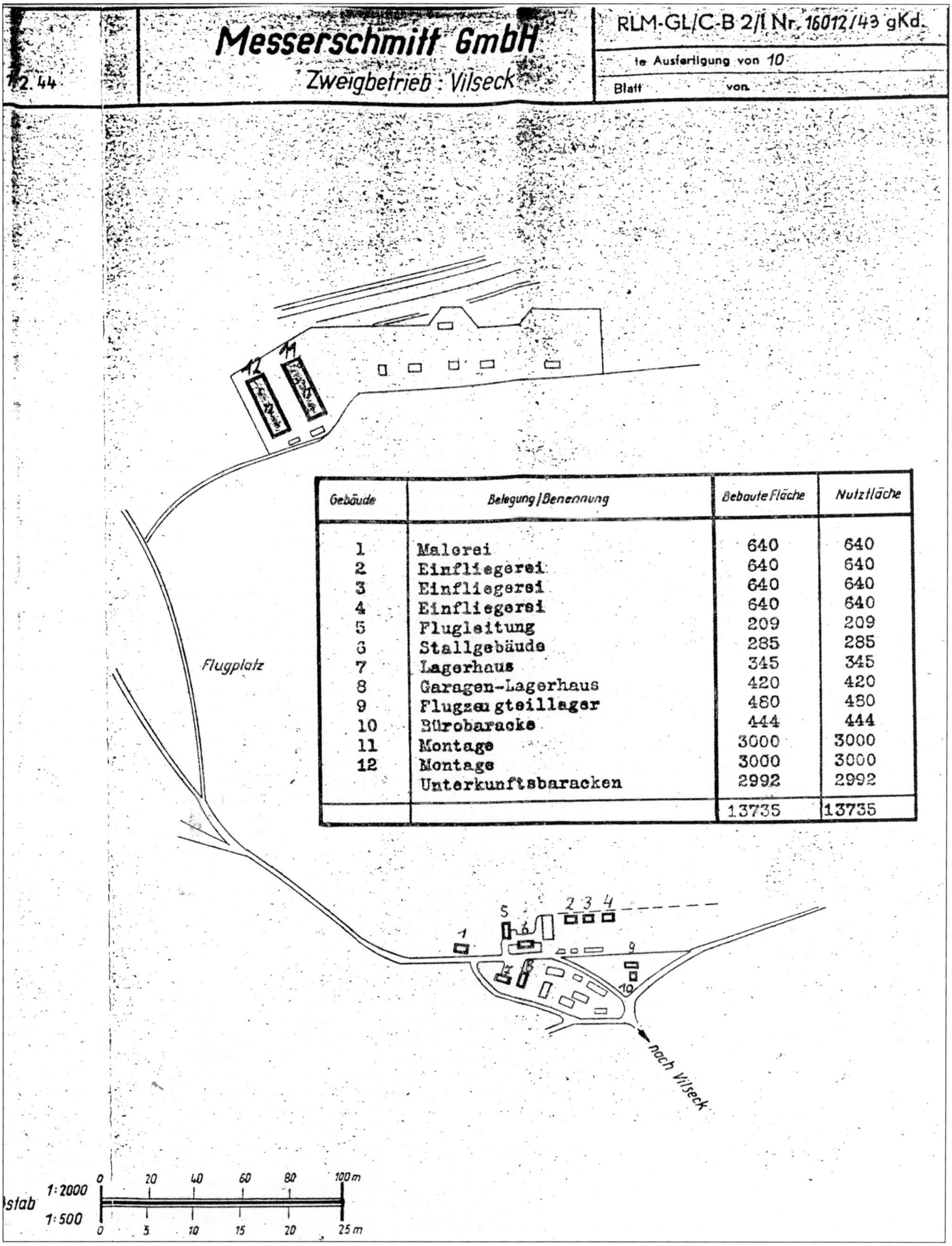

Gebäude	Belegung / Benennung	Bebaute Fläche	Nutzfläche
1	Malerei	640	640
2	Einfliegerei	640	640
3	Einfliegerei	640	640
4	Einfliegerei	640	640
5	Flugleitung	209	209
6	Stallgebäude	285	285
7	Lagerhaus	345	345
8	Garagen-Lagerhaus	420	420
9	Flugzeugteillager	480	480
10	Bürobaracke	444	444
11	Montage	3000	3000
12	Montage	3000	3000
	Unterkunftsbaracken	2992	2992
		13735	13735

Die im KZ Flossenbürg produzierten Rümpfe und Tragflächen wurden mit der Reichsbahn zum Flugplatz nach Vilseck transportiert. Dort erfolgte die Endmontage und der Einflug. Lageplan vom Flugplatz Vilseck mit allen Gebäuden, die von der Messerschmitt GmbH Regensburg für die Endmontage der Me 109 G und K belegt waren.

TEIL 2: EINSATZ DER ME 109

Einsatz Bodenpersonal

In vielen Publikationen zur Me 109 kommt der Einsatz des Bodenpersonals der Luftwaffe nur am Rande oder überhaupt nicht vor. Ohne den tausenden Soldaten des Bodenpersonals, den schwarzen Männern, wäre aber ein Flugbetrieb gar nicht möglich gewesen. Für jede Me 109 standen in der Regel ein 1. und 2. Flugzeugwart zur Verfügung. Neben dem normalen Wartungspersonal gab es Spezialisten für die Motoren, Waffen- und Funktechnik. Flughafenbetriebskompanien (FBK) verfügten über das gesamte notwendige Personal und technische Gerät, um einen Flugbetrieb sicherzustellen. Ein Fuhrpark mit PKW, LKW, Tankfahrzeugen, Funk- und Werkstattwagen, bis hin zum Stromerzeuger und Heizgeräten standen zur Verfügung. Ob unter der sengenden Sonne von Nordafrika, bei Schneesturm am Eismeer oder an der Ostfront, die Wartungsarbeiten an den Flugzeugen mussten in den meisten Fällen unter freiem Himmel durchgeführt werden und nicht immer standen ausreichende Wartungshallen zur Verfügung. Bei den Verlegungen auf andere Flugplätze wurde das Bodenpersonal vor allem an der Ostfront mit den katastrophalen Straßenverhältnissen dort konfrontiert. Auf frontnahen Flugplätzen musste ständig mit Tiefangriffen durch feindliche Jagd- und Schlachtflugzeuge gerechnet werden. Blutige Verluste blieben dabei nicht aus. Ihnen ist dieses Kapitel gewidmet.

Das Bodenpersonal beim Einhängen von 50 kg-Bomben an einer Me 109 F des Jagdgeschwaders 54 bei eisiger Kälte. Die Me 109 konnte entweder eine 250 kg-Bombe oder 4x50-kg-Sprengbomben an einer speziellen Halterung unter dem Rumpf mitführen.

Die Wartung der Flugzeuge vor allem im Winter an der Ostfront und im hohen Norden war eine Herausforderung. Sehr oft mussten die notwendigen Wartungsarbeiten im Freien durchgeführt werden, weil entsprechende Hallen fehlten. Trotz Winterbekleidung kam es zu Erfrierungen. Die gesamte Flugzeugtechnik, vor allem die Triebwerke, war einem ungeheuren Verschleiß unterworfen.

Das Bodenpersonal war im Winter auch für die Räumung von Abstellplätzen, Rollwegen und Startbahnen zuständig. Im Bild wird Schnee auf einen LKW geladen, um die Rollwege freizuhalten.

Ein Opel-Blitz 3 t mit einem Kofferaufbau als Funkwagen der Luftwaffe. Die Luftwaffen-Nachrichteneinheiten waren mit derartigen Fahrzeugen ausgerüstet. Damit war unter anderem eine Sprechfunkverbindung über Funkgerät FuG 16 mit den eingesetzten Flugzeugen möglich als auch eine Identifizierung über das Funkgerät FuG 25a (Freund-Feindkennung).

Eine Funkstelle unter Volltarnung. Nur die Funkantenne ist über dem Tarnnetz erkennbar. Eine derartige Tarnung war vor allem ab 1943 an allen Fronten unabdingbar.

Eine Kolonne mit Fahrzeugen einer Flughafenbetriebskompanie FBK auf dem Marsch. Eine FBK verfügte über alles technische Gerät, um einen Flugplatz zu betreiben und die Wartung von Flugzeugen sicherzustellen.

Ein Mercedes-LKW LG 3000 mit Anhänger bei einer Rast. Auf der geöffneten Beifahrertüre ist das Wappen der I./JG 54 erkennbar.

Fahrzeuge einer FBK. Fast jeder LKW zieht noch einen Anhänger mit. Der letzte LKW hat eine Feldküche geladen.

Die Straßenverhältnisse an der Ostfront waren eine einzige Katastrophe. Nach einigen Regentagen verwandelten sich die Wege in grundlosen Morast. Hier ist ein LKW über die Achsen im Schlamm versunken. Nur unter Einsatz von Kettenfahrzeugen konnte der Nachschub noch einigermaßen sichergestellt werden.

Nicht nur an der Ostfront gab es schlechte Straßenverhältnisse. Hier quält sich ein VW-Kübelwagen in Tunesien im Winter 1942/43 durch den Schlamm einer total aufgeweichten Piste.

Auch so etwas gab es während des Krieges: Kleiderappell für das Bodenpersonal. Trotz des Krieges wurde streng auf Ordnung und Sauberkeit geachtet. Mit zunehmender Kriegsdauer wurde vor allem an der Ostfront darauf weitgehend verzichtet. Man hatte da ganz andere Sorgen.

Das Bodenpersonal war auch für die Tarnung der Liegeplätze verantwortlich. Im Bild sind die Me 109 E des Jagdgeschwaders 26 am Waldrand perfekt getarnt und dürften nur schwer aus der Luft zu erkennen sein.

Flugzeugwarte bei der Arbeit an einer Me 109 E. Die „schwarzen Männer“ vom Bodenpersonal waren die stillen Helden des Krieges. Ohne ihren unermüdlichen Einsatz wäre kein Flugbetrieb möglich gewesen. Während Motorenwarte an der 109 arbeiten, beobachtet ein anderer mit einem Fernglas die Umgebung. An frontnahen Flugplätzen musste immer mit unliebsamen Überraschungen durch Luftangriffe gerechnet werden.

Ein Tanklöschfahrzeug der Luftwaffe mit einem Tankspritzenanhänger. Diese Fahrzeuge mit der Bezeichnung Tankspritze TS 2,5 verfügten über einen Wassertank von 2.500 Litern und einen Schaummitteltank von 300 Litern. Sie waren für die Bekämpfung von Treibstoffbränden (Flugzeugbränden) hervorragend geeignet.

Ein Opel-Blitz 1,5 t vom JG 3. Die Kraftfahrer waren ständig im Einsatz, um alles benötigte Material für den Einsatz heranzuschaffen. Im Osten war es immer eine Herausforderung, bei Verlegung der fliegenden Verbände die Bodenteile nachzuführen. In den meisten Fällen wurden Vorauskommandos zusammengestellt, die auf den neuen Einsatzhäfen in der Lage waren, einen Flugbetrieb sicherzustellen.

Über Mangel an Arbeit konnte sich das Bodenpersonal nicht beklagen. Hier ist eine Me 109 E in den weichen Boden eingesunken und mit einem Kopfstand zum Stehen gekommen.

Auch für den Tarnanstrich musste gesorgt werden. Bei dieser Me 109 E-3 hat das Bodenpersonal allerdings auf den Tragflächenunterseiten übergroße Balkenkreuze aufgebracht. Durch diese Maßnahme sollte Beschuss durch die eigene Flak verhindert werden.

Ein LKW passiert einen völlig aufgeweichten „Straßenabschnitt" an der Ostfront. Soldaten einer Pioniereinheit haben die Piste in einer Senke wieder einigermaßen befahrbar gemacht.

Walter Seiz: Erinnerungen eines Jagdfliegers von 1940 – 1944

Walter Seiz begann seine Jagdfliegerlaufbahn bei der 3./JG 53 als Fähnrich und beendete sie bei dieser Staffel als Hauptmann und Staffelkapitän im August 1944, als er in rumänische, später russische Kriegsgefangenschaft geriet. Dank glücklicher Umstände und trotz zweimaliger schwerer Verwundung überlebte er diesen mörderischen Krieg als Jagdflieger. In eindringlicher Weise erzählt Walter Seiz, was einem Jagdflieger im Zweiten Weltkrieg so alles passieren konnte.

Als junger Fähnrich auf Einsatzflug nach London

Wie es einem jungen Flugzeugführer erging, der seinen ersten Einsatz als Jagdflieger im September 1940 auf der 109 E im Rahmen der Luftschlacht um England absolvierte darüber berichtete Walter Seiz: *„Im September 1940 kam ich, als junger Fähnrich, zur 3. Staffel des Jagdgeschwaders 53 „PIK AS“ (3./JG 53). Mein erster Einsatzflug führte als Bomberbegleitschutz von Cherbourg nach London. Ohne große Einweisung wurde ich einem Rottenführer zugeteilt. Der gab mir nur eine Anweisung: „Junge, egal was passiert, nur an mir dranbleiben.“ So startete ich doch mit etwas gemischten Gefühlen in Richtung England. Über dem Kanal nahmen wir einen He 111-Verband auf und begleiteten ihn in 7.000 Metern Höhe in Richtung London. Ich hatte ständig damit zu tun, meine Position zu halten, den Motor und die Sauerstoffanlage zu überwachen sowie den Luftraum zu beobachten. Eigentlich flog die Me 109 E anfangs mehr mit mir als ich mit ihr, da ich vollauf damit beschäftigt war, die Technik zu kontrollieren und zu beherrschen. Überlebenswichtig war auf jeden Fall die Kontrolle des Luftraums,*

*damit sich kein feindlicher Jäger unbemerkt nähern konnte.
Plötzlich hieß es „Spitfires in zwölf Uhr“. Mir schoss es durch den Kopf: „Verdammt, wo ist zwölf Uhr, ach Mensch, gerade aus vor uns.“ Obwohl ich konzentriert die angegebene Richtung sah, eine Spitfire konnte ich aber nicht erkennen. Der Verband flog auch in aller Ruhe weiter. Kurze Zeit später knackte es wieder in den Kopfhörern: "Spitfires in neun Uhr". Ich guckte mir die Augen aus dem Kopf, konnte aber links von mir keine Engländer erkennen. Kurzer Blick zum Rottenführer, kurzer Blick auf die Instrumente und dann nach neun Uhr. Verdammt, da waren plötzlich die Spitfires und dermaßen nah, dass man die Kokarden riesengroß erkennen konnte. Blick nach vorne, oh Schreck, mein Rottenführer war weg. Da hing ich nun in 7.000 m Höhe alleingelassen über England. Da gab es nur eins, mit voller Pulle nach unten und ab nach Hause, bevor mich die Spitfires vernaschten. Mit fast leergeflogenem Treibstofftank kehrte ich dann glücklich auf unseren Flugplatz zurück. Anschließend gab es noch eine Belehrung, beim nächsten Einsatz besser aufzupassen und nicht vom Verband abzuplatzen.
Aus Gesprächen erfuhr ich später, dass es Neulingen wie mir genau so ergangen ist.
Aufgrund meiner persönlichen Erfahrungen habe ich dann später, als ich Staffelkapitän der 3./JG 53 war, neue Flugzeugführer erst mal zu drei bis vier Übungseinsätzen begleitet und sie eingehend unterwiesen, bevor es in den scharfen Einsatz ging.“*

Fähnrich Walter Seiz in seiner „Gelben 5“ von der 3./JG 53 „Pik As“ startet mit seiner Me 109 E-3 Anfang September 1940 zum Einsatzflug in Richtung England.

Als Jagdbomber über England

„Wenige Wochen später flog meine Staffel als Jabostaffel Angriffe gegen England, da die ständig steigenden deutschen Bomberverluste das OKL veranlasste, auf Nachtangriffe auszuweichen. Damit aber auch während des Tages in England Luftalarm herrschen sollte, wurde von jeder Jagdgruppe eine Staffel mit Bombenhalterungen ausgerüstet. Bei unseren 109 E von der 3. Staffel hingen nun bei jedem Einsatz 250 kg-Bomben unter dem Rumpf und die anderen beiden Staffeln flogen Begleitschutz. Die 109 war nun alles andere als ein geeigneter Jagdbomber. Mit ihrem schmalen Hauptfahrwerk und der explosiven Fracht unter dem Rumpf war jeder Start fast ein Himmelfahrtskommando. Wir waren heilfroh, als diese Angriffe eingestellt wurden und wir zur Umrüstung auf die Me 109 F nach Mannheim/Sandhofen verlegten. Diese Umrüstung im März 1941 war jedoch nur von kurzer Dauer und wir flogen zurück nach Frankreich, da war die Verpflegung doch wesentlich besser als zu Hause.“

Nachdem die Bomberverbände der Luftwaffe in der Luftschlacht um England bei den Tagesangriffen verheerende Verluste erlitten hatten, flogen diese nur noch des Nachts gegen England. Damit auch am Tage in England Fliegeralarm ausgelöst werden musste, hatte jede Gruppe eines Jagdgeschwaders eine Jagdbomberstaffel aufzustellen. Bei der I./JG 53 übernahm diese Aufgabe die 3. Staffel. Im Bild die Me 109 E von Walter Seiz beladen mit einer 250 kg Sprengbombe. Die 109 ist in einer Splitterschutzbox, bestehend aus Sandsäcken, abgestellt und wartet auf den nächsten Einsatz. Beachtenswert sind auch gelochte Stahlblechmatten, die ein Einsinken der 109 verhindern sollen.

Eine Me 109 E-3 der 3./JG 53. Auf der Motorhaube das Geschwaderwappen „Pik As“.

Nach der Umrüstung in Mannheim/Sandhofen geht es zurück nach Nordfrankreich. Hier eine Aufnahme der 3./JG 53 in Crecy-Dompierre im April-Mai 1941. Die Flugzeuge waren dort in als Scheunen getarnten Flugzeughallen untergestellt.

Maschinen der Alarmrotte stehen auf dem Vorfeld in Crecy-Dompierre.

Verlegungsflug in den Osten. Das Unternehmen „Barbarossa“ steht bevor. An der 109 ist das eingezogene Spornrad zu sehen. Das gelbe Rumpfband als Kennzeichnung für Flugzeuge an der Ostfront.

Die Ostfront

Die Freude währte aber nur kurz und wir verlegten so etwa Mitte Juni 1941 nach Osten, der Russlandfeldzug zeichnete sich ab. Wir kamen vom Regen in die Traufe, denn was hier Mensch und Maschine abverlangt wurde, lässt sich in Worten kaum ausdrücken. Mir war das weite dunkle Land so manches Mal direkt unheimlich. Bedrückend waren auch die ärmlichen Verhältnisse, unter denen vor allem die Landbevölkerung lebte. Die Bekleidung der Leute befand sich in einem erbarmungswürdigen schlechten Zustand. Für uns war es schon fast ein Kulturschock, wenn man die dortigen Lebensverhältnisse mit den unseren in der Heimat verglich. Die Navigation in Russland war problematisch und nur die Bahnlinien waren da hilfreich, sich zu orientieren. Eine gründliche Flugvorbereitung, vor allem bei Verlegungsflügen, war notwendig, um ans Ziel zu gelangen. So über den Daumen gepeilt bin ich da nie losgeflogen. Wir hatten am Anfang große Erfolge, aber auch herbe Verluste, vor allem von hervorragenden Flugzeugführern blieben nicht aus. Mit unseren Me 109 F-1/2 waren wir den Russen in Technik und auch in der Flugtaktik haushoch überlegen. Zu Hunderten wurden sie abgeschossen oder die Flugzeuge am Boden zerstört, aber wie aus einer unerschöpflichen Quelle erschienen immer wieder neue Verbände und flogen ihre Angriffe auf die deutschen Panzerspitzen. Wir hatten die Luftüberlegenheit erkämpft und waren dazu tagtäglich mehrmals im Einsatz. Der Verschleiß an den Flugzeugen und uns Piloten war aber auch zu erkennen. Es war schon beeindruckend, wie hartnäckig sich die Russen immer mehr zur Wehr setzten und so langsam wurde uns nach anfänglicher Euphorie klar, auf was wir uns mit diesem Krieg gegen die Sowjetunion da eingelassen hatten. Es zeichnete sich ein Abnutzungskrieg mit gigantischen Ausmaßen ab, den Hitler und damit das Deutsche Reich auf längere Dauer gesehen nicht gewinnen konnten. Aufgrund der oft katastrophalen Feldflugplätze in Russland war der technische Verschleiß bei den Flugzeugen enorm hoch. Die Motore litten unter der Staubentwicklung im Sommer und das sowieso nicht allzu stabile Fahrwerk der 109 verursachte ebenfalls große Flugzeugausfälle. Der Nachschub kam kaum noch mit, egal ob Ersatzteile, Munition, Sprit oder Verpflegung. Alles musste ja über riesige Entfernungen herangeschafft werden. Unser technisches Personal war Tag und Nacht im Einsatz, damit wenigstens eine Handvoll Maschinen von jeder Staffel zum Start kamen.

Verlegung in die Heimat zur Umrüstung auf die Me 109 F-4

Die ständigen Einsätze verschlissen die Flugzeuge immer mehr und auch die Beanspruchung von Flugzeugführern und Bodenpersonal hatte schon längst die Belastungsgrenze weit überschritten. Wir waren mehr als erleichtert, dass wir im August 1941 wieder nach Mannheim/Sandhofen zur Umrüstung auf die Me 109 F-4 verlegten. Ein Teil des Personals ging in den wohlverdienten Urlaub und die anderen übernahmen Zug um Zug die neu eingetroffenen Flugzeuge. Wir Piloten bekamen nun eine neue Baureihe der 109 F in die Hand, die unsere Erwartungen weit übertraf. Die F-4 hatte das MG 151/20 mm als Motorkanone eingebaut und an den Tragflächen und am Rumpf, hier speziell am Leitwerk entsprechende Verstärkungen erhalten. Auch der Motor brachte mit 1.300 PS mehr Leistung. Die F-4 war damit ein hervorragendes Jagdflugzeug und konnte es mit jedem Gegner aufnehmen, war damals sogar der Spitfire überlegen.

Verlegung nach Holland

Am 20. September 1941 ging es weiter nach Katwijk in Holland und dort wurden wir zur Küstenüberwachung eingesetzt. Es war eine eintönige Fliegerei entlang der Nordsee. Überhaupt flog ich ungern längere Strecken über dem Meer. Feindkontakte hatten wir ganz selten. Dafür gab es aber eine tolle Verpflegung, denn da hatten wir nach dem Einsatz an der Ostfront entsprechenden Nachholbedarf. Ende 1941 kursierten Parolen über eine bevorstehende Verlegung unserer Staffel. Alle befürchteten eine Verlegung an die Ostfront, denn da wären wir mitten im russischen Winter gelandet. Das waren ja tolle Aussichten. Aber wiedererwartend kam es ganz anders.

Einweisung in das neue Einsatzmuster Me 109 F.

Im März-April 1941 erfolgt die Umrüstung des Jagdgeschwaders 53 von Me 109 E auf das neue Muster Me 109 F-2 in Mannheim-Sandhofen. Die Motorhauben sind gelb lackiert.

Verlegung in den Süden

Die I. Gruppe JG 53 bekam im Dezember '41 den Befehl zur Verlegung in den Mittelmeerraum. In der ganzen Gruppe war ein spürbares Aufatmen zu bemerken. Ja sogar Freude und eine gewisse Abenteuerlust war zu verspüren. Wir jungen Spunde freuten uns einfach auf neue Eindrücke, keiner von uns war je in Italien gewesen, geschweige denn einer hatte vorher das Mittelmeer gesehen. Ziel war der Flugplatz von Gela auf Sizilien. Ziel der bevorstehenden Einsätze: Malta. Dort saß der Engländer wie auf einem Flugzeugträger und versenkte den Nachschub für Rommels Afrika Korps. Nun sollte Malta durch ständige Bomberangriffe lahmgelegt und anschließend aus der Luft durch unsere Fallschirmjäger erobert werden. Wir flogen die 100 km Rennstrecke nach Malta als Begleitschutz für Aufklärer, Bomber und Stukas. Diesem Luftwaffenaufgebot hielt die Royal Air Force nicht lange stand, und Rommel bekam seinen dringend benötigten Nachschub für eine neue Offensive in die Cyrenaika Anfang 1942.

Nach der Rückkehr aus dem Osten wird die I./JG 53 im August 1941 wieder in Mannheim/Sandhofen auf die Me 109 F-4 umgerüstet und noch im September nach Holland zur Absicherung der Nordseeküste verlegt. Im Dezember 1941 kam dann der Verlegebefehl nach Sizilien. Die Aufnahme entstand kurz vor dem Flug nach Sizilien, da die 109 bereits mit einem weißen Rumpfband versehen ist. Das weiße Rumpfband war die Kennzeichnung für alle im Mittelmeerraum eingesetzten Flugzeuge.

Die „Gelbe 10" der 3./JG 53 ist auf dem Flugplatz von Gela auf Sizilien gelandet. Die Soldaten tragen bereits den Tropenhelm und entsprechende hellbraune Tropenbekleidung.

Begleitschutz für einen Aufklärer mit einem fatalen Einsatzende

Am 14. März 1942, um 8.15 Uhr, startete ich zusammen mit Unteroffizier Blum als Begleitschutz für einen Aufklärer nach Malta. Wir flogen in ca. 5.800 Metern Höhe über Malta, der Aufklärer einige hundert Meter tiefer. Als wir die Südküste der Insel überflogen hatten, wendete der Aufklärer. Bis dahin war der Einsatz ohne besondere Vorkommnisse verlaufen. Keine der Spitfires war am Himmel zu sehen. Ich leitete ebenfalls eine Kurve ein, als es in meiner 109 einen Stoß mit einem metallischen Geräusch gab. Mein Rottenflieger hatte mich gerammt und mir mit seinem Leitwerk die linke Tragfläche abrasiert. Meine 109 ging sofort steil nach unten und begann sich rasend schnell um die Längsachse zu drehen. Der Geschwindigkeitsmesser zeigte mehr als 800 km/h an und der Fahrtwind dröhnte und orgelte um die Kabinenhaube. Nur mit äußerster Kraftanstrengung konnte ich das Kabinendach abwerfen. Aber zum Teufel, jetzt bekam ich die Sitzgurte nicht auf und das Meer schoss förmlich auf mich zu. Über meine innere Ruhe wundere ich mich noch heute und irgendwie gelang es mir, mich von den Sitzgurten zu befreien, als ich in ungefähr 2.500 Metern Höhe durch die Zentrifugalkräfte förmlich aus der Maschine herauskatapultiert wurde. Überschlagend und drehend stürzte ich nach unten, sodass alle meine Taschen aufgerissen wurden und die Seenotflagge, die Blechbüchse mit der Schokolade, die Leuchtmunition und die Farbbeutel wegflogen. Einige Schuss Signalmunition und einen Farbbeutel konnte ich gerade noch festhalten und die Taschen zupressen. Es dauerte eine unendlich lange Zeitspanne, bis sich meine Fallgeschwindigkeit auf einen normalen Wert reduzierte. Die Abläufe gingen rasend schnell vor sich, aber mir kam es wie eine Ewigkeit vor. Plötzlich schoss es mir durch den Kopf: Wie hoch bist du überhaupt noch? Bei geschätzten 1.000 – 1.200 Metern tastete ich nach dem Griff der Reißleine für den Fallschirm.

Erneuter Schreck: Wo war der Griff für den Schirm? Durch die rasende Drehbewegung war er etwas nach hinten gerutscht. Endlich hatte ich den kühlen Metallgriff in der Hand und zog. Als sich die Fallschirmseide knatternd öffnete, gab es den obligatorischen harten Stoß und ich hing in ca. 500 Metern Höhe über dem blauen Meer mit Sicht auf die Küste von Malta, das ca. sieben Kilometer entfernt war. Unter mir verschwand meine 109 im Mittelmeer in einer steil aufsteigenden Wassersäule. Kurz vor der Wasserung überprüfte ich das Fallschirmschloss. Oh Schreck, es hatte sich nach innen gedreht und ich konnte so das Schloss nicht aufdrehen. Mit dem Fallschirm im Wasser zu landen erschien mir viel zu gefährlich, da man sehr leicht unter den Schirm geraten oder sich in dessen Leinen verfangen konnte. Ich zog mich mit den Händen an den Fallschirmleinen nach oben und drehte mit einer Hand den Beckengurt in seine richtige Position zurück.

Ungefähr einen Meter über der Wasseroberfläche öffnete ich den Gurt und fiel ins Wasser. Nach dem Auftauchen öffnete ich das Pressluftventil meiner Schwimmweste, die sich zischend aufblies. Erst jetzt kam die Me von Unteroffizier Blum flachtrudelnd herunter und schlug ungefähr 300 Meter von meinem Standort entfernt in die See. Soweit ich es erkennen konnte, war das Kabinendach noch geschlossen. Die Me 109 F-4 „Gelbe 8“, Werknummer 7392, wurde für Heinrich Blum zum Sarg und das Mittelmeer sein Grab. Mir war angesichts dieser Tragödie hundeelend zu Mute.

Meine einzige Überlebensmöglichkeit war das Schlauchboot, welches ich am Rücken mitführte. Auch hier war eine kleine Pressluftflasche vorhanden, die das Boot ungefähr zur Hälfte mit Luft füllte, damit man noch einsteigen konnte, den Rest musste man selbst aufblasen. Trotz meiner schlimmen Situation war es wie Musik in meinen Ohren, als die Pressluft zischend das Schlauchboot aufblies. Kaum saß ich im Boot, kam die erste Welle und ich flog wieder ins Wasser. Beim zweiten Versuch konnte ich das Boot so ausbalancieren, dass mich die Wellen nicht mehr rauswarfen. Es war mir auch nicht mehr gelungen, einen Notruf über Funk abzusetzen, denn die Kollision und der folgende Absturz waren zu überraschend gekommen. Meine einzige Hoffnung war der Aufklärer, der sicherlich unseren Zusammenstoß und den darauffolgenden Absturz beobachtet haben musste. Dieser hatte tatsächlich einen Notruf mit einer präzisen Koordinatenangabe abgesetzt. Eine Stunde später kamen die ersten 109 angeflogen. Sofort warf ich einen Farbbeutel ins Meer und im Nu war das Wasser um mich herum grün gefärbt. Sie fanden meine Position auf Anhieb und mein alter Freund Röhrig dröhnte winkend im Tiefstflug über mich hinweg. Solange es der Treibstoffvorrat erlaubte, blieben sie in meiner Nähe. Jetzt stellte sich nur noch die Frage, wer schneller war, der Seenotrettungsdienst der Luftwaffe oder der von der Royal Air Force? Aber, wo blieb die Do 24 des Seenotdienstes?

Die Rettung in letzter Minute

Die Dos waren in Syracusa stationiert und hätten längst da sein können, da war irgendetwas schiefgelaufen. Später habe ich dann erfahren, dass die erste Aufnahme des Begleitschutzes für die Do 24 nicht geklappt hatte.

Langsam wurden die Wellen immer höher, und ich hatte alle Hände voll zu tun, mein Schlauchboot auszuschöpfen. Endlich fand ich eine geeignete Sitzposition, die verhinderte, dass nicht mehr zu viel Wasser ins Boot lief. Ich schob meine Füße

Mit dieser Do 24 wurde Walter Seiz nach seinem Fallschirmabsprung südlich von Malta aus dem Mittelmeer gerettet. Bei einem Begleitschutzauftrag für einen Aufklärer am 12. März 1942 wurde er von seinem Rottenflieger in ca. 5.800 m Höhe gerammt.

unter den luftgefüllten Gummiwulst des Schlauchbootes und stellte sie nach oben, dadurch hob sich der Rand und wirkte wie ein kleiner Wellenbrecher. Die Sonne brannte mir ins Gesicht, aber meine Beine und mein Rücken waren eiskalt. Ich konnte nur Wasser und nochmals Wasser erkennen. Irgendwo im Norden musste Malta liegen, konnte es aber aus meiner Position nicht erkennen.
So verging Stunde um Stunde, aber ich gab die Hoffnung nicht auf. Nach über zehn Stunden glaubte ich, wieder das typische Geräusch von 109ern zu hören. Und tatsächlich, sie suchten nach mir. Sofort kramte ich meine Leuchtpistole hervor und veranstaltete mit der gesamten Munition, die ich dafür hatte, ein wahres Feuerwerk. Zwei Me 109 kamen auf mich zugerast, zogen hoch, drehten ihre Kreise über meiner Position. Dann war ein ganz anderes Motorengeräusch zu hören und ich hätte vor Freude einen Luftsprung machen können, als eine Do 24 auf mich zuhielt und zur Wasserung ansetzte. Trotz der mittlerweile hohen Wellen, geschätzter Seegang 3 – 4, gelang dem Piloten eine glatte Landung. Derweil drehten mehrere 109er ihre Runden über der Landestelle. Kräftige Fäuste

Sichtlich gezeichnet wird nach der Rettung die Do 24 verlassen.

packten mich und innerhalb kürzester Zeit war ich in der Do. Nun begann der Start, und das war das Kriminellste, was ich bis dahin mitgemacht habe. Die Do 24 nahm Fahrt auf und hopste von einer Welle zur anderen, sodass wir kräftigst durchgeschüttelt wurden. Kaum waren wir über eine Welle hinweg und in der Luft, fing uns die nächste Welle schon wieder ein, sodass der Rumpf bebte und ächzte. Der Pilot, ein wackerer Schwabe, aber hatte die Ruhe weg. Die Sprünge wurden größer und höher, und endlich war es geschafft, die Maschine hing förmlich an den Propellern. An Bord bekam ich etwas zum Trinken und die Welt sah schon wieder etwas freundlicher aus. Das war wirklich Rettung in letzter Minute, denn der Seegang hatte ständig zugenommen. Ob dann die Do noch hätte landen können, um mich aufzunehmen?
In Syracusa angekommen, gab es einen großen Empfang, denn ich war der Dreihundertste, den diese Staffel aus dem Mittelmeer gefischt hatte. Man stelle sich das mal vor: Innerhalb eines Jahres 300 Menschen aus Seenot gerettet, da konnte man nur erahnen, wie hoch die Verluste in Wirklichkeit waren. Anschließend floss der Sekt in Strömen. Die Stimmung stieg nochmals an, als ein Telegramm von Generalfeldmarschall Kesselring eintraf, der mir zu meiner Rettung gratulierte. Es gab aber auch viele, denen er keinen Glückwunsch mehr zukommen lassen konnte, weil die abgesoffen waren. Am nächsten Tag wurde ich mit einem Fieseler Storch abgeholt und mit großem Hallo bei der Staffel empfangen. Da war dann eine weitere „Geburtstagsfeier“ angesagt. Diese Feier gab es immer dann, wenn einer mit viel Glück eine solche Situation überlebt hatte. Zu meiner Suche und Rettung waren beachtliche 143 Me 109 mit 170 Flugstunden eingesetzt worden.

Bruchlandung: schwer verletzt überlebt

Dann kam der 20. April 1942, der Tag, an dem mich das Glück fast verlassen hatte, man könnte aber auch sagen, ich hatte nochmals Glück im Unglück, allerdings kam ich dieses Mal nicht ungeschoren davon. Wir waren wieder im Einsatz über Malta und hatten Luftkampf mit einigen Hurricanes und Spitfires. Auf dem Rückflug nach Sizilien, die Küste war schon zu erkennen, hatte meine 109 ohne irgendwelche vorherige Anzeichen einen kapitalen Motorschaden. Es knirschte und die Latte, sprich Propeller, stand. Eigentlich war es kein Wunder, denn im Luftkampf prügelten wir aus den Motoren das letzte an Leistung heraus. Na ja, die 109 war ein ausgezeichneter Jäger, aber eben kein Segelflugzeug. Blieb nur eines, die Klappen vorsichtig ausgefahren, um im Gleitflug den Strand zu erreichen. Nach den

Bei einem Einsatzflug am 20. April 1942 über Malta, hatte die 109 von Oberleutnant Walter Seiz einen kapitalen Motorschaden. Es gelang ihm noch die Küste von Sizilien zu erreichen und eine Notlandung in den Dünen durchzuführen. Dabei wurde die Me 109 total zerstört. Die Tragflächen wurden abgerissen, desgleichen der Motor. Walter Seiz wurde samt seinem Sitz aus der Maschine katapultiert und schwer verletzt. Italienische Soldaten einer in der Nähe gelegenen Flakstellung führten eine Erstversorgung durch und retteten ihm somit das Leben. Ein monatelanger Lazarettaufenthalt folgte.

Erfahrungen vor vier Wochen wollte ich nicht schon wieder baden gehen. Also schipperte ich mit minimaler Fahrt in Richtung Küste, dabei ging es rasch abwärts. So gerade noch erreichte ich den Strand, warf die Kabinenhaube ab und dachte noch, da kannste prima landen. Es war aber kein flacher Sandstrand, sondern ein Dünengelände. Ich kann mich noch erinnern, wie die Maschine aufsetzte, aber dann riss der Film. Meine 109 zerlegte sich in ihre Bestandteile. Der Motor flog weg, die Flächen brachen ab und ich wurde angeschnallt mitsamt dem Sitz aus dem Flugzeug geschleudert. Meine brave „Gelbe 9" hatte Totalschaden und ich sah nicht viel besser aus. Mit einem schweren Schädelbruch und zahlreichen Quetschungen wurde ich ins Lazarett eingeliefert und lag dort vier Tage bewusstlos, bis mich das Leben wiederhatte. Ach mein Leben, das habe ich wohl den italienischen Flaksoldaten zu verdanken, welche die Bruchlandung beobachteten und mir zu Hilfe kamen. Ort des Geschehens war der Strand von Santa Croce. Nach einem längeren Lazarettaufenthalt ging es auf Heimaturlaub nach Reutlingen und anschließend wieder zurück nach Italien zu meiner 3. Staffel."

Im Einsatz gegen US-Bomber

Mittlerweile schreiben wir das Jahr 1944. Die I./JG 53 liegt in Norditalien und fliegt Einsätze gegen die Bomberverbände der 15. US-Luftflotte, die von ihren Flugplätzen rund um Foggia zu ihren Angriffen starten. Ziele der 15. USAAF sind Rüstungswerke sowie Raffinerien im süddeutschem Raum, in Österreich, Ungarn, Rumänien und im deutschbesetzten Mittelmeerraum. Oberleutnant Walter Seiz, inzwischen Staffelkapitän der 3./JG 53 und einer der wenigen erfahrenen Piloten, der auf eine fast vierjährige Einsatzerfahrung zurückblicken kann. Am 2. April 44 startete er mit seiner Staffel zur Abwehr eines Einfluges der 15. USAAF, deren Ziel die Steyr-Werke in Österreich waren:

„Um 9.00 Uhr morgens wurden wir im Alarmstart auf die US-Bomber angesetzt. Wir stiegen auf ca. 7.000 m Höhe und trafen südwestlich von Karlstadt auf den Begleitschutz der Bomber. Die P-38 „Lightning" und die P-47 „Thunderbolt" waren in absoluter Überzahl. Sofort entwickelten sich heftige Luftkämpfe mit den US-Jägern, sodass wir zu den Bombern vom Typ B-24 erst gar nicht durchstoßen konnten. Mein Rottenflieger Unteroffizier Zemper und ich kurvten durch das Jägergetümmel von stürzenden und steigenden Jagdflugzeugen, kamen aber nicht so richtig zum Schuss. Plötzlich gab es in meiner 109 einen Schlag. Durch einen blöden Zufallstreffer war ein Kühler beschädigt und meine Maschine zeichnete eine weithin sichtbare Dampffahne ans Firmament. Sofort drehte ich nach Nordwesten und innerhalb kürzester Zeit stand die Temperaturanzeige am Anschlag, der Motor kochte. Dann „Zündung aus", damit der Motor nicht Feuer fing. Sofort

zeigte der Höhenmesser entsprechendes „sinken“ an. Ich nahm die Landeklappen etwas heraus und segelte so in Richtung Küste. Als die Motortemperatur sank, nahm ich die Zündung wieder auf „ein“ und konnte dadurch die Höhe halten und machte etwas Strecke. Unteroffizier Zemper war während dieser Zeit immer in meiner Nähe geblieben. Gerade überlegte ich, die Zündung wieder auf „aus“ zu nehmen, als er mir über Funk zwei angreifende P-38 meldete. Instinktiv gab ich Vollgas, und drückte meine bereits stark qualmende 109 nach unten weg. Es dauerte nicht lange und der Motor brannte. Die Küste konnte ich bereits erkennen, doch befand ich mich noch immer über Partisanengebiet. Auf Höhe der Insel Krk, aber einige Kilometer landeinwärts, musste ich in ca. 1.000 Metern Höhe die Maschine verlassen. Die Handgriffe waren ja unzählige Male geübt und es wurde langsam ungemütlich heiß in meiner 109. Ich kam problemlos aus meiner „Beule“ heraus und dachte mir: „Du lässt dich durchfallen, damit du nicht unnötig lange als Zielscheibe für die Partisanen am Schirm hängst oder die P-38 dich unter Beschuss nehmen.“ Als ich dann neben mir eine Felswand erblickte, wurde es höchste Zeit die Reißleine zu ziehen. Entfaltungsstoß des Schirmes und ein heftiger Aufprall auf dem Erdboden waren fast eines, dabei stauchte es mir den Rücken ganz brutal zusammen. Die Folge waren Prellungen und ein Wirbelanbruch, der aber erst Tage später festgestellt werden konnte. Trotz meiner Schmerzen löste ich mich vom Schirm, raffte ihn zusammen, um möglichst keine Spuren zu hinterlassen. Anschließend versteckte ich ihn in einem Gebüsch. Bis zum Anbruch der Nacht verbarg ich mich auf einer kleinen Flussinsel, von der ich die Gegend gut überblicken konnte. Zum Glück hatte ich von meiner Ausrüstung bei diesem Absprung nichts verloren. Pistole, Kompass, Notverpflegung usw. in den Hosentaschen war noch alles da. Als es dunkel wurde machte ich mich auf den Weg zur Küste. Es war sowieso schon nicht einfach, durch die Berge zu marschieren, hinzu kamen in meinem Fall noch die Schmerzen im Rücken. Bei Tagesanbruch erreichte ich einen Hügel, an dessen Fuße sich ein Dorf befand. Aus meinem Versteck hinter zahlreichen Felsblöcken beobachtete ich das Gelände, als ich keine fünf Meter vor mir eine MG-Postenstellung entdeckte, in der sich zwei Soldaten leise in einer slawischen Sprache unterhielten. Mich hatten sie anscheinend nicht bemerkt und ich verhielt mich völlig ruhig.

Am Nachmittag kam unten im Dorf Bewegung auf. Soldaten in braunen Uniformen exerzierten. Die Kommandos wurden so laut gebrüllt, dass sie bis zu mir heraufdrangen. Als ich deutlich „Links um!“ vernahm, wusste ich, dass das deutsche Soldaten sein mussten. Inzwischen hatte ein Soldat die Postenstellung verlassen und war zum Dorf marschiert. Das war ein günstiger Moment für mich. Ich zog meine Pistole und hielt sie dem völlig verblüfften Soldaten in der Stellung unter die Nase und trieb ihn ins Dorf. Dort meldete ich mich beim diensthabenden Offizier und erfuhr, dass das eine kroatische Einheit in deutschen Diensten war, die hier die Stellung hielt. Auf meine Bitte um eine Fahrgelegenheit zur nächsten Stadt erklärte er mir, dass nur noch starke gepanzerte Verbände hier durchkämen, da die ganze Gegend um diesen Stützpunkt von Partisanen beherrscht wird. Da hatte ich riesiges Glück gehabt, dass die mich nicht geschnappt hatten. Womöglich konnten die Partisanen meinen genauen Absprungort nicht aufspüren, weil ich ja den Fallschirm fast zu spät geöffnet hatte. Bei dem Gedanken, denen in die Hände zu fallen, lief es mir nachträglich eiskalt den Rücken runter.

Nur mit dem Schiff entlang der Küste war eine Verbindung nach Fiume möglich. Von Crikvenica aus erreichte ich am 5. April Fiume. Mit dem Zug fuhr ich dann umgehend nach Maniago zurück. Unrasiert, ziemlich abgerissen und verdreckt erregte ich das Missfallen eines Obersten vom Luftgau. Ohne dass ich etwas groß erklären konnte, schiss er mich an und er würde mich zum Rapport bestellen usw. Da dachte ich mir nur: „Leck mich doch am A … du blöder Hund!" Die Schmerzen, vor allem beim Aufstehen, hatten auch noch nicht nachgelassen, und dann wird man von so einem Stabsheini angemacht. Als der Zug im Bahnhof von Maniago ankam, stand die gesamte Staffel am Bahnsteig zum Empfang bereit. Es brach ein unbeschreiblicher Jubel aus, meine Männer zogen mich aus dem Waggonfenster und trugen mich auf ihren Schultern aus dem Bahnhof. Es herrschte eine Wiedersehensfreude, wie es man heute nur noch schwer nachvollziehen kann. Das Geheimnis hieß: „Kameradschaft!“

Nach der Genesung wieder zurück in Italien. Von links: Quart-Faslem, Tonne, Hess, Leonhardt, Röhrig, Kaminski und Seiz.

Hauptmann Walter Seiz mit Blumenstrauß wird von seinen Männern herzlich empfangen. Am 2. April 1943 gestartet, abgeschossen und mit dem Fallschirm gerettet. Am 5. April 1943 glücklich aus Partisanengebiet zurückgekehrt. Erst Tage später stellt sich heraus, dass Walter Seiz bei der harten Landung am Fallschirm einen Wirbelbruch erlitten hat. Wieder folgt ein wochenlanger Lazarettaufenthalt.

Wir alle waren Mitglieder in einer Schicksalsgemeinschaft und ein verschworener Haufen dazu, egal ob einfacher Soldat oder Offizier. Heute würde man sagen, wir hatten einen hervorragenden Teamgeist. Von dem Oberst übrigens habe ich nie mehr etwas gehört, er hatte sich schon im Bahnhof verkrümelt.
Mit meinen Schmerzen war an Fliegen nicht zu denken. Als es Tage später immer noch nicht besser wurde, ging ich zum Arzt. Eine Röntgenaufnahme brachte eine niederschmetternde Nachricht: Wirbelbruch. Es folgte wieder einmal ein längerer Lazarettaufenthalt und ein anschließender Genesungsurlaub."
Oberleutnant Seiz flog bei seinem Einsatz am 2. April 1944 eine in Regensburg gebaute Me 109 G-6 „Gelbe 7" mit der Werknummer 162 292, wie überhaupt zu diesem Zeitpunkt die gesamte I./JG 53 überwiegend Me 109 G-6 aus der Regensburger Produktion flog. Wie erbittert die Luftkämpfe geführt wurden, zeigen die Verluste aller drei Staffeln der I./JG 53 von Januar-Mai 1944, als 52 Me 109 G-6 verloren gingen. Dies entsprach dem gesamten Maschinenbestand der I./JG 53. Zwölf Flugzeugführer waren in diesem Zeitraum gefallen, 21 wurden verwundet, 18 wurden vermisst, von denen später nur zwei zu ihrer Einheit zurückkehrten. Die hohe Zahl von Vermissten beruhte auf den Einsätzen über dem jugoslawischen Partisanengebiet, die keine Kriegsgefangenen machten. Dort mit dem Fallschirm zu landen, bedeutete meistens das Todesurteil für den Flugzeugführer.

Verlegung nach Rumänien

Die I./JG 53 verlegte Anfang Mai nach Rumänien und verteidigte die Raffinerien und Ölfelder um Ploesti. Am 20. August 1944 kehrte der inzwischen zum Hauptmann beförderte Walter Seiz zu seiner 3./JG 53 zurück, die auf dem Flugplatz von Meri, nördlich von Bukarest, lag. Sein Bericht dazu:

„Kaum hatte ich mich etwas eingewöhnt, es gab ja jede Menge neue Gesichter und von den Alten waren nur mehr sehr wenige da, gab es Ärger mit den Rumänen. Am 23. August 1944 wurde Marschall Antonescu gestürzt und ein Waffenstillstand mit den Russen geschlossen. Daraus ergab sich eine total unübersichtliche, ja fast chaotische militärische Lage. Deshalb erhielt ich Befehl, nach Bukarest zu einer Stabsbesprechung zu fahren. Auf der Rückfahrt wurde ich von Rumänen angehalten und verhaftet. Es erfolgte die Einlieferung in ein Lager, in dem es von deutschem Stabspersonal nur so wimmelte. Die Rumänen hatten anscheinend sämtliche Stäbe in Bukarest ausgehoben und hier versammelt. Von unserem Lager aus konnten wir die Bombardierung von Bukarest durch deutsche He 111 verfolgen, was die Rumänen noch mehr gegen uns aufbrachte. Vier Wochen später wurden wir an die Russen ausgeliefert. Die erste Maßnahme war eine totale Filzung aller Gefangenen. Wie bereits erwähnt, war hier überwiegend Stabspersonal mit reichlich Gepäck in Gefangenschaft geraten. Als ich die Stabskameraden um einige Sachen bat, lehnten diese strikt ab „brauchen wir selbst". Die Russen ließen ihnen nur noch das Allernötigste. Als ich an die Reihe kam, fragten sie mich nach meinem Gepäck, aber ich hatte absolut nur die Sachen, die ich am Körper trug. Ein russischer Offizier ging nach hinten, dort stapelten sich Kisten und Koffer meiner „Stabsfreunde" und überreichte mir eine Decke und ein Kochgeschirr. Ich war der einzige Offizier, dem sie nichts abgenommen hatten, im Gegenteil, ich hatte etwas geschenkt bekommen. Das war mein erster Kontakt mit der manchmal unergründlichen russischen Mentalität. Anschließend wurden wir in die Kriegsgefangenschaft abtransportiert, aus der ich erst im Dezember 1949 aus der Sowjetunion zurückkam."

Eine Me 109 G-6/trop des JG 53 und sein Flugzeugführer warten auf den nächsten Alarmstart. Diese 109 hat eine Lackierung in den Farbtönen RLM 74, 75 und 76. Deutlich erkennbar der für die Regensburger Produktion typische seitliche Tarnanstrich.

Ernst Pausinger: Als Oberfähnrich in der I./JG 53

„Ende April, Anfang Mai 1944 verlegten wir von Norditalien nach Rumänien zum Schutz der Erdölfelder und der vielen Raffinerien. Ich gehörte der 1. Staffel an und hatte schon Einsätze in Italien gegen Bomber geflogen. In Italien standen wir fast täglich im Einsatz, sofern es die Spritlage zuließ. In Rumänien lagen wir auf einem Flugplatz so nordwestlich von Bukarest, aber westlich von Ploesti. Der Flugplatz war meiner Erinnerung nach Targsorul. In Italien war der Treibstoff immer knapp bemessen. Hier in Rumänien hatten wir keinerlei Spritprobleme, wir saßen ja sozusagen an der Quelle. So konnte ich da einige zusätzliche Übungsflugstunden auf der 109 durch Werkstattflüge sammeln. Die Anzahl der Einsätze war hier geringer als in Italien. Wenn aber Einflüge der 15. US-Luftflotte aus Foggia erfolgten, dann kamen die mit allem, was sie hatten. Dann begann für uns immer ein Großkampftag und der Himmel war voller Kondensstreifen. Noch etwas fällt mir zu unseren 109 ein. Weil wir genügend Zeit hatten, haben wir damals unsere Maschinen poliert, bis sie glänzten und konnten damit 10 km/h schneller fliegen. Ob dies bei Angriffen auf die Bomber einen Vorteil gebracht hat, kann ich aber nicht sagen. Am 18. Mai 1944, wir hatten am Vormittag schon Bereitschaft, kamen dann die US-Bomber angeflogen. Es waren hunderte von Bombern, die in 6.000 – 7.000 Metern ankamen. Leider war die Jägerleitung nicht im Stande, uns vernünftig an die Bomber heranzuführen. Wir mussten erst durch die Wolken ziehen und kamen dann an einen Bomberverband heran. Beim Anflug auf diesen bekam ich eine ganze Menge Treffer in den Motor ab, dass es nur so prasselte. Der Daimler lief sofort unrund und schüttelte. Rauch und Öl breitete sich aus und mit einem Ruck stand kurze Zeit später auch schon die Luftschraube. Es hatte meine Maschine schwer erwischt und es grenzte schon an ein Wunder, dass ich nichts abbekommen hatte. Ich hatte nur einen Gedanken, raus aus meiner 109, bevor sie zu brennen beginnt. Abgeschnallt, die FT-Haube abgesteckt, Kabinenhaube abgeworfen, Knüppel nach vorne und schon war ich draußen. Am Fallschirm hängend, sah ich dann meine schwarzqualmende 109 nach unten stürzen. Nachdem ich am Boden angelangt war, bin ich dann zur Absturzstelle gefahren. Ein Loch in der Erde und zahllose zerbeulte, zerquetschte und deformierte Blechteile rundum. Das war alles, was von meiner schönen polierten 109 übrig war. Mit Grausen dachte ich daran, was in dem Fall wohl von mir übriggeblieben wäre.

Anmerkung des Verfassers: Ernst Pausinger flog die in Regensburg gebaute Me 109 G-6, Werknummer 163338.

Nach mehreren Einsätzen im Mai, die ich glücklich überstand, kam es am 11. Juni 1944 zu einem weiteren Einflug von US-Bombern aus Italien. Wir griffen einen größeren Verband von B-24 „Liberator“ an. Da meine Splitterschutzbrille sich in 6.000 Metern Höhe ständig beschlug und meine Sicht sehr stark beeinträchtigte, schob ich sie auf die Stirn, um besser sehen zu können. Als ich eine B-24 anflog, erhielt ich von links Beschuss. Treffer schlugen in die Kabinenhaube ein, ohne mich direkt zu treffen. Allerdings drangen Plexiglassplitter in mein Gesicht und in mein linkes Auge ein. Ein wahnsinniger Schmerz durchfuhr meinen Körper. Blut rann über mein Gesicht. Instinktiv leitete ich einen Abschwung ein, um aus dem Abwehrfeuer der Bomber zu entkommen. Es gelang mir noch eine Notlandung auf dem nächstbesten Flugplatz. Von da wurde ich umgehend in ein

Ernst Pausinger 1944 als junger, hoffungsvoller Jagdflieger.

Lazarett nach Bukarest eingeliefert. Trotz sofortiger Operation war mein linkes Auge nicht mehr zu retten, es wurde dann zirka vier Wochen später entfernt. Der Stabsarzt wollte mich aber vorher noch wegen Selbstverstümmelung vor ein Kriegsgericht bringen. Erst mein Hinweis, dass die eingesetzten zur Verfügung stehenden Brillen in großen Höhen ständig beschlagen und die Sicht beeinträchtigen, ließen ihn umdenken. Ich sagte ihm noch, dass er sich einen Orden verdienen könnte, wenn er eine geeignete Brille entwerfen würde, die allen Anforderungen entspräche. Ich war ja nicht der einzige Flugzeugführer mit einer derartigen Augenverletzung. Einige Wochen vorher hatte sich Unteroffizier Vogel eine ähnliche Verwundung zugezogen. Nach meiner Genesung erhielt ich keine Genehmigung mehr, als Flugzeugführer eingesetzt zu werden. Die Ärzte waren sich da sehr schnell einig und erteilten mir Flugverbot. Nun war guter Rat teuer? Aber ich hatte das Glück, dass von meiner Einheit der I./JG 53 eine Anforderung vorlag. Einsatzerfahrung in einem fliegenden Verband hatte ich ja genügend gesammelt und so wurde ich für den Dienst im Gefechtsstand eingeteilt und konnte so bei meiner Einheit verbleiben."
Anmerkung des Verfassers: Oberfähnrich Ernst Pausinger flog bei seinem letzten Einsatz die Me 109 mit der Werknummer 162690, Kennung „Weiße 3" aus der Regensburger Produktion.

Eine Me 109 G-6 vom Jagdgeschwader 53, wie sie auch Ernst Pausinger 1944 im Einsatz gegen US-Bomber geflogen hat.

Hans Winkler: Mit der Me 109 als Aufklärer im Einsatz an der Ostfront 1944

Wie es einem jungen Piloten im Jahre 1944 in der ersten Staffel der Nahaufklärungsgruppe 4 (NAGr 4) am Mittelabschnitt der Ostfront erging, davon berichtet Hans Winkler Jahrgang 1924: *„Mit 19 Jahren absolvierte ich meine Jagdfliegerausbildung in Stettin/Altendamm. Danach wurde ich nach Jüterbog/Damm zu einer Aufklärerausbildung abkommandiert. Bestandteil der Ausbildung war auch, dass wir Artillerieschießen zu leiten hatten. Anschließend wurde ich zur Nahaufklärungsgruppe 4 (NAGr 4) an die Ostfront versetzt. Am 1. April 1944 meldete ich mich bei Hauptmann Kamps, dem Kommandeur der 1./NAGr 4, zum Dienstantritt. Die Staffel lag damals auf dem Flugplatz von Biala Podlaska. Der große Flugplatz lag westlich des Bug, einem Nebenfluss der Weichsel. Bereits am 2. April 1944 flog ich nach einer kurzen Einweisung meinen ersten Einsatz in der 1. Staffel der NAGr 4 (1./NAGr 4) als Rottenflieger mit der „Weißen 7". Wir flogen immer zu zweit in der Rotte. Der Rottenführer flog die Maschine mit den Kameras und der Kaczmarek (Rottenflieger) hatte eine ganz normale Me 109 G-6 mit voller Bewaffnung. Was die Bewaffnung der Kameramaschinen anbelangte, so waren die beiden Maschinengewehre über dem*

Motor ausgebaut und nur das MG 151, die 20 mm Motorkanone, eingebaut. Fast eine Stunde flog ich als Rottenflieger (zweite Maschine) meinen ersten Einsatz im Großraum Kowel und erlebte erstmals das Abwehrfeuer schwerer Flak. Der Rottenflieger hatte die Aufgabe, den Luftraum zu überwachen. Der Rottenführer führte die eigentliche Aufklärung durch. Da die Sicht aus der 109 nach unten sehr eingeschränkt war, pendelte der Pilot mit den Flächen, damit ein entsprechender Bereich nach unten eingesehen werden konnte. Hatten wir ein Ziel erkannt, wie Flugplatz, Fahrzeuge, Panzer oder Truppenkonzentrationen, machten wir kehrt und flogen für eine Bildreihe erneut an. Dabei musste die 109 aber gerade gehalten werden und konnte keine Abwehrbewegungen fliegen. Während meiner Einsatzzeit vom April bis zu meinem Abschuss am 7. August 1944 hatte ich 104 Feindflüge zu verzeichnen. Die 1./NAGr hatte durchgehend Me 109 G verschiedener Baumuster im Einsatz und einen Flugzeugbestand von 15 – 16 Maschinen. Davon waren aber immer nur fünf bis sechs Maschinen einsatzbereit, wenn die Techniker mal wieder über Nacht gezaubert hatten. Ein großer Teil der Maschinen kam aus der Industrieüberholung. Meistens waren es Flugzeuge, die von Jagdverbänden abgegeben wurden, darunter befand sich auch eine Me 109 G-5 mit Druckkabine. Bei unseren Einsatzflugzeugen für die Aufklärung waren im Rumpf zwei Reihenbildgeräte mit 12,5-cm-Brennweite und Bildformat 7 x 9 cm eingebaut. Die Kameras waren mit einigen Grad Neigung zueinander im Rumpf montiert. Durch die Neigung der Objektive entstand bei den Aufnahmen eine gewisse Überlappung, sodass das Gelände ohne Lücken abgelichtet werden konnte. Die Objektivöffnungen unten im Rumpf waren durch eine Blechblende geschützt, die bei Fotoaufnahmen vom Flugzeugführer geöffnet werden musste. Dadurch wurde eine Verschmutzung der hochwertigen Optik verhindert. Nach jeder Landung wurden die Filmkassetten sofort entnommen, entwickelt und ausgewertet. Im Eifer des Gefechtes wurde auch mal vergessen, die Blechblende zu öffnen. Dann kam man zurück und hatte den Blechdeckel von hinten fotografiert. Das bedeutete, dass du gleich wieder losfliegen konntest.

Eine unserer 109 hatte ein Reihenbildgerät mit 30 cm Brennweite und Bildformat 30 x 30 cm eingebaut. Die Bildkassette war derart groß und schwer, dass sie von zwei Mann getragen werden musste. Damit konnten wir rund hundert Aufnahmen machen, aber keiner der Piloten flog diese 109 gerne. Die Flugeigenschaften mit dem schweren Klotz im Rumpf waren alles andere als angenehm. Geradeausfliegen ging eigentlich noch. Beim Kurven schob und bockte die 109, dass man alle Hände voll zu tun hatte, sie in der Luft zu halten. Der Schwerpunkt lag meines Erachtens zu weit hinten. Kam diese Maschine zum Einsatz, flogen zwei weitere 109 Begleitschutz, denn an einen Luftkampf war mit dem großen Gewicht im Rumpf nicht zu denken. Manchmal flogen auch Fw 190 Jäger, die in Terespol lagen, Jagdschutz für uns Aufklärer.

Unsere Anzugsordnung war auch noch bemerkenswert. Wir trugen die übliche Fliegerlederjacke, ohne Rangabzeichen, dann Skihosen und Skischuhe, damit wir bei einer Notlandung besser laufen konnten. Eine 9 mm Maschinenpistole mit einer Magazintasche hatten wir immer im kleinen Gepäckfach hinten in der Kabine dabei. Am Koppel trugen wir einen Kompass und eine Pistole Kaliber 7,65 mm sowie einen Ausweis mit Namen und Heimatanschrift.

In Biala Podlaska lagen wir ca. 40 Kilometer hinter der Front und flogen täglich zwei Einsätze meistens in den Großraum Kowel. Einen am Morgen und einen zweiten am Abend. Durch den Schattenwurf konnte beim Auswerten der Fotos von unseren Spezialisten sehr schnell erkannt werden, was der Russe in der Zwischenzeit aufgefahren hatte. Auf russischer Seite gab es auch Scheinflugplätze, aber auch das wurde von unserer Seite sehr schnell durchschaut, denn es fiel auf, wenn die Flugzeuge immer an der gleichen Stelle parkten.

Nach dem Start zu einem Einsatz flogen wir im Tiefstflug vom Platz ab und führten die Feinabstimmung unserer Funkgeräte von Bord zu Bord und mit der Bodenstelle durch. Sobald es im Funk knackte, wussten wir, dass uns die Russen anpeilten. Von da an galt absolute Funkstille. Anschließend ging es im Steigflug auf ca. 3.000 Meter Höhe. Dies war für den Frontüberflug äußerst wichtig, da der Iwan mit allen Flakgeschützen auf uns ballerte, was die Rohre hergaben. In dieser Höhe konnte uns aber die äußerst gefährliche leichte Flak nicht erreichen. Auch die schwere Flak beteiligte sich am Abwehrfeuer, hatte aber Mühe, mit unserer Geschwindigkeit mitzuhalten. Die glühenden Geschosse der schweren Flak konnte man deutlich erkennen und ihnen ausweichen. Außerdem stellte die 109 ein sehr kleines Ziel dar und da war ein Treffer reine Glückssache. Neben der Flak erwarteten uns des Öfteren auch noch russische Jäger, die versuchten, uns abzufangen. Von größeren Gefechten durften wir uns aber nicht aufhalten lassen, denn unser Auftrag war eindeutig die Aufklärung und nicht der Luftkampf. Ende April 1944 stießen wir im Raum von Kamen mehrmals auf russische Jäger vom Typ Jak 7. Wir hatten aber in der Regel den Höhenvorteil. War das nicht der Fall, konnte es gefährlich werden, wie ich dann wenige Monate später feststellen musste. War die Übermacht zu groß, half nur der Sturzflug mit Notleistung und MW 50 Einspritzung, dem Hitlerfurz ,wie wir dazu zu sagen pflegten! Dies konnten die Iwans nicht mitmachen, da die 109 unwahrscheinlich schnell Geschwindigkeit aufnahm. Mit über 700 Sachen ging es nach unten und dann wieder mit vollem Karacho nach oben, sodass wir innerhalb kürzester Zeit 1.000 Meter Überhöhung hatten. Je höher der Luftkampf stattfand, desto weniger konnten die Russen hier mithalten. Unser Glück war, dass die russischen Piloten sehr wenig Flugdisziplin an den Tag legten. Alles kurvte und schoss wild durcheinander, die Russen behinderten sich dabei letztendlich gegenseitig. Es lag sehr wahrscheinlich auch daran, dass die nicht in jeder Maschine ein Funkgerät eingebaut hatten.

War der Frontverlauf unklar, dann mussten wir im Tiefflug nach vorne und die Lage peilen. Da hatten wir auf die Uniformen zu achten. Wer trug feldgrau und wer hatte den braunen Kittel an. Das war eine ungemütliche Sache, denn da gab es immer reichlich Zunder vom Iwan. Man brauchte sich nur einen Treffer in einen der Kühler einfangen und schon bekam man Probleme. Wir blieben aber auch keine Antwort schuldig und hielten dazwischen, was die Waffen hergaben.

Auszeichnungen und Orden gab es natürlich auch: Am 9. Mai 1944 bekam ich als Gefreiter das EK II, was wiederum ein Grund zum Feiern war. Am 9. Juni, immer noch Gefreiter, gab es die Frontflug-Spange in Silber für Aufklärer und am 26. Juni war das EK I und noch eine Feier fällig, immer noch Gefreiter. Als Gefreiter ging ich von der Flugschule ab, weil ich auf meinem Heimaturlaub einen Fronturlauberzug von Ulm nach München benutzt hatte, um meinen Urlaub vier Stunden zu verlängern. Die Benutzung von Fronturlauberzügen war nur Soldaten erlaubt, die zur Front fuhren und bei einer Kontrolle wurde ich dann prompt erwischt. Als Strafe dafür wurde ich nicht befördert. Den Ehrenpokal für besondere fliegerische Leistungen

Hans Winkler, Funkrufname „Ghandi", sitzt auf seiner Me 109 G. Bemerkenswert, dass er keine Pelzstiefel, sondern Schnürschuhe und dazu eine Keilhose trägt. Sein Kommentar damals: „Die Ausrüstung hatten wir uns von den Gebirgsjägern besorgt. Im Falle einer Notlandung hinter der Front konnte man mit den Schnürschuhen wesentlich besser laufen als mit den Pelzstiefeln. Die Keilhosen saßen besser am Körper und man konnte auch schneller laufen. Die ganzen Taschen an den Fliegerhosen waren beim Laufen nur hinderlich. In meiner Jacke hatte ich immer eine Dose Schokakola und eine Packung Studentenfutter dabei. Im Gepäckfach war auch noch ein Rucksack mit einer eisernen Ration und eine Maschinenpistole untergebracht, sodass man sich im Fall der Fälle auch wehren konnte."

wurde mir als Unteroffizier am 29. September 1944 verliehen, aber da genoss ich bereits die russische Gastfreundschaft sprich Kriegsgefangenschaft in vollen Zügen.

Die Einsätze deckten in der Regel ein Gebiet bis zu 50 Kilometer hinter der Front ab. Mit dem 300 Liter fassenden Zusatztank flogen wir bis zu 150 Kilometer tief in das russische Hinterland ein. Am ETC konnten wir auch 4 x 50 kg Bomben oder eine 250 kg Bombe mitführen.
Wenn wir unsere Aufnahmen gemacht hatten, ging es öfters im Tiefflug mit Vollgas zurück und wir führten visuelle Aufklärung durch, denn mit den Kameras konnte nicht alles erfasst werden. Die Russen waren meisterhaft in der Tarnung und nur im Tiefstflug konnten wir die in den Wäldern abgestellten Fahrzeuge, Panzer und Geschütze erkennen. Dabei beschossen wir erkannte Stellungen. Die Russen schossen natürlich zurück, und zwar mit allem, was sie hatten. Dabei legten sich die Soldaten auf den Rücken und schossen mit Gewehren und sogar mit Pistolen nach uns. Bei meinem fünften Einsatz am 4. April hatte ich riesiges Glück. Wir waren wieder im Tiefflug auf der Rückreise, als es plötzlich in meiner Maschine knallte und das Kabinendach unmittelbar neben meinem Kopf ein dickes Loch aufwies. Was war passiert? Ein Flakgeschoss war von unten durch den Kraftstofftank in die Kabine eingedrungen, zwischen meinen Beinen und haarscharf an meinem Kopf vorbei, neben der Panzerung durch das Kabinendach wieder ausgetreten. Nachher stellten wir fest, dass es dem Kaliber nach von einem leichten Flakgeschütz stammen musste. Da ich sehr tief angeflogen kam, war das Geschoss noch nicht scharf und durchdrang die Kabine, ohne zu explodieren. Wie durch ein Wunder hatte ich keinen einzigen Kratzer abbekommen, nur ein Hosenbein war leicht angeritzt. Da hatte der Herrgott den Daumen dazwischen gehalten. Abends gab es dann eine Feier im Kasino. Gefeiert wurde fast jeden Abend im Kasino, denn irgendwie musste die Nervenanspannung der Feindflüge abgebaut werden.
Aber nicht nur über der Front gab es gefährliche Situationen zu bestehen. Bei einem Start zu einem Feindflug in Biala Podlaska, ich hatte gerade abgehoben, wurde es auf einmal über mir dunkel. Da donnerte eine riesige dreimotorige Transportmaschine vom italienischen Typ Savoia keine 50 Meter über mir daher. Für uns war der Start freigegeben und die Heinis hatten vorschriftswidrig unsere Startrichtung gekreuzt. Wieder mal Glück gehabt!

Hans Winkler macht sich in der „Weißen 6" zum nächsten Einsatz bereit. Der Wart auf der Tragfläche wartet auf das Zeichen den Schwungkraftanlasser auf Drehzahl zu bringen. Wann Hans Winkler die „Weiße 6" geflogen hat, können Sie seinem Flugbuch entnehmen.

Am 1. Juni begleitete ich mit der 109 „Weiße 6", die Maschine mit dem 30-cm-Bildgerät, zu einem Einsatz nördlich Kowel im Planquadrat 4B nach XA, AB, YB, ZA und ZB. Der Einsatz dauerte 80 Minuten und es gab enormes Abwehrfeuer durch Flak aller Kaliber.
Am 2. Juni 1944 flog ich meinen letzten Einsatz von Biala Podlaska aus, der in den Raum Kamensk-Poworsk-Kowel-Ratno führte. Dabei wurden in einem Wald abgestellte Fahrzeuge mit Bordwaffen beschossen. Mein Rottenführer musste wegen eines Motorschadens eine Notlandung durchführen. Seit meiner Kommandierung zur 1./NAGr 4 hatte ich innerhalb kürzester Zeit 58 Feindflüge absolviert. Anschließend verlegten wir in Richtung Osten, nach Bobriusk an der Beresina, an den Südflügel der Heeresgruppe Mitte. Die Gegend um den Flugplatz von Bobriusk war sumpfiges Gelände und deshalb hatte er eine Startbahn aus senkrecht in den Boden versenkten Holzklötzen. Dies ergab zu allen Jahreszeiten eine hervorragende Startbahn, auf der es sich mit der 109 hervorragend starten und landen lies da das Hirnholz der Klötze eine griffige Bahn ergaben.

Unsere Flugaufträge bekamen wir vom Generalkommando. Sobald an der Front irgendwelche Bewegungen erkannt wurden, kamen für uns die Einsatzbefehle. Die lauteten: Taktische Aufklärung, gefechtsmäßige Aufklärung, erweiterte gefechtsmäßige Aufklärung und Bildflug. Die höheren Kommandostellen waren aufgrund der Kriegslage äußerst nervös und wollten natürlich genau wissen, was sich im Hinterland der Front bei den Russen tat. Und die Russen versuchten, ihren Aufmarsch zur bisher größten Offensive (Juni 1944) zu tarnen. Die Belegung der Flugplätze im Hinterland, der Bahnverkehr und die Fahrzeugkolonnen in Richtung Front waren so ab Mitte Juni ein eindeutiger Beweis für eine bevorstehende Offensive. Die alten erfahrenen Piloten hatten dafür eine Art siebten Sinn. Alle Aufklärungsergebnisse und Bildvergrößerungen wurden mit unserem Fieseler Storch sofort ins Generalkommando geflogen. Inwieweit die daraus gewonnenen Erkenntnisse von den Generalkommandos an das OKW gemeldet wurden, entzog sich unserer Kenntnis.

Am 7. Juni startete ich um 7.15 Uhr zu meinem ersten Feindflug von Bobriusk aus in den Raum Rogatschew-Dowsk und kehrte um 8.12 Uhr mit der „Weißen 2" trotz Flakabwehr wohlbehalten zurück. Die 109 mit der Kennung „Weiße 2" war meine Maschine, mit der ich die meisten Einsätze flog. Innerhalb weniger Tage, vom 7. – 18. Juni, flog ich insgesamt zwölf Einsätze. Dabei stellten wir eine ständige, sich verstärkende Belegung der erkannten Flugplätze fest. Ferner war verstärkter Eisenbahnverkehr festzustellen und hier vor allem Panzertransporte. Am 15. Juni hatten wir Luftkampf mit sechs russischen Jägern. Dabei erhielt ich Treffer im Leitwerk und Rumpf. Es klapperte ganz bedenklich in meiner Maschine. Ich riss das Gas raus und mit ausgefahrenen Landeklappen gelang es mir, so eng zu kurven, dass mir ein Iwan vor die Waffen flog und ich mehrere Treffer erzielen konnte. Mit langer, schwarzer Rauchfahne drehte er ab. Einen Absturz konnten weder mein Rottenführer noch ich aufgrund der Luftkampfsituation, beobachten. Auf jeden Fall hatten die anderen Iwans ebenfalls genug und drehten ab.
In Bobriusk bekamen wir eine 109 mit dem aufgestockten Seitenleitwerk. Dieses hatte am Seitenruder ein Flettnerruder eingebaut, was die Rudersteuerung unterstützte. Die wollte keiner fliegen, weil man den Steuerdruck nicht so fühlen konnte wie beim herkömmlichen Seitenruder. Unser Hauptmann fragte: „Also wer fliegt die Maschine? Keiner? Gandhi, das wäre doch was für Sie?" Na ja, als Gefreiter haste da wenig Chancen. Also nahm ich die Maschine. Gandhi war mein Deckname im Funkverkehr. Gandhi hatten mich meine Kameraden getauft, da ich ein kleiner, schmächtiger Typ war. Die besagte 109 hatte auch noch einen 300 Liter Zusatztank unterm Rumpf hängen und war damit schwer beladen. Da ich nicht wusste, wie sich diese 109 beim Start benahm, entschloss ich mich, neben der Bahn auf dem Gras zu starten. Ich hatte schon fast 200 Sachen drauf, als es einen fürchterlichen Schlag gab und der Vogel nach links ausbrach. Ich spürte und hörte, wie die Strömung abriss. Die 109 war nicht mehr zu halten, der Zusatztank wurde abgerissen und dann schlidderte ich auf einen Bombenstapel zu. Fegte mit einer Tragfläche einige Bomben auseinander. Die Fläche brach ab und die 109 drehte sich auf den Rücken. Und jetzt? Ich schloss die Augen, aber so blieb sie liegen. Nichts brannte, keine der Bomben war hochgegangen, denn die hatten glücklicherweise noch keinen Zünder eingebaut. Glück gehabt. Kameraden befreiten mich aus dem Wrack, denn diese 109 war Schrott. Die Ursache für das Ausbrechen nach links konnte ebenfalls schnell gefunden werden. Mit dem linken Fahrwerksbein war ich in die tiefe Spurrille einer Ju 88 geraten, die in etwa quer zu meiner Startrichtung verlief. Dadurch wurde das linke Federbein abgerissen. Nachdem an diesem Tag insgesamt drei unserer Flugzeuge einen Bruch hingelegt hatten, schwebte am nächsten Tag ein fliegendes Feldgericht mit einer Junkers Ju 52 ein. Da musste ich mit dem harten Hut (Stahlhelm) in der Ju 52 antreten.
Vor dem Feldgericht wurde aber nicht nach der Ursache für den Bruch gefragt, sondern mir wurde für ein Vierteljahr die Fliegerzulage gestrichen. Das ging so nach dem Motto: Maschine im Eimer, Strafe muss sein, hast halt Pech gehabt. Die Fliegerzulage, das waren immerhin 200 RM im Monat. Da ich mit meinem Sold als Gefreiter immer knapp bei Kasse war, bedeutete die Fliegerzulage für mich einen Haufen Geld. Die Zulage blieb in der Regel im Kasino, da wir ja jeden Tag was zu feiern hatten, so kam ich in die roten Zahlen. Als ich nicht mehr ins Kasino kam, musste ich bei Hauptmann Kamps antreten. Er fragte mich: „Gandhi, warum kommen Sie nicht mehr ins Kasino?" Meine Antwort: „Herr Hauptmann, kein Geld mehr, die haben mir ja die Fliegerzulage

gestrichen." Was machte mein Hauptmann, er trommelte alle Piloten zusammen und schilderte die Lage. Sein Beschluss: „Was der Gandhi säuft, wird auf alle umgelegt!" Und so wurde das auch durchgeführt. Mein Hauptmann war auch so ein feiner Mensch. Normalerweise durfte ich als Mannschaftsdienstgrad ja nicht ins Offizierskasino rein. Er ordnete an, dass alle im Flugdienstanzug ohne Dienstgradabzeichen und Orden anzutreten hatten, und dann marschierten wir geschlossen ins Kasino.

Da wurde nicht nur von Kameradschaft gesprochen oder geredet, sie wurde gelebt, und das habe ich bis heute nicht vergessen!

Am 22. Juni 1944 begannen die Russen mit ihrer Offensive. Innerhalb kürzester Zeit waren die deutschen Fronten durchbrochen. Panzerkeile schufen den operativen Durchbruch in die Tiefe des Raumes. Noch am 22. Juni startete ich zu einem Sonderauftrag: Taktische Aufklärung im Raum Nowosibkoff-Gomel. Mit Zusatztank ging es um 18.43 Uhr rund 150 Kilometer tief ins russische Hinterland. Im gesamten Raum war starker Bahnverkehr festzustellen. Im Bahnhof Gomel standen ca. 400 Waggons und zwei Loks. Ein Großteil dieser Güterwaggons war durch Luftangriffe zerstört und nur ein Gleis schien befahrbar. Im Bahnhof von Nowosibkoff standen rund 350 Güterwaggons und drei Loks. Auch hier starke Zerstörungen der Bahnhofsanlagen und Güterwaggons. Tankbetrieb aus Kesselwagen und Munitionsausladungen waren zu erkennen. Wir führten Bordwaffenbeschuss auf einen fahrenden Güterzug und auf LKWs durch. Der Flugplatz Nowosibkoff-Ost war mit 40 einmotorigen Flugzeugen und 30 Bombern belegt. Auf dem Platz von Nowosibkoff-West waren 70 Jäger oder Schlachtflugzeuge zu erkennen. Auf dem Flugplatz von Kojukowka standen 40 und auf dem von Shurawitschi waren 50 Bomber abgestellt. Um 20.09 Uhr kehrten wir wohlbehalten nach Bobruisk zurück.

Die Russen übten in den nächsten Tagen einen unvorstellbaren Druck auf die deutschen Fronten aus. Sie hatten sich auch die absolute Luftherrschaft erkämpft. Die russischen Schlachtflugzeuge konnten sich ohne große Behinderung durch deutsche Jäger, denn die waren ja in die Reichsverteidigung abgezogen worden, auf die deutschen Stellungen und Kolonnen stürzen.

Die nächsten Tage zeigten uns täglich im Einsatz. Aus der Luft konnten wir das gesamte Desaster verfolgen, aber kaum etwas dagegen unternehmen. Unsere Bodenteile begannen bereits mit der Verlegung in Richtung Westen. Es zeichnete sich immer mehr die Einschließung von Bobruisk ab. Bei jedem Einsatz bekamen wir es jetzt mit russischen Jägern vom Typ La 7 zu tun. Der Beschuss durch die Flak war enorm. Wir wurden förmlich von einer Stellung zur nächsten weitergereicht. Bei unserem letzten Einsatz von Bobruisk aus in den Raum Rogatschew-Slobin-Klusk, am 27. Juni 1944, konnten wir auf der Rollbahn etwa 2.000 – 3.000 motorisierte Fahrzeuge in Dreierreihen nebeneinander vorrücken sehen. Darunter waren ca. 400 LKWs mit angehängten Geschützen. Jede Menge T-34 Panzerrudel fuhren feuernd durchs Gelände. Von einer zusammenhängenden deutschen Front konnte keine Rede mehr sein. Aber nicht nur an der Front war der Teufel los. Auch im Hinterland waren die Partisanen mit einer bisher nie gekannten Stärke aufgetreten. Die Partisanen wurden von uns des Öfteren bei ihren Märschen mitten in den Sümpfen angetroffen und auch fotografiert. Dabei wurde festgestellt, dass sich die Partisanen aus Holzzweigen eine Art Tellerschuh (vergleichbar mit Schneeschuhen) mit ca. 50 cm Durchmesser gefertigt hatten, mit dem sie anscheinend problemlos die gefährlichen Sümpfe überwinden konnten. Man jagte ihnen Stukas nach, aber diese Angriffe waren wirkungslos. Jetzt, mit Beginn der russischen Offensive, kamen sie aus ihren Schlupflöchern in den Pripjet-Sümpfen, dem Nalibocka-Waldgebiet und griffen die kampfunerprobten deutschen Nachschubeinheiten an. Später fielen ihnen Tausende abgekämpfter und vor allem verwundeter deutscher Soldaten zum Opfer. Geriet ein Deutscher in ihre Hände, war dies gleichbedeutend mit einem Todesurteil, denn die machten in der Regel keine Gefangenen, wenn doch, wurden diese gnadenlos gefoltert, um Informationen zu erhalten. Fiel man, wie ich, wenige Wochen später in ihre Hände und überlebte das, war dies nur glücklichen Umständen zu verdanken.

Noch am 27. Juni verließen wir das in flammenstehende Bobriusk und verlegten 350 Kilometer in Richtung Westen nach Baranowitschi. Wir waren so ziemlich die letzten Flugzeuge, die aus Bobriusk herauskamen. Beim Rückflug von einem Einsatz konnte ich erkennen, wie die aus Holzklötzen bestehende Startbahn von unseren Pionieren gesprengt wurde. Als das Ganze hochging, dachte ich bei mir: „Na da haben die Russen aber lange zu tun, bis sie die ganzen Holzklötze wieder eingesammelt und eingebaut haben!" Nicht ahnend, dass ich wenige Wochen später zu denjenigen gehörte, welche die Holzklötze einsammelten und die Startbahn neu anlegten.

Von Baranowitschi aus flogen wir Aufklärung im Raum Bobriusk, Sluzk, Bobri, Stolpje usw. Von hier aus flog ich trotz heftigster Abwehr nur neun Einsätze. Die Russen legten ein derartiges Tempo bei ihrem Vormarsch vor, dass uns allen das Hören und Sehen verging. Am 2. Juli führte ich mit meinem Rottenführer eine taktische Luftaufklärung am Nordrand der Pripjet-Sümpfe durch, die uns bis nach Bobriusk führte. Anschließend flogen wir Aufklärung am Pripjet entlang in Richtung Westen. Dadurch wurde eine Zwischenlandung auf dem Flugplatz in Pinsk erforderlich. Pinsk war ein riesiger Platz, auf dem die Stukas lagen, und die flogen in diesen Tagen rollende Einsätze. Wir tankten hier auf und flogen dann zurück nach Baranowitschi. Vor uns startete geschlossen die gesamte Stuka-Gruppe zum Einsatz. Es war für mich beeindruckend, als die ca. 30 Flugzeuge fast gleichzeitig starteten. Es war ein Höllenlärm. Da der Platz fast keine Grasnarbe mehr hatte, hinterließen die Stukas eine fast undurchdringliche Staubwolke. Wir mussten warten, bis sich diese gelegt hatte, und rollten dann nebeneinander zur Startposition. Mein Rottenführer gab Gas und wenige Sekunden später legte ich los. Die Sicht nach vorne war ja bei der 109 in Spornradlage gleich Null. Als ich so viel Fahrt erreicht hatte, dass ich das Leitwerk hochnehmen konnte, sah ich plötzlich rechts vor mir einen LKW mit einem Bautrupp. Verdammt, wie kamen die da hin. Mit dem Seitenruder noch so viel korrigiert, dass ich nicht voll in den LKW raste. Die rechte Fläche leicht angehoben, gab es trotzdem noch einen leichten Stoß. Nach rechts geschaut, die Fläche war noch dran, und abgehoben. Fahrwerk rein und trotzdem war ein untypisches Rauschen zu hören. Noch einmal die Fläche kontrolliert, aha, die Landeklappe war etwas verbogen. Funkspruch an meinen Rottenführer. Der fragte zurück: „Geht's?" Es ging und wir setzten den Flug nach Baranowitschi fort. Wieder mal Glück gehabt!

Am 3./4. Juli fühlten die ersten Angriffsspitzen in Richtung Baranowitschi vor. Für uns hieß es am 4./5. Juli, schleunigst nach Westen zu verlegen. Nächster Einsatzhafen war Kobryn östlich von Brest-Litowsk gelegen. Bereits am 5. Juli 1944 flog ich einen ersten Einsatz in Richtung Kleck. Wie üblich starker Verkehr auf der Rollbahn in Richtung Westen und Abwehr durch Flak und Jäger. Vom 7. – 14. Juli lagen wir in Kobryn. Der Russe stieß nördlich des Pripjet sehr schnell nach Westen vor, sodass wir schon wieder verlegen mussten. Von Kobryn aus habe ich insgesamt neun Einsätze geflogen. Neuer Einsatzplatz war Warschau/Okecie. Durch die laufenden Feindflüge, es gab ja keine Ruhepausen, waren wir ziemlich abgeflogen. Jeder Einsatz forderte volle Konzentration, die nervliche Anspannung hinterließ auf Dauer gesehen doch ihre Spuren. Im Tiefstflug durfte man sich nicht den kleinsten Fehler leisten. Nebenbei sollten wir ja noch aufklären und ich musste immer den Luftraum beobachten, damit sich nicht irgendein Iwan hinter uns klemmte. Die Tiefangriffe auf die feindlichen Kolonnen wurden auch immer gefährlicher und selten ging es ohne Treffer in der Maschine ab. Das Material wurde weit über die normalen Grenzen belastet. In Warschau war dann ein paar Tage Ruhe und wir bekamen einige neue Flugzeuge.

Vom Einsatz zurück. Der Wart winkt die 109 zum Abstellplatz ein. Es handelt sich um eine Me 109 mit dem Rüstsatz R3 zur Mitführung von 300 Liter-Abwurfbehältern unter den Tragflächen. Im Bild ist unter der linken Tragfläche die Aufhängung für den Abwurftank zu sehen.

Im Juli 1944 wurde ich zum Unteroffizier befördert. Bei der Staffel wurde eine Beförderung folgendermaßen im Kasino gefeiert. Jedem Flugzeugführer und dem Stabsarzt, der flog bei uns den Fieseler Storch, musste die Beförderung förmlich gemeldet werden. Dazu gab ich einen Schnaps und dem ich gemeldet hatte, der gab auch einen aus. Bei 15 Flugzeugführern und dem Doktor waren das insgesamt 32 Schnäpse, danach war ich stockbesoffen. An diesem Abend flogen die Russen einen nächtlichen Luftangriff auf unseren Platz. Eine Bombe flog in die Latrine, sodass die Sch…ße auf dem Tisch im Kasino landete. Alle Mann raus und in die Schutzgräben. Da ich nicht mehr ganz den Durchblick hatte, schubsten mich die Kameraden in den Graben und der nächste sprang mir auf das linke Handgelenk, dass die Uhr im Eimer war. Ohne Erfolg versuchte ich immer wieder meine Hand zu befreien. Am anderen Morgen war meine Hand dann dick angeschwollen. Der Stabsarzt flog mich zum Röntgen nach hinten in ein Lazarett. Den Flug hinten im Storch, mir war ja hundeelend, habe ich bis heute nicht vergessen, da ich mir halb die Seele aus dem Leib gekotzt habe. Zum Glück gab's da ein großes Schiebefenster an der Seite.

Am 2. August verlegten wir von Warschau nach Bielice, da die Russen in Richtung Weichsel vorstießen und der Aufstand in Warschau losbrach. Bereits am 31. Juli erreichte die Rote Armee die Weichsel südlich von Warschau.
Am 6. August führte ich einen Werkstattflug durch, der mir noch heute unvergesslich in Erinnerung ist. Ich flog im Tiefstflug die Weichsel entlang, als ich an einer Insel vorbeikam, auf der ein Liebespaar in voller Aktion war. Also kehrtgemacht und das Ganze nochmals genau betrachtet. Dabei flog ich sehr, sehr tief übers Wasser an. Ein kurzer Blick auf das Liebespaar und plötzlich ein Schlag, dass die gesamte Maschine bebte. Der Motor drehte sofort 200 Umdrehungen höher, aber die 109 flog langsamer. Ursache: Der Propeller hatte Wasserberührung und dadurch waren die Blattspitzen verbogen worden. Ich schaffte es noch zum Platz zurück. Der Prüfmeister machte große Augen, als er sah, was da angeflogen kam. Seinen Gesichtsausdruck habe ich bis heute nicht vergessen, als die 109 auf dem Abstellplatz stand mit nach vorne gebogenen Propellerspitzen. Für mich hätte die kleine Unachtsamkeit den Tod bedeuten können. Wieder mal Glück gehabt. Hatte ich mein Glück überstrapaziert?

Am nächsten Tag hat es mich anscheinend verlassen, trotzdem hatte ich auch da einen Schutzengel an meiner Seite. An diesem 7. August 1944 startete ich um 09.25 Uhr in den neuen Einbruchsraum an der Weichsel bei Radom. Die Russen hatten bereits Brückenköpfe am Westufer gebildet. Wir flogen in ca. 3.500 Meter Höhe, als es ganz unerwartet in meiner 109 gewaltig einschlug. Es hörte sich an, als wäre ein Eimer mit Steinen über die Maschine gekippt worden. Es prasselte und knallte, es waren mit Sicherheit mehrere Kanonentreffer. Auf dem Knüppel hatte ich keinen Steuerdruck mehr und die Pedale konnte ich leer durchtreten. Ein Iwan hatte aus der Sonne angegriffen und mich voll getroffen. Meine Maschine brannte, drehte sich steuerlos auf den Rücken und ging ins Flachtrudeln über. Normalerweise eine hoffnungslose Lage, um sich noch aus der Maschine zu retten. Nur mit Mühe gelang es mir, das Kabinendach abzuwerfen. Anschließend zog ich die FT-Haube aus, an der noch die Sauerstoffmaske hing, damit ich nicht durch das FT-Kabel stranguliert werden konnte. Mit aller Kraft musste ich mich aus der Kabine stemmen, obwohl ich ja kopfüber im Flugzeug saß. Aber die Fliehkräfte waren schon enorm und pressten mich förmlich in die Kabine. Endlich, endlich kam ich von meiner 109 frei. Jetzt erst konnte ich erkennen, wie schlimm es meinen Vogel erwischt hatte. Das gesamte Leitwerk war weggeschossen. Da die Maschine brannte, konnte ich nicht gleich den Fallschirm ziehen. Der Boden kam Besorgnis erregend schnell näher. Endlich rauschte die 109 an mir vorbei und ich konnte die Reißleine meines Fallschirmes ziehen. Da dachte ich, jetzt bist du gerettet! Aber denkste, vom Boden aus veranstalteten die Partisanen mit Maschinengewehren ein fröhliches Scheibenschießen auf mich. Die waren aber an diesem Tage schlecht drauf und trafen nur den Schirm. Kaum am Boden waren sie auch schon da und hielten mir ihre Pistolen und Gewehre unter die Nase, dann prügelten sie auf mich ein. Ich machte mich ganz klein und da hauten die sich gegenseitig drauf. Kreischende Weiber bemächtigten sich des Fallschirmes und bis ich mich versah, war mir alles abgenommen worden, was ich in meinen Taschen hatte, und natürlich waren sie auf meine Uhr scharf, die gleich als erstes verschwand. Alle riefen: „Uri, Uri!" Verdammt nochmal, ich hatte aber nur die eine. Ich sah und spürte nur noch Hände und Gewehrkolben. Alle Taschen wurden gefilzt und ich hatte schon fast mit meinem Leben abgeschlossen, als mich ein russischer Offizier mit gezogener Pistole aus der Menge rettete. Da fiel mir nicht nur ein Stein vom Herzen. Er führte mich zu einem Jeep und brachte mich zu seiner Befehlsstelle. Meine persönlichen Sachen waren natürlich weg, aber wenigstens blieb mir mein Leben erhalten. Wieder mal Glück gehabt, denn, anderen Kameraden ist es wesentlich schlechter ergangen. Ein umgehendes Verhör zeigte mir, wie gut die Brüder über unsere Staffel Bescheid wussten. Da blieb mir glatt die Spucke weg. Der Vernehmungsoffizier, ein Major, fragte mich in bestem Deutsch: „Wer sind sie, Mozart, Schiller oder Postillion?" Hui, ich fiel da fast vom Hocker. Der kannte unsere Tarnnamen, mit denen wir uns im Sprechfunk verständigten. Da sagte ich fast perplex: „Nein, ich bin der Gandhi." „Was, sie sind der Gandhi, wir haben schon viel von ihnen gehört, sie sind ja auch schon einige Zeit bei der 1. Staffel und waren sehr oft im Einsatz zu hören." Es folgte noch ein stundenlanges Verhör über alles Mögliche, wie Auftrag meines Fluges, derzeitige Stärke unseres Verbandes usw. Wenn ich nur allgemein gehaltene Antworten gab, dann sagte der Major: „Gandhi, habe ich doch alles schriftlich!" Meine Antwort: „Und ich bin Offizier und sage dazu nichts." Irgendwann hatte er das auch akzeptiert. Die Russen hatten alle Funksprüche notiert und auch sonst war ihr Wissensstand über unsere kleine Einheit schon mehr als erstaunlich. Im Großen und Ganzen wurde ich durch die Russen aber ordentlich behandelt, denn die glaubten offenbar noch immer, dass ich ein Offizier bin. Noch am Nachmittag des 7.8.44 wurde ich dem Kapitän (Hauptmann) gegenübergestellt, der mich abgeschossen hatte. Wir unterhielten uns per Dolmetscher. Ich gratulierte ihm zu seinem Erfolg und er bedankte sich mit einer Papyrossi. Das war die Friedenspfeife unter Gegnern. Er ging dann weiter in den Krieg und ich in die Gefangenschaft. Nach dem Verhör wurde ich nach hinten gefahren und an einen Gefangenentransport übergeben. Wie bereits angedeutet, war ich dann bei denen, die in Bobriusk die gesprengte Startbahn wiederaufbauen mussten. Nach vier Jahren und neun Monaten kehrte ich aus der Kriegsgefangenschaft in die Heimat zurück.

Anmerkung des Verfassers: Unteroffizier Hans Winkler wurde mit der in Regensburg im Juni 1943 gebauten Me 109 G-6, Werknummer 18357, Kennung „Weiße 1", südöstlich von Warka abgeschossen. Sein Rottenführer Oberleutnant Manfred Kahnt wurde ebenfalls abgeschossen. Er konnte aber noch eigenes Gebiet erreichen und wurde verwundet aufgefunden. Kahnt flog eine Me 109 G-8 mit der Werknummer 710999.

Bericht von Hans Winkler zur Me 109: Zu den Flugeigenschaften der 109 kann ich folgendes sagen: „Durch das schmale Fahrwerk war die Neigung zum Ausbrechen sehr groß. Wenn das Leitwerk zu früh angehoben wurde, brach die 109 schlagartig zum Teil um 90 Grad nach links aus. Beim Starten suchte man sich am Horizont einen Punkt, denn eine Sicht nach vorne bestand ja wegen des Motors nicht. Erst bei höherer Geschwindigkeit, vor allem mit dem Zusatztank unter dem Rumpf, hoben wir mit ca. 200 – 230 km/h ab und da reagierten die Ruder schon sehr gut. Mit 300 km/h und leicht ausgefahrenen Klappen ging es mit 25 m/s im Steigflug nach oben. Das war für damalige Verhältnisse schon ganz beachtlich. Die besten Flugeigenschaften der 109 hatte die „F". Mit ihr konnte man Rollen nur mit dem Querruder fliegen, da sie eine derart gute Ruderabstimmung hatte, dass ein Nachsteuern mit dem Seitenruder nicht erforderlich war. Außerdem war die Sicht nach vorne wesentlich besser als nachher bei der G-6 Baureihe. Die Beulen über den beiden MG 131 störten doch sehr. Neuangekommene 109 wurden wegen des Motors erst mal rund zehn Stunden schonend eingeflogen. Das war sehr oft mein Geschäft, denn da konnte ich jede Menge Flugstunden und somit fliegerische Erfahrung mit der 109 sammeln. Der Motor wurde gründlich überprüft und dann wurde ein Einflugprogramm durchgeführt. Nach dem Start wurde der Ladedruck des Bodenladers auf 1,1 ata eingestellt und im Steigflug ging es nach oben und der Ladedruck fiel auf 1 – 0,9 ata. Dann musste auf die Zu-

schaltung des Höhenladers geachtet werden, der den Ladedruck wieder auf 1,1 ata erhöhte. Dabei kam der DB 605 auf eine Volldruckhöhe von 6.500 – 6.700 Metern. In dieser Höhe brachte der Motor also noch seine volle Leistung. Darüber fiel dann der Ladedruck und damit die Leistung des Motors immer mehr ab. Lag die 109 relativ waagerecht in der Luft, nahm sie mit zunehmender Höhe die Schnauze immer mehr nach oben. In 10.000 Metern Höhe schwamm sie mehr, als sie flog, und bei jeder scharf geflogenen Kurve waren 1.000 m Höhenverlust zu verzeichnen. 12.000 Meter waren nur mit einer leeren 109 ohne Bewaffnung und Munition zu erreichen.

Für jede Maschine gab es ein Bordbuch, in dem der Flugzeugführer festgestellte Mängel mit Unterschrift eintragen musste. Der erste Wart hatte dafür zu sorgen, dass der Schaden behoben wurde, und musste dafür gegenzeichnen. Nach einem solchen Werkstattflug trug ich ins Bordbuch ein: Motor läuft rau! Was unsere Techniker dann gemacht haben, weiß ich nicht mehr. Jedenfalls am nächsten Morgen startete ein Feldwebel mit dieser Maschine und kurz nach dem Start in ca. 200 Meter Höhe brannte die 109. Der Feldwebel stieg sofort mit dem Fallschirm aus. Wir alle raus zur Absturzstelle, konnten den Piloten aber nicht finden. Große Suchaktion, die aber ohne Ergebnis nach einiger Zeit abgebrochen wurde. Alles fuhr zum Flugplatz zurück und da fanden wir den Vermissten beim Frühstück im Kasino. Er war querbeet nach Hause marschiert, während wir auf der Straße zur Absturzstelle gefahren waren. Da gab es wieder einen Geburtstag zum Feiern."

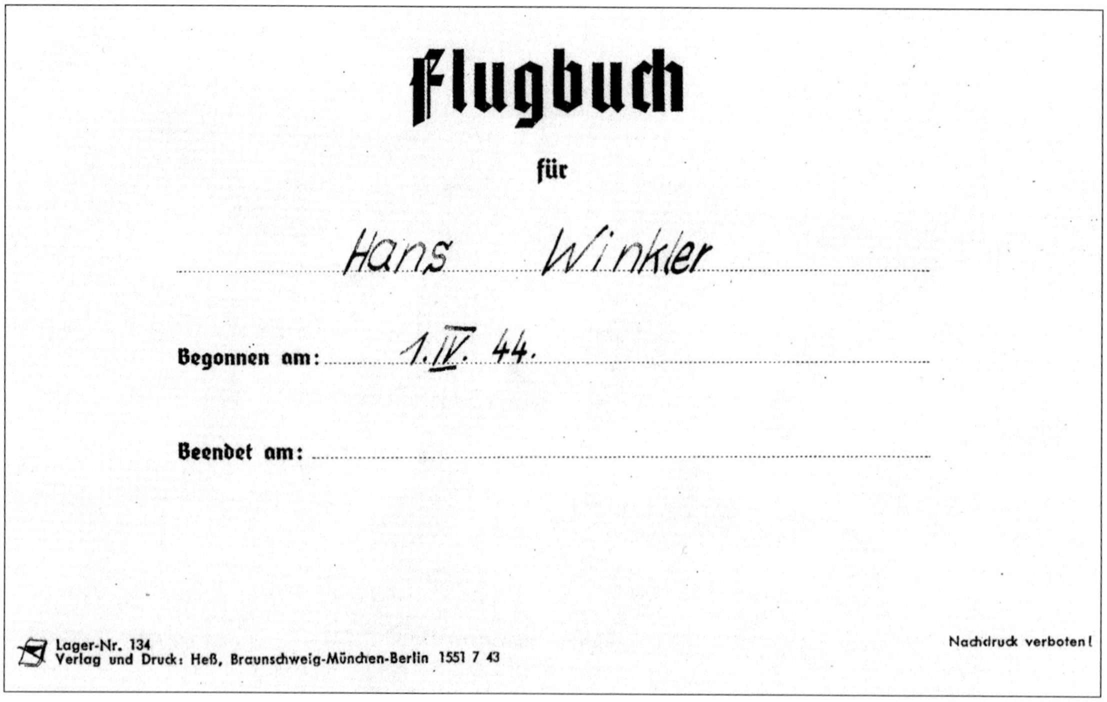

Flugbuch

für

Hans Winkler

Begonnen am: 1.IV.44.

Beendet am:

Lager-Nr. 134
Verlag und Druck: Heß, Braunschweig-München-Berlin 1551 7 43

Nachdruck verboten!

Die Einträge in das Flugbuch von Hans Winkler zeigen auf, in welcher Dichte die Einsätze damals geflogen worden sind. Und jeder Einsatz war eine Begegnung mit dem Tod. Dies bezeugen auch die Eintragungen unter Bemerkungen im Flugbuch gleich auf der ersten Seite. Leider blieben dann die Eintragungen unter der Spalte Bemerkungen aus und es wurde nur noch Rottenflieger eingetragen. Auf meine Frage an Hans Winkler, warum da nicht derartige Kommentare stehen, wie auf Seite 1 im Flugbuch, war sein Kommentar: „Weil es immer dieselbe Situation war. Flakbeschuss aus allen Rohren und in allen Höhen. Schoss die Flak mal nicht, dann waren „Rote Jäger" in der Luft. Da konnte es dann noch brenzliger werden, als die Lage sowieso schon war. Bei jedem Frontflug war man sozusagen in akuter Lebensgefahr."

Anmerkung des Verfassers: Dafür wurden dann Orden und Anerkennungen ausgesprochen, siehe Urkunden.

Lfd. Nr. des Fluges	Führer	Begleiter	Muster	Zulassungs-Nr.	Zweck des Fluges	Abflug Ort	Abflug Tag	Abflug Tageszeit	Landung Ort	Landung Tag	Landung Tageszeit	Flugdauer	Kilometer	Bemerkungen
376	Winkler		Bf 109 G	7	Feindflug	Biala Podlaska	2.IV.44.	0700	Biala Podlaska	0758	58m	58m		Rottenflieger s. Flack
7	"		Bf 109 G	12	"	"	2.IV.44.	1505	"	2.IV.44.	1605	60m		"
8	"		Bf 109 G	14	"	"	3.IV.44.	0806	"	3.IV.44.	0923	77m		"
9	"		Bf 109 G	14	"	"	4.4.44	0642	"	4.IV.44.	0759	77m		"
380	"		Bf 109 G	14	"	"	4.4.44.	1445	"	4.IV.44.	1555	70m		" Geschoss d. Sitz u. Kabine
1	"		Bf 109 G	9	"	"	5.IV.44.	1105	"	5.IV.44.	1220	75m		" Im Raum 4 Jäger
2	"		Bf 109 G	15	"	"	7.IV.44.	0713	"	7.IV.44.	0814	61m		"
3	"		Bf 109 G	14	"	"	8.IV.44.	0605	"	8.IV.44.	~~0605~~ 0723	~~0723~~ 78m	~~78~~	" s. Flak
4	"		Bf 109 G	14	"	"	8.IV.44.	0835	"	8.IV.44.	0944	69m		" l. Flak
5	"		Bf 109 G	5	"	"	8.IV.44.	1614	"	8.IV.44.	1718	64m		"
6	"		Bf 109 G	3	"	"	9.IV.44.	0915	"	9.IV.44.	1022	67m		" s. Flak
7	"		Bf 109 G	3	"	"	9.IV.44.	1118	"	9.IV.44.	1229	71m		" s. Flak

Lfd. Nr. des Fluges	Führer	Begleiter	Muster	Zulassungs-Nr.	Zweck des Fluges	Abflug Ort	Abflug Tag	Abflug Tageszeit	Landung Ort	Landung Tag	Landung Tageszeit	Flugdauer	Kilometer	Bemerkungen
388	Winkler		Bf 109 G	3	Feindflug	Biala Podlaska	10.IV.44.	0600	Biala Podlaska	10.IV.44.	0713	73m		Rottenflieger s. Flak u. l. Flak v. [illegible]
9	"		Bf 109 G	11	"	"	11.4.44.	0709	"	11.IV.44.	0821	72m		" l. u. s. Flak
390	"		Bf 109 G	11	"	"	13.IV.44.	0943	"	13.IV.44.	1103	80m		" l. Flak
1	"		Bf 109 G	11	"	"	14.IV.44.	1415	"	14.IV.44.	1525	70m		" l. Flak
2	"		Bf 109 G	11	"	"	15.IV.44.	0605	"	15.IV.44.	0717	72m		" Flak
3	"		Bf 109 G	9	"	"	15.IV.44.	1127	"	15.IV.44.	1235	68m		"
4	"		Bf 109 G	14	"	"	16.IV.44.	1027	"	16.IV.44.	1134	67m		" l. u. m. Flak
5	"		Bf 109 G	9	"	"	17.IV.44.	1325	"	17.IV.44.	1432	67m		"
6	"		Bf 109 G	9	"	"	18.IV.44.	0645	"	18.IV.44.	0800	75m		" s. Flak u. Jäger
7	"		Bf 109 G	9	"	"	18.IV.44.	1110	"	18.IV.44.	1225	75m		" m. Flak u. Jäger
X	"		Bf 109 G											
X	"		Bf 109 G											

Die Richtigkeit der 22 Feindflüge lfd. Nr. 1–22 bestätigt:

[Signature]

Lt. u. Gef. St. Offz.

Lfd. Nr. des Fluges	Führer	Begleiter	Muster	Zulassungs-Nr.	Zweck des Fluges	Abflug Ort	Abflug Tag	Abflug Tageszeit	Landung Ort	Landung Tag	Landung Tageszeit	Flugdauer	Kilometer	Bemerkungen
398	Winkler		Bf 109 G	4	Feindflug	Biala-Podlaska	20.IV.44.	1750	Biala-Podlaska	20.IV.44.	1852	62m	23	Rottenflg. l. Flak.
399	"		Bf 109 G	4	"	"	22.IV.44.	1210	"	22.IV.44.	1325	75m	24	" s. Flak
400	"		Bf 109 G	14	"	"	24.IV.44.	0625	"	24.IV.44.	0720	55m	25	"
1	"		Bf 109 G	4	"	"	24.IV.44.	1041	"	24.IV.44.	1155	74m	26	"
2	"		Bf 109 G	9	"	"	27.IV.44.	0520	"	27.IV.44.	0637	77m	27	" l. Flak
3	"		Bf 109 G	9	"	"	27.IV.44.	1630	"	27.IV.44.	1745	75m	28	"
4	"		Bf 109 G	9	"	"	29.IV.44.	0515	"	29.IV.44.	0630	75m	29	" m. Flak; Luftk. m. 4. Jäg.
5	"		Bf 109 G	9	"	"	30.IV.44.	1000	"	30.IV.44.	1114	74m	30	" l. Flak; Luftk. 1 Jak 7.
6	"		Bf 109 G	10	"	"	30.IV.44.	1550	"	30.IV.44.	1710	80m	31	" l+m Flak; Luftk. m. 4 Jak.
7	"		Bf 109 G	4	"	"	1.V.44	0815	"	1.V.44.	1045	150m	32	" m. Flak
8	"		Bf 109 G	9	"	"	1.V.44	1500	"	1.V.44.	1612	72m	33	"
9	"		Bf 109 G	10	"	"	4.V.44.	1750	"	4.V.44.	1858	68m	34	"

Lfd. Nr. des Fluges	Führer	Begleiter	Muster	Zulassungs-Nr.	Zweck des Fluges	Abflug Ort	Abflug Tag	Abflug Tageszeit	Landung Ort	Landung Tag	Landung Tageszeit	Flugdauer	Kilometer	Bemerkungen
410	Winkler		Bf 109 G	13	Feindflug	Biala-Podlaska	5.V.44.	0855	Biala-Podlaska	5.V.44.	1015	80^{m}	35	Rottenflg.
1	"		Bf 109 G	5	"	"	10.5.44.	0525	"	10.V.44.	0649	84^{m}	36	" l.+m. Flak
2	"		Bf 109 G	6	"	"	10.5.44	0730	"	10.V.44.	0842	72^{m}	37	"
3	"		Bf 109 G	9	"	"	11.V.44	0507	"	11.V.44.	0621	74^{m}	38	" l. Flak
4	"		Bf 109 G	9	"	"	11.V.44.	0816	"	11.V.44.	0924	68^{m}	39	" l.+m Flak
5	"		Bf 109 G	10	"	"	11.V.44	1610	"	11.V.44.	1720	70^{m}	40	" m. Flak
6	"		Bf 109 G	2	"	"	13.V.44.	0555	"	13.V.44.	0725	65^{m}	41	" m Flak
7	"		Bf 109 G	10	"	"	14.V.44.	0844	"	14.V.44.	1003	79^{m}	42	"
8	"		Bf 109 G	2	"	"	15.V.44.	0625	"	15.V.44.	0810	95^{m}	43	"
9	"		Bf 109 G	9	"	"	16.V.44.	1745	"	16.V.44.	1900	75^{m}	44	" l.+m Flak
420	"		Bf 109 G	4	"	"	16.V.44.	0815	"	16.V.44.	0933	78^{m}	45	" m Flak
1	"		Bf 109 G	4	"	"	17.V.44.	0620	"	17.V.44.	0735	75^{m}	46	

Lfd. Nr. des Fluges	Führer	Begleiter	Muster	Zulassungs-Nr.	Zweck des Fluges	Abflug Ort	Abflug Tag	Abflug Tageszeit	Landung Ort	Landung Tag	Landung Tageszeit	Flugdauer	Kilometer	Bemerkungen
422	Winkler		Bf 109 G	4	Feindflug	Biala-Podlaska	19.V.44.	0710	Biala-Podl.	19.V.	0852	102^{m}	47	Rottenflieger m Flak
3	"		Bf 109	11	"	"	20.V.44.	1840	"	20.V.	1953	73^{m}	48	"
4	"		Bf 109	9	"	"	24.V.44.	0630	"	24.V.	0803	93^{m}	49	"
5	"		Bf 109	12	"	"	25.V.	1415	"	25.V.	1528	73^{m}	50	" Flak a. Kal.
6	"		Bf 109	4	"	"	27.V.	1119	"	27.V.	1229	62^{m}	51	" l. Flak
7	"		Bf 109	11	"	"	28.V.	0446	"	28.V.	0557	71^{m}	52	" l. Flak.
8	"		Bf 109	1	"	"	29.V.	1732	"	29.V.	1840	68^{m}	53	" l. Flak
9	"		Bf 109	1	"	"	28.V.	0525	"	28.V.	0745	140^{m}	54	" Flak a. Kal.
430	"		Bf 109	1	"	"	30.V.44.	0435	"	30.V.	0552	77^{m}	55	"
1	"		Bf 109	6	"	"	1.VI.44.	1345	"	1.VI.44.	1505	80^{m}	56	"
2	"		Bf 109	12	"	"	30.V.44.	1759	"	30.V.44.	1905	66^{m}	57	" Flak a. Kal.
3	"		Bf 109	2	"	"	2.VI.44.	1335	"	2.VI.44.	1445	70^{m}	58	" Bord[illegible] Besch. auf Fahr[illegible]

Lfd. Nr. des Fluges	Führer	Begleiter	Muster	Zulassungs-Nr.	Zweck des Fluges	Abflug Ort	Abflug Tag	Abflug Tageszeit	Landung Ort	Landung Tag	Landung Tageszeit	Flugdauer	Kilometer	Bemerkungen
434	Winkler		Bf 109	2	Feindflug	Bobruisk	7.VI.	0705	Bobruisk	7.VI.	0812	67^{m}	59	Rottenflieger
5	"		Bf 109	2	"	"	7.VI.	1800	"	7.VI.	1915	75^{m}	60	"
6	"		Bf 109	2	"	"	8.VI.	0610	"	8.VI.	0632	72^{m}	61	"
7	"		Bf 109	2	"	"	9.6.	7^{52}	"	9.6.	8^{52}	80^{m}	62	"
8	"		"	2	"	"	10.6.	7^{05}	"	10.6.	8^{22}	77^{m}	63	"
9	"		"	4	"	"	11.6.	7^{54}	"	11.6.	9^{03}	69^{m}	64	"
440	"		"	2	"	"	12.6.	6^{30}	"	12.6.	7^{52}	82^{m}	65	"
1	"		"	4	"	"	13.6.	6^{45}	"	13.6.	7^{58}	73^{m}	66	"
2	"		"	3	"	"	14.6.	15^{58}	"	14.6.	17^{09}	71^{m}	67	"
3	"		"	6	"	"	15.6.	6^{55}	"	15.6.	7^{41}	46^{m}	68	"
4	"		"	2	"	"	17.6	19^{27}	"	17.6.	20^{42}	75^{m}	69	"
5	"		"	7	"	"	18.6.	8^{58}	"	18.6.	9^{34}	36^{m}	70	"

Lfd. Nr. des Fluges	Führer	Begleiter	Muster	Zulassungs-Nr.	Zweck des Fluges	Abflug Ort	Abflug Tag	Abflug Tageszeit	Landung Ort	Landung Tag	Landung Tageszeit	Flugdauer	Kilometer	Bemerkungen
46	Winkler		Bf 109	2	Feindflug	Bobruisk	22.6.	18^{43}	Bobruisk	22.6	20^{09}	86 m	71	Rottenflieger
7	"		"	2	"	"	24.6.	10^{21}	"	24.6.	11^{23}	62 m	72	"
8	"		"	6	"	"	24.6.	13^{36}	"	24.6.	14^{25}	49 m	73	"
9	"		"	2	"	"	25.6.	11^{47}	"	25.6	12^{55}	68 m	74	"
50	"		"	6	"	"	26.6.	7^{15}	"	26.6.	8^{25}	70 m	75	"
1	"		"	2	"	"	27.6.	7^{47}	"	27.6.	9^{00}	73 m	76	"
2	"		"	2	"	Baranowitze	28.6.	20^{10}	Baranowicze	28.6.	21^{25}	75 m	77	"
3	"		"	1	"	"	29.6.	6^{07}	"	29.6.	7^{30}	83 m	78	"
4	"		"	2	"	"	29.6.	19^{05}	"	29.6.	20^{40}	95 m	79	"
5	"		"	3	"	"	30.6.	10^{20}	"	30.6.	11^{52}	92 m	80	"
6	"		"	4	"	"	1.7.	4^{30}	"	1.7.	6^{45}	135 m	81	"
7	"		"		"	"	2.7.		Pinsk	2.7.			82	"

Lfd. Nr. des Fluges	Führer	Begleiter	Muster	Zulassungs-Nr.	Zweck des Fluges	Abflug Ort	Abflug Tag	Abflug Tageszeit	Landung Ort	Landung Tag	Landung Tageszeit	Flugdauer	Kilometer	Bemerkungen
58	Winkler		Bf 109	7	Feindflug	Baranowicze	3.7.44	4^{42}	Baranowicze	3.7.44	5^{54}	72 m	83	Rottenflieger
9	"		"	1	"	"	3.7.	15^{25}	"	3.7.	16^{37}	72 m	84	"
60	"		"	4	"	"	4.7.	7^{47}	"	4.7.	9^{00}	73 m	85	"
1	"		"	12	"	Kobryn	5.7.	18^{28}	Kobryn	5.7.	19^{42}	74 m	86	"
2	"		"	9	"	"	6.7.	13^{40}	"	6.7.	15^{20}	40 m	87	"
3	"		"	2	"	"	7.7.	4^{30}	"	7.7.	5^{55}	85 m	88	"
4	"		"	2	"	"	7.7.	12^{40}	"	7.7.	14^{03}	83 m	89	"
5	"		"	9	"	"	8.7.	10^{15}	"	8.7.	11^{10}	65 m	90	"
6	"		"	2	"	"	10.7.	4^{45}	"	11.7.	6^{15}	90 m	91	"
7	"		"	14	"	"	11.7.	10^{30}	"	11.7.	11^{55}	85 m	92	"
8	"		"	1	"	"	13.7.	18^{32}	"	13.7.	19^{30}	58 m	93	"
9	"		"	8	"	"	14.7.	11^{35}		14.7.	12^{35}	60 m	94	"

Lfd. Nr. des Fluges	Führer	Begleiter	Muster	Zulassungs-Nr.	Zweck des Fluges	Abflug Ort	Abflug Tag	Abflug Tageszeit	Landung Ort	Landung Tag	Landung Tageszeit	Flugdauer	Kilometer	Bemerkungen
70	Winkler		Bf 109	15	Warschau	Feindflug	29.7.	15^{45}	Warschau	29.7.	17^{32}	107 m	95	Rottenflieger
1	"		"	12	Feindflug	Warschau	30.7.	7^{10}	"	30.7.	8^{50}	100 m	96	"
2	"		"	12	"	"	31.7.	5^{01}	"	31.7.	6^{31}	90 m	97	"
3	"		"	12	"	"	1.8.	17^{45}	"	1.8.	18^{45}	60 m	98	"
4	"		"	4	"	Bielice	3.8.	18^{40}	Bielice	3.8.	19^{40}	60 m	99	"
5	"		"	9	"	"	4.8.	13^{45}	"	4.8.	15^{20}	95 m	100	"
6	"		"	15	"	"	5.8.	6^{05}	"	5.8.	6^{55}	50 m	101	"
7	"		"	15	"	"	5.8.	7^{40}	"	5.8	9^{10}	90 m	102	"
8	"		"	12	"	"	6.8.	12^{17}	"	6.8.	14^{16}	119 m	103	"
9	"		"	1	"	"	7.8.	9^{25}	—	7.8.	—		104	

Die Richtigkeit der 82 Eintragungen Lfd. Nr. 23 - 104 bescheinigt:
O.U., den 8.8.44

[signature]

Oberleutnant u. Gf. St. Offz.

5186

Im Namen des Führers
und Obersten Befehlshabers
der Wehrmacht

verleihe ich

dem

Gefreiten

Hans Winkler

das

Eiserne Kreuz 1. Klasse

Lfl.H.Qu., den 26. Juni 1944

Der Oberbefehlshaber der Luftflotte

(Dienstgrad und Dienststellung)

Generaloberst

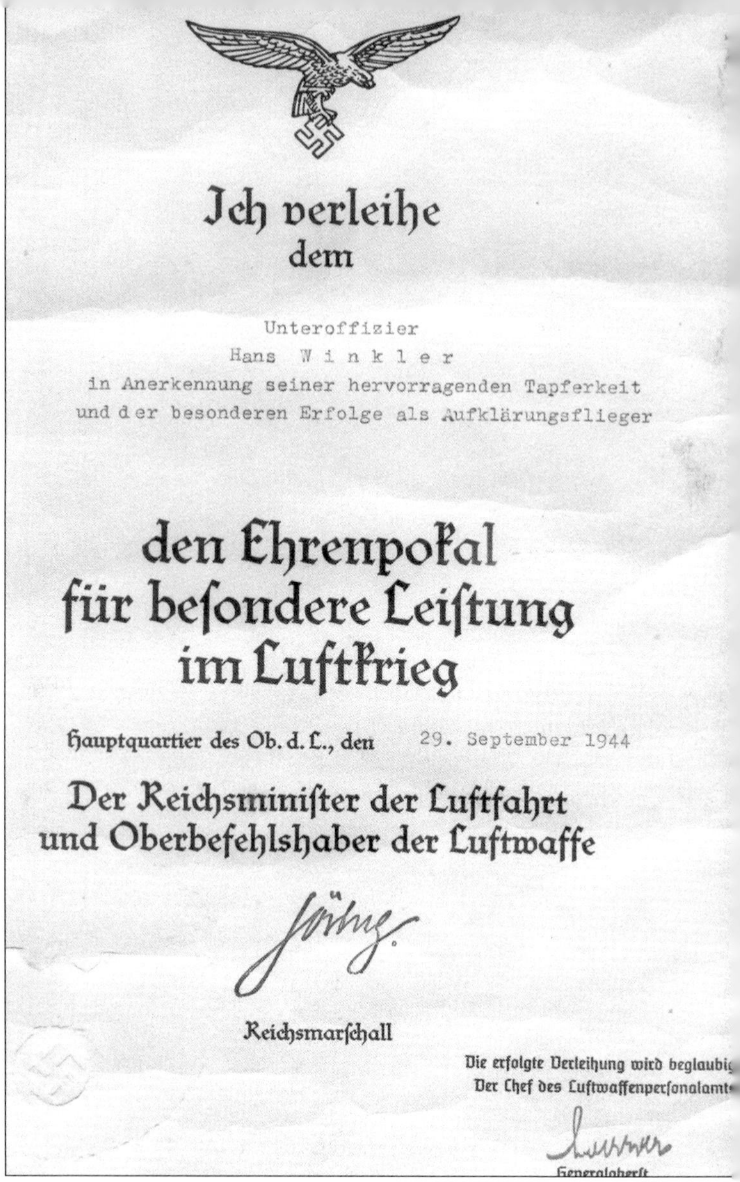

Ich verleihe

dem

Unteroffizier

Hans Winkler

in Anerkennung seiner hervorragenden Tapferkeit
und der besonderen Erfolge als Aufklärungsflieger

den Ehrenpokal
für besondere Leistung
im Luftkrieg

Hauptquartier des Ob. d. L., den 29. September 1944

Der Reichsminister der Luftfahrt
und Oberbefehlshaber der Luftwaffe

Reichsmarschall

Die erfolgte Verleihung wird beglaubi[gt]
Der Chef des Luftwaffenpersonalamt[s]

Generaloberst

Ein russischer Jagdflieger vor einem amerikanischen Jagdflugzeug P-39. Die russische Luftwaffe erhielt im Rahmen des Leih- und Pachtvertrages insgesamt 15.000 Flugzeuge geliefert. Von einer P-39 wurde Hans Winkler abgeschossen.

Karl Wilhelm aus Regensburg: Einsatz in der Reichsverteidigung und an der Ostfront

Bericht des ehemaligen Unteroffiziers Karl Wilhelm aus Regensburg, Pilot in der 1./JG 3 „UDET“, über seinen Einsatz mit der Me 109 G-6 AS in der Reichsverteidigung:

„Am 01.04.44 wurde ich zur 1. Staffel des Jagdgeschwaders 3 „UDET“ nach Burg bei Magdeburg versetzt. Die mit speziellen Me 109 G-6 ausgerüsteten Staffeln der I. Gruppe flogen Höhenjagd als Schutz für die schweren Sturmgruppen, die mit FW 190 ausgerüstet waren. Während wir uns mit den US-Jägern vom Typ P-51 „Mustang“ anlegten, versuchten die Fw 190 die Bomber (B-17 und B-24) anzugreifen. In der Regel war es so, dass die Mustangs einen Höhenvorteil hatten und uns ins Kreuz fielen. Damit hatten sie alle Vorteile auf ihrer Seite. Hinzu kam noch, dass die P-51 in 8.000 Meter Höhe ca. 60 km/h schneller war als die 109. Wir flogen zwar mit Wasser-Methanol-Einspritzung (MW 50), aber die reichte nur für einige Minuten bei 1,8 ata Ladedruck. Zur Erreichung dieser Notleistung musste man den Gashebel über eine Sperrklinke nach vorne drücken und die Motordrehzahl stieg schlagartig um ca. 300 U/min an. Der Motor heulte auf und die gesamte Flugzeugzelle vibrierte, dass der Pilot es fühlte, welche Leistung der Motor unter höchster Materialbeanspruchung abgab.
Mein dritter Einsatz erfolgte am 19. Mai 1944, mit Alarmstart in Burg, um 12.14 Uhr. Der Gefechtsverband sammelte über dem Müritzsee. Nachdem die Sturmgruppen aufgeschlossen hatten, ging es, in stetigem Steigflug mit Nordkurs in Richtung Parchim, den anfliegenden Amerikanern entgegen. Wir waren kaum in 7.500 Metern Höhe angekommen, als die Mustangs in einer bisher nie gesehenen Überzahl über uns herfielen. Zahlreiche Luftkämpfe waren die Folge. Eine P-51 flog mir direkt vor die Waffen und ich erzielte Treffer im Kabinenbereich. Die P-51 Mustang trudelte sofort ungesteuert und qualmend nach unten. Während ich meinem vermeintlichen Abschuss kurz nachsah, schepperte es in meiner Maschine. Eine P-51 hatte mich von hinten rechts erwischt und Treffer in der Fläche und in der Kabine erzielt. Ich war an beiden Beinen verwundet. Mit äußerster Motorleistung ging ich in den Sturzflug über und kurvte um mein Leben. Vier Mustangs hinter mir her. Der Luftkampf zog sich bis in Bodennähe hin und ich kassierte immer wieder einige Treffer. Es muss wohl auch der Motor etwas abbekommen haben, denn er lief nicht mehr rund. Ich warf die Haube ab, nahm das Gas ruckartig raus, schlug einen Haken und suchte mir eine Wiese zur Notlandung. Auf dieses Manöver waren die Amerikaner nicht gefasst und sie rauschten an mir vorbei. Bei Dannenwalde landete ich meine 109 in einer moorigen Wiese auf dem Bauch.

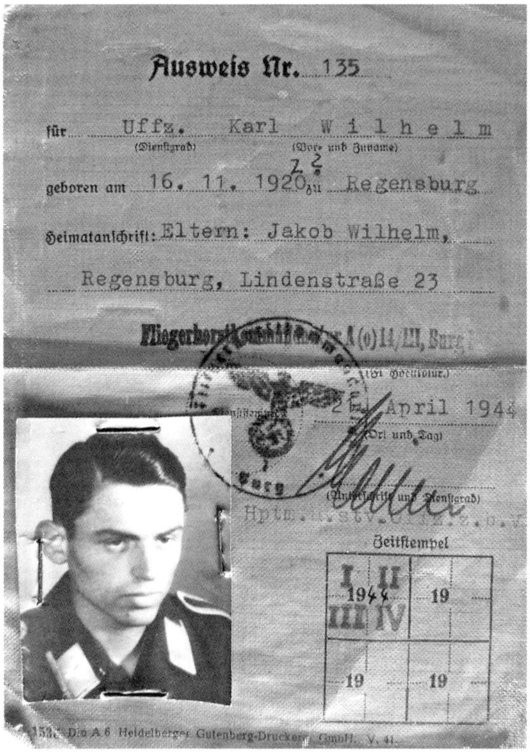
Ausweis Nr. 135
für Uffz. Karl Wilhelm
(Dienstgrad) (Vor- und Zuname)
geboren am 16. 11. 1920 zu Regensburg
Heimatanschrift: Eltern: Jakob Wilhelm, Regensburg, Lindenstraße 23
April 1944
(Ort und Tag)
(Unterschrift und Dienstgrad)
Zeitstempel
I II 1944 III IV
19
19
19

Der Frontfliegerausweis von Karl Wilhelm aus Regensburg. Karl Wilhelm flog beim Jagdgeschwader 3 bis zum Kriegsende seine Einsätze. Dieser Ausweis wurde bei jedem Einsatzflug mitgeführt, um sich im Falle eines Fallschirmabsprungs gegenüber der Bevölkerung und dienstlichen Stellen ausweisen zu können.

Kaum kam meine 109 zum Stillstand, war ich auch schon auf der Tragfläche und konnte erkennen, wie die Mustangs zum Tiefangriff eindrehten. Weit und breit war keine Deckung. Hinter dem Motor meiner Me 109 suchte ich Schutz. Wie ein Hagelschauer schlug es in meiner 109 ein. Viermal griffen die P-51 an, aber zu meinem Glück stur immer aus derselben Richtung. Als sie endlich abdrehten, kokelte meine brave zum Sieb verwandelte 109 verdächtig. In kurzen Sprüngen kroch ich unter eine kleine Brücke immer in der Angst, dass die Amerikaner noch zurückkommen könnten.
Hier zog ich meine gelbe Schwimmweste aus und steckte sie in meine Kombination. Mit meinen Verwundungen an beiden Beinen schleppte ich mich zu einem nahen Gutshof. Von dort rief ich das Lazarett in Kyritz/Dosse an und die holten mich mit einem Wagen ab. Erst später im Lazarett wurde mir bewusst, dass dies nicht mehr der ritterliche Luftkampf von früher war. Es ging den Amerikanern nur noch um die totale Vernichtung des Gegners, selbst wenn er schon geschlagen am Boden lag. Den Abschuss der P-51 habe ich übrigens Mangels Luftkampfzeugen nicht bestätigt bekommen. So streng waren damals die Bräuche.“

Anmerkung des Verfassers: Karl Wilhelm flog eine in Regensburg gebaute Me 109 mit der Werknummer 161770, taktisches Kennzeichen „weiße 9“. Diese Maschine, die Ende Januar 1944 in Regensburg gebaut wurde, ist später in eine AS Version umgerüstet worden.

Tiefangriffe gegen die russischen Panzerspitzen

Bericht des Unteroffiziers Karl Wilhelm über seinen Einsatz bei der 1./JG 3 „UDET“ an der Ostfront von Januar – April 1945:
„Wir lagen in Borkheide und hier lernte ich dann auch meine spätere zweite Frau, Gretl Eiserbeck, kennen, die dort auf der Wetterwarte ihren Dienst versah. Mit Fliegen war nicht viel los, da totaler Spritmangel herrschte. Zur Eingewöhnung wurde ich nach Hörsching in Marsch gesetzt, um eine neue 109 K-4 abzuholen. Mit einer Zwischenlandung in Prag überführte ich die 109 nach Borkheide. Was aus der K-4 wurde, weiß ich nicht, sie flog jedenfalls nicht in unserer Staffel, denn sie war mit der 3-cm-Bordkanone für die Höhenjagd auch viel zu schwer. Ein Kamerad berichtete mir über die 109 mit der 3-cm-Kanone, dass er mit nur einem Treffer eine P-47 „Thunderbolt“ bei Gütersloh zerlegt hat. Am 11. November 1944 fuhren zwei Feldwebel und ich mit dem Zug nach Regensburg, um neue 109 abzuholen. Wir gelangten durch den Eingang am Hochweg auf das zerbombte Messerschmitt-Gelände in Prüfening und übernahmen dort die Flugzeuge. Auf dem Platz standen höchstens sechs bis acht abholbereite 109. Als wir dann am nächsten Morgen starteten, musste ich sofort wieder landen, da Qualm in die Kabine eindrang. Nach geglückter Landung rollte ich zum Abstellplatz und die Techniker besahen sich den Schaden. Anschließend wurde mir mitgeteilt, dass ich am nächsten Tag eine andere 109 bekäme. Die 109, die ich am anderen Tag erhielt, hatte weder das FuG 16 noch das FuG 25 eingebaut. Mit dieser Maschine flog ich dann nach Paderborn, dem neuen Einsatzhafen meiner Staffel. Nachdem die Ardennenoffensive gescheitert war, verlegten wir am 22. Januar 1945 von Paderborn nach Altendamm bei Stettin. Die Russen waren auf breiter Front durchgebrochen und wir sollten in rollenden Tiefangriffen helfen, die russische Lawine zu stoppen. Ende Januar 1945 starteten wir dann zu den ersten Einsätzen gegen russische Kolonnen. Wir flogen meistens in Schwarmstärke (vier Maschinen) in ca. 200 Meter Höhe und konnten dabei unter uns zahlreiche Flüchtlingstrecks und zurückgehende Verbände der Wehrmacht erkennen. Die Front war nur schwer auszumachen, da die allgemeine Lage sehr verworren war, denn überall zogen Kolonnen nach Nordwesten oder Westen. Sobald wir eine russische Kolonne eindeutig erkannt hatten, drückten wir unsere Maschinen in Bodennähe und griffen an. Wir flogen in der Regel nur einen Angriff quer zur Kolonne und dann weiter zum nächsten Ziel. Eine Kolonne zweimal anzugreifen, war gleichbedeutend mit dem Abschuss des Flugzeuges. Gerade die Me 109 war hier mit

ihrem flüssigkeitsgekühlten Daimler-Benz-Motor sehr leicht verwundbar, denn die Russen schossen mit allem, was sie hatten. Unser Staffelführer, Leutnant Brandt, wurde durch einen Kühlertreffer hinter den eigenen Linien zu einer Bauchlandung gezwungen. Bei der Untersuchung der 109 stellte man fest, dass eine 9 mm Pistolenkugel den Kühler beschädigt hatte. Da blieb nur der Überraschungseffekt auf unserer Seite, wenn wir urplötzlich mit hoher Geschwindigkeit und feuernden Bordwaffen auftauchten. Besonders effektiv waren die 2-cm-Minengranaten. Fuhr eine bespannte russische Kolonne mit ihren Panjewagen unter Straßenbäumen entlang, feuerten wir in die Bäume. Die Geschosse explodierten, die glühenden Splitter trafen Roß und Reiter. Es brach Panik aus. Die Pferde gingen durch und die ganze Kolonne war innerhalb kürzester Zeit ein unentwirrbares Knäuel. Als Tierfreund drehte es einem das Herz im Leibe um. Es war ein einziges grausames Abschlachten. Auf der anderen Seite aber waren da Tausende von Frauen, Kindern und ein paar alte Männer, die vor den Russen und deren Gräueltaten auf der Flucht durch Eis und Schnee waren.

Wir beschossen aber auch LKW-Kolonnen und Panzer. Leutnant Brandt war hier ein unschlagbarer Experte. Einmal traf er auf vorrückende T-34, die mit offener Turmluke fuhren. Lt. Brandt schoss mit der 2-cm-Kanone auf die offenstehende Luke, von dort glitten einige Granaten ab und fuhren in den Panzerturm. Wenige Sekunden später stand der Panzer in Flammen. Ein Panzerabschuss wurde 1945 übrigens wie ein Luftsieg gewertet. In Altendamm lag auch eine Gruppe von Rudels Panzerjägern, die mit der Ju 87 G ausgerüstet waren. Die Funker hatten Ferngläser und suchten nach Panzerspuren. Sehr häufig standen die T-34 als Strohhaufen getarnt im Gelände. Selbst verwischte Kettenspuren waren jedoch aus der Luft erkennbar und die Ju 87 eröffneten mit ihren beiden 3,7-cm-Kanonen das Feuer, bis die Panzer explodierten oder in Flammen standen. Die russische Luftwaffe trat am Anfang nur sehr sporadisch auf und es gab nur wenige Luftkämpfe mit den roten Jägern. War genügend Sprit vorhanden, flogen wir rollende Einsätze gegen die Russen. Im Februar erhielten wir Aufhängungen für 4 x 50 kg Bomben unter den Rumpf montiert. Als ich am 02. Februar '45 von einem Einsatz zurückkam, sprach ich noch kurz mit Fähnrich Hans Zipse, der sich zum Einsatz fertig machte. Ich sagte zu ihm: „Hänschen, pass mal auf, bei Pyritz hat der Iwan eine 2-cm-Vierlingsflak erbeutet, die ist auf einem schweren LKW montiert und schießt wie wild in die Gegend. Bleib da weg, die Luft ist dort ziemlich eisenhaltig." Hänschen glaubte mir anscheinend nicht. Die anderen Piloten berichteten später, wie er in der Gegend von Pyritz eine Flakstellung angriff und abgeschossen wurde. Über seinen weiteren Verbleib war nichts in Erfahrung zu bringen. Nach einem Einsatz im Februar '45 war mein Schwarm auseinandergeplatzt und allein erreichte ich bei Küstrin die Oder. In einer Rechtskurve drehte ich mit meiner „Weißen 11" nach Norden und über dem linken Ufer der Oder flog ich im Tiefstflug nach Stettin zurück. Kurz nach Schwedt erhielt ich vom rechten Ufer urplötzlich Flakbeschuss. Die roten Obergefreiten (Flakgeschosse) sausten ganz dicht über meine Kabine. Die Richtung stimmte haargenau. Erschrocken drückte ich meine 109 noch etwas tiefer und versuchte, mit voller Motorleistung und leichten Kurven aus dem Flakbeschuss herauszukommen. Als ich nach der Landung in Altendamm den Motor abstellte schaute ich ziemlich dumm aus der Wäsche, als ich erkannte, dass die Propellerspitzen ca. 10 cm nach vorne gebogen waren. Durch den Flakbeschuss hatte ich meine 109 tiefer gedrückt, dabei muss wohl die Luftschraube Bodenberührung gehabt haben, ohne dass ich etwas davon bemerkt hatte. Zuerst die Angriffe auf die feindlichen Kolonnen, dann von der russischen Flak gehetzt, dabei den Propeller verbogen und trotzdem heil zurückgekommen. Schwein gehabt!

Die verbogene Luftschraube wurde vom Bodenpersonal abmontiert und mit Vorschlaghämmern ausgerichtet und am nächsten Morgen war meine 109 wieder flugklar. Ein Reservepropeller war nicht mehr vorhanden. Wir verlegten dann noch für ca. drei Wochen nach Pinnow, da gab es noch Sprit. Pinnow lag südsüdwestlich von Kolberg und der Russe versuchte hier, mit aller Macht zur Ostsee durchzubrechen, um Pommern aufzuspalten. Witterungsbedingt konnten nur mehr wenige Einsätze geflogen werden. Sobald das Wetter sich besserte, ging alles an den Start, was fliegen konnte. Am 2. März 1945 stießen die russischen Panzer dann soweit durch, dass wir das Gerassel und Motorgedröhn der Panzer und Fahrzeuge deutlich hören konnten. Am Morgen des 3. März '45 starteten alle Maschinen zu konzentrierten Angriffen mit Bomben und Bordwaffen auf die russischen Spitzen. Dabei zerstörte allein Lt. Brandt drei Panzer T-34 und ca. 20 LKWs, die brennend im Gelände standen. Wenig später wurden wir von russischen Jägern angegriffen und in den anschließenden Luftkämpfen schoss Lt. Brandt drei von ihnen ab. Er wurde daraufhin mit dem Ritterkreuz ausgezeichnet und namentlich im Wehrmachtsbericht genannt. Seine Leistungen waren umso höher zu bewerten, da er nach einer schweren Verwundung mit einer Beinprothese flog. Am Nachmittag des 3. März verlegten wir nach Neubrandenburg. Der Platz in Pinnow war nicht mehr vor den mit großer Materialüberlegenheit angreifenden Russen zu halten. In Neubrandenburg wurden alle nur mehr bedingt einsatzfähigen Piloten zu den Bodentruppen versetzt. Ende März '45 wurde unsere Gruppe dann aufgelöst, es gab keine Flugzeuge und vor allem kein Benzin mehr. Ein Teil der Piloten wurde zu anderen Jagdverbänden versetzt, der andere Teil ging mit dem Bodenpersonal in den Erdkampfeinsatz, aber das ist eine andere Geschichte. Der Russe überquerte die Oder und stieß in Richtung Berlin vor, schloss die Stadt ein, der Krieg war verloren. Aller persönliche Mut, alle Entbehrungen und Opfer, die gebracht wurden, waren letztendlich umsonst gewesen."

Karl Elsner: Vom Fronteinsatz zum Einflugbetrieb bei den Erla-Werken und den Wiener Neustädter Flugzeugwerken

Wie ich zur Luftwaffe kam und mein weiterer Weg von der Do 17 zur Me 109 und He 162:

Eigentlich hatte ich nach der Schule Frisör gelernt. Ich stammte aus Pettendorf, einer kleinen Ortschaft nordwestlich von Regensburg. Da mir mein Beruf so keine richtige Erfüllung brachte, habe ich mich zur Polizei gemeldet. Nach einer entsprechenden Prüfung wurde ich auch sofort übernommen und kam nach der Ausbildung nach München. Bei meinen täglichen Streifengängen begegneten mir im Frühjahr 1936 einige junge Soldaten in meinem Alter mit sehr schönen blauen Uniformen, die ich vorher noch nie gesehen hatte. Als ich sie ansprach und fragte, was das für Uniformen sind, verkündeten sie voller Stolz, dass sie der neuen deutschen Luftwaffe angehörten. Ich fragte sie belanglos, wo man sich da melden kann, wenn einem die Fliegerei interessiere? Darauf bekam ich zur Antwort: Da fährst Du nach Neubiberg zur Kaserne raus und meldest dich da. Der Gedanke, selber ein Flugzeug zu steuern, ließ mich von nun an nicht mehr los. Gesagt getan, einige Tage später fuhr ich nach Neubiberg und meldete mich da. Nach einem entsprechenden Testverfahren, was ich mit sehr gutem Erfolg bestanden hatte, wurde ich sofort in die Luftwaffe übernommen. Dienstgrad Flieger. Am 25. Mai 1936 begann meine Flugzeugführerausbildung in Gablingen. Was nun folgte, war die intensivste Ausbildung, die man sich nur vorstellen konnte. Der 110. Flug war dann mein erster Alleinflug am 26. August 1936 auf einem FW 44 „Stieglitz". Es folgten weitere 100 Flüge auf FW 44 und Heinkel 72 „Kadett". Am 26.1.1937 war ich dann schon Gefreiter und die Ausbildung ging in Ansbach weiter. Überlandflüge folgten und führten mich über ganz Süddeutschland. Mein 366. Flug war dann mein erstes zweimotoriges Flugzeug, eine Do 23, mit der ich am 3. August 1937 in Parow zwei Flüge mit Luftschießen durchführte. Dann folgte die Ausbildung auf der W 34. FT-Flüge und Blindflugausbildung waren angesagt. Es folgten Nacht- und Blindflüge. Meinen 500. Flug führte ich am 23. November 1937 in Ansbach mit einer Junkers W 34 durch. Die Ausbildung war extrem anspruchsvoll, aber ich konnte da überall mithalten und hatte keine Probleme dabei. In Karlsruhe erfolgte dann noch die Ausbildung im Kunstflug. Mittlerweile hatte

ich als Gefreiter folgende Flugscheine: A 2, B 1 und K 1. Am 22. Februar 1938 war meine Ausbildung nach 632 Flügen soweit abgeschlossen, sodass ich dann zum KG 158 in Ansbach versetzt und der 4. Staffel zugeteilt wurde. Und gleich ging es mit der Schulung weiter. Die Ju 52 und Do 17 standen jetzt auf dem Programm. Nach dem Einmarsch in Österreich startete ich mit einer Do 17 von Wiener Neustadt aus zu einem Schulflug. Zur damaligen Zeit war der Beobachter der Flugzeugkommandant. In diesem Fall war es ein Leutnant. Ich kann mich an die Situation heute noch erinnern, denn der vom Leutnant vorgegebene Kurs führte auf eine Gewitterfront zu. Als ich den Herrn Leutnant darauf ansprach, dass wir da in die dicksten Turbulenzen geraten könnten und ich die Front umfliegen wollte, sagte er, halten sie gefälligst den vorgegebenen Kurs. Also steuerten wir sehenden Auges in das dickste Unwetter hinein. In der Kabine wurde es finster, der Regen prasselte auf Scheiben und Rumpf, dass es nur so dröhnte. Blitze zuckten durch die Dunkelheit und erhellten für kurze Momente die Umgebung. Und dann die Turbulenzen, es ging rauf und runter. Da hatte ich alle Hände voll zu tun, um die Kontrolle über die Do 17 nicht zu verlieren. Mittendrin hörte ich die Stimme des Leutnants über die Eigenverständigung: „Gefreiter, jetzt haben Sie die Verantwortung für Besatzung und Maschine!" Da dachte ich mir nur, du blöder Hund, ja, jetzt wo wir im dicksten Sch…dreck hängen, jetzt habe ich plötzlich die Verantwortung. Auf jeden Fall brachte ich die Do wieder heil nach Wiener Neustadt zurück.
Dieser Vorfall hat mich bewogen, mich zu den Jagdfliegern zu melden. Da saß ich allein in der Kabine und hatte nur für mich die Verantwortung und war nicht an derart unsinnige Befehle gebunden.
Am 18. August 1938 begann dann die Ausbildung zum Jagdflieger in Wien-Aspern. Zuerst erfolgte ein Flug auf der Focke-Wulf 56. Da wollte man offenbar nur mal prüfen, inwieweit ich überhaupt fliegen kann. Dann begann die weitere intensive Ausbildung zum Jagdflieger. Die Österreicher hatten vor dem Anschluss an das Deutsche Reich die Fiat CR 32 als Jagdflugzeug gekauft. Auf diesem Typ erfolgten jetzt die Verbandsflüge, die Schießflüge und Luftkampfübungen. Nach 76 Flügen erfolgte die Umschulung auf die Me 108. Dies war notwendig, denn die CR 32 und andere

Feierliche Vereidigung von Soldaten der Luftwaffe vor dem Schloss in Ansbach.

In Ansbach flog Karl Elsner die Do 17 beim KG 153, der späteren I./KG 53 „Legion Condor".

Dass es bei der Ausbildung auch hohe Verluste gegeben hat, zeigt dieses Foto aus Ansbach. In einer Flugzeughalle flankieren zwei Do 17 die vier Särge einer abgestürzten Besatzung. Zwei Posten stehen als Ehrenwache.

Der Flugplatz von Wien-Aspern, auf dem Karl Elsner einen Teil seiner Jagdfliegerausbildung absolviert hat.

Karl Elsner im Jahre 1939 zur Jagdfliegerausbildung in Oberschleißheim. Bei den Flugzeugen handelt es sich um Jagdflugzeuge vom Typ Fiat CR 32. Mit dem Anschluss von Österreich nahm die Luftwaffe diese italienischen Jagdflugzeuge in ihren Bestand auf.

Karl Elsner hat alle Auswahlverfahren überstanden und ist nun Jagdflieger. Das Foto zeigt ihn auf seiner Me 109 E-3 in voller Kriegsbemalung mit Fliegerkombination, FT-Haube und Sitzfallschirm.

Karl Elsner mit seinen schwarzen Männern, die für die Einsatzbereitschaft der 109 „Gelbe 5" verantwortlich sind. Am Rumpf das Wappen der II./JG 51 „Mölders".

Schulflugzeuge hatten ja ein starres Fahrwerk. Die Me 108 war sozusagen die Vorstufe zum Einsatzmuster Me 109. Es folgten 32 Starts und Landungen mit der 108. Am 14. März 1939 war es soweit, ich startete zum ersten Mal mit einer Me 109. Es war eine von der Version D. Das war nun schon mal ein ganz anderes Fliegen. Es folgten vier Platzflüge und ein Verbandsflug. Zwischendurch gab es schon eine theoretische Einweisung auf die 109 E. Am 29. März erfolgte dann der erste Start mit einer E in Wien-Aspern. Gegenüber der D war die E-Version ein ganz heißes Eisen. Die 1.100 PS Triebwerksleistung waren schon eine gewisse Herausforderung und mussten beherrscht werden. Nach dem Abheben war es aber für die damalige Zeit ein unvergleichliches Flugerlebnis. Blieb man in Bodennähe, hatte man sehr schnell 400 km/h und mehr drauf. Nach annähernd 100 Starts und Landungen auf der 109 ging es ab dem 27. Juli 1939 zur weiteren Jagdfliegerausbildung nach Bad Aibling und Fürstenfeldbruck. Alarmstarts, Schießflüge, Verbandsflugübungen und Überführungen standen auf dem Ausbildungsplan. Meine ersten Einsatzflüge machte ich bei der III./JG 2 von Böblingen aus zur Grenzüberwachung. Die Franzosen und Engländer hatten uns ja den Krieg erklärt, nachdem die Wehrmacht am 1. September in Polen einmarschiert war. Ansonsten wurden einige Überführungsflüge durchgeführt. Zwischendurch gab es natürlich auch mal Urlaub. Im April 1940 führte ich zahlreiche Überführungsflüge von Magdeburg nach Frankfurt am Main durch. Es war der beginnende Aufmarsch für den Westfeldzug. Nachdem ich am 12. April bereits eine 109 E nach Frankfurt überführt hatte, sollte ich am selben Tag eine weitere Maschine dorthin fliegen, obwohl der Wetterbericht schlechtes Wetter mit aufliegenden Wolken in den Mittelgebirgen voraussagte. Trotzdem erhielt ich Befehl zum Flug nach Frankfurt/Main. Mein Start erfolgte um 18.53 Uhr in Magdeburg. Nach ca. 20 Minuten Flug wurde die Bewölkung dichter und dichter. Nun versuchte ich mich im Tiefflug durchzumogeln, was aber gründlich danebenging. Südlich von Weilburg an der Lahn bekam ich Baumberührung und konnte brennend gerade noch eine Notlandung an einem Waldrand durchführen. Mit schweren Brandverletzungen konnte ich mich aus der Maschine befreien. Ein Bauer lud mich auf seinen Ackerwagen und fuhr mich in die nächste Ortschaft. Dort angekommen, qualmte meine

Fliegerbekleidung noch immer, was ich aber in meinem Schockzustand überhaupt nicht registriert hatte. Die Folge waren schwere Brandverletzungen 3. Grades. So kam ich in das Reservelazarett nach Limburg an der Lahn. Was folgte, waren zehn Monate Lazarettaufenthalte, zuletzt in Wiener-Neustadt. Dort habe ich auch meine Frau kennengelernt und geheiratet.
Im Juni 1941 wurde ich zur II./Jagdgeschwader 51 in die 4. Staffel abkommandiert. Die Gruppe hatte gerade auf die 109 F umgerüstet. Der Ostfeldzug, das Unternehmen Barbarossa, stand unmittelbar bevor. Wir verlegten an den Grenznahen Flugplatz von Siedlce. Am 22. Juni 1941 war es soweit, die Wehrmacht marschierte in Russland ein. Wir von der Luftwaffe flogen Begleitschutz für die Bomber. Dann folgten Tiefangriffe auf Flugplätze und wieder Begleitschutz für die Bomber. Am 22. Juni gelangen mir dann auch gleich drei Luftsiege. Wir trafen auf einen sowjetischen Bomberverband mit SB 2, die durch I-16 „Rata“ begleitet wurden. Um 9.30 Uhr schoss ich eine I-16 ab. Um 9.32 und 9.33 Uhr gelangen mir die Luftsiege zwei und drei. Es gelang mir, mich in günstige Angriffsposition zu setzen. Durch den Beschuss aus nächster Nähe konnte ich kurz hintereinander zwei Bomber vom Typ SB-2 vom Himmel holen. Bereits am 23. Juni 1941 verlegten wir weiter nach Osten auf den Flugplatz von Terespol. Die Panzerdivisionen stießen schnell in Richtung der Beresina vor. Nachdem wir am ersten Tag eine ganze Reihe von Flugzeugen abgeschossen hatten und eine große Anzahl am Boden zerstört hatten, musste sich der Russe erst Mal von den ganzen Verlusten erholen. Wir flogen ständig freie Jagd und da sich nur wenige sowjetische Flugzeuge am Himmel zeigten, wurde meine Staffel verstärkt zu Tiefangriffen eingesetzt. Das war nicht ungefährlich, denn der Russe schoss auf uns mit allem, was ihm zur Verfügung stand, und bei uns traten die ersten Verluste ein. Am 30. Juni gelang mir mein vierter Luftsieg. Wieder war es ein Bomber vom Typ SB-2. Die Sowjets hatten mittlerweile immense Verluste an Flugzeugen erlitten, denn die Abschusszahlen stiegen ständig an und am Boden waren ebenfalls hunderte Flugzeuge vernichtet worden. Aber wie aus dem Nichts tauchten immer wieder feindliche Flugzeuge auf und griffen unsere Heereseinheiten an. Aber der Vormarsch ging rasant weiter und so verlegten wir am 4. Juli 1941 nach Bobruisk immer tiefer nach Russland hinein. Von hier aus

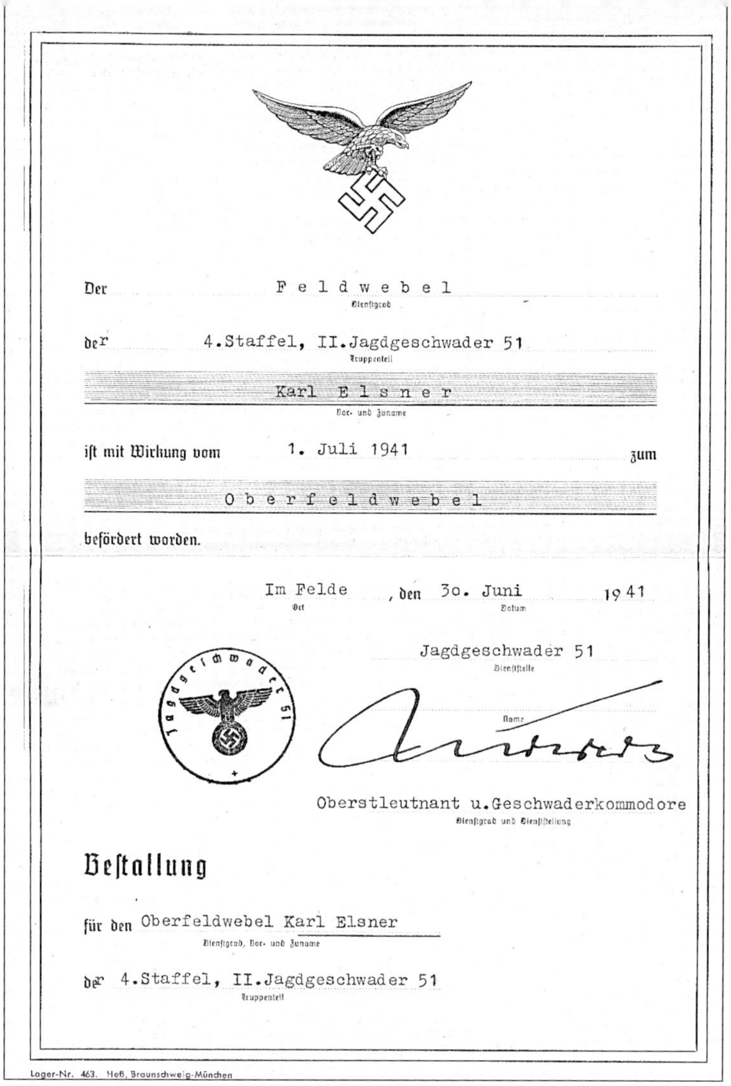

Der Feldwebel
Dienstgrad
der 4.Staffel, II.Jagdgeschwader 51
Truppenteil
Karl Elsner
Vor- und Zuname
ist mit Wirkung vom 1. Juli 1941 zum
Oberfeldwebel
befördert worden.

Im Felde, den 30. Juni 1941
Ort Datum
Jagdgeschwader 51
Dienststelle
Name
Oberstleutnant u.Geschwaderkommodore
Dienstgrad und Dienststellung

Bestallung

für den Oberfeldwebel Karl Elsner
Dienstgrad, Vor- und Zuname
der 4.Staffel, II.Jagdgeschwader 51
Truppenteil

Lager-Nr. 463. Heß, Braunschweig-München

Verleihungsurkunde

Im Namen des
Oberbefehlshabers der Luftwaffe
verleihe ich dem

Oberfeldwebel Karl Elsner

II./Jagdgeschwader 51

die

Frontflug-Spange für Jäger
in Bronze

O.U., den 3. Juli 1941

Oberstleutnant u. Geschwaderkommodore.

Das Bodenpersonal steht bereit, um den Schwungkraftanlasser zu betätigen. Karl Elsner besteigt seine 109. Auf der Tragfläche ist deutlich das übergroße Balkenkreuz erkennbar.

flogen wir Einsätze in Richtung Witebsk und Orscha. Am 5. Juli gelang mir mein fünfter Luftsieg. Dieses Mal war mir der Abschuss eines russischen Jagdflugzeugs vom Typ I-153 gelungen. Das war ein Doppeldecker, der einem wegen seiner Wendigkeit schon gefährlich werden konnte, wenn man nicht aufpasste. Aber gegen unsere 109er hatte der eigentlich keine Chance. Wir waren wesentlich schneller und auch unsere Bewaffnung dem Russen überlegen. Unsere Maschinen hatten auch alle ein Funkgerät, sodass wir uns gegenseitig bei Gefahr ansprechen konnten. In den russischen Flugzeugen habe ich zu diesem Zeitpunkt kein Funkgerät gesehen, denn am Platzrand standen ja jede Menge an zerstörten Jagdmaschinen und da war nichts eingebaut. Wir waren den Russen zu diesem Zeitpunkt auch in taktischer Hinsicht überlegen. Die laufenden Einsätze zehrten bei mir ganz gewaltig an meinen Kräften, zumal mir meine Verletzungen (Verbrennungen) immer noch Probleme bereiteten.

Als ich dann von einem Einsatz zurückkehrte, musste ich, gegen die tiefstehende Sonne, über am Platzrand stehende zerstörte russische Flugzeuge reinlanden. Die Sonne blendete gewaltig, aber die Landung bereitete keine Probleme. Ich rollte meine 109 zum Liegeplatz der Staffel und stellte den Motor ab. Kaum war ich aus der Maschine heraus, kam ein Kübelwagen zum Liegeplatz gefahren und ein atemloser Soldat rannte auf mich zu. Er berichtete mir, dass ich sehr tief über die abgestellten Flugzeuge reingelandet wäre und dabei einen Soldaten getroffen hätte. Sofort fuhr ich mit ihm zu den Flugzeugen am Platzrand. Da lag ein Soldat mit abgeschlagenem Kopf und das Blut lief noch aus dem Körper. Ein Anblick, den ich mein Leben lang nicht vergessen konnte. Was war geschehen: Einige Soldaten besichtigten die russischen Flugzeuge und turnten auch darauf herum. Als ich zur Landung ansetzte, flog ich über diese hinweg und traf einen davon mit der Luftschraube am Kopf. Das Ganze versetzte mir einen derartigen Schock, dass ich nicht mehr fliegen wollte, obwohl mich für den Vorfall ja keine Schuld traf. Wegen meiner alten Verletzungen und dem Ereignis mit dem toten Soldaten war ich nervlich derart angeschlagen, dass der Fliegerarzt mir Flugverbot erteilte. So gelangte ich wieder in die Heimat zur Erholung und Behandlung meiner Brandwunden, die zum Teil wieder aufgebrochen waren. Über drei Monate hatte ich Lazarettaufenthalt und Urlaub, bis mein körperlicher Zustand wieder so war, dass ich fliegen konnte. Mit den Brandwunden hatte ich mein ganzes Leben lang immer wieder mal Probleme.

Am 7. November 1941 nahm ich meine Tätigkeit als Einflieger bei den Erla-Maschinenwerken in

Leipzig wieder auf. Im Zeitraum vom 17. Dezember 1941 – 23. Januar 1942 war ich als Einflieger im Erla-Reparaturwerk in Antwerpen als Einflieger eingesetzt. Dort musste ich am 6. Januar 1942 eine Notlandung mit einer Me 109 E wegen Motorausfall durchführen.
In Leipzig-Mockau flog ich die 109 F-4, G-1 und G-2 ein. Da meine Frau unbedingt zurück nach Wiener Neustadt wollte, ließ ich mich dahin versetzen. Am 29. Juni 1942 erfolgte mein letzter Flug in Mockau. Am 20. Juli 1942 führte ich meinen ersten Einflug in Wiener Neustadt durch. Am 12. September 1942 startete ich um 9.55 Uhr mit der Me 109 F Kennzeichen CE+TR in Wiener Neustadt zum Einflug. Anfangs verlief der Einflug normal. Wir mussten ja die 109 mit bestimmten Steigraten in bestimmten Zeiten auf Volldruckhöhe bringen und da wurden die Triebwerke schon sehr stark belastet. Dann galt es noch, die Höchstgeschwindigkeit laut Handbuch zu erfliegen. Ich befand mich in 6.000 Meter Höhe, als es im Triebwerk plötzlich einen Schlag tat und die Drehzahl sowie die Leistung stark abnahm. Rauch und Qualm zogen durch die Kabine. Die ganze Maschine vibrierte heftig, sodass ich mich entschloss das Triebwerk abzustellen, bevor es noch in Brand geriet. Nun ist die 109 ja kein Segelflugzeug und ich versuchte, durch Andrücken die Geschwindigkeit hochzuhalten und in Richtung Wiener Neustadt mit stehender Luftschraube zu fliegen. Ich überlegte noch, ob ein Absprung mit dem Fallschirm nicht die bessere Lösung war, aber da hatte ich den Flugplatz schon unter mir. Jetzt kam mir meine fundierte Flugzeugführer-Ausbildung zugute. Mit Landeklappen ausgefahren, kam ich immer tiefer und kurvte mit eingefahrenem Fahrwerk zum Endanflug ein. Vorher hatte ich schon mit der Leuchtpistole rot geschossen, damit die am Boden wussten, dass da ein Notfall vorlag. Am Landekreuz setzte ich die 109 ganz sachte am Boden auf. Das Dröhnen und Rumpeln wollte gar nicht aufhören, als die Maschine über den Boden glitt. Endlich kam es zum Stillstand und ich nichts wie raus, denn es dampfte und rauchte doch verdächtig. Was war passiert: Pleuellagerschaden! Das abgerissene Pleuel hatte das Motorgehäuse durchschlagen. Der Schaden am Flugzeug hielt sich in Grenzen und war mit wenig Aufwand zu reparieren. Von der Geschäftsführung bekam ich dann eine Prämie von 200 RM, weil ich dem Deutschen Reich wertvolles Material und wertvolle Arbeit erhalten habe. So stand es wenigstens in der Mitteilung, die ich erhalten habe. Später wurden die Flugzeuge wesentlich schonender eingeflogen. Bis zum 12. Dezember 1942 war ich als Einflieger in Wiener Neustadt tätig. Da bei Erla zu wenig Einflieger vorhanden waren, wurde ich wieder nach Leipzig versetzt. Dort führte ich dann meinen ersten Einflug am 21. Dezember 1942 durch. In Leipzig wurden sowohl der Flugplatz Mockau und später auch der von Delitzsch für den Einflugbetrieb genutzt. In Leipzig blieb ich bis Anfang 1944. Meine Frau wollte wieder nach Wiener Neustadt zurück. Sie war in Sorge wegen ihrer Eltern, da sich die Luftangriffe auf Wiener Neustadt ständig steigerten.
Ab dem 18. Januar 1944 war ich wieder in Wien als Einflieger tätig, dieses Mal aber beim Amme-Luther-Seck-Werk GmbH in Wien Atzgersdorf, einem Reparaturwerk für die Me 109. Die Einfliegerei war auf dem Flugplatz Theresienfeld angesiedelt. Dort war inzwischen eine Industriejagdeinheit, bestehend aus den dortigen Einflie-

Die „Gelbe 5" von der rechten Seite betrachtet. Unverkennbar das riesige Balkenkreuz. Schon mit einem gewissen Stolz steht Karl Elsner vor seiner 109.

Die Me 109 E-3 von Unteroffizier Walter Maden. Hier hat es ordentlich Kleinholz gegeben. Das rechte herausgebrochene Federbein liegt vor der Maschine und die Luftschraube ist verbogen. Aus Sicherheitsgründen hat das Waffenpersonal bereits die beiden MG-FF aus den Flächen entfernt und ist im Moment dabei, auch die beiden MG 17 zu demontieren.

Ein Maskottchen des JG 51 beobachtet aufmerksam den Flugbetrieb. Hunde waren ein beliebter Freizeitvertreib.

Bereitschaft bei der 4./JG 51. Die Flugzeugführer halten sich hier in unmittelbarer Nähe ihrer Jagdflugzeuge auf, um bei Alarm zu ihren Flugzeugen zu eilen. Auch hier sind Hunde die besten Freunde der Menschen und lenken die Gedanken auf einen friedvollen Alltag.

Oberfeldwebel Karl Elsner mit allen Auszeichnungen.

Werner Mölders und dahinter Karl Elsner.

Eine der wenigen von Erla gebauten Me 109 G-1 hat hier eine Bauchlandung wegen Motorschaden durchführen müssen. Es handelt sich um die Me 109 G-1, KA+KO, mit der Werknummer 10313. An der Motorhaube fehlen die Hutzen für die Belüftung der Zündkerzen. Eine Folge dieser Motorschäden war der beim Einflug vorgeschriebene Volllast-Steigflug, ohne, dass der Motor eine einigermaßen angemessene Einlaufzeit bekam. Mir persönlich schilderten viele Jagdflieger, dass eine große Anzahl von Flugzeugverlusten durch Motorschaden an den Fronten auf die äußerst unsachgemäße Behandlung im Einflugbetrieb zurückzuführen war. Erst 1943 brachte Daimler-Benz eine entsprechende Anweisung heraus, die genaue Vorgaben zum Einflugbetrieb mit dem DB 605 gab. Ladedruck und Drehzahl wurden hier für die Betriebsstunden genau vorgeschrieben.

Zwei Flugzeugführer vor einer Me 109 F-4/trop der Erla-Werke. Dahinter zwei Monteure vom Einflugbetrieb. Karl Elsner lobte die sehr gute Kameradschaft der Einflieger und des Bodenpersonals in Leipzig, welche seiner Aussage nach besser war als die bei WNF.

In der Mitte stehend, Karl Elsner mit seinen Kameraden vom Einflug in Leipzig.

Drei Aufnahmen der Me 109 F-4/trop der Erla-Werke nach einer Notlandung im Schnee wegen Motorschaden. Die 109 trägt das Stammkennzeichen PC+XY und hat die Werknummer 10079. Das Flugzeug ist bereits in den Farbtönen RLM 78 Hellblau auf der Unterseite und RLM 79 Sandbraun auf der Oberseite lackiert.

Am 27. Juli 2005 inspizierte Karl Elsner die Me 109 G-6 FM+BB in Oberschleißheim nochmals aus nächster Nähe. Von links: Karl Elsner mit Gattin und Rudi Klemm, dem 1. Wart der Me 109.

gern, aufgestellt worden. Laut meinem Flugbuch hatten wir am 25. Februar und am 17. März 1944 Alarmstart auf einfliegende US-Bomberverbände.

Anmerkung des Verfassers: Als Einsatzmaschinen sind im Flugbuch die Werknummern 18796 und 160332 dokumentiert. Das waren Me 109 G-6 aus der Regensburger Produktion, die in Wiener Neustadt offenbar als Reparaturflugzeuge hingelangten und dann in der Jagdeinheit eingesetzt waren.

Bei Amme-Luther-Seck wurde ich dann mit Wirkung vom 7. Dezember 1944 zum Chefpilot bestellt und hatte die Verantwortung für die Abwicklung des Flugbetriebes. Am 2. Januar 1945 trat ich dann eine Dienstreise in meine alte Heimat nach Regensburg an. Dort fand eine Besprechung statt, in der es um die Lieferung von Flugzeugteilen von Messerschmitt an Amme-Luther-Seck ging. Die Auslieferung und Abholung von Flugzeugen ging immer schleppender vor sich. Und alle blickten mit großen Sorgen nach Osten, weil dort die Rote Armee immer näher und näher herankam. Wir hatten da kein gutes Gefühl. Gegen Ende Februar 1945 erhielten wir die ersten He 162 zur Aufrüstung und zum Einflug. Aber das ist eine ganz andere Geschichte.

Im Einflugbetrieb gab es nichts, was sich aber dann doch ereignete. Die von Erla produzierte Me 109 G-6/R6 mit dem Stammkennzeichen RH+JM, Werknummer 15771, hat das linke Rad verloren und anschließend einen Kopfstand fabriziert. Der Kommentar von Karl Elsner zu dieser Aufnahme: Da schaut man erst mal ganz blöd aus der Wäsche! Aber das war halt unser Risiko im Einflugbetrieb. Die RH+JM wurde am 9. Juli 1943 zum Luftzeugamt Erding überführt. Am 23.4.1944 ist diese 109 bei den WNF eingesetzt, vermutlich als Teil der Industrieschutzstaffel. Am 2. Juli 1944 ist sie beim JG 102 in Bad Wörrishofen nachweisbar.

Bauchlandung einer Me 109 G-6/R6 aus der Erla-Produktion, vermutlich wegen Motorproblemen, dafür spricht zumindest die geöffnete Motorhaube. Was außerdem noch auf einen Motorschaden hinweist, ist die Segelstellung der Luftschraube. Stammkennzeichen RW+SN mit Werknummer 412430.

WIENER-NEUSTÄDTER-FLUGZEUGWERKE GES. M. B. H.
DER BETRIEBSFÜHRER

WIENER-NEUSTADT DEN 3.12.42
FERNSPRECHER 1320

An

Ob. Feldwebel Karl E l s n e r
z.Zt. kommandiert zu den
Wiener-Neustädter Flugzeugwerken

Durch einen Einsatz der weit über das hinausging, was pflichtgemäß von Ihnen erwartet werden konnte, haben Sie am 12. 9. 42 eine Me 109 aus 6000 m Höhe trotz eingetretenem Motordefekt glatt bauchgelandet.

Für Ihren Mut und Ihre Entschlußkraft spreche ich Ihnen meine besondere Anerkennung aus.
Sie haben durch Ihr hohes fliegerisches Können dem Deutschen Reich wertvolles Material und wertvolle Arbeit erhalten.

Ich freue mich, Ihnen für Ihre Leistung eine

Prämie von RM 200.--

überreichen zu können.

Motorschaden an einem DB 605. Ein Pleuel ist abgerissen und hat das Kurbelgehäuse durchschlagen.

Motorschaden durch ein abgerissenes Pleuel. Ein Teil der Pleuelstange ist in der Mitte des zerstörten Kurbelgehäuses zu sehen. In diesem Fall kam es auch noch zu einem Motorbrand, der den rechten Motorträger zerstörte.

FLUGMOTOREN SCHONEND EINFLIEGEN !

1. **Bei Werkstattflug bzw. Prüfflug nach Motorenwechsel nach Kaltstart nicht über 2100 Umdrehungen und 1,05 Ladedruck drehen. Flugdauer nach Möglichkeit eine Stunde. Öldruck beachten!**
2. **Für die ersten Stunden im Fluge möglichst nicht über 2300 Umdrehungen und 1,15 Ladedruck regeln.**
3. **Für die zweiten 5 Stunden im Fluge möglichst nicht über 2500 Umdrehungen und 1,30 Ladedruck regeln.**
4. **Ab 10 Stunden erforderlichen Falls ohne Leistungsbeschränkungen im Regelbetrieb nach geltenden Vorschriften! Bei Uebernahme von Flugzeugen mit neuer oder grundüberholten Motoren ist sinngemäss zu verfahren!**

Da sich die Motorschäden häuften, wurde auf Anweisung von Daimler-Benz dieser Aufkleber auf die Waffenabdeckung in der Kabine der 109 angebracht. Bei Feindkontakt gab es nach Aussage der von mir interviewten Flugzeugführer nur eines: Volllast auf den Motor und ran an den Feind. Auf das Instrumentenbrett hat da keiner geachtet. Erst wenn der Motor nicht mehr rund lief, dann wurde mal auf die Instrumente ein Auge geworfen. War man länger auf einen Einsatzflug unterwegs, riskierte man ab und zu einen Blick auf die Kraftstoff-Vorratsanzeige. Das war es dann aber auch schon, denn den Luftraum zu überwachen, war überlebensnotwendig.

Bauchlandung einer Me 109 G-2 mit dem Stammkennzeichen CE+TR und der Werknummer 13770 von WNF nach Motorausfall. Die 109 ging am 10. September 1942 an die 3./JG 77 nach Tunesien und wurde am 14.1.1943 durch einen Luftangriff auf den Flugplatz Pirdufan zerstört. Bemerkenswert an dieser 109 ist das einziehbare Spornrad, was sonst eigentlich nur typisch für die F-Serie und die ersten G-1 war.

Hier eine Einradlandung einer Me 109 G-2/R3 aus WNF, Werknummer 13978. Das linke Fahrwerk war offenbar nicht verriegelt und klappte bei der Landung weg. Unter den Tragflächen sind deutlich die Aufhängungen für die 300 Liter Abwurftanks zu sehen. Die Me 109 G-2/R3 war eine Aufklärerversion der Me 109. Bei diesem Typ war nur das MG 151/20 eingebaut. Die beiden MG 17 und die Munitionsbehälter waren ausgebaut und dafür, ein zusätzlicher Tank für Motoröl eingebaut worden.

Bei der Landung ausgebrochen und das Fahrwerk eingeknickt. Ein Unfall, wie er bei der 109 leider allzu oft vorgekommen ist. Eine Me 109 G-2/R6 mit der Kennung RJ+UP, Werknummer 13730, aus der WNF-Produktion. Bemerkenswert ist die starke Verrußung des Rumpfes, was auf eine hohe Beanspruchung des Triebwerks zurückzuführen ist.

Helmut Noz: Vom Jagdflieger zum Aufklärer

Bericht von Unteroffizier Helmut Noz über seine Einsätze bei der 3./NAGr 14 im April 1945:

„Seit dem November 1944 gehörte ich zur I./JG 53. Diese Einheit wurde Mitte April 45 in Brünn aufgelöst. Die Flugzeugführer wurden auf andere Einheiten verteilt. Für uns junge Piloten, alles begeisterte Flieger mit einer langen, seit April 1943 andauernden, militärischen und fliegerischen Ausbildung brach fast eine Welt zusammen, als wir im JG 53 nicht mehr benötigt wurden. Am 14. April 45 wurden Fähnrich Schumacher, Unteroffizier John und ich offiziell von der I./JG 53 zur 3. Staffel der Nahaufklärungsgruppe 14 (3./NAGr 14) versetzt, die ebenfalls auf dem Flugplatz in Brünn stationiert und ebenfalls mit Me 109 G-10 und G-14 AS ausgerüstet war. Aufgrund des totalen Spritmangels schwanden unsere Hoffnungen, jemals wieder Einsätze mit einer 109 fliegen zu können. Aber es kam ganz anders, als wir es gedacht hatten.

Als wir uns auf dem Gefechtsstand der 3./NAGr 14 in einem Vorort von Brünn meldeten, waren die gerade dabei, westwärts nach Budweis zu verlegen. Da wir keine Flugzeuge mitbrachten, hieß es: „Verteilt euch auf die Fahrzeuge." Ich suchte mir einen Bus aus, der vollbeladen mit Stabsinventar war. Am Nachmittag ging es ab in Richtung Westen, zwischen Konvois mit Flüchtlingen, Etappenfahrzeugen und Angriffen russischer Jagdflieger, über Iglau, Tabor nach Budweis, das wir am 15. April 1945 gegen Mittag erreichten. Der fliegende Teil der Staffel war mit seinen 109ern schon auf dem Platz gelandet.

Die Aufgabe der 3./NAGr 14 bestand darin, durch tägliche Nahaufklärung die immer schneller nach Westen vorrückenden russischen Truppenverbände in ihren Bewegungsabläufen und ihrer Stärke zu erfassen. Wichtig war dabei das Erkennen der oft über Nacht veränderten Aufmarschgebiete der Panzerspitzen, der Geschützbatterien und der Fahrzeuge einschließlich Anzahl und Type. Die Aufklärungsergebnisse mussten mittels einer Kamera unten im Rumpf aufgenommen oder per Sprechfunk sofort durchgegeben werden. Je exakter und rascher solche Meldungen schon während der Aufklärungsflüge erfolgten, umso besser gelang es den Heereskommandos, die nur noch ungenügend Widerstand leistenden zurückflutenden eigenen Truppen sowie Flüchtlingstrecks auf teilweise verstopften Straßen entsprechend zu steuern und das Chaos zu verringern.

Jeweils eine Rotte, bestehend aus zwei Me 109 – Rottenführer und Kaczmarek – übernahmen diese Aufgabe. Für die Aufklärung, Bodenüberwachung und Funkmeldung war der Rottenführer und für die Absicherung gegen feindliche Überraschungen aus der Luft war der Kaczmarek zuständig. Luftkämpfe mit Gegnern, z.B. die von mir gewohnten freien Jagden, waren zu vermeiden. Flugzeug, Flugzeugführer und Filmmaterial mussten möglichst unbeschädigt zurückkommen.

Helmut Noz als Flugzeugführer 1944.

Das Abliefern eines entsprechenden Aufklärungsberichts hatte absolute Priorität. Zum Zeitpunkt meiner Versetzung zur 3./NAGr 14 lag in Budweis nur diese eine Staffel der NAGr 14 mit ca. acht Piloten und etwa ebenso vielen Me 109 G-10 oder G-14. Der Staffelführer war Hauptmann Stiersdorfer. Mittags, am 15. April 1945, wurden wir Neuen den bisherigen Flugzeugführern der Staffel vorgestellt, einige waren schon länger dabei und hatten mehrere Auszeichnungen. Während der Vorstellung und eines anschließenden Erfahrungsaustausches bekamen wir gleich eine entsprechende Einweisung für die Frontflüge verpasst. Man besprach die Aufgaben, das militärische Einsatzgebiet, die erforderlichen Boden- und Luftbildbeurteilungen sowie die dafür gut zu beherrschenden Hinter- und Unterschneidekurven mit der 109. Dies war unbedingt erforderlich, da die Gefechtsaufklärungen oft bei schlechtem Wetter in niedrigen Höhen und bei starkem Beschuss geflogen werden mussten. Bereits am nächsten Tag, dem 16. April 45, erfolgte frühmorgens eine allgemeine Einsatzbesprechung und mein erster Einsatz bei der NAGr 14. Ich wurde einem Feldwebel zugeteilt, der Sawitzki oder so ähnlich hieß. Unser erster Einsatz lag hinter Brünn im Großraum von Olmütz. Wir flogen in ca. 1.800 Metern Höhe unterhalb einer fast geschlossenen Wolkendecke, als wir Flakfeuer bekamen, und das an einer Stelle, wo wir es nicht erwarteten. Wir verzogen uns zunächst nach oben durch die Wolkendecke und sahen uns plötzlich einigen russischen Lagg 5 gegenüber. Auftragsgemäß mussten wir ja allen Luftkämpfen ausweichen, also kurze Kurbelei und wieder nach unten durch die Wolken. Als wir beide mit unseren Mes gleichzeitig in fast unverändertem Abstand aus den Wolken kamen, wusste ich, mit meinen fliegerischen Fähigkeiten hier mithalten zu können, was sich auch in den nächsten Einsätzen bestätigte. Ich wusste aber auch, dass diese Nahaufklärungseinsätze nicht ungefährlich sind und von mir eine entsprechende Wachsamkeit forderten. Unseren Auftrag haben wir dann doch noch erfüllt. Nach der Landung klopfte mir der Feldwebel auf die Schulter und sagte: „Wir fliegen noch öfters zusammen." Mein Fliegerbewusstsein war wieder mit Stolz erfüllt. Wir, Feldwebel S. und ich, flogen noch mehrere Einsätze nach Osten und später an die Westfront. Insgesamt waren aus unserer Staffel täglich drei bis vier Rotten in verschiedenen nahen Frontabschnitten im Einsatz. Unsere täglichen Einsätze bis Ende April führten uns in die Räume Ostrau, Olmütz, Trentschin, Nikolsburg und Znaim, mit wechselnden Erfolgen in Abhängigkeit des Wetters, des Spritmangels oder der Feindberührung. Ich glaube aber, dass wir unsere Aufgaben hinsichtlich Erkennen der Frontveränderungen und Weitergabe der Beobachtungen relativ gut erfüllt haben. An einige Einsätze kann ich mich noch sehr gut erinnern. Am 20. April '45, morgens um 8.30 Uhr, flogen wir im Abschnitt Znaim-Nikolsburg in ca. 200 Metern Höhe, als wir während einer Linkskurve starken Beschuss von MGs und Vierlingsflak bekommen haben. Nur das sofortige Herunterdrücken unserer Mes in Bodennähe, mit anschließendem Flug durch die breite Straße eines zerschossenen Städtchens bewahrte uns vor dem Abschuss. Den Einsatz mussten wir beide abbrechen, da unsere 109er einige Treffer abbekommen hatten.

Zwei Tage später, um die Mittagszeit, nach Durchsage unserer Beobachtungen über Funksprechverkehr, erkannten wir beim Rückflug ca. acht russische Panzer vom Typ T 34 vor einem langgezogenen Hügel in Gefechtsaufstellung. Hinter dem Hügel auf der Westseite bereiteten sich mehrere deutsche Soldaten gerade ihr Mittagessen am Lagerfeuer. Eine direkte Funkverbindung war nicht möglich, jede andere Warnung über Funk wäre zu spät gekommen. Es gab nur eine Möglichkeit, im Tiefflug zurückkurven und Angriff mit der 20 mm-Kanone auf die T-34. Diese Warnung verstanden die Landser und machten sich umgehend auf ihren weiteren Weg nach Westen. Ähnliche Überrumpelungen und Angriffe auf unsere Landser konnten wir übrigens des Öfteren feststellen. Mit jedem Aufklärungsflug darauffolgender Tage wurde uns die prekäre Lage der sich in fast dauerndem Abwehrkampf befindlichen Fronttruppen bewusst. Es tat weh, täglich die Frontveränderungen nach Westen festzustellen und durchzufunken, ohne eingreifen zu können.

Einige unserer älteren und verheirateten Flugzeugführer schienen zu diesem Zeitpunkt, den nicht mehr aufzuhaltenden Niedergang früher erkannt zu haben. Sie hielten sich bei der Einsatzeinteilung eher zurück. In meiner damaligen Begeisterung flog ich deshalb noch einige Einsätze freiwillig. Trotzdem war die Stimmung in der

Staffel sowohl bei den Piloten als auch beim Bodenpersonal von meiner Sicht aus gesehen, relativ gut. Wir verbrachten die meiste Zeit des Tages auf dem Flugplatz in der Nähe des Gefechts- und Funkwagens und warteten auf die Einsatzbefehle, die mangels Sprit auch immer weniger wurden. Zeitweise übten wir auch mit der Panzerfaust für eventuell noch erforderlichen Einsatz im Bodenkampf.

Gegen Ende April '45, als im süddeutschen Raum die Amerikaner mit ihren Panzern auf den Hauptstraßen immer weiter nach Süden vorstießen, änderten sich unsere Einsatzrichtungen und Frontabschnitte. Feldwebel S. und ich flogen mehrere Einsätze an der sich auflösenden Westfront. Von oben gesehen, waren die Erscheinungsbilder am Boden, insbesondere die Aufmarsch- und Gefechtstaktik der Amerikaner, gegenüber den Russen völlig anders. Täglich konnten wir die gut sichtbaren vorrückenden amerikanischen Panzerspitzen einschließlich der Nachschubkolonnen erfassen und sofort per Funk an unseren Gefechtsstand melden. Wir flogen unsere Einsätze von Budweis aus hauptsächlich im Raum von Regensburg-Deggendorf-Passau-Linz und nördlich der Donau mit Einsicht auf die wichtigsten Hauptverkehrsstraßen. Kontinuierlich rückten die amerikanischen Panzerkolonnen täglich auf den Straßen nach Regensburg und weiter nach Süden Richtung Landshut und in östlicher Richtung nach Passau-Linz vor. Ich konnte es damals nicht fassen oder begreifen, als wir in den Dörfern und Städten die weißen Fahnen und Tücher zur Begrüßung der US-Truppen sahen. Meine Ideale „für unser Vaterland zu kämpfen" fielen zusammen. Heute verstehe und sehe ich es auch anders als mit dem damaligen Zeitgeist.

Auch an der Westfront war es deprimierend für mich, die erdrückende Masse der vorrückenden Panzerkolonnen aus der Vogelperspektive zu erleben. Die Frontflugeinsätze an die Westfront waren bezüglich der Aufklärungsaufgabe, der Erfassung des Gegners, etwas leichter. Aber bei gutem Wetter gefährlicher, da wir es in der Luft mit einem weitaus aggressiveren Gegner zu tun hatten. Bisher hatte mich meine brave 109 aber immer wohlbehalten zurückgebracht. Dass man auch in jungen Jahren im Zusammenhang mit Kriegserlebnissen auch bestimmte Vorahnungen haben kann, erlebte ich wenige Tage später. Ich hatte trotz der ständigen Einsätze immer einen guten Schlaf, aber in dieser Nacht zum 26. April eben nicht. Das Frühstück schmeckte auch nicht wie sonst. Feldwebel S. und ich waren zur Westaufklärung eingeteilt. Nach der Einsatzbesprechung ging ich aufgrund eines mir unbekannt komischen Gefühls zum Gefechtsstand mit der Bitte, im Falle meines Absturzes möge man meine Privatsachen an meine Eltern schicken. Hauptmann Stiersdorfer, der gerade dazukam, wollte daraufhin einen anderen Kaczmarek einsetzen, was ich wiederum nicht wollte. Sein väterlicher Klaps auf meine Schulter tat sichtlich gut und ich flog.

Wir flogen an diesem Tage zwischen 11.00 und 12.00 Uhr nördlich der Donau im Raum Regensburg-Passau, um die Panzerkolonnen in Richtung Linz zu erfassen. Das Wetter war gut, Sonnenschein, einzelne Wolken und keine Gegner in der Luft zu erkennen. Alles schien gut zu laufen. Feldwebel S. gab mir per Handzeichen zu verstehen, dass unser Auftrag beendet ist. Kurz vor Linz setzten wir Kurs zum Heimflug nach Budweis, in ca. 1.800 Metern Höhe. Etwa 25 km nördlich von Linz erkannte ich vor uns und 100 Meter tiefer drei feindliche Maschinen. Ich machte Sawitzki darauf aufmerksam und wir kurvten sofort auf Schussposition ein. Kurze Feuerstöße von mir, einige Einschläge und leichter Qualm aus einer der feindlichen Maschinen war alles, was ich noch wahrnehmen konnte. Plötzlich krachte es durch den ganzen Rumpf meiner 109. Einige über uns fliegende Thunderbolts hatten uns leider überrascht. Meine Me kippte steil nach links vorne ab. Auf dem Steuerknüppel hatte ich keinen Steuerdruck und keine Ruderwirkung mehr. Kabine ab, aber es war verdammt schwierig, aus der steil stürzenden 109 herauszukommen. Als ich endlich von der Maschine freikam und den Fallschirm öffnete, war ich noch ca. 600 Meter vom Boden entfernt. Am Fallschirm hängend, umkurvte mich mein Sieger und winkte mir zu. Eine noble Geste, die wir von den Russen her nicht kannten. Ich landete mit dem Fallschirm an einem Hang unweit einer Straße und einem kleinen Fluss bei Zwettl an der Rodt. Meine 109 lag mitten in einem freigelegenen Bauernhof, dessen Angehörige gerade beim Mittagessen saßen. Personen und Gebäude blieben Gott sei Dank heil, aber die Absturzstelle war kein schöner Anblick, insbesondere als ich daran

dachte, mitten drin zu liegen. Ich entschuldigte mich bei den Hofbesitzern, aber Freude kam dabei nicht auf.
Per Anhalter kam ich noch am selben Abend gegen 22.00 Uhr in Budweis an. Die Freude des Wiedersehens war groß, zumal mich Feldwebel S. an der Maschine hängen sah und annahm, dass ich nicht mehr freikam. Feldwebel S. selbst wurde von den Amerikanern gejagt und konnte mit Hilfe der Flugplatzflak, dem letzten Tropfen Sprit im Tank und Treffern in der Maschine noch glatt in Budweis landen."

Anmerkung des Verfassers: Unteroffizier Helmut Noz wurde von Major Kent C. Geyer von der 377. Fighter Squadron abgeschossen. Die noble Geste von Major Geyer passt eigentlich nicht zu seiner sonstigen Einstellung zum Krieg gegen die Deutschen. Das Winken kann auch eine Drohung gewesen sein. Er tadelte Piloten seiner Einheit, die mit zu viel Munition vom Einsatz zurückkamen. Er äußerte kurz nach dem Krieg bei einem Gespräch: „All I wanted to do, was to kill Germans."

„In den letzten Kriegstagen im Mai 1945 wurden dann von unserer Staffel, soweit es die noch vorhandenen Maschinen und die Spritlage zuließen, einige Fronteinsätze geflogen. Ich selbst flog, trotz meines Absturzes, mit Feldwebel S. am darauffolgenden Tag mit einer anderen Maschine wieder im Raum Regensburg-Linz Aufklärung. Die Panzerkolonnen rückten immer weiter in Richtung Linz vor. Unser Einsatzraum zwischen der Ost- und Westfront wurde immer enger, sodass wir mit einem Einsatz an beiden Fronten aufklären konnten. Durch den Zusammenbruch spitzte sich die Lage immer mehr zu, keiner wusste so recht, wie es weitergehen sollte. Die Aussagen betreffend Auflösung der Staffel und Erdkampfeinsatz mit der Panzerfaust wurden immer lauter.
In den letzten Kriegswochen fertigte man in Budweis noch mehrere Düsenmaschinen Me 262, ohne Bewaffnung, aber voll flugtauglich. Da die Überführungsflieger immer seltener wurden, versuchte man, uns auf diese Me 262 nebenher umzuschulen. Es blieb aber bei einer theoretischen Einweisung. Wir kamen mit diesen Maschinen nicht mehr zum Einsatz. Ich selbst glaube, dass mit der Me 262 eine Nahaufklärung gegen die Russen auch ohne Bewaffnung möglich gewesen wäre.

Anmerkung des Verfassers: Möglicherweise handelte es sich bei den Düsenmaschinen um die Aufklärerversion der Me 262 vom Typ A-1a/U3, wie sie bei der Nahaufklärungsgruppe 6 eingesetzt wurden.
Am 8. Mai überstürzten sich die Ereignisse, das Ende schien nahe. Wegen der unübersichtlichen Lage wurden von der Staffel noch Aufklärungsflüge geflogen und der Tag war voller Überraschungen und Aktivitäten.
Ein nahegelegener Schuppen am Flugplatz war vollgestopft mit Uniformen, Lederjacken, Schuhen und sonstigem Material. Viele von uns kleideten sich neu ein. Ich selbst nahm mir eine Fallschirmjägerhose und stabile Fallschirmjägerschuhe, was sich später in russischer Gefangenschaft als sehr vorteilhaft herausstellte. Am Rathausplatz von Budweis waren Nachrichtenhelferinnen von Zivilisten eingeschlossen. Diese drohten, die Frauen umzubringen. Einige aus unserer Staffel, zusammen mit zwei Panzern und dessen Besatzungen, befreiten die Frauen. Währenddessen machte sich die Staffel bereit, gen Westen abzumarschieren. Fliegendes- und Bodenpersonal gingen zu den noch vorhandenen Fahrzeugen. Inzwischen war es 16.00 Uhr geworden, aber das Signal zur Abfahrt fehlte noch. Ja, in welche Richtung soll es denn genau gehen, wo steht der Amerikaner und wo der Russe? Eine Rotte sollte die Lage aufklären, doch wer? Feldwebel S. und ich meldeten sich freiwillig. Ich flog in der Fallschirmjägerhose und den Schnürschuhen. Benzin war schnell getankt, Start, Flug und Landung waren zwar wegen Feindberührung etwas spektakulär, aber die Frontverläufe waren nochmals abgesteckt.
Die gesamte Fahrzeugkolonne konnte so gegen 18.00 Uhr nach Westen abfahren und erst am frühen Morgen des 9. Mai 1945 kamen wir dann an der deutsch-tschechischen Grenze in Wallern bei den Amerikanern an. Wie wichtig der letzte Flug noch war, zeigte sich am späten Abend und in der Nacht, als wir, um den Russen zu entgehen, viele Umwege fahren mussten.
Übrigens, Feldwebel S. ging nach unserem letzten Einsatz nicht zur Fahrzeugkolonne, sondern tankte seine 109 auf und startete in Richtung Heimat, vermutlich Thüringen. Von da an habe ich nichts mehr von ihm gehört.

Vom 8. auf den 9. Mai 1945 vollzog sich die deutsche Kapitulation. Eine für mich interessante und abenteuerliche Fliegerlaufbahn ging abrupt zu Ende. In Wallern geleiteten uns die Amerikaner auf den Bahnhofsplatz. Hier mussten wir alle unsere Handfeuerwaffen, unter Bewachung, auf einen immer größer werdenden Haufen werfen. Alle rückflutenden Frontverbände, einschließlich Flüchtlingen, die bei den Amerikanern Schutz vor den nachrückenden Russen suchten, wurden in ein nahegelegenes Tal geleitet, in dem sich bis zum Abend Tausende einfanden. Daraus wurde ein Sammellager für Kriegsgefangene mit all ihren Fahrzeugen. Die Frauen kamen in ein vorhandenes Barackenlager. Die Männer campierten in den Fahrzeugen oder im Freien, und dies alles, ohne Lebensmittel zu erhalten.

Als nach zwei Tagen die Parole aufkam „Auslieferung an die Russen", brach eine Panik aus. Alles rannte zu den Fahrzeugen, die sofort total überfüllt waren, und ab ging es in einer unendlichen Kolonne auf der Straße nach Südwesten. Unsere Gruppe fuhr so ziemlich in der Kolonnenspitze. Nach mehreren Kilometern wurden wir dann auf einer Waldkreuzung von amerikanischen Sherman-Panzern gestoppt und zur Umkehr gezwungen. Auf der gleichen Straße ging es wieder zurück ins Sammellager. Einen Tag später verfrachtete man alle auf deutsche und amerikanische Lastwagen. Man fuhr uns dann in Begleitung von Panzern bei Nacht in Richtung Nordwesten und dann nach Osten. Am Neubistritzer See übergab man uns an die Russen. Plötzlich hörte man nur noch: „Stoi, stoi, stodakoi, dawaibistre, dawai tschaß." Die Schreie vergewaltigter Frauen hallten durch die Nacht. Jetzt wussten wir deutlich, was uns die Stunde geschlagen hatte, was uns blühte. Machtlos mussten wir das alles mit geballter Faust mit ansehen. Die meisten Flüchtlinge und Soldaten, die am Neubistritzer See ankamen, wurden vom Amerikaner an die Russen ausgeliefert. Rund fünf Tage tobte sich die rote Soldateska in diesem Lager aus. Verpflegung gab es auch hier keine und dann begann ein Todesmarsch ausgemergelter Gefangener nach Budweis. Was ich auf diesem 95 km langen zweitägigen Marsch an Grausamkeiten von Seiten der tschechischen Zivilbevölkerung und russischen Soldaten erlebt habe, sprengt jedes Vorstellungsvermögen und wäre eine Geschichte für sich. Zahlreiche deutsche Soldaten haben diesen Marsch nicht überlebt. In Budweis angekommen, erfolgte drei Tage später der Abtransport in die russische Kriegsgefangenschaft. Unser Transport ging über Rumänien kreuz und quer durch die Sowjetunion, mit 92 Mann in einem Güterwaggon. Ziel war ein Waldlager rund 200 km östlich von Gorki. Aufgrund der täglichen Schwerstarbeit in den Wäldern bei minimalen Verpflegungsrationen magerte ich bei einer Körpergröße von 180 cm innerhalb kurzer Zeit auf 50 Kilo ab. Mit einem der ersten Transporte ging es Anfang November 1945 zurück nach Deutschland. Von Frankfurt/Oder aus gelang Feldwebel Gustl Münzenmaier und mir in einer abenteuerlichen Flucht mit vielen Strapazen die Heimkehr. Mit einem kleinen Entlassungspapier der Russen fuhren wir per Anhalter, ständig auf der Flucht vor russischen Offizieren, die aufgegriffene entlassene Gefangene wieder nach Russland verfrachteten, nach Berlin. Wir schmuggelten uns in einen englischen Gefangenentransport nach Marburg und Heilbronn. Am 9. November '45 saß ich als freier Bürger in einem Zug nach Stuttgart. Zu Hause in Tamm angekommen, musste ich erfahren, dass meine Mutter zehn Tage vorher verstorben war. Es waren harte Jahre und Schicksalsschläge für einen erst 20-jährigen jungen Mann, der sein Leben wieder neu ordnen und aufbauen musste."

Eine Me 109 G-10 der 3. Staffel von der Nahaufklärungsgruppe 14 mit der Kennung 5F, wie sie auch Helmut Noz geflogen hat.

Unteroffizier Ernst Stengl: Von der Reichsverteidigung an die Ostfront

„Nach meiner Ausbildung zum Flugzeugführer wurde ich vom 18.8. – 19.10.1943 nach Rechlin zum Kommando von Hauptmann Sorg in Rechlin/Lärz kommandiert. Dieses Kommando war zur Motorenerprobung mit Me 109 im Einsatz. Es ging um die Erprobung der 109 als Höhenjäger. Wir flogen da tagtäglich fünf bis sechs Stunden mit Test der Steigleistungen der 109 mit einem DB 605 mit Höhenlader. Die Flüge führten in Höhen von 10 – 11.000 Meter Höhe. Alle Daten der Motorenerprobung wurden in ein Messdatenblatt eingetragen.

Zu Besuch bei Ernst Stengl in Zeitlarn bei Regensburg. An der Wand ein Foto, das ihn als Unteroffizier beim Jagdgeschwader 52 zeigt. Seine Auszeichnungen: Beide Eisernen Kreuze, Frontflugspange in Gold und das Flugzeugführerabzeichen. Darunter der Fliegerdolch.

Dazu hatten wir auf dem rechten Oberschenkel ein Schreibbrett festgeschnallt.
Wir waren der Reichsverteidigung unterstellt und mussten bei Alarm vorgesehene Räume im Großraum von Berlin auf einfliegende Flugzeuge überwachen. Eine der Hauptaufgaben war es, einfliegende Aufklärer vom Typ „Mosquito" abzufangen. Insgesamt flog ich zwölf Einsätze gegen einfliegende „Mosquitos", aber gesehen habe ich keine einzige. Wir wurden von Bodenstellen geführt, die uns auf die einfliegenden „Mosquitos" ansetzen sollten. Die Einsatzflüge wurden immer nur von einzelnen 109 geflogen. Die Bodenstellen gaben uns die entsprechenden Abfangkurse per Funkspruch durch. Bei einigen Einsätzen stellten wir im Nachhinein fest, dass die uns vorgegebenen Kurse genau entgegengesetzt dem feindlichen Einflug verliefen. Wer dafür verantwortlich war, entzog sich meiner Kenntnis, aber für uns Flugzeugführer war es demotivierend und frustrierend, ohne Feindsichtung oder gar Abschuss vom Einsatzflug zur Basis zurückzukehren.
Am 9. Oktober 1943 wurde ich auf einen Bomberverband angesetzt, der angeblich in Richtung Berlin flog. Sehr spät bekam ich die Anweisung, dass da nicht Berlin angegriffen wurde, sondern Anklam. Als ich den Bomberverband schon in Sichtweite hatte, begann die rote Leuchte bei mir zu flackern. Das bedeutete noch Sprit für ca. zehn Minuten. Vorher war ich über eine halbe Stunde über Berlin herumgekurvt. Jetzt blieb mir nichts anderes übrig, als den Einsatzflug abzubrechen und in Neubrandenburg zu landen. Kurz nach mir landete ein Feldwebel mit einer 109, die über eine Raketenbewaffnung verfügte. Er erzählte mir glaubhaft, dass er mit den Raketen einen der Bomber abgeschossen hatte.
Am 20. Oktober 1943 wurde ich zur III./Jagdgeschwader 52 an die Ostfront versetzt. Kommandeur war Major Günther Rall. Ich kam zur 8. Staffel, die von Oberleutnant Ludwig Neuböck geführt wurde. Neuböck war Ostmärker und

stammte aus Graz. Mit ihm verstand ich mich von Anfang an sehr gut und er führte mich auch in die anstehenden Frontflüge ein. Die III./JG 52 lag zu dieser Zeit in Saporoschje im Südabschnitt der Ostfront. Kurz danach verlegte die Gruppe über Kirowograd nach Apostolowo. Von hier aus flog ich meinen ersten Feindflug. Fast alle Einsätze in dieser Zeit führten in den Brückenkopf von Nikopol, der von den Sowjets mit allen zur Verfügung stehenden Truppen ständig berannt wurde. Entsprechend hoch waren auch die Einsatzzahlen der sowjetischen Luftwaffe. Vor allem die Schlachtflieger vom Typ IL 2 waren fast ununterbrochen über dem Brückenkopf unterwegs. Bei der Einweisung wurde mir gesagt, dass diese schwer gepanzerten Flugzeuge nur durch Treffer in den Ölkühler abzuschießen waren. Also von hinten unten so nah wie möglich ran an die IL 2 und auf den Ölkühler gezielt. Dann fällt der auch garantiert runter, so Oberleutnant Neuböck. Bei meinem zehnten Einsatz konnte ich meinen ersten Abschuss, eine IL 2, verbuchen. Ich ging, wie von Neuböck beschrieben, von hinten unten an den Russen heran und so konnte mich auch der Heckschütze kaum erreichen. Ich zielte zwar auf den Ölkühler, traf aber in meiner Aufregung mit ungeahnten Folgen das Leitwerk. Die Salve ging aufblitzend voll in das Heck, worauf dieses vollkommen abmontierte. Mir flogen allerdings die Brocken nur so um die Ohren. Ohne Leitwerk ging die IL 2 flachtrudelnd nach unten und explodierte am Boden. Da dachte ich mir, es muss nicht unbedingt der Ölkühler sein.

Bei einem weiteren Luftkampf klingelte es gewaltig bei meiner 109 im Rumpf. Sie war noch uneingeschränkt flugfähig, aber die Kompassanlage war durch Treffer ausgefallen. Mir war nicht ganz klar, in welche Richtung es nach Hause ging. Aber Oberleutnant Neuböck rettete die Situation, brachte mich sicher nach Apostolowo zurück.

Mit Oberleutnant Neuböck wurde ich dann zur rumänischen Luftwaffe abkommandiert, um deren Piloten auf die 109 einzuweisen. Nach der Einweisung flogen wir auch Einsätze mit den rumänischen 109ern. Ein Einsatz ist mir bis heute unvergessen. Wir flogen mit untergehängten 300 Liter Zusatztanks auf einen stark belegten russischen Flugplatz bei Harlow oder so ähnlich. Wir flogen in Schwarmformation mit jeweils vier Maschinen im Tiefflug den Flugplatz an. Auf der Betonfläche sahen wir jede Menge an Flugzeugen schön ordentlich aufgereiht stehen. Für die Sowjets kamen wir völlig überraschend zur frühen Morgenstunde. Wir klinkten unsere Zusatztanks so aus, dass sie auf die Betonfläche trafen und dort zerbarsten. Der auslaufende Treibstoff verteilte sich unter den geparkten Flugzeugen. Anschließend drehten wir eine 360 Grad Kurve und flogen den Platz von der anderen Seite mit feuernden Bordwaffen an. Die Folge war eine ganze Anzahl von Explosionen, Stichflammen, ein flammendes Inferno am Boden. Wir kehrten dann ohne Verluste zurück. Eine schwarze Rauchsäule kündete noch lange von unserem Angriff.

Zwei Schlachtflugzeuge vom Typ Ilyuschin IL 2. Dieses Tiefangriffsflugzeug war gepanzert und auf deutscher Seite sehr gefürchtet wegen seiner schweren Bewaffnung mit Bomben und Raketen.

Der erste Luftsieg von Unteroffizier Stengl war ein sowjetisches Schlachtflugzeug vom Typ IL 2, dem er das komplette Leitwerk wegschoss. Das abgerissene Leitwerk einer IL 2 am Boden.

Mit drei rumänischen 109ern war ich Anfang Juli 1944 auf freier Jagd in ca. 4.000 m Höhe in der Nähe von Focsani mit mir als Schwarmführer unterwegs. Plötzlich sah ich unter uns eine Dampfwolke aufsteigen und entdeckte vier „Lightnings", die da offenbar munter Tiefangriffe auf einen Zug durchführten. Wir waren vier und die auch nur zu viert, also gab ich per Funk an die Rumänen „Pauke, Pauke" das Zeichen für Angriff durch. Mit meiner 109 ging ich per Abschwung nach unten und dachte die Rumänen hinter mir. Aus sehr günstiger Position schoss ich den Schwarmführer ab und zog wieder mit überlegener Geschwindigkeit nach oben weg. Da sah ich meine drei rumänischen Waffenbrüder in sicherer Höhe Richtung Focsani fliegen. Sie hatten sich am Angriff nicht beteiligt. Da hatte ich aber einen ganz dicken Hals bei der Landung. Als ich aus meiner Maschine geklettert war, standen die Rumänen ziemlich verlegen an ihren Flugzeugen. Den abgeschossenen Amerikaner lieferte rumänische Polizei dann auf dem Flugplatz von Tecuci ab.

Bei den laufenden Angriffen der US-Luftwaffe auf Ploesti im Juli und August1944 schoss ich insgesamt drei B-17 „Flying Fortress" ab. Bei einem Einflug der Amerikaner erfolgte bei uns Alarm unter Stichwort „Sternflug". Alle Verbände verlegten dann nach Cilistea und warteten dann auf den Einflug der Bomberverbände. Waren die Bomber nahe genug heran, starteten alle deutschen und rumänischen Jagdverbände. Wir sammelten nach dem Alarmstart und bildeten einen großen Gefechtsverband mit so 100 Maschinen. Je nachdem wie wir die Bomber erreichten, flogen wir Angriffe von vorne oder hinten. Dabei fielen uns die Begleitjäger vom Typ P-51 „Mustang" von oben regelmäßig ins Kreuz. Da sie höher flogen als wir, konnte man sie aber an ihren Kondensstreifen erkennen. Man musste halt stark aufpassen, um nicht von denen abgeschossen zu werden. Vor dem Angriff auf die Bomber war es immer ratsam, den Luftraum hinter dem eigenen Leitwerk sehr sorgsam zu beobachten. Meinen ersten Abschuss einer B-17 erzielte ich mit einer 109, welche mit einer 30 mm Kanone (MK-108) ausgerüstet war. Von hinten oben stürzte ich auf den Bomber zu und fing etwas tiefer hinter der B-17 ab. Da flog mir schon allerhand Leuchtspur entgegen und ich machte mich hinter meiner Panzerscheibe ganz klein. Aus ca. 100 Meter Entfernung eröffnete ich von hinten unten das Feuer. Ich sah die 30 mm Granaten fliegen und mitten im Rumpf des Bombers verschwinden. Was

Die Aufnahme zeigt eine Me 109 G-6/R6 des JG 51 „Mölders" im Sommer 1944, gut getarnt am Waldrand abgestellt. Zu dieser Zeit standen für 1.000 km Front nur 40 Jagdflugzeuge an der Ostfront zur Verfügung. Alles andere an Jagdeinheiten befand sich in der Reichsverteidigung oder an der Invasionsfront.

dann passierte, habe ich bei keinem Abschuss eines Bombers mehr erlebt. Die B-17 wurde in der Luft förmlich zerrissen. Eine Druckwelle traf meine 109, sodass ich große Probleme hatte, sie wieder unter Kontrolle zu bekommen, um den ganzen Trümmerteilen auszuweichen. Mir stand das Glück zur Seite und ich kam samt Maschine heil aus dem Desaster heraus. Die Besatzung der B-17 hatte offenbar weniger Kriegsglück, da sich keiner retten konnte, zumindest waren keine Fallschirme zu sehen.

Bei einem weiteren Angriff der Amerikaner waren wir wieder zu einem Abwehreinsatz gestartet. Wieder griff ich eine B-17 von hinten oben an. Dieses Mal ging ich bis auf 50 Meter ran. Da verpasste mir der Heckschütze eine ganze Salve in die rechte Tragfläche, dass es nur so prasselte. Der Bomber war erledigt und ich stürzte mit Vollgas nach unten, um Abstand zu gewinnen. Nachdem ich feststellte, dass meine 109 noch ohne Einschränkungen steuerbar war, flog ich Cilistea an. Vor der Landung schoss ich Notsignal „rot", weil ich nicht wusste, inwieweit das Fahrgestell noch intakt war. Das Fahrwerk fuhr ohne Probleme aus und ich konnte eine sichere Landung hinlegen. Auf dem Abstellplatz inspizierte ich natürlich als erstes den Schaden an meiner Maschine. Die Geschosse waren knapp über dem Tragflächenholm eingetreten und über der Landeklappe wieder ausgetreten. Weder Fahrwerk noch die Steuerung für das Querruder waren beschädigt worden. Eigentlich nur Blechschaden. Wieder mal Glück gehabt!

Bei einem der nächsten Angriffe gelang mir der Abschuss eines weiteren Bombers. Alle Abschüsse wurden an die rumänische Luftwaffe gemeldet und auch anerkannt. Dafür erhielt ich dann sogar einen rumänischen Orden.

Anfang 1945 waren wir in Weidengut/Schlesien stationiert. Wir flogen Tiefangriffe und freie Jagd über dem Brückenkopf von Schurgast. Der Russe war ja aus dem Brückenkopf von Baranow innerhalb weniger Tage weit nach Westen vorgestoßen. Sofern wir genügend Sprit hatten, flogen wir jeden Tag, zum Teil mehrere Einsätze, auf die vorrückenden russischen Kolonnen. Der Nachschub an Flugbenzin war schon stark eingeschränkt, sonst hätten wir wesentlich mehr Einsätze fliegen können, um die vorrückende Rote Armee aufzuhalten. Am 21. Januar '45 bekam ich als Schwarmführer den Auftrag, Tiefangriffe im Bereich des Kohlenabbaugebietes von Kosel durchzuführen. Wir starteten zu viert in Richtung Front und überflogen ein großes Waldgebiet, durch das eine Straße führte. Auf dieser Straße bis zum Ende des Waldes waren dutzende von LKWs aufgefahren. Als Schwarmführer gab ich den Angriffsbefehl. Abschwung runter und so tief angeflogen, dass wir tiefer als die Bäume über der Straße flogen. Das war zwar gefährlich, aber ich setzte auf den Überraschungseffekt. Ich beschoss die Kolonne mit den MGs und der Kanone. Die Wirkung konnte ich nicht beobachten, es lief viel zu schnell ab. Am Ende des Waldes zog ich hoch und wollte nach links einkurven, als ich Flakfeuer erhielt. Da krachte es auch schon vorne im Motor. Offenbar war der Ölkühler getroffen, denn es brannte vorne und der Öldruck begann zu sinken. Da schießen einem tausend Gedanken durch den Kopf. Als erstes weg von der Straße. Wir hatten ein ziemliches Chaos angerichtet, das sah man an den vielen Rauchsäulen entlang der Straße. Ich dachte nur, wenn die Russen dich jetzt kriegen, dann machen die kurzen Prozess mit dir. Da es in der Kabine immer heißer wurde, warf ich das Kabinendach ab und, oh Wunder, das Feuer erlosch, aber der Motor mahlte schon verdächtig, die Drehzahl ging zurück. Kurs in Richtung eigene Front hatte ich schon eingeschlagen und es dauerte nicht lange, da stand mit einem Ruck die Luftschraube. Jetzt ging es aber wieder rapide abwärts und ich konnte rechts voraus eine freie verschneite Fläche neben einem Waldrand erkennen. Da legte ich meine 109 auch auf den Bauch hin. Es gelang mir eine einwandfreie Bauchlandung. Nun war ich aber bestimmt 100 km oder mehr von den eigenen Linien entfernt und dazwischen lag auch noch die Oder. Die Russen hatten meine Bauchlandung mit Sicherheit registriert, denn die schwarze Rauchfahne meiner Maschine war ja nicht zu übersehen gewesen. Zum Glück konnten meine Kameraden dem Beschuss ausweichen und flogen wieder ab, in Richtung Heimat. Ich sagte mir, nun aber schnell in den Wald und weg von der Maschine. Nach Kompass marschierte ich, so schnell es im Wald möglich war, in Richtung Westen. Als ich erschöpft in den Schnee sank, brach auch schon

EK II

die Dunkelheit herein. Unter einer Fichte, deren Zweige bis auf den Boden reichten, verbrachte ich die erste Nacht. Es war tierisch kalt und so döste ich vor mich hin. Die Kälte zwang mich wieder hoch und ich marschierte jetzt mit normalen Tempo durch die Nacht in Richtung Westen. In den Taschen der Flieger-Kombi aus Leder hatte ich eine Packung Studentenfutter und eine Blechdose mit Schokolade. Wenigstens ein klein wenig was zum Essen. So schleppte ich mich immer weiter in Richtung Heimat. Es war jedoch unheimlich, denn aus fast allen Richtungen war schweres Motorgeräusch zu vernehmen, was mich mehrmals die Richtung wechseln ließ. Das konnten eigentlich nur russische Panzer oder andere Fahrzeuge sein. Nach vier Tagen war ich ziemlich am Ende, als ich ein einzelnstehendes Gehöft erreichte. Dort lebte ein Pole, der mir zu essen und zu trinken gab. Er gab mir zu verstehen, dass ich bei ihm in Sicherheit bin, denn er war gar nicht gut auf die Russen zu sprechen, weil die seine beiden Schweine mitgenommen hatten. Nach mehreren Stunden Schlaf und einer nochmaligen Stärkung zog ich weiter. Der Pole hatte mir noch eingeschärft, die Straßen und Ortschaften zu meiden, da ich dort überall mit russischen Truppen rechnen musste. Na, das waren ja schöne Aussichten für mich da unerkannt durchzukommen. Die Nächte waren eiskalt und kaum zu ertragen. Meine dicke Fliegerkombination rettete mir damals wahrscheinlich das Leben. Meine Fliegerstiefel sahen aber schon bedenklich aus und zeigten schon erste Auflösungserscheinungen. Dann erreichte ich die Oder, auf der Eisschollen trieben. Da musste ich nun rüber, wenn ich wieder zum Geschwader zurückwollte. Ich suchte am Ufer entlang nach einem Kahn oder anderen schwimmbaren Gegenstand. Konnte aber auf die Schnelle nichts Geeignetes finden. Da fasste ich den Entschluss, die Oder zu durchschwimmen, obwohl es bestimmt -15 Grad hatte. Ich zog meine Kombi aus, legte alles, was ich sonst noch anhatte, wie Uniformjacke und Hose, mein Hemd, die dicken Wollsocken, Handschuhe und die Pelzstiefel, in die Lederkombi und schnürte alles so gut es ging mit den Ärmeln der Jacke zusammen. Nur die Angora-Unterwäsche behielt ich an. Dann begann das Wagnis. Meine Kombi hatte ich mir mit meinem Koppel umgehängt. Bei dem eiskalten Wasser blieb mir fast das Herz stehen und mir war klar, ich musste da so schnell wie möglich durch, sonst war ein Absaufen in der Oder sehr wahrscheinlich. Solange ich Bodenkontakt hatte, ging es gut voran. Dann schwamm ich um mein Leben, den Eisschollen ausweichend, ans andere Ufer. Der Fluss hätte keine zehn Meter breiter sein dürfen, sonst hätte ich es nicht geschafft. Nachher konnte ich nicht mehr sagen, wie lange ich geschwommen bin, es können aber nur wenige Minuten gewesen sein. Am Westufer angekommen, konnte ich mich vor Kälte kaum noch bewegen. Mit zitternden Händen öffnete ich Lederkombi und erstaunlicherweise war der Inhalt relativ trocken. Ich riss mir die Unterwäsche vom Leib, zog das Hemd, die Hose, die Uniformjacke an, drüber die Lederkombi und dann begann ich mit klappernden Zähnen zu laufen, um meinen Kreislauf wieder in Schwung zu bringen. Es ist schon erstaunlich, was ein Mensch in einer Notsituation so alles aushalten kann. Dann endlich, nach insgesamt endlosen acht Tagen Marsch durch die Wälder und Felder im Osten, erreichte ich völlig entkräftet die eigenen Linien und hatte Glück, dass in diesem Bereich der Oder noch keine Russen auf der Westseite waren. Die Kameraden vom Heer gaben mir heißen Kaffee und einen Schnaps, die mir sichtlich guttaten. Ein Wurstbrot verschlang ich mit Heißhunger, was ja nachvollziehbar war. Dann holte mich ein Major vom Bataillon-Gefechtsstand ab. Es hatte sich sehr schnell herumgesprochen, dass es da ein Flugzeugführer geschafft hatte, sich durch die feindlichen Linien durchzuschlagen. Deshalb fuhr mich dieser Major in einer stundenlangen Fahrt in das Hauptquartier von Generalfeldmarschall Schörner. Ohne mir was zum Essen oder zum Trinken anzubieten, wurde ich von Schörner befragt, ja förmlich verhört, bis ich vor Schwäche vom Stuhl kippte. Schörner wollte von mir wissen, wie viele Panzer, Geschütze und Truppen der Russe im Hinterland aufgefahren hatte. Ich konnte ihm aber dazu nur sagen, dass ich ja, um durchzukommen, allen Truppen ausgewichen war. Er gab einfach nicht auf und

Flugzeugführerabzeichen

fragte und fragte. Was ich als letztes noch registrierte, war, als er losbrüllte: „Ja, irgendetwas müssen Sie doch gesehen haben?" Hatte aber doch wirklich nichts gesehen. Dem Herrgott sei es gedankt, dass ich es bis zu den eigenen Linien geschafft hatte! Von den Strapazen, die ich durchgestanden hatte, hatte so ein Stratege wie Schörner offenbar keine Vorstellung und er zeigte auch kein Mitgefühl mit mir. Dann schaffte mich eine Ordonanz raus und ich bekam doch noch etwas Verpflegung und konnte mich kurz erholen. Dann wurde ich von meiner Staffel abgeholt und ich war so etwas von froh, wieder bei meinem Haufen zu sein, das kann man sich als Außenstehender wohl kaum vorstellen. Die Begegnung mit Schörner habe ich aber mein Leben lang nicht vergessen.

Von Weidengut aus flogen wir auch Einsätze als Jagdbomber. Wir bekamen spezielle Aufhängungen unterm Rumpf montiert und flogen mit 4 x 50 kg Sprengbomben verschiedene Einsätze gegen Fahrzeugkolonnen und Panzeransammlungen. Die Anzahl der geflogenen Einsätze hing immer vom Spritnachschub ab, der wurde aber immer weniger.

Von Schweidnitz aus flogen wir Begleitschutz für die Schlachtflugzeuge vom Typ Henschel 129, die mit Bomben und 3-cm-Kanonen Angriffe gegen die Panzeransammlungen der Russen flogen. Dabei erhielten wir regelmäßig schweren Flakbeschuss und es gab auch Luftkämpfe mit der roten Luftwaffe. Dabei verlor ich meinen Kaczmarek Gefreiten Heinz Gräfe, welcher abgeschossen wurde und in den Giebel eines Wohnblocks stürzte. Auch die Nummer drei meines Schwarms Felix de Sacco wurde abgeschossen und wir hörten nichts mehr von ihm.

Bei der III./JG 52 flogen wir Ende Februar und im März 1945 Versorgungseinsätze ins eingekesselte Breslau. Wir starteten in Schweidnitz mit untergehängten Versorgungsbehältern und flogen in Richtung Zopten. Im Steigflug ging es auf 7.000 – 8.000 Meter in Richtung Breslau. Über Breslau ging es im Sinkflug mit gedrosseltem Triebwerk in Spiralen nach unten. Dabei hielten wir nach russischen Jägern Ausschau, da in diesem Frontabschnitt die nicht zu unterschätzenden Jäger vom Typ P-39 Airacobra ständig unterwegs waren. Die Abwurfstelle befand sich in der Nähe der Jahrhunderthalle. Sobald wir 400 – 500 Meter Höhe erreicht hatten, flogen wir auf die Halle zu und klinkten die Behälter so mit 300 km/h aus, die dann am Fallschirm zu Boden schwebten. Dann aber nichts wie Vollgas rein und ran an den Boden und im Tiefstflug ab in Richtung Heimat. Wir beschossen dabei alles, was uns vor die Rohre kam. Als der Russe rausbekam, dass wir da Nachschub abliefern, dauerte es auch nicht lange und er schoss mit Flak und Artillerie in die Gegend des Absetzpunktes.

Solange wir Versorgungsbehälter und genügend Sprit hatten, flogen wir zwei bis drei Einsätze pro Tag. Bei einem Einsatz, wir saßen schon in den Maschinen, wurde plötzlich das Zeichen zum Abstellen des Triebwerks gegeben. Ich fragte mich noch, was ist denn jetzt wieder los? Unsere Mes standen ja schon am Platzrand und damit wie auf dem Präsentierteller. Wenn jetzt die Russen kommen, machen die doch glatt Hackfleisch aus uns. Aber da kamen auch schon Feldpolizei und einige Herren in Zivil anmarschiert. Die Zivilisten waren Gestapoleute, wie sich später herausstellte. Es mussten die Versorgungsbehälter wieder abgenommen und geöffnet werden. In einigen der Behälter befanden sich Nahrungsmittel, Schokolade und Zigaretten. Nun gab es von der Gestapo großes Geschrei, denn es durften angeblich nur Waffen und Munition in die Festung Breslau eingeflogen werden. Da war von Wehrkraftzersetzung, Defätismus und Befehlsverweigerung die Rede. Es ist mir aber nicht bekanntgeworden, was sich daraus entwickelt hat. Diese Heinis von der Gestapo mischten sich da in unser Geschäft ein und hatten keine Vorstellung, was die Leute in Breslau mitmachen mussten. Als ob da ein paar Schuss Munition oder eine Panzerfaust mehr oder weniger noch kriegsentscheidend waren?

Mit Staffelkapitän Neuböck wurde ich zur II./JG 52 versetzt. Bei Kriegsende verlegten wir so um den 28. bis 30. April 1945 von Hörsching bei Linz nach Zeltweg. Da mehr 109 als Flugzeugführer vorhanden waren, fuhr ein Teil davon in einem Bus zurück nach Hörsching. Dabei kam es zu einem tragischen Zwischenfall. Der Bus hatte einen platten Reifen und beim Radwechsel rollte ein Rad hangabwärts.

Frontflugspange

Das Rad traf einen Flugzeugführer am Kopf, der dabei tödliche Verletzungen erlitt.
Am 7. Mai '45, einem Montag, waren plötzlich zwölf P-51 über dem Platz in Zeltweg am Himmel. Vier der „Mustangs" landeten, die restlichen umkreisten den Platz. Es fiel kein einziger Schuss, nur das Motorengedröhn war zu hören. Der amerikanische Verbandsführer verhandelte mit unserem Gruppenkommandeur Major Batz. Wir sollten uns in US-Kriegsgefangenschaft begeben. Der Vereinbarung nach wurde das meiste Bodenpersonal daraufhin mit LKWs nach Neubiberg bei München in Marsch gesetzt. Der fliegende Verband sollte dann am nächsten Tag mit allen Flugzeugen folgen und in Neubiberg landen. Da ich in Karlsbad zu Hause war, bat ich den Kommandeur, mit dem Fieseler Storch dahin fliegen zu dürfen, was mir genehmigt wurde. Oberleutnant Neuböck war ja Ostmärker und wollte in Zeltweg bleiben. Er half mir den Storch, der etwas oberhalb des Platzes gut getarnt abgestellt war, startbereit zu machen. Kurz vor dem Start kam Oberleutnant Neuböck an meinen Storch und sagte, ich müsste noch Oberleutnant Nächster mitnehmen.
Oberleutnant Nächster stammte aus Breslau und hatte seine Familie bei Endorf in der Nähe des Chiemsees auf einem Bauernhof untergebracht und da sollte ich ihn hinbringen. Also haben wir sein Gepäck eingeladen und ab ging die Post. Wir waren schon in Richtung Zell am See unterwegs als uns die später gestarteten 109er überholten. Die fegten dermaßen knapp an meinem Storch vorbei, dass das ganze Flugzeug durch die Propellerböen nur so durchgeschüttelt wurde. Es war schon ein letzter erhebender Anblick, meine Jagdgruppe mit annähernd 30 Maschinen am Himmel zu sehen. Mit Kurs Chiemsee flog ich im Tiefflug weiter. Den Chiemsee überflog ich im Tiefstflug, als ein Segelboot ins Blickfeld kam, in dem ein farbiger US-Soldat saß. Ich steuerte auf das Segelboot zu und gab Vollgas, worauf das Segelboot kenterte. Auf Anweisung von Oberleutnant Nächster sollte ich in der Nähe von Endorf bei einem Einödhof auf einer Kuhweide landen. Durch einen tiefen Überflug galoppierten die weidenden Kühe in eine Ecke der Wiese und ich konnte ohne Probleme landen. Umgehend wendete ich und rollte zum Hofgebäude zurück. Oberleutnant Nächster wurde da schon von seiner Frau freudig erwartet. Mir wurde ein Butterbrot und ein Glas Milch angeboten. Noch im Genuss der Köstlichkeiten kamen Buben angelaufen und sagten, dass da amerikanische MP mit einem Jeep im Anrollen sei. Ich rein in den Storch und sofort mit Vollgas über die Kühe rausgestartet. Kaum war ich in der Luft, waren die Amerikaner auch schon am Bauernhof. Glücklicherweise fingen die nicht an zu schießen und so konnte ich meinen Flug nach Karlsbad fortsetzen. Nach meinem überstürzten Start in Endorf wurde ich in Höhe von Erding von 12 P-47 „Thunderbold" abgefangen. Da dachte ich schon, alles ist aus und mir ist auch das Herz in die Hose gerutscht, wie man so schön sagt. Auf jeden Fall kreisten dann vier P-47 um mich herum und versuchten, mich in Richtung Flugplatz Erding abzudrängen. Daraufhin setzte ich die Klappen und kurvte so eng wie möglich jede anfliegende P-47 aus. Irgendwann wurde es denen zu viel und ich konnte meinen Flug fortsetzen. Über die Donau und die Walhalla ging es östlich an Regensburg vorbei mit Kurs auf Karlsbad. Vor Karlsbad landete ich neben dem Haus meiner Großeltern. Das war ein Hallo, als ich dort einschwebte. Nach einer guten Tasse Kaffee flog ich weiter zum Flugplatz nach Karlsbad. Und da wäre mir beinahe ein dicker Fehler unterlaufen. Der Platz wies schon zahlreiche gepflügte Furchen auf und ich entschloss mich, direkt an der Flugleitung zu landen. Als ich den Motor abgestellt hatte und ausgestiegen war, kam auch schon ein Major auf mich zu und fragte mich, wo ich denn herkomme? Als ich sagte, aus Graz, verstand der wohl aus Saaz. Und das war mein Glück, weil er dann meinte: „Da haben Sie aber Glück gehabt, dass Sie da noch rausgekommen sind, die Tschechen schießen ja alles zusammen. War es bei mir schon sehr eng und ich dachte mir noch, da kommt wohl sonst keiner mehr nach." Hätte er richtigerweise Graz verstanden, würde ich unter Umständen ein Problem bekommen haben. Hatte zwar mein Entlassungspapier dabei, aber bis zuletzt gab es ja Verrückte die meinten noch den Krieg gewinnen zu müssen. Nun stand ich Blödmann da und musste mein Gepäck und die Maschinenpistole wieder in die Richtung schleppen, aus der ich gekommen war. Aufgrund der Aussagen von Umstehenden sollte man nicht ohne Bewaffnung in die Stadt gehen, denn die Tschechen waren in Aufruhr. Wenn ich am Platzrand gelandet wäre, hätte ich mir mindestens zwei Kilometer Fußmarsch sparen können. Trotzdem gelangte ich wohlbehalten zu meiner Frau und meinen Eltern. Die MP, mein Flugbuch und andere Unterlagen habe ich unterm Dach versteckt. Da musste ich sie auch zurücklassen, als die Vertreibung der Sudetendeutschen begann. Ob die Sachen jemals gefunden worden sind?"

Eberhard Burath: Einsatz beim Jagdgeschwader 51 „Mölders" an der Ostfront 1944 und dem bitteren Ende 1945 in Ostpreussen

„Es ist der 6.6.1944 – mein Geburtstag – zum zweiten Male ist er zu einem ganz entscheidenden Datum für mich geworden. Am 6.6.1940 wurde ich von der Flak aus dem Frankreich-Feldzug von Laon zur Flugzeugführer-Schule A/B 6 nach Danzig versetzt. Mein Fliegerleben begann. Nun saß ich am 6.6.1944 in der Bahn und rollte nach Osten. Terespol war mein Ziel. Nach mehr als einem Jahr war es Major Losigkeit gelungen, sein Versprechen einzulösen, mich zu sich nachzuholen. Während die Kameraden vom JG (Jagdgeschwader) 1 in die mörderischen Kämpfe an der Invasionsfront zogen, erwarteten mich an der Ostfront vorerst einige ruhige Tage. Angesichts unserer langen gemeinsamen Zeit beim JG 1 empfing mich Major Losigkeit mit sichtlicher Freude. Ich erhielt zwar einen gewaltigen Rüffel, weil ich mein Akkordeon nicht mitgebracht hatte, aber mit Hilfe eines Kurierauftrages nach Hamburg konnte ich diesen Fehler nach einigen Wochen berichtigen. Damit war ich wieder der vollwertige Stimmungsmacher.

Als artfremder Reichsverteidigungs-Jäger auf der FW 190 war ich hier erstmal ein ganz grüner Anfänger und musste mich mit zahlreichen Übungsflügen auf die Me 109 einfliegen. Als Staffeloffizier wurde ich der 9. Staffel unter Hauptmann Schack zugeteilt. Dann kam eine Fronteinweisung mit Schack im Raum Kowel. Eine fremde, abweisende Landschaft lag unter mir. War ich doch gewohnt, über dem Reichsgebiet in bekannten Räumen zu fliegen, die bei einer Notlandung oder einem Fallschirmabsprung – zweimal exerziert – mich freundlich aufnahm. Dieses Land aber strahlte Feindseligkeit aus, war mit unheimlich.

Nun durfte ich auch an Sitzbereitschaft teilnehmen. Die Tage waren lang. Von 2 Uhr früh bis 11 Uhr abends saß die Alarmrotte in den heißen Maschinen und schwitzte still vor sich hin. Am 19.6. gab es dann endlich den ersten Alarmstart, leider ohne Feindberührung. Schon am 21.6. war wirklich etwas los. Nach Alarmstart kurvten wir im Luftraum herum. Da kamen zwei Jäger auf uns zu. Ich traute meinen Augen nicht, denn das waren doch die altvertrauten Mustangs aus dem Westen; was wollten die hier? Nach der Landung hitzige Diskussionen, wie Mustangs, das kann doch gar nicht sein! Es waren aber doch Mustangs, die Begleitschutz für einen US-Bomberverband, der, im Pendeleinsatz von England kommend, zu einem russischen Platz durchgeflogen war. Schnell tauchte das Gerücht auf, dass eine P-51 Mustang abgeschossen worden sei und in der hätte man eine Landkarte mit dem Zielort Poltawa gefunden."

Anmerkung des Verfassers: Nach einem Luftangriff auf das Hydrierwerk Ruhland am 21. Juni 1944 landete ein Bomberverband mit B-17 in Poltawa. Die deutsche Luftaufklärung registrierte 74 B-17 und zahlreiche weitere Flugzeuge auf dem Flugplatz. Die Luftwaffe griff noch in derselben Nacht mit einem He 111-Bomberverband, bestehend aus den Kampfgeschwadern 4, 53 und 55, den Flugplatz von Poltawa an und zerstörte mindestens 41 B-17 und weitere sechs Flugzeuge unbekannten Typs. Zahlreiche Betriebsstofflager gingen in Flammen auf.

Eine Me 109 wie sie auch von Unteroffizier Eberhardt Burath geflogen worden ist.

„Am 22.6., wir hatten in der Zwischenzeit nach Bobruisk verlegt, begann die russische Offensive im Mittelabschnitt der Ostfront. Ein Bomberverband mit He 111 verlegte ebenfalls auf unseren Platz. In sauberer Formation zogen sie über uns hinweg und dann passierte es. Beim Einkurven zum Platzanflug verschätzten sich zwei Maschinen des ersten Schwarms beim Überschneiden und stießen mit den Flächen zusammen. Eine He 111 verlor eine Tragfläche und stürzte wie ein welkes Blatt auf den Platzrand. Wir standen starr vor Schreck als der Tod zuschlug. Das Ende war ein Feuerball in dem die gesamte Besatzung ums Leben kam. Heldentod! Der Großangriff der Roten Armee im Mittelabschnitt erschütterte die deutschen Fronten, die nach kurzer Zeit an vielen Stellen durchbrochen wurden. Wir kamen in den Räumen Shlobin und Rogatschew zum Einsatz und mischten dort kräftig mit. Wir griffen die Il 2 mit Begleitschutz an. Am Boden war der Teufel los. Am 24.6. starte ich um 13 Uhr als Katschmarek eines Leutnants. Wir sind in der Rotte allein unterwegs. Schulmäßig halte ich meine Position und achte auf den Raum hinter meinen Rottenführer. Dieser aber weniger auf den Raum hinter mir. Und dann ist es passiert. Eine volle Garbe knallt mir in den Kasten. Der linke Kühler fliegt raus und mit einer gerissenen Rolle ziehe ich weg. Der Iwan muss es für einen Kopfschuss gehalten haben und setzt nicht nach. Ich kann noch meinen Standort durchgeben. Neben der Rollbahn Bobruisk – Mogilew geht es im Gleitflug mit heiß laufendem Motor nach unten. Es knirscht ganz gewaltig, der Motor dampft und stöhnt. Es kann nicht mehr lange dauern und er blockiert. Da sehe ich voraus eine befestigte Blockhausstellung neben der Rollbahn und setze die 109 recht glatt neben die Stellung. Nach mehreren heftigen Stößen kommt die 109 in einer Staubwolke zum Stillstand. Nichts wie raus aus der Maschine und erleichtert laufe ich zu der Stellung und finde – nichts! Kein deutscher Soldat mehr in der Stellung. Sind die schon zurückgegangen? Sitze ich zwischen den Fronten oder bei den Partisanen? Man hat mir über die Banden böse Geschichten erzählt. Schnell meine Lage beurteilt. Die Maschine sprengen könnte Partisanen anlocken. Also kein Lärm und kein Rauch. Warten? Auf was und auf wen? Tausend Gedanken schießen einem in so einer Situation durch den Kopf. Das ist für den Körper Adrenalin pur! Vielleicht haben die Partisanen meine Landung gesehen?! Also nichts wie weg. Zurück zur Maschine, die Karten vernichten, Stahlhelm und Maschinenpistole raus (wie vorsorglich hat man uns doch für so einen Fall ausgerüstet). Mückennetz über den Kopf, die MP durchgeladen und los. Mitten auf der Rollbahn nach Süden in Richtung Bobruisk, bereit, das Leben so teuer wie möglich zu verkaufen. Der Schweiß rinnt und die Socken dampfen. Wie lange bin ich im höchsten Tempo gelaufen und marschiert? 1 – 2 Stunden bestimmt, aber man verliert sehr schnell das Zeitgefühl. Dann springt einige hundert Meter vor mir ein Soldat auf die Straße. Deutscher oder Russe? Könnte auch ein Partisan sein? Ich knalle einige Schüsse in die Luft. Er schießt nicht zurück! Gott sei es gedankt, Deutsche! Und dann Motorengeräusch in der Luft. Ein Fieseler Storch kurvt um mich herum. Da haben sie im Gefechtsstand ganz offenbar meinen letzten Funkspruch noch empfangen und suchen mich jetzt. Der Storch landet der Einfachheit gleich auf der Straße und ich werde mit großem Hallo begrüßt, eingeladen und nach Bobruisk zurückgeflogen. Muss wohl doch einen Schutzengel haben. Am 29.6. bin ich nach einer Zwischenverlegung auf dem Flugplatz von Nowo Gudkowo wieder in Terespol. Dann geht es nach Pinsk. Von hier aus fliegen wir vom 1.7. – 9.7. Einsätze bis rauf nach Baranowitsche. Wieder fange ich mir als Katschmarek, dieses Mal mit Hauptmann Schack, eine prächtige Ladung in die linke Tragfläche ein. Nur mit dem rechten Querruder, butterweich schwabbelnd, gelingt mir eine glatte Radlandung auf dem Platz in Pinsk. Nachts liege ich mit Schack in einer festen Unterkunft. Die Wanzen jagen ihn nach kurzer Zeit aus dem Bett; mich lassen sie in Ruhe. Aber die Mücken! Ich stecke den Kopf in den

Mit einem Fieseler „Storch" (Fi 156) wurde Burath nach seiner Notlandung an der Rollbahn Bobruisk – Mogilew im Juni 1944 gerettet.

Stahlhelm und spanne das Mückennetz darüber. Angenehme Ruhe!
Auf dem Platz landen Ju 52 mit Verwundeten zum Auftanken. Vom Tode gekennzeichnete Kameraden bekommen unsere Zigaretten. Die Not und das Leid der Infantristen geht uns unter die Haut. Eine Ju 52 quält sich nur mit Mittel- und dem rechten Motor in beängstigender Kurve aus dem Platz. Das bringt nur unsere gute alte „Tante Ju" fertig. Im Morgengrauen krachen Bomben zwischen unsere Zelte; nun haben auch wir Verwundete.
Am 9.7. verlegen wir nach Kauen (Kowno). Neben freier Jagd gibt es Begleitschutzaufträge für Rudels Stukas. Die Ju 87-Leute mit 3,7-cm-Flakkanonen unter den Flächen gehen an die russischen Panzer ran wie die Teufel. Einmal kommt eine mit nur einem Fahrwerk zurück und eine andere hat sich sogar das komplette Fahrwerk abgerissen. Es wird mit einem unvorstellbaren Opfermut gekämpft. Auch einen Verband He 111 begleiten wir von Wilna zurück; es gibt einen tollen Flakbeschuss von den Russen, wenn man aber aufpasst, kann man der Leuchtspur ganz gut ausweichen. Mit dem Zusammenbrechen der Front im Mittelabschnitt begann nun unsere Tätigkeit als „fliegende Feuerwehr".

Anmerkung des Verfassers: Im Juni/Juli 1944 zerschlug die Rote Armee mit einer bis dahin nie gesehenen Übermacht die gesamte Heeresgruppe Mitte. 500.000 deutsche Soldaten wurden getötet, sind vermisst oder gerieten in Kriegsgefangenschaft. Eine Katastrophe, welche Stalingrad um ein Vielfaches übertraf. In Deutschland wurde dies aber nur am Rande vermerkt, da sich alles auf die Invasion in der Normandie konzentrierte. Ein Grund für das Desaster war, dass die Luftwaffe auf einer Frontlänge von 1.000 km nur 40 Jagdflugzeuge zur Verfügung hatte. Alle anderen Jagdverbände waren in der Reichsverteidigung, der größte Teil allerdings an der Invasionsfront im Einsatz. So hatten die Roten Luftflotten die absolute Luftüberlegenheit und griffen entscheidend in die Bodenkämpfe mit ein.

Am 14.7. verlegten wir nach Sudauen-Dubowo. Abends gab es noch einen Alarmstart. Schon am nächsten Tag ging es weiter nach Caniow. Von hier aus flogen wir laufend Einsätze bis nach Zamosc zum Teil als Begleitschutz für die Ju 87 Panzerjäger. Mit der Verlegung nach Lemberg am 18.7. wurde ich als Ic zum Geschwaderstab kommandiert. Meine Hauptaufgabe sollte die Erstellung der Lagekarte sein. Bevor ich mit dieser Aufgabe beginnen konnte, ging es am 18.7. noch zu einem Dämmerungseinsatz in der Rotte; ich wieder als Katschmarek. Nach Osten ging der Flug mit der untergehenden Sonne hinterm Leitwerk. Nach hinten war da absolut nichts zu sehen. Weit im Norden sah ich winzige Punkte am Himmel. Rasche Meldung an meinen Rottenführer. „Sind Eigene" kam die Rückmeldung. „Mensch, muss der Augen haben", dachte ich noch und blieb sauber auf Position. Da passiert es mir zum dritten Mal. Mit Mordsgetöse haut von hinten eine Garbe in meine Kiste. Linker Kühler, Rumpf hinter mir, sogar auf der Motorhaube vor mir sitzt ein Einschlag. Waren wohl doch nicht „Eigene". Mit der alten Masche, gerissene Rolle, mime ich wieder den Absturz und werde nicht verfolgt. Dann abfangen und Kurs in Richtung Lemberg. Nach wenigen Minuten kocht der Motor und sitzt fest. Gleitflug; da ist der Platz; aber es langt nicht mehr. Vor mir sehe ich eine freie Fläche und halte darauf zu. Erst kurz vor dem Aufsetzen sehe ich, zu spät, Gräben und Löcher in meiner Landerichtung. Die Gurte noch schnell fest angezogen und das Revi weggeklappt. Dann kracht es auch schon, als wenn ich in einen Stapel Konservendosen rausche. Dreck spritzt um die Kabinenhaube, die Gurte wollen mir die Schultern zerreißen, dann endlich steht der Kasten, mein Glück, kein Überschlag. Aber die 109 war hinüber. Sehr schnell werde ich abgeholt. Die Kugel war für mich noch nicht gegossen; mein Selbstvertrauen hat aber zum dritten Mal einen ordentlichen Knacks bekommen. Ist das das Los des Rottenfliegers?
Dank der Zusammenarbeit des Stabes mit einer Gruppe des Luftnachrichtendienstes mit baltischen Soldaten, die den russischen Funksprechverkehr abhören, verfügt der Stab über eine recht gute Lagekarte, die durch eigene Luftaufklärung ergänzt wird. Nun übernahm ich die Aufgabe, diese Karte zu führen und mit die neuesten Lagemeldungen einzutragen. Fast täglich erscheinen Offiziere des Heeres, um sich bei uns die neueste Lage zu holen.
Am 19.7. geht es weiter nach Stryi am Rande der Karpaten. Von Krceviza über Lublin hole ich noch die „Winkel 4" nach Stryi. Dann erlaube ich mir ein tolles Ding. Beim Anflug auf den Platz schwebt unter mir eine Ju 52 zur Landung ein. Die Folge: Eine rote Leuchtkugel! Also Durchstarten, Fahrwerk rein und eine Platzrunde gedreht. Beim zweiten Anflug alles frei. Der Sporn setzt auf, der Bug geht

runter und ist ja viel zu tief. Klatschend liegt die 109 auf dem Boden, die Luftschraube bohrt sich in die Erde und biegt sich nach hinten. Ich Idiot hatte vergessen, das Fahrwerk wieder auszufahren. Die Nerven hingen in Fetzen! Sonst wurde immer rot geschossen, wenn einer mit eingezogenem Fahrwerk zur Landung reinkam. In meinem Fall aber nicht. Auf dem Gefechtsstand dann Gerichtstagung: „Fahrlässige Beschädigung von Wehrmachtseigentum". Das heißt laut Göring-Befehl Tatbericht, eventuell Degradierung oder Festung. Major Losigkeit führt die Verhandlung. Er führt sie auf „seine Weise"; setzt die Strafe fest und macht keinen Tatbericht. Was wäre sonst aus mir geworden? Festungshaft? Felddivision? Ich hatte ihm, glaube ich, viel zu verdanken!

Auf unserem Platz unterstützte ein Nahaufklärer FW 189 die Lagebeurteilung. Die Besatzung sind zwei ungarische Offiziere, die mit schneidigen Einsätzen die genaue Position der russischen Panzerspitzen melden. In der Luft treffen wir auf Jagdflugzeuge vom Typ Jak 9 und Lagg 5 sowie Bomber vom Typ Pe 2 und natürlich die Schlächter vom Typ Il 2 in Massen. Am 26.7. ist der Russe so nah, dass wir nach Warschau verlegen. Tagsüber liegen wir auf dem Platz Okecie am Rande der Stadt, verlegen für die Nacht aber zum nahen Platz Krocewo. Hier finden wir in einem schönen Gutshof eine gute Unterkunft. Im Musikzimmer entdecke ich einen Flügel, sogar Noten. Ich versuche mich an einem Impromptu von Schubert. Als ich mich so recht und schlecht hindurchwürge, starren mich bildschöne Augen einer jungen Polin – wohl die Tochter des Hauses – an. Lebt doch noch deutsche Kultura? Als ich ende, verschwindet sie wortlos. Wenige Tage später beginnt der Warschauer Aufstand. Wir hören nur die Granaten einschlagen und sehen Rauchwolken über der östlichen Stadt. Der Russe hält sich erstaunlicher Weise zurück, auch in der Luft. Mein Flugbuch weist Einsätze im Raum Siedlec mit Flakbeschuss aus. Irgendwann in dieser Zeit befanden sich beim Stab zwei dänische Flugzeugführer, ein Hauptmann und ein Leutnant. Sie sehen schwarz für ihre Zukunft, falls wir den Krieg verlören. Wie recht sie hatten, wollten wir noch nicht wahrhaben.

Am 3.8. ging es dann in den Nordabschnitt. Der Stab wechselte laufend die Einsatzplätze. Am 3.8. Jürgenfelde, 7.8. Hüttenfelde Trakehnen. Am 15.8. setzte er sich in Tilsit-Ost fest. Der Platz lag nahe am Memelufer, hinter uns der Forst Schreitlauken. Wir lagen wieder auf altem Reichsgebiet. Das gab doch Anlass zu großen Bedenken!

Am 24.8. kamen laufend Einsätze im baltischen Raum. Ezere, Nemakschi und Vainoda waren die Startplätze für die Flüge der III. Gruppe unter Hauptmann Brendel. Am 28.8. startete ich in der Rotte mit Major Losigkeit; wir bekamen Feindberührung mit einigen Airacobras, das einzige, was man über 5.000 Meter antraf. Major Losigkeit konnte eine davon abschießen. Die anderen gaben daraufhin Fersengeld und verschwanden mit Abschwung nach unten. Am 19.9. hätte es mich beinahe erwischt. Ein Verband von Pe 2 war im Anflug auf den Platz gemeldet. Alarmstart für alle 109er. Als vorletzte Maschine starte ich; nach dem Abheben drehe ich mich um und sehe den Platz unter eine einzigen Rauch- und Staubwolke liegen. Der Bombenteppich muss ganz dicht hinter mir hergelaufen sein. Die letzte Maschine hinter mir bekam Treffer und kam nicht mehr aus dem Platz raus. Ich selbst kam wie durch ein Wunder ohne einen Kratzer davon. Wir landeten in Vainode. Am 23.9. gab es für die III. Gruppe dann einen großen Erfolg. Bei einer Frontüberwachung stieß die Gruppe auf einen Verband von 6 Boston mit Torpedos unterm Rumpf, die im Anflug auf den Hafen von Libau oder Windau waren. Ich flog ganz links außen diesen Einsatz mit. Bevor der Begleitschutz eingreifen konnte, waren alle 6 Bomber abgeschossen und nur wenige der typisch russischen viereckigen Fallschirme pendelten zu Boden. Der Stab verließ am 26.9. Tilsit-Ost. Das russische Artilleriefeuer kam immer näher und wir begannen wieder zu springen. Jürgenfelde, Krocewo, Lobellen, Modlin, Hüttenfelde, Insterburg, um uns am 25.10. endgültig in Ziechenau niederzulassen. Es wurde wieder ruhiger, die Russen mussten auch mal verschnaufen. Nach den Strapazen des Herbstes genießen wir die Ruhe. Meine Versetzung zum Stab wird am 26.11. endgültig bestätigt.

Zu uns kommen jetzt Flugzeugführer von Kampf- und sonstigen Verbänden, die jetzt als Jäger eingesetzt werden sollen. Sie müssen sich aber erst mal auf der 109 einfliegen. Oberst Nordmann verlässt uns. Mitte Dezember muss ich wohl auf meinen Kommodore einen sehr schlechten Eindruck gemacht haben. Er erklärte mich kurzerhand für „abgeflogen" und schickte mich für vier Wochen nach Bad Wiessee ins Jagdflieger-Erholungsheim in die fürsorglichen Hände von „Mutter Grün". Da man dort im Lazarett bei mir keine akute Krank-

heit feststellen konnte, nahm man mir kurzerhand die Mandeln heraus und behielt mich bis Februar dort. Es wurde fleißig Ski gelaufen und manch einer brach sich auch die Knochen. Mir hatte die Lazarettzeit genügt und am 14.2.1945 machte ich mich wieder auf den Weg zu meinem Haufen.
Mit der Bahn fuhr ich nach Berlin und konnte in Gatow den Standort des Stabes JG 51 ausmachen. Mit der Bahn war kaum noch hinzukommen. Irgendeinem Heldenklau wollte ich auch nicht in die Finger laufen. Ich hatte zwar einen Frontfliegerausweis bekommen, wollte aber auf Nummer sicher gehen. In der Industrieschleuse Schönwalde ließ ich mir eine überholte 109 geben, die nach Danzig zu überführen war. Auf dem Weg nach Danzig, ich wollte ja den Weg entlang der Küste nehmen, überflog ich das brennende Stettin, als ich in Kolberg zur Zwischenlandung wegen eines Tankstopps anflog. Starker Seitenwind und eine Betonbahn. Vor mir landete eine 109 und baute einen prächtigen Bruch. Mit mächtigen Seitenvorhalt schwebte ich wie mit der Tragfläche fast in Landerichtung zeigend zur Landung ein. Erst im Aufsetzen die 109 geradegelegt, klappte die Landung, mit heißen Bremsen. Eine Stunde später war ich in Danzig-Langfuhr.
17.2.1945: „Melde mich gehorsamst aus Bad Wiessee zurück." Kommodore Major Losigkeit sieht mich mit erstaunten Augen an. „Wo kommen Sie denn noch her? Wir hatten Sie schon längst abgeschrieben!" „Schon abgeschrieben?" Erst später habe ich mir über diese Worte Gedanken gemacht. Losigkeit hatte vermutet, dass ich von irgendeinem Kampfkommandanten vereinnahmt worden bin und ich mich im Erdeinsatz befände.
So war ich wieder zu meinem alten Haufen nach Danzig gekommen. Der Stab war im Flughafengebäude des Zivil-Flughafens Langfuhr untergekommen. Adjutant war Oberleutnant Gudehus, der 1a Hauptmann Riedel und ich übernahmen wieder die Aufgabe des 1c mit Führung der Lagekarte. In Langfuhr hatte ich vom 15.6.1940 – 1.5.1941 meine Flugausbildung als A/B Schüler durchlaufen und kannte jeden Winkel des Flugplatzes. Noch läuft normaler Einsatzbetrieb. Unsere Nachrichtentruppe mit den baltischen Soldaten überwacht immer noch den russischen Funksprechverkehr und liefert vorzügliche Daten über Einsätze und Frontlage. So sind wir meistens rechtzeitig gestartet, wenn Angriffe in Richtung Danzig geflogen werden. Jak, Lagg, Il 2 und Boston sind reichlich vorhanden. Als neuesten Typ fliege ich eine 109 K ein. Sie hat eine MK 108, die durch die Propellerwelle feuert, und sie ist sehr schnell. Der Motor hat mehr Leistung und das macht sich eindeutig positiv bemerkbar.
Die Russen rücken immer näher. Im Norden drücken sie auf Kurland und Einheiten werden über See nach Danzig und Gotenhafen zurückgeführt. Für einlaufende Schiffe fliegen wir Geleitschutz. Zur Abstimmung mit der Marine kommt ein Verbindungsoffizier, der Oberleutnant zur See Kortmann zu unserem Stab. Es entwickelt sich eine gute Zusammenarbeit. Mit der Besatzung eines großen U-Bootes, das in Gotenhafen im Dock liegt, tauschen wir Gruppen zum Besuch aus. Flugzeugführer turnen innen und außen auf dem U-Boot herum, und der Alkohol fließt in Strömen.
Am 24.2.1945 stößt der Russe in Pommern durch und beginnt, den noch großen Kessel um Ostpreußen zu schließen. Am 8.3.1945 ist der Kessel dicht. Nun rücken die russischen Einsatzplätze so dicht an uns heran, dass wir nach Meldungen des Abhördienstes nicht immer rechtzeitig aus dem Platz herauskommen. So konnte es passieren, dass überraschend Il 2 den Platz im Tiefflug angreifen und wild schießend über den Gefechtsstand rauschen. Auch ein Hochangriff gelingt. Alarm! Ich renne aus dem Gebäude zu meiner Maschine. Kaum auf halbem Wege bellen die 8,8 Flak hinter der Eisenbahnlinie los. Dazwischen die ersten Bomben. Die Einschläge nähern sich dem Rollfeld. Meine beiden Warte stehen an der Maschine, noch 100 Meter zu laufen. Nach wenigen Metern prasseln Splitterbomben um mich herum. Flach wie eine Briefmarke presse ich mich an den Boden. Es kracht und dröhnt um mich herum wie bei einem Trommelwirbel. Nach Sekunden ist alles vorbei, die

Die Me 109 G10, Werknummer 130297, aus der Regensburger Produktion bei Kriegsende in Schweden.

Bomber fliegen ab. Meine beiden Warte hat eine Splitterbombe zerfetzt. Meine schöne neue K-4 ist total zersiebt. In der Barackenunterkunft hat eine Bombe eingeschlagen und unsere geliebte Halina getötet. Als Russin hatte sie uns so lange im Casino betreut und ihr Frohsinn hatte uns manchen Umtrunk verschönt. Ihre Stimme ließ uns bei ihrem Gesang die Sehnsucht nach ihrer Heimat spüren. Ihre Großmutter sitzt starr vor Schmerz an ihrer Leiche.
Der Sprit wird knapp. 1.000 Liter pro Tag und Maschine. Damit konnten wir gerade mal zwei Einsätze fliegen, fasste doch der Tank der109 schon 400 Liter. Dabei gingen Gerüchte um, dass in Heubude auf der anderen Seite der Weichsel riesige Mengen an Sprit in einem großen Depot vorhanden seien. Zu uns auf den Platz kommt aber nicht genug an. Nur wenige ausgesuchte Flugzeugführer flogen noch – ich gehörte nicht dazu.
Zwei große Kriegsschiffe, die „Prinz Eugen" und die „Schlesien", laufen in die Bucht ein und nehmen mit ihren schweren Schiffsgeschützen das Hinterland unter Feuer. Die Abschüsse hallen durch die waldigen Hügel von Oliva. Da taucht ein russischer zweimotoriger Bomber auf und versucht, die Schiffe anzugreifen. Eine gewaltige Brause von Flakleuchtspur streut ihm entgegen. Als ehemaliger Flaksoldat staune ich über diese gewaltige Feuermassierung. Der Russe allerdings auch und dreht schleunigst ab.

Die Besatzung eines russischen Bombers vom Typ Petljakow Pe 2 macht sich zum Einsatzflug bereit. Am 29.03.1945 schießt Oberleutnant Baruth über Ostpreußen eine Maschine dieses Typs mit seiner Me 109 K-4 ab. Mit einem einzigen Treffer aus der MK 108 trifft er die Tragfläche, die daraufhin abmontiert.

Am 21.3.1945 ist es soweit. Der Russe ist da! Artilleriefeuer auf Oliva. Die Türme des Doms ragen aus den Staub- und Brandwolken hervor. Einen Tag vorher am 20.3. wurde ich zur III. Gruppe unter Hauptmann Brendel versetzt. Major Losigkeit hatte uns verlassen müssen und auch der Stab wurde aufgelöst. Im Zuge der Räumung von Langfuhr bekam ich wieder eine 109 K zugeteilt und startete unter Granatwerferbeschuss nach Pillau-Neutief. Mein Gepäck, meine Harmonika und die Bockbüchsflinte ging auf dem Landweg mit – und im Artilleriefeuer unter.
In Pillau war vorerst noch Einsatzbetrieb möglich. Noch lagen wir außerhalb der Reichweite der russischen Artillerie. Königsberg wurde noch gehalten. Zum Staffelführer befördert, bekam ich die 9. Staffel zugeteilt und versuchte, mich als ehemaliger „Reichsverteidiger" bei echten Jägern durchzusetzen. Der Erfolg war nicht immer der beste. Bis zum 29.3.1945 flog ich noch einige Einsätze. Am 22.3. verfolgten, wir abfliegende Bomber vom Typ Pe 2. Mit Vollgas zog ich mit der K-4 meiner Staffel weit voraus den Pe 2 nach. Eine Pe 2 bekam ich winzig klein ins Revi. Mit der MK 108 konnte ich einen einzigen Treffer anbringen. Der genügte allerdings, denn die rechte Fläche brach in der Mitte ab. Als mir dann russische Jäger entgegenkamen und meine Staffel immer noch weit hinter mir lag, machte ich einen Abschwung nach Art der Reichsverteidigung und das war als Staffelführer wohl nicht so gut. Immerhin bekam ich den Abschuss bestätigt und das war in der Reichsverteidigung das Wichtigste.
Ab dem 28.3.1945 wird es auch in Pillau eng. Der Russe hat das Südufer des Frischen Haffs erreicht. Die letzten Flüchtlinge kommen auf gebündelten Benzinkanistern über das eiskalte Wasser. Es spielen sich unglaubliche Tragödien ab, denn der Russe nimmt alles unter Beschuss. Es werden riesige Pferdeherden herangetrieben. Wir essen jeden Tag Pferdefleisch. Am gegenüberliegenden Ufer bei Balga taucht ein russischer Fesselballon auf und nun spielt die russische Artillerie wieder mit. Zum Wartungsdienst nehme ich nur noch Freiwillige mit auf den Platz. Bei der Arbeit sitze ich oben auf dem Splitterschutzwall und horche auf heranfliegende Granaten. Kenne ich doch ihre Musik aus dem Frankreich-Feldzug. „Zu kurz, rechts ab, links – der kommt genau! Volle Deckung!" Wenn der Dreck sich gelegt hat, geht die Arbeit weiter. Nun kommen auch noch Bombenangriffe auf den Platz. Wieder das Kommando „Volle Deckung". Erst wenn alles

läuft, starte ich zu meinem Deckungsloch. 100 Meter in olympiaverdächtigen Tempo mit Pelzstiefeln. Unsere Liegeplätze sehen schauderhaft aus. Die Marineflak ist übernervös und ballert auf alles, was fliegt. Eine 109 schwebt ein, Fahrwerk ausgefahren, die letzten 100 Meter über Seetief. Plötzlich höre ich Flakfeuer! Die Maschine kippt über den Rücken ins Wasser. Wer war das?
Eine 109 geht bei der Landung zu Bruch und überschlägt sich. Wir rennen hin, die Maschine liegt auf dem Rücken, Benzin läuft aus der Kabine. Als wir das Heck anheben, um den Flugzeugführer herauszuholen, greifen Tiefflieger den Platz an. Die Männer lassen das Heck fallen und wollen weglaufen. Ich brülle wie ein Ross und im Feuer retten wir den Flugzeugführer. Eine 109 setzt zur Bauchlandung an, viel zu schnell, klatscht auf, springt wieder hoch und kracht dann wenige Meter vor dem Wasser auf den Boden.
Nach einem erfolglosen Luftkampf mit einem russischen Jäger verfolge ich ihn unter niedrigen Wolken in Richtung Königsberg. Unter mir verlassenes, zerschossenes Land. Keine Menschenseele zu sehen, Niemandsland. Ich fliege zurück. Am 29.3.1945 fliege ich noch einen Einsatz, dann wird die Nehrung aufgegeben und wir hängen in der Luft. Die III. Gruppe verlegt nach Littausdorf im Samland. Die westliche Hälfte ist noch in deutscher Hand, die Russen sind noch um Königsberg gebunden. Es wird kaum noch geflogen. Hauptmann Brendel nimmt nur noch Experten mit wie Oberfeldwebel Rüffler, der sich dabei noch einen schweren Treffer auf die Panzerscheibe einhandelt. Auch Oberfeldwebel Slomski ist noch mit dabei. Ich bleibe wieder mal am Boden. Der Platz wird laufend angegriffen. Bomber und IL 2 scheuchen uns wie die Hasen. Der Frontverlauf ist völlig unklar. Ich bekomme den Auftrag, die Lage im nahen Dorf zu erkunden. Im Streufeuer der Fernartillerie arbeite ich mich durch das Dorf, aber es ist kein Mensch zu sehen. Nur verwundete Pferde erwarten stehend ihren Tod. Das Leiden der Tiere ist grauenhaft. Weder einen Deutschen noch einen Russen bekomme ich zu sehen. Also zurück zum Flugplatz. Für meinen Abschuss der Pe 2 und die vorherigen in der Reichsverteidigung bekomme ich das EK I von Hauptmann Brendel verliehen.
9.4.1945 Königsberg ist gefallen. Unsere Tage sind gezählt. Am 17.4. verlegen wir nach Junkertroylhof nahe Nickelswalde an der Weichselmündung. Um 19 Uhr in der Dunkelheit sind alle gut gelandet. Auch die Bodenteile haben den Marsch über die noch feindfreie Nehrung geschafft. Wir fühlen uns am Boden sicher, denn das umliegende Land steht unter Wasser. Alle Schleusen wurden geöffnet und Deiche durchstoßen. Dadurch kommt kein Russe an den Platz heran. Auf dem Gutshof von Junkertroylhof liegt bespannte Artillerie. Von der ganzen Gruppe haben wir noch zwölf Maschinen. Eine Staffel gegen vier sowjetische Luftarmeen. Wenn wir aber starten, ist der Himmel wie leergefegt. Erst bei der Landung – sie kennen unsere Flugzeit – sind die Il 2 wieder da und werfen ihre Bomben zwischen uns. Unserem Ing. Pauer und seinen Leuten gelingt es immer noch, die Maschinen klarzuhalten.
Laufend erfolgen Bombenangriffe. Der Gefechtsstand wird getroffen und Hauptmann Brendel halb verschüttet. Kaum haben wir ihn rausgezerrt, da kommen schon wieder Il 2 daher. Eng umschlungen liegen wir im Splitterschutzgraben und lassen den Segen über uns ergehen. Das ist doch keine Art, so mit Flugzeugführern umzugehen. Verdammt nochmal, da kann einem schon der Hut hochgehen.
Nach einigen Tagen ist unser „Christophorus", Oberleutnant zur See Kortmann wieder da. Er versucht nun, unsere Bodenteile auf dem Seeweg aus dem Kessel herauszubringen. Als wir zu ihm fahren, sehe ich zum ersten Mal ein KZ. Stutthof-Steegen! Abgemagerte Gestalten in gestreiften Anzügen stehen am Lagertor und starren uns aus ihren hohlwangigen Gesichtern entgegen. Wir sind erschüttert und sehr bedrückt setzen wir die Fahrt fort.
Am 26.4.1945 erhalte ich von Hauptmann Brendel den Auftrag, nach Gartz zu fliegen und zu veranlassen, dass eine Ju 52 in den Kessel fliegt, um einen General abzuholen. Er hat keine Funkverbindung mehr. Vorsichtshalber packe ich alle meine Klamotten in den Rumpf und rolle im zick zack zwischen notdürftig verfüllten Bombentrichtern zur Startbahn. Nach dem Abheben liegt links unter mir Danzig, was an allen Ecken und Enden brennt. Rechter Hand kommt der Hafen von Hela in Sicht. Dutzende Schiffe liegen an der Pier oder auf Reede. Dann drücke ich meine 109 runter auf die Ostsee und fliege im Tiefflug Kurs Rügen. Nach ungefähr einer Stunde Flugzeit taucht die Insel vor mir auf und schnell finde ich den Platz. Melde mich bei Major Lange, der jetzt das Geschwader führt. Nach Erledigung meines Auftrages will ich wieder zurückfliegen, bekomme aber von Major Lange den Befehl, mich der IV./JG 51 anzuschließen, da die III./JG 51 am nächsten Tag nach Westen ausfliegen sollte."

Ein Fliegerschicksal

Am 13. Juni 1944 befand sich ein Bomberverband der 15. USAAF auf einem Angriffsflug in Süddeutschland. Ziel des Angriffs war München. Der Bomberverband umfasste 442 B-24 und 167 B-17. Der Begleitschutz bestand aus 96 P-51 und 96 P-38. Zur Abwehr des Bomberverbandes standen nicht mehr allzu viele deutsche Jäger zur Verfügung, da sich fast die gesamten Jagdverbände an der Invasionsküste der Normandie im Einsatz sahen. In Wien/Seyring wurde die dort stationierte I./JG 302 alarmiert. Diese Einheit startete in den Vormittagsstunden in Richtung Westen, um den Bomberverband zu bekämpfen, der sich zu dieser Zeit über die Alpen in Richtung Norden bewegte. Bereits am 9. Juni 1944 hatte ein Bomberverband den gleichen Kurs genommen und war in Richtung Regensburg vorgestoßen, war aber dann nach Süden zum Angriff auf München abgeschwenkt. Heute wies der Flugweg in dieselbe Richtung auf und im Gefechtsbunker in Oberschleißheim vermutete man, dass es dieses Mal Regensburg treffen könnte, da ja München erst vor einigen Tagen das Ziel war. Die I./JG 302 traf dann südlich von Regensburg auf den Begleitschutz der Bomber und es kam sofort zu heftigen Luftkämpfen. Dazu der Bericht von Josef Herker, Jahrgang 1931, aus Allersdorf: *„An diesem Tag befand ich mich mit meinem Vater ca. 200 Meter oberhalb unseres Bauernhofs in Allersdorf beim Bearbeiten eines Maisfeldes. Es war noch am Vormittag, als wir Flugzeugmotoren hörten. Wieder waren viele Bomber im Anflug, denn das Motorengedröhn wollte gar nicht aufhören. Am wolkenlosen Himmel konnten wir deutlich Welle auf Welle an den Kondensstreifen der anfliegenden Flugzeuge erkennen. Sicherheitshalber suchten wir mit unseren beiden Kühen den Schatten einer großen Eiche am Waldrand auf. Mein Vater meinte, dass wir da sicherer sind als auf dem freien Feld, weil ja bekannt war, dass die amerikanischen Tiefflieger auf alles schossen, was ihnen vor die Rohre kam. Kurze Zeit später konnten wir an den Kondensstreifen einen anfliegenden Flugzeugverband erkennen. Mein Vater war sich absolut sicher, dass es sich um deutsche Jagdflieger handelt. Kaum gesagt, sahen wir auch schon die Leuchtspur am Himmel aufblitzen und hörten das Dröhnen der Bordwaffen der deutschen Jäger, als diese die Bomber angriffen. Der Luftkampf ereignete sich in großer Höhe zwischen Langquaid und Schierling, also nordwestlich von unserem Standort aus gesehen. Mein Vater meinte plötzlich: Da schau, Sepp, da kommt einer runter! Und tatsächlich war deutlich zu erkennen, dass da ein Flugzeug mit hoher Geschwindigkeit immer tiefer kam und genau in unsere Richtung flog. Wir konnten jetzt schon erkennen, dass es sich um ein einmotoriges Flugzeug handelte. Es lag aber nicht normal in der Luft, sondern eher unruhig und wir hatten manchmal den Eindruck, es fliegt total unkontrolliert. Die Jagdmaschine flog immer noch hoch über uns hinweg und drehte nach rechts in Richtung Tiefenbach-Herrngiersdorf ab. Der Motor des Flugzeugs lief ganz normal, aber sehr laut mit höchster Drehzahl. Es war kein Qualm, Rauch oder Feuer erkennbar. Wir atmeten schon auf, weil sich ja das Flugzeug von uns entfernte und der Motor kaum noch zu hören war.*

Kurze Zeit später schwoll das Motorengeräusch wieder an und das Flugzeug näherte sich wieder unserem Standort, aber nun schon wesentlich tiefer und nun konnten wir auch erkennen, dass es sich um eine deutsche Maschine handelte. Wie gebannt verfolgten wir den Flugweg des Jägers. Er überflog unsere Position und drehte in südliche Richtung und kam dann aber mit hoher Geschwindigkeit direkt auf uns zu. Mein Vater rief mir zu, ich solle tiefer in den Wald reinlaufen. Beim Laufen kam ich ins Stolpern und fiel der Länge nach hin, als es hinter mir einen gewaltigen Schlag tat. Als ich mich umblickte, sah ich eine turmhohe Erdfontäne in sich zusammenfallen. Das Flugzeug war komplett darin verschwunden. Mein Vater stand immer noch bei den Kühen und nur ca. 80 Meter entfernt war der Einschlagkrater. Ein Schutzengel hatte uns offenbar vor Schlimme-

ren bewahrt. Das Flugzeug war zwischen unserem Hof und dem Nachbarn eingeschlagen. Der Abstand zu den Häusern betrug jeweils 100 Meter. Bei unserem Nachbarn lag ein größeres Blechteil vor der Haustüre. Es war reine Glückssache gewesen, dass das Flugzeug kein Haus oder anderes Gebäude getroffen hatte. Aus dem Einschlagkrater dampfte und rauchte es. Polizei, Feuerwehr und etwas später auch Soldaten der Luftwaffe rückten an und sperrten die Absturzstelle ab. Nach dem Eintreffen der Soldaten wurde mit der Suche nach dem Piloten begonnen.“

Die nun folgenden Aussagen wurden vom damaligen Bürgermeister überliefert: *„Es wurden lauter total zerfetzte Teile gefunden. In einem rechteckigen Weidenkorb in der Größe 1,00 x 0,5 x 0,5 Meter wurden die sterblichen Überreste des Flugzeugführers (zersplitterte Knochen, Fleisch- und Hautfetzen) gesammelt. Ein größeres Teil, was gefunden wurde, war das Unterkiefer mit einigen Zähnen. Auch Teile, des Fallschirms wurden gefunden. Im Trichter suchte man bis in fünf Metern Tiefe nach den Überresten und barg auch die letzten Teile die am Motor klebten. Der Korb samt Inhalt lagerte dann eine Nacht im Gerätehaus der Feuerwehr. Am nächsten Tag wurde von der Luftwaffe per LKW ein Sarg angeliefert und der Korb in den Sarg gestellt. Damit das Gewicht stimmte, wurde noch etwas Erde in den Sarg gelegt. Anschließend wurde er verschlossen und der Deckel mit Nägel darauf befestigt und abtransportiert. Alle auffindbaren Flugteile wurden eingesammelt und in einer Scheune aufbewahrt. Der Motor wurde mit einem Flaschenzug geborgen und mit den Flugzeugteilen später abgeholt.“*

Eine Aktennotiz zum Absturz: Der Landrat von Rottenburg meldete in einem Schreiben vom 14. Juni an den Regierungspräsidenten in Regensburg unter Aktenzeichen 2027 betreffend Feindeinflug: Der Landkreis Rottenburg wurde in den Vormittagsstunden des 13. Juni 1944 von zahlreichen Feindflugzeugen überflogen. Bei Allersdorf stürzte ein deutsches Jagdflugzeug ab und wurde vollständig zertrümmert. Der Flugzeugtyp ist nicht mehr feststellbar. Von der Besatzung konnte außer zwei Unteroffiziersachselstücken und einem Fallschirmausweis mit der Nr. L 37801 oder 7 nichts gefunden werden.

Anmerkungen des Verfassers: Das laute Motorengeräusch war wohl auf die hohe Geschwindigkeit bei voller Motorleistung des Flugzeuges zurückzuführen. Da weder Rauch, Qualm oder Feuer am Flugzeug beobachtet wurde, ist davon auszugehen, dass die Geschosse in erster Linie die Kabine getroffen und den Flugzeugführer schwer verwundet haben. Wären die Kühler oder der Motor getroffen worden, wäre mit Sicherheit Rauch oder Qualm zu sehen gewesen. Die Kabinenhaube der Me 109 wurde später bei Herrngiersdorf aufgefunden. Dies ist ein Indiz dafür, dass der Flugzeugführer noch gelebt hat und zeitweise auch bei Bewusstsein war. Zum Abwurf der Kabinenhaube musste ein Griff gezogen werden, welcher eine Welle betätigte, die die Verriegelung der Haube öffnete. Der gesamte Ablauf des Absturzes ergibt als Schlussfolgerung, dass der Flugzeugführer schwere Verwundungen im Luftkampf davongetragen haben muss. Die Schwere der Verletzungen führte offenbar zur zeitweiligen wiederholten Bewusstlosigkeit, sodass er sich nicht mehr mit dem Fallschirm retten konnte. Dies würde auch die beobachteten unruhigen und zum Teil unkontrollierten Flugbewegungen der Me 109 erklären.
Als Flugzeugführer konnte der am 4. November 1923 in Radeberg geborene Horst Sennewald identifiziert werden. Sennewald war Unteroffizier in der 4./JG 302 und flog an diesem 13. Juni 1944 eine Me 109 G-6 mit der Werknummer 412670. In der Literatur wird als Absturzort Straubing angegeben, was jedoch definitiv nicht stimmt. Für den Absturzort in Allersdorf, ca 20 km südlich von Regensburg, war damals das Luftwaffenkommando in Straubing zuständig und deshalb wurde Horst Sennewald auch in Straubing beerdigt. Vermutlich wurde deshalb der Beerdigungsort auch als Absturzort angenommen. Seine letzte Ruhestätte hat Horst Sennewald auf dem Soldatenfriedhof in Straubing gefunden. Er ruht in Reihe 1, Grab 9, auf dem Waldfriedhof St. Michael.

Günther Sinnecker: Mit der Me 109 in der Reichsverteidigung und Kriegsende in Bayern

„Nach der Auflösung meiner alten Einheit (II. JG 302) wurde ich im Sommer zur I./JG 300 versetzt. Gleichzeitig trat ich meinen ersten Urlaub an. In der Heimat traf ich zufällig Jugendfreunde, die inzwischen auch Leutnante beim Heer waren. Unsere Marketenderwaren versüßten uns die kurze Zeit des Zusammenseins. Weil es mir in Berlin zu langweilig wurde, fuhr ich mit der Eisenbahn an die Ostsee, und zwar nach Heringsdorf. Dort ließ ich mich von der Sommersonne verwöhnen und erfuhr so nebenbei, dass am 6. Juni die Invasion begonnen hatte. Aber auch die schönen Urlaubstage vergingen, und so reiste ich zu meiner neuen Einheit. Leider hatte sie inzwischen verlegt, sodass ich nach Herzogenaurach nachreisen musste. Dort angekommen, empfing mich der neue Gruppenkommandeur, Hauptmann Stamp, sehr unfreundlich. Er hätte erwartet, dass ich bei Invasionsbeginn sofort meinen Urlaub abbrechen würde. Dafür hatte ich aber kein Verständnis. Gleichzeitig mit mir war auch Oberleutnant Seeler zu dieser Einheit versetzt worden. Er wirkte fortan als Staffelkapitän der 3. Staffel, der ich nun auch als Staffeloffizier angehörte. Nur wenige Tage verbrachten wir in Herzogenaurach, dann verlegten wir nach Wörishofen. Hier achtete man darauf, dass die Flugzeugführer nicht auf dem Flugplatz wohnten. Wir bezogen Quartier in Wörishofener Pensionen und Hotels. Morgens und abends transportierte uns ein LKW hin und her. Von Wörishofen flogen wir fast täglich Einsätze, bis der Kommandeur ein Einsehen mit uns hatte und das gesamte fliegende Personal für einige Tage zum Ausspannen in die Voralpen schickte. Von Wörishofen aus konnte ich am 13.7.44 eine abgedrängte B-17 in der Nähe von Straßburg abschießen. Der amerikanische Verband hatte vorher schon erhebliche Verluste erlitten und die Reste flüchteten in die Schweiz. Über unsere Funksprechanlage erhielten wir den Befehl, keinesfalls die Neutralität der Schweiz zu verletzen.

Der 9. Juli '44 wurde als Tag der Luftschlacht von Oschersleben bekannt. An diesem Tag

Leutnant Sinnecker, Flugzeugführer in der Höhenjagdgruppe I./JG 300 im Sommer 1944 in Bad Wörishofen. (Foto Günther Sinnecker)

Flugzeugführer der I./JG 300 von rechts: Sinnecker, Dudack und Dieterle. Sommer 1944 in Herzogenaurach. (Foto Günther Sinnecker)

startete die I./JG 300 von Wörishofen Richtung Norden. Zu dieser Zeit flogen wir schon in Gefechtsverbänden. Die II. Gruppe war mit gepanzerten Fw 190 ausgerüstet. Mit ihrer starken Feuerkraft sollten sie die Viermots vom Himmel holen. Da inzwischen amerikanische Begleitjäger zum Schutz der Bomberverbände mitflogen, hatte unsere Gruppe die Aufgabe, als Höhenjäger unsere II. Gruppe zu schützen. Die III. und IV. Gruppe übernahmen den Seitenschutz. Über Leipzig klappte die führungsmäßige Übergabe des Verbandes von der 7. zur 1. Jagddivision nicht. Als Folge erhielten wir heftiges Flakfeuer. Da wir uns nicht so gerne von der eigenen Flak abschießen lassen wollten, schwärmte der Verband nach allen Seiten aus. Beim Versuch, hinter Leipzig wieder den Verband zu ordnen, wurden wir von Mustangs, P-51 überrascht. Mein Schwarm, also vier Maschinen, waren sofort kampfunfähig. Wir rissen am Steuerknüppel, um Kurven mit geringstem Radius zu fliegen. Aber es war vergeblich. Alle vier Mann mussten ihre zusammengeschossenen Flugzeuge mit dem Fallschirm verlassen. Darüber liegt die Verlustmeldung der I./JG 300, unterzeichnet vom Gruppenkommandeur, Hauptmann Stamp, vor. Wie sich später herausstellte, waren 21 deutsche Flugzeugführer gefallen, 25 verwundet. Die Amerikaner meldeten folgende Verluste: 37 Bomber mit je acht bis zehn Mann Besatzung und zehn Jagdflugzeuge. Zu dieser Zeit flogen wir immer noch die 109 G-6, aber ohne den Rüstsatz R6. So waren wir bei Jägerkämpfen beweglicher.

Am 27.7.44 erhielten wir den Startbefehl, um einen amerikanischen Verband der 15. USAAF zu bekämpfen, der von Italien aus gestartet war und offenbar die Südostflanke der Verbündeten des Deutschen Reiches bombardieren sollte. Über Ungarn schwenkte der Verband nach Osten, sodass wir eine Angriffsposition von hinten erhielten. Das Reflexvisier meiner 109 war eingeschaltet und die Waffen scharfgemacht. Die B-24 Liberator wurde größer und größer. Ich hatte eine ideale Schussposition und feuerte aus allen Waffen. Die B-24 brannte und ging zu Boden.

Gleichzeitig hörte ich wieder den durchdringenden Knall eines Treffers. Die Amerikaner hatten unter anderem den Flugplatz Budapest bombardiert, aber die Landebahn war noch intakt. Nach dem Abstellen des Motors erblickte ich den Treffer in dem Rand eines Luftschraubenblattes. Ein Monteur feilte den Einschuss aus, sodass keine Kerbwirkung mehr vorhanden war. Dieser Abschuss wurde mir vom Oberkommando der Luftwaffe als 23. Abschuss der 3. Staffel des JG 300 anerkannt.

Über einen bemerkenswerten Vorgang möchte ich noch berichten. Während unserer Zeit in Wörishofen wurde München von den Amerikanern bombardiert. Leider mussten wir wegen schlechten Wetters am Boden bleiben. Am nächsten Tag wiederholte sich der Vorgang. Das hatte zur Folge, dass der Reichsmarschall entgegen jeder Vernunft den Start des JG 300 befahl. Daraufhin teilten wir die Schwärme so ein, dass mindestens ein blindflugfähiger Pilot in jedem Schwarm vorhanden war. So zogen wir im dichten Verbandsflug durch die Wolken. Detonierende Flakgranaten markierten den Versammlungspunkt. Das funktionierte sehr ordentlich. Alsbald entwickelte sich ein Kurvenkampf mit Mustangs. Wie üblich, gerieten die einzelnen Schwärme durcheinander. Nachdem der Sprit zur Neige ging, hieß es, durch die Wolken zu stoßen und einen Landeplatz suchen. Ein geordneter Verband war nicht mehr vorhanden. Viele der nicht blindflugfähigen Nachwuchspiloten konnten ihre Maschinen nicht mehr abfangen und zerschellten am Boden. Das war das Ergebnis nach einem Einsatzbefehl von höchster Stelle!

Aber auch Lustiges erlebten wir in der Kneippstadt Wörishofen. Zeitweilig war es gestattet, dass die verheirateten Piloten ihre Ehefrauen am Einsatzort begrüßen konnten. So saßen wir alle fröhlich beisammen und tranken das eine oder andere Gläschen. Die Stimmung war fröhlich. Also beschlossen wir, gemeinsam durch die Kneippanlagen mit entblößten Beinen zu spazieren. Irgendwo befand sich das Denkmal des Pfarrers Kneipp. Ein Witzbold von uns besprühte das Denkmal mit dem Inhalt eines Signalbeutels, der normalerweise gebraucht wurde, wenn jemand eine Notlandung im Meer machte. Durch die gelbschillernde Farbe konnte er leichter aus der Luft erkannt werden. Am nächsten Tag wurde der Bürgermeister wegen dieses Frevels bei unserem Kommandeur vorstellig. Der wusste aber von nichts, wie denn auch, er war nicht dabei. Die Feuerwehr versuchte, mit Wasser das Denkmal zu reinigen: Aber dadurch blühte das Denkmal in wunder-

schön schillernden Farben auf. Das war sicher die erste Form von Graffiti!
Bemerkenswert war zu unserer Zeit in Wörishofen, dass dort die „Wunderwaffe" Me 262 eingeflogen wurde. Wir waren begeistert von der hohen Geschwindigkeit. In dieser Hinsicht war die Messerschmitt jedem herkömmlichen „Kolbenjäger" überlegen. General Schmitt, der unsere Gruppe inspizierte, versprach uns, dass wir die nächsten seien, die diese Wunderwaffe in die Hand bekämen … Aber ein Führerbefehl stand dem entgegen. Sie sollte ein Schnellbomber werden. Viel zu spät fiel die Entscheidung für das Jagdflugzeug. Die Achillesfersen blieben Start und Landung. Auch musste das Triebwerk wie ein rohes Ei behandelt werde, damit es immer eingeschaltet blieb. Nach dem Beginn des Einsatzes standen leider viel zu wenige Exemplare zur Verfügung.
Verlegung nach Esperstedt. Etwa zu Herbstanfang des Jahres '44 verlegte unsere Gruppe nach Esperstedt am Kyffhäuser. Dort wohnten wir in einem nahegelegenen Schloss, das von unserem Vorkommando dem Besitzer, der Arbeitsfront, abgenommen wurde. Aus dieser Zeit möchte ich einen Bericht anfügen, der in der Nachkriegszeit unter Verwendung externer Quellen von mir verfasst wurde.
Der 11. September 1944: Am 11. September tobte über Deutschland eine der größten Luftschlachten des II. Weltkrieges. Die amerikanische 8. Air Force griff mit 1.134 Bombern der Typen Flying Fortriss B-17 und Liberator B-24 das deutsche Reichsgebiet an. 735 Eskortjäger schützten die Bomberverbände. Die Amerikaner bildeten drei Angriffsverbände. Der Erste von ihnen wurde von 384 B-17 gebildet, mit dem Angriffsziel Kraftstoffraffinerien in Ruhland, Brüx, Böhlen und Chemnitz. Der Zweite, bestehend aus 351 Boeings, hatte das Ziel Kraftstoffindustrie in Lützkendorf und Merseburg, während der Dritte, bestehend aus 396 Bombern Liberator B-24, Ziele in Miesburg, Magdeburg und Hannover angriff. Von 11:30 Uhr an hatte der Gefechtsverband der deutschen Luftwaffe Feindberührung. Die Sturmgruppe des JG 300, geführt von Major Dahl, bestand an diesem Tage aus der II./JG 300, die mit 40 Fw 190 A8/R2 Jagdflugzeugen ausgerüstet war.
Der Gefechtsverband bestand ferner aus der Höhenschutzgruppe I./JG 300 mit Flugzeugen Me 109-G 6, die teilweise schon über die verbesserten Motoren vom Typ DB 605 AS verfügten, sowie die damals noch neuen Me 109 G-10 und G-14 AS.
Mit diesen neuen Höhenmotoren war die Me 109 in Höhen von 12.000 Metern noch gut steuerbar. Des Weiteren flog die III./JG 300 mit Me 109 Jagdschutz für die Sturmgruppe. Major Dahls Befehle zum Angriff, die wir über Kopfhörer mithören konnten, klingen mir heute noch in den Ohren. Sie waren ruhig und sachlich, fast väterlich.
Von Esperstedt am Kyffhäuser startete unsere I./JG 300. Sie bestand an diesem Tage noch aus 32 Messerschmitts, während die Sollstärke 4 Staffeln zu je 16 Flugzeugen, eigentlich 64 Flugzeuge zählte. Ich flog als Schwarmführer in der 3./JG 300. Unser Verbandsführer der I. Gruppe war der Ritterkreuzträger Hauptmann Stamp. Nach der Versammlung des Gefechtsverbandes am Kyffhäuser ging es zunächst auf Kurs 220 Grad. Schon kurze Zeit später, in der Gegend von Eisenach, bekamen wir Feindberührung. Während die Sturmgruppe sofort die Bomberverbände, die in 5.000 m Höhe flogen, angriff, wurden wir in schwere Luftkämpfe mit den Begleitjägern vom Typ Mustang P-51 verwickelt. Es entwickelten sich chaotische Szenen. Focke Wulfs, Messerschmitts und Mustangs wirbelten quer über den Himmel, sich in allen Höhen kreuzend. Wie sich später herausstellte, wurden in der Zeit von 11:59 Uhr bis 12:15 Uhr rund um Eisenach sechs Fliegende Festungen B-17 abgeschossen. Unser Verbandsführer, Major Dahl, war an diesem Tage mit zwei Abschüssen erfolgreich.
Die Luftkämpfe zwischen den Jägern verlagerten sich in den Raum Naumburg-Wetzlar. Unteroffizier Büthe von unserer 3. Staffel beanspruchte den Abschuss einer P-51. Dieser Pilot sprang mit dem Fallschirm ab. Kurz darauf traf Büthe auf einen Schwarm von Mustangs, die ihn offensichtlich nicht bemerkt hatten. Büthe eröffnete das Feuer. Die Amerikaner brachen in dieser Lage den Luftkampf ab und stürzten mit Vollgas der Erde entgegen. Die Verfolgung war zwecklos; denn im Sturzflug war die Mustang schneller als die 109. Mein damaliger Staffelkapitän, Oberleutnant Seeler, hatte Glück im Unglück. Er musste seine Maschine in einem Gemüseacker um 12:05 Uhr bei Frankenberg notlanden. Rumpf und Tragflächen wiesen 19 Einschüsse auf. Unteroffizier

Berthold Wendler von unserer 3. Staffel beschädigte seine Maschine bei einer versuchten Einradlandung auf dem Flugplatz Frankfurt/Main. Er machte einen „Ringelpietz". Feldwebel Manfred Schneider flog die Gelbe 5 der 3. Staffel, Me 109 G-6 AS. Er landete verwundet in Wetzlar. Unteroffizier Horst Völkert sprang aus seiner Me 109 G-14 AS, Weiße 7 der 1. Staffel über Frankenau ab. Er wurde am Fallschirm beschossen. Die P-51 verfehlte ihn aber. An diesem Tage meldeten 8 Piloten der II. Sturm/JG 300 Luftsiege über Mustangs an. Das waren die Ereignisse aus der Sicht der 3. Staffel des JG 300.

Borkheide: *Am Flugplatz in Borkheide gab es leider nur ein einziges Steinhaus am Platze, in dem die Flugleitung untergebracht war. Auch einige Offizierswohnungen befanden sich dort. Wir Flugzeugführer bauten uns daher im umgebenden Wald Unterkünfte. Erde wurde ausgehoben, die Seiten mit Brettern versteift. Mit einer Lötlampe angebrannt, hatten sie etwas Wohnliches. Meine 3. Staffel lag am südwestlichen Rand des Platzes. Damit ich vom Liegeplatz schnell zum Gefechtsstand gelangen konnte, wurde mir von der Werft, die dort noch aktiv war, ein Kleinmotorrad zur Verfügung gestellt. Es hatte Bowdenzüge für Gas und Handbremse und einen Tippvergaser. Aber es fuhr.*

Die I. Gruppe des Jagdgeschwaders 300 lag dort vom Herbst 1944 bis Ende Februar 1945. Wenn unsere Wetterfrösche QBI angesagt hatten, vertrieben wir uns die Zeit mit Skat und Doppelkopf. Das war auch eine gute Gelegenheit, die Marketenderware zu genießen. In Ermangelung eines Casinos stand auf dem Anschlussgleis ein Speisewagen der Mitropa. So konnten wir einigermaßen zivilisiert unsere Mahlzeiten einnehmen. Der Speisewagen stand allen Offizieren und Flugzeugführern, gleich welcher Rangstufe, zur Verfügung.

Am 2. November stand unsere Gruppe aufgereiht in Startbereitschaft. Amerikanische Kampfverbände befanden sich im Anflug auf Mitteldeutschland. Die Gruppe hatte Sitzbereitschaft, das heißt, jeden Moment könnte der Startbefehl kommen. Zu dieser Zeit waren wir schon mit Me 109 G-14 AS ausgerüstet. Unsere AS- Motoren besaßen Wasser-Methanol-Einspritzung zur kurzzeitigen Erhöhung der Motorleistung. Ferner hatten die Maschinen die Erla-Haube. Damit war die Sicht aus der Kabine verbessert worden. Außerdem waren die Beulen für die MG 131 durch eine geräumigere, glatte Verkleidung ersetzt. Wir waren also auf dem neuesten Stand. Unsere Warte standen auf den Tragflächen, um die Schwungkraftanlasser aufzuziehen. Unsere Maschinen waren noch

Major Walther Dahl, Kommodore JG 3 „Udet" mit dicker Zigarre in Bad Wörishofen. (Foto Günther Sinnecker)

Startvorbereitungen an der Me 109 des Gefreiten Dahmen von der I./JG 300 im Sommer 1944 in Bad Wörishofen. (Foto Günther Sinnecker)

nicht angelassen, als aus den Wolkenlöchern plötzlich einige Me 109 vom JG 3 durchstießen. Sie hatten bereits Feindberührung und mussten landen. Aber sie zogen Mustangs hinter sich her. Die Amerikaner erkannten unsere Startaufstellung und veranstalteten ein Scheibenschießen. Die Monteure sprangen in die Splittergräben und wir Flugzeugführer mussten sehen, dass wir auch schnell genug herauskamen. Vor unseren Augen spielte sich ein Gemetzel ab. Praktisch die gesamten Flugzeuge der Gruppe gingen in Flammen auf. Ich werde diesen Eindruck nie vergessen. Wie durch ein Wunder hatten wir keine Personalverluste. Zur Abwehr des Angriffs waren einige Flak- Helfer, also Schüler von Oberschulen, im Einsatz. Aber die Jungen konnten keine Treffer landen. Uns tränten die Augen. Im Nachhinein möchte ich annehmen, dass der Führungsfehler gewollt war. Zu dieser Zeit saßen Regimegegner in Kommandostellen. Aber das „Jägerprogramm" der Rüstungsindustrie lief auf vollen Touren. Nach wenigen Tagen hatten wir wieder nagelneue Messerschmitts am Platze. Zu erwähnen wäre noch, dass in den neuen Maschinen teilweise auch die MK 108 eingebaut war. Diese Kanone hatte ein Kaliber von 3 cm und die Geschosse waren mit hochexplosivem Material gefüllt. Man konnte mit einem Treffer ein Flugzeug abschießen. Leider standen nur 90 Schuss zur Verfügung.

Der Gefreite Dahmen rollt zum Start. Beachte Erlahaube mit Funkantenne und Morane-Mast für Zusatz FuG 16zy unter der Tragfläche. (Foto Günther Sinnecker)

Häufig flogen des nachts Störbomber über unser Gebiet hinweg. Als Angriffsziel war der Platz nicht gut zu erkennen. Dennoch hörte ich eines nachts ein pfeifendes Geräusch und einen dumpfen Schlag, ganz in meiner Nähe. Aber weiter tat sich nichts. Als ich am anderen Tage meinen Bunker verlassen wollte, stolperte ich über das Leitwerk einer Fliegerbombe. Der Schreck war groß. Aber es war umgehend ein Fachmann zur Stelle, der die Bombe entschärfte. Wieder mal Glück gehabt. In Borkheide hatten wir auch eine Truppenbetreuung. In einer Baracke fanden Filmabende statt. Wir saßen dabei in Liegestühlen und wenn uns ein Teil besonders gefiel, ließen wir es vom Vorführer wiederholen. Bei diesen Abenden lernte ich Gisela Padberg kennen. Sie war in der Werft angestellt. Man konnte sich gut mit ihr unterhalten.

Zu dieser Zeit, im November 44, wurde Karl-Heinz Seeler, mein Staffelkapitän, zum JG 7 versetzt. Das war das modernste Geschwader in der Luftwaffe, ausgerüstet mit der Me 262. Von

Oberleutnant Gerhard Stamp mit sämtlichen Orden auf der Brust und dem Ritterkreuz am Halsband. Er hatte das Ritterkreuz wegen seiner großen Erfolge bei der 1./KLG 1 im Mittelmeerraum erhalten. Seit August 1943 Kapitän der 3./JG 300 und seit 1.11.1943 Gruppenkommandeur der I./JG 300. Stamp wurde am 29. Juni 1944 bei einem Luftkampf abgeschossen, konnte sich jedoch verwundet mit dem Fallschirm retten. Beendete den Krieg als Major eines Versuchsverbandes, ausgerüstet mit der Me 262. (Foto Günther Sinnecker)

da ab führte ich die 3. Staffel. Leider verlor Karl-Heinz Seeler Anfang '45 beim Einsatz mit der Me 262 sein Leben. Es war sicher keine „Lebensversicherung" eine Me 262 zu fliegen. Während der Zeit in Borkheide hatten wir neben den normalen Einsätzen auch Gelegenheit zu Werkstattflügen, wenn eine größere Reparatur abgeschlossen war. So flog ich mit einer Maschine, die einen Motorwechsel bekommen hatte, bis auf 10.000 Meter Höhe. Beim Geradelegen stieß der Motor weiße Dampfwolken aus und die Kühlstofftemperatur stieg unzulässig an. Ich schaffte es nicht bis nach Borkheide, sondern machte, um den Motor zu schonen, eine Außenlandung auf dem Bauch. Dabei hielten sich die Schäden in Grenzen. Kurz nach meiner Landung erschien ein Polizist mit einem schweren Motorrad und bot mir seine Hilfe an. Der gute Polizist bot mir an, mit seinem Motorrad zur Dienststelle zu fahren, und meine Einheit zu informieren, er würde in der Zwischenzeit die 109 bewachen. Jetzt stand ich vor einem Dilemma: Eine solche Maschine hatte ich noch nicht gefahren, wollte mir aber keine Blöße geben. Also legte ich den ersten Gang ein und drehte vorsichtig am Gasgriff. So tuckerte ich vom Gelände und hielt den Gang bis zur Polizeistation bei. Es ging alles gut. Die Untersuchung der Me 109 hatte ergeben, dass man ein Überdruckventil nicht eingebaut hatte. Das führte noch zu weiteren Untersuchungen, aber der entsprechende Monteur kam glimpflich davon.
Der Heilige Abend '44 war für uns ein betrüblicher Tag. Wir hörten an unseren Liegeplätzen über die Staffel-Kommandoanlage alle Weihnachtslieder, die wir so kennen. Der Tag schien friedlich zu Ende zu gehen. Plötzlich knackte es in der Anlage und es wurde der Befehl: „Sitzbereitschaft"! durchgegeben. Wir ließen alles stehen und liegen und eilten zu unseren Maschinen. Die Warte halfen uns beim Anschnallen. Sodann steckten sie die Anlasserkurbel ein, wir waren bereit und warteten. Der Startbefehl wollte nicht kommen. Plötzlich, es war schon später Nachmittag: „Alarmstart"! Es dauerte nur wenige Minuten, dann war die Gruppe in der Luft. Als Gruppenkommandeur flog der Oberleutnant Stahlberg, einer der wenigen, der von einem Jagdverband zu uns gekommen war. Der bisherige Gruppenkommandeur, Major Stamp, hatte inzwischen zu einem Erprobungskommando gewechselt.
Wir flogen Kurs west: Aber wir kamen zu spät. Die Bomberverbände waren schon auf dem Rückflug. Unsere Flugzeit mit Zusatzbehältern betrug ungefähr 1 ½ Stunden. Die Zeit reichte gerade; denn als wir uns unserem Landeplatz Borkheide näherten, begab sich die Sonne hinter den Horizont. Am Flugplatz schoss man rote „Radieschen" (Leuchtkugeln) in den Himmel, damit wir den Platz leichter finden konnten. Aber die äußeren Verhältnisse waren schwierig. Der Platz war gefroren und bereift. Die Summe ungünstiger Bedingungen führte zu einigen Bruchlandungen. Der „Nachwuchs" kam damit nicht zurecht. Kurze Zeit später erfuhr ich, dass mein ehemaliger Fluglehrer-Kamerad, der Ritterkreuzträger, Oberleutnant Bretschneider, mit seiner Fw 190 der Sturmgruppe, gefallen war. Die II. Gruppe war eher gestartet und hatte noch Feindberührung. Das Grab meines Kameraden hatten meine Frau und ich in der Nachkriegszeit des Öfteren in Berlin-Schlachtensee besucht und mit Blumen geschmückt.

***Reichsverteidigung**: Die Reste der deutschen Jagdgeschwader 300 und 301waren nicht am Unternehmen „Bodenplatte" beteiligt. Dennoch blieben sie an diesem Tage nicht untätig.*
Die in England stationierte 8. US Air Force setzte ihre Bombenangriffe auf deutsche Städte, Hydrierwerke und Bahnknotenpunkte fort.
Zur Abwehr starteten die schon stark dezimierten beiden Jagdgeschwader. Ich flog damals als Staffelführer der 3. Staffel des JG. /300. Die I. Gruppe, zu der wir gehörten, lag in Borkheide, ca. 60 km südwestlich von Berlin. Zwei Monate zuvor hatten wir unglaublich hohe Verluste, als einige Mustangs unsere startbereite Gruppe am Boden erspähte und fast alle Maschinen in Flammen aufgingen. Wie durch ein Wunder konnten sich alle Flugzeugführer in Splittergräben retten, sodass keine Personalverluste eintraten. Die für unsere Gruppe nun neu zu beschaffenden Maschinen entsprachen dem neuesten Stand der Weiterentwicklung des bewährten Jagdflugzeuges Me 109. Sie hatten Motoren DB 605 mit Höhenlader und Methanol/Wasser-Einspritzung 50/50 % zur kurzzeitigen Leistungssteigerung. Zu den beiden MG 131, Kaliber 13 mm, die durch den Luftschraubenkreis synchron gesteuert schossen, hatten diese Maschinen wahlweise eine 30 mm Kanone MK

108 oder ein MG 151/20 Maschinengewehr, Kaliber 20 mm, die durch die hohle Luftschraubennabe schossen. Mit dieser Ausrüstung waren wir unserem Hauptgegner, der amerikanischen P-51 „Mustang", in der Steigfähigkeit überlegen. Unsere MK 108 hatte zwar nur einen Munitionsvorrat von 90 Schuss, aber wenn sie traf, war der Schaden an den Feindflugzeugen erheblich. Es handelte sich um Minenmunition mit dem hoch brisanten Sprengstoff Hexagon.
Leider konnten wir aber nicht unsere Sollstärke einsetzen. Wir hatten an diesem Tage anstatt 64 Flugzeuge, der Sollstärke, nur 23 einsatzfähige Maschinen zur Verfügung. So oder so ähnlich, ging es allen anderen Verbänden in der Reichsverteidigung. Die fortwährenden Bombardierungen der vergangenen Jahre machte sich an allen Ecken und Enden bemerkbar.
Wie schon gesagt, litt unter dem Spritmangel auch die Ausbildung des Flugzeugführernachwuchses.

Nun zurück zu den Ereignissen des 1. Januar 1945. Mit 1.000 Viermots nähern sich die Amerikaner der deutschen Küste. Das JG 300 erhält Startbefehl, während die Flugzeuge des JG 301 als Reserve noch am Boden bleiben. Die inzwischen vom Einsatz „Bodenplatte" zurückgekehrten Einheiten kommen an diesem Tage nicht mehr zum Einsatz. Zunächst haben die III. und IV./JG 300 Feindberührung. Die IV. Gruppe ist als ehemalige I. Gruppe des Zerstörergeschwaders 76 im Einsatz. In den sich entwickelnden Luftkämpfen werden einige Abschüsse erzielt. Wenig später bekommt auch unsere I. Gruppe Feindberührung. Ein Teilverband von Boeing B-17 hat inzwischen den Bomberstrom verlassen und geht auf Südkurs. Hier wird er von einigen Me 262 angegriffen. Zu dieser Zeit waren jedoch die Me 262-Verbände noch nicht im Einsatz. Es muss sich also um Einzelfälle handeln.
Als sich die Amerikaner Berlin nähern, wird Startbefehl für das JG 301 gegeben. Aber die Feindverbände ändern wieder den Kurs und fliegen in südlicher Richtung an Berlin vorbei. Das Angriffsziel ist Kassel. Die Sturmgruppe des JG 301 bekommt mit ihren Focke Wulfs 190 Feindberührung, und in wilden Luftkämpfen werden einige Maschinen abgeschossen.
Durch den mehrmaligen Kurswechsel der Feindverbände waren die Jäger des JG 300 und 301 zur Landung gezwungen, um nachzutanken und gegebenenfalls neu zu munitionieren. Nach dem Neustart konnten aber die abfliegenden Verbände nicht mehr eingeholt werden.
16 Luftsiegen steht der Verlust von 27 eigenen Flugzeugen gegenüber. Eine Rechnung, die nicht mehr aufging.

***Neue Aufgaben:** Anfang des Jahres 1945 wurde die arg dezimierte Höhenjagdgruppe mit einer neuen Aufgabe betraut. Wir sollten an der nahen Ostfront, die schon jenseits der Oder erreicht war, Tiefangriffe fliegen. Auf dem Rückflug erkannte ich einen Flugplatz, auf dem ich landen wollte, um nachzutanken. Beim Landeanflug sah ich ein Flugzeug, das sich mir näherte. Weil ich nicht erkennen konnte, ob es sich um ein deutsches Flugzeug handelte, gab ich Gas und zog in einer Steilkurve nach oben. Die andere Maschine folgte mir, und jetzt erkannte ich eine Me 109. Beruhigt flog ich die Platzrunde, um zu landen. Meine Maschine war gerade ausgerollt, als ich das Bellen von Maschinenwaffen hörte und neben meiner Maschine die Erde aufspritzte. Mir blieb nichts weiter übrig, als aus der Maschine zu springen und den Wald am Rande des Platzes zu erreichen. Meine gelbe Schwimmweste zog aber noch einmal die Mustangs an. Sie feuerten auf mich, verfehlten aber das Ziel. Nach diesem Intermezzo verschwanden die Amerikaner. Meinen Hintermann, der nach mir gelandet war, hatte es schwer getroffen. Eine Hand hing nur noch lose an der Haut und er blutete aus dem Munde. Als er mich erkannte, sagte er noch: „Herr Leutnant, das tut alles so weh!" Es war der Unteroffizier Walter Besemüller von der 13. Staffel des JG 300. Er hat ein Soldatengrab in Lübben gefunden. Wieder einmal ging der Kelch an mir vorüber.*
Am 8.2.45 standen die Sowjets noch jenseits der Oder. Sie bereiteten sich auf den Angriff auf Berlin vor. Unsere Jagdgruppe, die auf Höhenjagt spezialisiert war, bekam nun den Auftrag, Geleitschutz für Stukas zu fliegen und den sowjetischen Aufmarsch zu bekämpfen. Feindliche Flugzeuge bekamen wir nicht zu Gesicht und so konnten einige Fahrzeuge zerstört werden. Als meine Flugzeit sich dem Ende näherte, entschloss ich mich zur Umkehr. Noch östlich der Oder kam ich in heftiges Flakfeuer der Russen. Ich flog etwa in 50 m Höhe. Mir blieb nichts weiter übrig, als Vollgas zu geben und die

Maschine dicht an die Erdoberfläche zu drücken. Dieses Manöver war erfolgreich: denn ich erhielt keinen Treffer.
Inzwischen leuchtete meine rote Kraftstoffwarnlampe. Zu der Zeit überflog ich den Flugplatz Trebbin. Dort wollte ich nachtanken, um kein Risiko einzugehen. Beim Überflug des Platzes sah ich eine Menschengruppe am Startpunkt stehen, die mir heftig zuwinkte. Ich fasste das als Begrüßung auf und landete. Plötzlich bäumte sich die 109 auf, blieb abrupt stehen und überschlug sich. Der Abstand des Kopfes zum Kabinendach war sehr gering, sodass ich einen heftigen Stoß verspürte. Nun saß ich in der Falle. Die Minuten schienen mir wie eine Ewigkeit. Wenn jetzt Kraftstoff ausläuft und sich entzündet! Endlich waren die Retter da. Es waren Segelflugzeug-Führer, die Windenstart trainierten. Sie hoben mit vereinten Kräften eine Tragfläche an, sodass die Kabine geöffnet werden konnte und sie mich aus meiner misslichen Lage befreiten.
Der Sandboden war an dieser Stelle zu locker. Das konnte die 109 nicht verkraften. Hätten die jungen Leute mir eine rote Leuchtkugel abgefeuert, wäre ich nicht dort gelandet.
So kam es zu folgendem Eintrag:
8.2.45 Trebbin – verletzt – Überschlag infolge Brennstoffmangels
Truppenteil: I./JG 300
Dienstgrad: Leutnant
Ich hatte mir bei dieser Gelegenheit eine leichte Gehirnerschütterung eingehandelt.

Liegnitz: *Das neue Jahr 1945 war winterlich kalt. Liegnitz in Schlesien war noch nicht von den Russen besetzt. Wir bekamen den Auftrag, dort hin zu verlegen und das Vordringen der Russen zu bekämpfen. Als wir uns dem dortigen Flugplatz näherten, fing es heftig an zu schneien. Wir mussten mehrmals durchstarten, um die richtige Landeposition zu erreichen. Eine Ju 52, die gleichzeitig mit uns dort eintraf, hatte die gleichen Probleme.*

Flugzeugführer der I./JG 300 im Sommer 1944 in Bad Wörishofen. Dahinter die am Waldrand geparkten Me 109. Die braunen Hosen stammen noch aus Beständen des Afrikakorps. (Foto Günther Sinnecker)

Die Wetterlage in Liegnitz blieb winterlich mit häufigem Schneefall. So konnten nur einzelne, erfahrene Piloten starten. Außer Truppenansammlungen, die unter Beschuss genommen wurden, ergaben sich keine Ziele. Wegen der Wetterlage hatten wir auch keine Begegnungen mit russischen Flugzeugen.
In Liegnitz hatten sich schon viele Flüchtlinge aus Schlesien getroffen, die weiter nach Westen flüchteten. Von einem Treck bekamen wir ein Lamm geschenkt, das wir mit nach Borkheide nehmen sollten. Unser einziges Fahrzeug war ein Sanitätskraftwagen, der den Transport übernahm. So erhielten wir als Truppenverpflegung hintereinander Lamm in allen Variationen. Aber auch das hatte mal ein Ende.

Oberleutnant Seeler, Kapitän der 3./JG 3. Seeler wurde Anfang 1945 zur 9./JG 7 versetzt und wurde am 18. März 1945 bei einem Angriff auf US-Bomber mit seiner Me 262 tödlich abgeschossen. Er hatte auf 157 Feindflügen mindestens 8 Luftsiege errungen. (Foto Günther Sinnecker)

Mörtiz: *Die allgemeine Lage war sehr angespannt. Unsere stark dezimierte Gruppe bekam den Verlegungsbefehl nach Mörtiz bei Leipzig. Dort wurden einige Flugzeugführer aus anderen Einheiten auf ein noch geheimes Unternehmen vorbereitet. Langsam sickerte durch, dass das „Unternehmen Elbe" vorbereitet wurde. Es dauerte nicht lange, dann mussten wir in Fliegerkombination antreten und es wurde uns nahegelegt, dem Unternehmen beizutreten. Ein höherer Dienstgrad hielt eine Ansprache und verlas den entsprechenden Befehl. Wer sich also beteiligen möchte, die Aktion war freiwillig, der möge vortreten. Ob es Gruppendynamik oder Überzeugung war, kann ich nicht beurteilen. Die gesamte Gruppe trat vor! Worum ging es? Die Überlegenheit der in riesigen Verbänden angreifenden amerikanische Luftwaffe sollte mit letzter Kraft unterbunden werden. Dafür war geplant, dass eine deutsche größere Anzahl von Jagdfliegern schlagartig die feindlichen Bomber aus nächster Distanz beschießen und anschließend rammen sollte. Die Überlebenschance war gering. Man erhoffte sich auch einen moralischen Effekt bei den feindlichen Besatzungen.*
Wir Flugzeugführer der I. Gruppe JG 300 blieben von dem Einsatz verschont. Es standen nicht genügend Flugzeuge zur Verfügung. Zu meinem großen Bedauern bestand die 3. Staffel nur noch aus 3 Mann. Folglich wurden wir am 10. April '45 aufgelöst und mussten die letzten Kriegstage bei der III. Gruppe verbringen.

Amberg/Schafhof: *Wir verlegten nach Amberg-Schafhof. Von hier aus flogen wir einige Angriffe gegen die amerikanischen Kolonnen und Panzerspitzen. Aber auch hier blieben Verluste nicht aus. Nach ein paar Tagen ging es weiter nach Landau/Isar. Unsere Einsätze beschränkten sich jetzt auf Störangriffe gegen vorrückende amerikanische Bodentruppen. Der Luftkrieg war praktisch verloren. Von Landau aus flogen wir nur noch Störangriffe und Aufklärung, um zu sehen, in welche Gebiete die US-Armee vorgedrungen war.*

(Anmerkung: Es darf mit großer Wahrscheinlichkeit angenommen werden, dass in Amberg, eventuell auch in Landau noch vereinzelte K-4 von der III./JG 300 übernommen worden sind.)

***Kleinkarolinenfeld**: Dieser kleine Landeplatz war eigentlich nur eine Wiese am Waldrand. Nach unserer Ankunft am 20. April 1945 fing es an zu regnen und zu schneien. Die Wolken lagen niedrig und der Boden weichte auf. Trotzdem wurden noch einige Einsätze geflogen. Wir beschossen US-Kolonnen im Bayerischen Wald und nördlich von Regensburg. Auch über der Donaubrücke von Dillingen haben wir Jagdschutz für angreifende FW 190 unserer II./JG 300 geflogen. Noch eine kleine Anekdote: Einer unserer Piloten erhielt bei Tiefangriffen auf die vorrückenden Amerikaner starke Treffer, sodass er hinter der deutschen Frontlinie notlandete. Mit seinem Fallschirm im Arm erreichte er eine Stellung, die mit Hitlerjungen besetzt war. Er kam mit ihnen ins Gespräch und sagte, dass sie doch nach Hause gehen sollten; sie hätten doch sicher Schiss! Darauf antwortete einer von ihnen: „Schiss haben wir nicht, aber uns fehlt die Fronterfahrung!“*
Als wir das Rasseln der US-Panzer auf der nahen Straße hörten, sprengten wir mit den eingebauten 3 kg-Ladungen unsere letzten Flugzeuge. Von der Dienststelle L 55319 erhielt ich am 30.4.1945 einen Entlassungsschein mit der Bemerkung, dass der Wehrpass durch Feindeinwirkung verloren gegangen sei. Nun war ich kein Soldat mehr, und wollte mich per pedes von München nach Berlin begeben. Die Wanderung endete am nächsten Tage in amerikanischer Kriegsgefangenschaft. Am 29. Juni 1945 wurde ich entlassen und trampte über Heidelberg in meine Heimat: Berlin

***Epilog:** Die deutsche Luftwaffe hat verzweifelt versucht, die alliierte Überlegenheit zu bekämpfen. Uns stand die anfangs bewährte Me 109 zur Verfügung, die seit der Einführung, kurz vor Kriegsbeginn, allen anderen Jagdflugzeugen überlegen war. In zahlreichen Modifikationen wurden Flugeigenschaften, Motorausrüstung und Bewaffnung angepasst, aber die industrielle Kapazität der Alliierten war größer. Unser gefährlichster Gegner, die Mustang, war eine technische Meisterleistung. Wenn man bedenkt, dass die Amerikaner allein 1.000 Bomber und 1.000 Jäger pro Einsatz nach Deutschland schickten und ihre Ausfallrate in Grenzen blieb, dann konnten sie die eigenen Verluste leicht ausgleichen. Deutschland hat etwa 33.000 Me 109 gebaut, die praktisch alle verloren gegangen sind. Etwa 13.000 Jagdflieger verloren ihr Leben. Die Entwicklung der „Wunderwaffen“ kam zu spät und in zu geringen Stückzahlen. Es gibt ein Sprichwort: „Viele Hunde sind des Hasen Tod!“ In den vergangenen 70 Jahren hatten wir Überlebenden gehofft, dass Kriege nicht mehr geführt werden können. Aber die Realität ist eine andere.*

Berlin, im Dezember 2016
Günther Sinnecker

So sah eine Me 109 G-10 aus, wenn die in der Kabine eingebaute 3 kg-Sprengladung gezündet wurde. Vermutlich eine Me 109 G-10 mit dem blau-weiß-blauen Rumpfband in Klein-Karolinenfeld südöstlich von München bei Kriegsende.

Me 109 – Flugmuseum Messerschmitt in Manching

Dass es in Deutschland noch flugfähige Me 109 gibt, ist der Messerschmitt-Stiftung mit Unterstützung von Airbus Defence and Space zu verdanken. Mit viel Einsatz und Idealismus werden dort die historischen Maschinen flugfähig gehalten. Diese Flugzeuge sind die absolute Attraktion bei Flugtagen. Alle Systeme an diesen fliegenden Dinosauriern der Luftfahrtgeschichte erfordern einen nicht unwesentlichen Wartungsaufwand.
Da ist „Fritzchen", eine Me 109 G-6 mit einem Daimler-Benz DB 605-B Motor von 1.475 PS Leistung. Im August 2001 kam noch „Hänschen", eine Me 109 G-10 mit einem DB 605-D Motor von 1.600 PS, hinzu. Der DB 605-D leistete damals mit Wasser-Methanol-Einspritzung bis zu 1.800 PS und damit erreichte die G-10 über 700 km/h in 8.000 m Höhe. Die G-10 gilt mit als schnellste Baureihe der Me 109. Dann ist da noch die „Rote 7", eine Me 109 G-4, die von einer privaten Gruppe auf einen DB-605-A umgerüstet und später von der damaligen EADS erworben wurde. Die drei Manchinger 109er stammen aus der spanischen Nachkriegsproduktion und wurden vom ursprünglichen Rolls-Royce Merlin auf den originalen Daimler-Benz 605 Motor zurückgerüstet.
Während die Me 109 G-6 damals von MBB aufgebaut wurde, war dies bei der Me 109 G-10 der Speditionsunternehmer Hans Dittes, der damit als Privatmann eine einzigartige Leistung vollbrachte. Das Triebwerk der G-10 wird zurzeit einer intensiven Überholung im Flugmuseum Messerschmitt unterzogen.
Es bedarf vieler und fachkundiger Personen und einer guten finanziellen Grundlage, diese Hochleistungsflugzeuge in Betrieb zu halten. Die Messerschmitt-Stiftung hat für die Traditionsmaschinen in Manching eine große Halle errichtet. Hier können sich alle Luftfahrtbegeisterten vom hohen technischen Stand der

Die Me 109 G-4 der Messerschmitt-Stiftung in Manching, aufgenommen anlässlich eines Flugtages. Leider ist gerade diese Me 109 irgendwie vom Pech verfolgt. Sie hat schon einiges an Notlandungen hinter sich. Die Schäden hielten sich jedoch glücklicherweise immer in Grenzen, sodass die „Rote 7" immer wieder flugfähig repariert werden konnte.

(Foto Dr. Andreas Zeitler)

Messerschmitt-Flugzeuge, die vor annähernd 70 Jahren gebaut wurden, überzeugen.
Betritt man die große Flugzeughalle im Westen des Flugplatzes, fühlt man sich um Jahrzehnte zurückversetzt. Da stehen Tragfläche an Tragfläche eine Me 108 und zwei Me 109 in ihrer typischen Tarnbemalung aus dem Zweiten Weltkrieg. Eine knallrote Me 163, eine weitere 109, die „Rote 7", eine Me (HA) 200 auf der anderen Seite vervollständigen den Flugzeugpark. Die Krönung des Ganzen ist eine flugfähige Me 262. Ergänzt wird dieses wohl einzigartige fliegende Museum durch Flugzeugmodelle in Vitrinen, Flugzeugtriebwerke Jumo 004, DB 605, Flugzeugfahrwerke und Luftschrauben. Mittendrin ein fahrbereiter Messerschmitt-Kabinenroller.
Einmal im Monat werden die Maschinen zum Fliegen aus der Halle gezogen. Dann stehen meistens Dutzende von Neugierigen am Flugplatzzaun und warten auf das typische Laufgeräusch des Zwölfzylinders vom Typ Daimler-Benz 605 mit seinen 36 Litern Hubraum. Wenn dann die 109 mit röhrendem Triebwerk im Tiefflug aus dem Flugplatz herauszieht, stiehlt sie den „Eurofighters" und „Tornados" in Manching die Schau.
Dass die Me 109 kein leicht zu fliegendes Flugzeug ist, haben viele Piloten während und nach dem Krieg leidvoll feststellen müssen. Zum Teil mussten sie für einen kleinen Fehler mit dem Leben bezahlen. So stürzte der englische Pilot Mark Hanna beim Landeanflug in der Nähe von Barcelona mit einer Me 109 „Buchon" ab. Wenige Tage später erlag er seinen schweren Brandverletzungen. Vor allem Start und Landung erfordern die absolute Konzentration des Piloten. Einer, der die Me 109 nach dem Krieg unnachahmlich flog, ist der pensionierte Lufthansa-Flugkapitän Walter Eichhorn.

Walter Eichhorn berichtet über die Me 109:
„Als ich vor rund 20 Jahren mit der 109-Fliegerei begann, habe ich mir erst mal einen der alten Adler für eine Einweisung gesucht. Kein geringerer als Erich Hartmann hat mich in die Geheimnisse der 109-Fliegerei eingewiesen. Erich Hartmann mit seinen unvorstellbaren 352 Luftsiegen gilt als der erfolgreichste Jagdflieger aller Zeiten und er beherrschte die 109 perfekt. Hartmann von seinen Freunden wegen seines jungenhaften Aussehens „Bubi" genannt, sagte mir, dass man vor der Me 109 keine Angst haben dürfe, aber ein gewisser Respekt vor ihren Eigenheiten bei Start und Landung ist unbedingt erforderlich. Hartmanns Kernaussagen zur 109 waren: „Schnall dir die Maschine unter, ziehe sie dir förmlich an und führe mindestens 20 Rollübungen durch. Gurte dich im Flugzeug so fest wie möglich an, sodass du wie mit der Maschine verwachsen bist. Die Rollübungen,

Walter Eichhorn mit der Me 109 G-6, Kennzeichen D-FMBB im Landeanflug mit voll ausgefahrenen Kühler- und Landeklappen. (Foto Dr. Andreas Zeitler)

erst langsam und dann immer schneller werdend, sind dazu da, damit du ein Gespür für das Verhalten der 109 bekommst. Du merkst, wie die Maschine auf Ruder und Drehzahl reagiert und damit bekommst du das fliegerische Gefühl im Hosenboden. Wenn die 109 nach links dreht, auf keinen Fall mehr Motorleistung geben, das verstärkt nur noch die Tendenz nach links wegzudrehen und führt unter Umständen unweigerlich zum Bruch. Der ideale Flugplatz für die Me 109 ist 1.000 Meter lang und 1.000 Meter breit. Eine Graspiste ist in jedem Fall einer betonierten Startbahn vorzuziehen. Beim Start fast keine Klappen ausfahren. Die Kühlerklappen manuell fahren und die oberen Spreizklappen sollten mit dem Tragflächenprofil abschließen. Die Kühlerklappen auf keinen Fall auf Automatik stellen, da sonst die Gefahr besteht, dass sie eventuell ungleichmäßig ausfahren und dies würde unter Umständen die Ausbrechneigung beim Start noch verstärken. Die 109 mit Geschwindigkeitsreserven abheben, dann liegt sie stabil in der Luft und reagiert auf die Ruder. Wie bereits gesagt, wenn sie nach links geht, auf keinen Fall mehr Motorleistung geben.“
Nach den Angaben von Bubi Hartmann begann ich nun mit den entsprechenden Vorbereitungen: „Nach zehn Rollversuchen riskierte ich damals den ersten Start mit der 109. In der Me 109 sitzt man unter sehr beengten Verhältnissen.

Walter Eichhorn in der Me 109 G 6 FMBB.

Piloten, die größer als 1,80 Meter sind, haben mit Sicherheit so ihre Probleme. Die Sicht- und Platzverhältnisse sind auch nicht gerade ideal und es geht, wie gesagt sehr beengt im Führerraum zu. Einmal mit der Me 109 in der Luft ist es aber ein Genuss, sie zu fliegen. Das Flugzeug reagiert auf den leisesten Steuerdruck und nimmt sehr schnell Geschwindigkeit auf.
Die Me 109 mit dem Kennzeichen D-FMBB der Messerschmitt-Stiftung in Manching mit ihrem originalen DB 605 B hat beim Start eine sehr starke Tendenz, nach links auszubrechen. Am Start stehend, die Landeklappen nur wenige Grad ausgefahren, gebe ich langsam Gas, bis die Maschine Geschwindigkeit aufnimmt. Beim Start stelle ich die Maschine nicht gerade auf, sondern immer etwas nach rechts versetzt. In der Zwischenzeit komme ich mit einer 30 m breiten und 800 m langen Startbahn aus. Die Sicht nach vorne ist bedingt durch den Motor gleich Null. Bei ca. 80 km/h nehme ich das Leitwerk hoch und stehe dabei voll im rechten Seitenruder. Schlagartig ist damit auch eine entsprechende Sicht nach vorne vorhanden. Ich gebe erst dann mehr Motorleistung, wenn ich merke, dass die Maschine auf das Seitenruder reagiert, also nach rechts dreht. Bei ca. 180 km/h hebt die 109 fast von selbst ab und der Daimler-Benz dröhnt vor meinen Füßen. Nach dem Einfahren des Fahrwerkes sowie der Klappen nimmt die Geschwindigkeit sehr schnell zu. Jetzt und erst jetzt beginnt das Vergnügen, eine Me 109 zu fliegen. Es ist unbeschreiblich, wie agil dieses Flugzeug in der Luft ist. Für mich ist es jedes Mal wieder ein Vergnügen und gleichzeitig eine Herausforderung, mit dieser Maschine ein entsprechendes Flugprogramm zu absolvieren. In der Regel bleibe ich ca. 15 Minuten in der Luft.
Bei der Landung ist wiederum 110-prozentige Aufmerksamkeit gefordert. Man muss sich beim Endanflug bestimmte prägnante Punkte einprägen, um sicher den Landeplatz zu treffen. Piloten anderer Flugzeuge winken bei Flugtagen den Leuten beim Landeanflug zu, dies ist mit der 109 nicht machbar, dazu müsste ich eine dritte Hand haben. Das Fahrwerk und die Landeklappen fahre ich bei ca. 250 km/h aus, wenn ich im Gegenanflug auf die Landebahn bin. Dann drehe ich in den Endanflug ein, nehme noch mehr Gas raus und reduziere die

Fahrt auf 200 km/h. Kurz vor dem Aufsetzen, bei so ca. 180 km/h, ziehe ich vorsichtig am Höhenruder und setze in Dreipunktlage auf. Gashebel auf Leerlauf und Höhenruder voll-durchgezogen, stehe ich wohldosiert auf den Bremsen und baue die Geschwindigkeit damit sehr schnell ab. Anschließend wird zum Abstellplatz gerollt. Das Rollen erfolgt mit leichtem Zickzackkurs, damit man nach vorne etwas sieht.

Der Unterschied zwischen der G-6 und der G-10 liegt in folgenden Bereichen: Durch den stärkeren Motor der G-10 mit 1.600 PS ist diese Version der 109 leistungsfähiger als die G-6. Die G-10 war im Zweiten Weltkrieg als Höhenjäger konzipiert worden. Von außen ist dies schon an den breiteren Propellerblättern zu erkennen. Die für die G-6 typischen Beulen der MG-Verkleidung sind bei der G-10 aerodynamisch in den Rumpf eingebunden worden. Durch das größere Seitenleitwerk und Seitenruder ist die G-10 etwas leichter zu fliegen. Hinzu kommt der erhöhte Sporn an der Maschine, der vor allem bei Start und Landung die Sicht und das Startverhalten positiv beeinflusst. Die Erla-Vollsichthaube bietet wesentlich bessere Sichtverhältnisse als die alte Kabinenabdeckung. Bei der G-6 sind vor allem die Sichtverhältnisse nach seitlich vorne durch die MG-Verkleidungen stark eingeschränkt. Bei der G-10 hat man durch die stromlinienförmigen Verkleidungen und die Kabinenhaube ein um einige Grad größeres Sichtfeld nach vorne als dies bei der G-6 der Fall ist. Mein persönlicher Eindruck ist, dass die G-10 vor allem bei Start und Landung leichter als die G-6 zu steuern ist. Trotzdem ist für mich persönlich gesehen die G-6 der urwüchsigere Typ der Messerschmitt 109.“

Bis heute sind die Me 109, sowohl was das Fliegen und als auch die Technik anbelangt, eine Herausforderung. Der kraftvolle DB 605 und der riesige Propeller übertragen eine Leistung, die nur von erfahrenen Piloten beherrscht werden kann. Die Ruder der Me 109 haben nur die Größe wie die eines Sportflugzeugs mit 150 PS. Mit diesen Steuerflächen muss aber die zehnfache Motorleistung beherrscht werden. Hinzu kommt, dass die 109er in Manching wesentlich leichter sind als die Einsatzmaschinen im Zweiten Weltkrieg. Bewaffnung und Panzerung sind ja nicht mehr vorhanden. Statt des Treibstoffs mit 87 Oktan wird jetzt mit Aviation Gasoline 100 Oktan geflogen. Dies bedeutet, dass das Triebwerk noch direkter auf Gashebelbewegungen reagiert, die aber durch den Piloten ausgesteuert werden müssen. Auch die Technik muss beherrscht werden. Originalteile aus der Kriegszeit können nicht ungeprüft eingesetzt werden. Mit großem Aufwand und persönlichen Einsatz versuchen die Mitarbeiter des Flugmuseums Messerschmitt die Me 109 in einem flugtüchtigen Zustand zu erhalten. Für die Piloten ist es auch heute noch eine Herausforderung, die Me 109 bei Start und Landung zu beherrschen.
Die Neigung zum Ausbrechen bei Start und Landung ist bis heute geblieben. Mögen uns diese fliegenden Museumsflugzeuge noch lange erhalten bleiben und an eine längst vergangene Epoche erinnern!

Welche technischen Herausforderungen sich aus dem Flugbetrieb mit der Me 109 ergeben zeigt diese Aufnahme. Von links: Alexander Kartschall (Firma Porsche), Andreas Haferkorn (Technican Chief Flugmuseum Messerschmitt) und Olaf Rohrer besprechen ein Problem in Sachen Ölkühler Me 109.

Verwendete Literatur

Die deutsche Luftfahrt Band 2: Flugmotoren und Strahltriebwerke
Die deutsche Luftfahrt Band 4: Die Entwicklung der deutschen Jagdflugzeuge
Die deutsche Luftfahrt Band 17: Willy Messerschmitt Pionier der Luftfahrt und des Leichtbaues
Die deutsche Luftfahrt Band 35: Flugbetriebsstoffe
Alle Bände Verlag Bernard & Graefe
Günter Sengfelder, Flugzeugfahrwerke, Motorbuchverlag
Hanfried Schliephake, Flugzeugbewaffnung, Motorbuchverlag
Harald Helmut Vogt, Messerschmitt Me 109 -Einsatzmaschinen- Verlag VDM
Jochen Prien, Die Deutschen Jagdfliegerverbände, Band 1 – 13, Struve und Rogge Buchverlag
Peter Schmoll, Die Messerschmitt-Werke im Zweiten Weltkrieg
Peter Schmoll, Messerschmitt-Giganten und der Fliegerhorst Regensburg-Obertraubling
Peter Schmoll, Luftangriffe auf Regensburg
Alle Bücher Battenberg-Gietl Verlag
Luftfahrtarchiv Hafner, verschiedene Handbücher der Me 109
Lutz Budraß, Flugzeugindustrie und Luftrüstung in Deutschland 1918 – 1945, Droste Verlag
Peter Ocker, Band II Hans Jacobs, Pionierleben im Flugzeugbau, Eigenverlag,
Werner Girbig, ... mit Kurs auf Leuna, Motorbuchverlag
Ernst Stilla, Die Luftwaffe im Kampf um die Luftherrschaft, Dissertation Bonn 2005
Bo Widfeldt THE LUFTWAFFE IN SWEDEN 1939 – 1945 Monogram Aviation Publications Boylston, Massachusetts 1983
Ralf Schabel, Die Illusion der Wunderwaffen, Schriftenreihe des Militärgeschichtlichen Forschungsamtes, R. Oldenbourg Verlag München 1994
Hans-Joachim Blankenburg & Günther Sinnecker, Luftkrieg über Mittelthüringen 1944 – 1945, Verlag Rockstuhl, 2. Auflage 2009

Bisher unveröffentlichte Berichte

Erinnerungen von Ludwig Bölkow zur Me 109 G und der Entwicklung zur Me 109 K
Nachlass von Karl Linder, Betriebsführer Messerschmitt GmbH Regensburg
Bericht von Rakan Kokothaki zur Fremdarbeiterbehandlung in den Messerschmitt-Betrieben
Bericht von Rakan Kokothaki zu Untertageverlagerungen der Flugzeugproduktion
Erinnerungen von Karl Elsner, JG 51 und Einflieger bei Erla und WNF.
Erinnerungen von Edmund Wrede, Ingenieur bei der Messerschmitt GmbH Regensburg.
Erinnerungen und Flugbuch von Hans Winkler NAGr. 3
Berichte von Eberhardt Burath JG 51
Flugbücher von Erwin Aichelmann, Heinz Lohmann, Josef Haid und vielen anderen Einfliegern

Benutzte Archive

Bundesarchiv Militärarchiv Freiburg
Bundesarchiv Koblenz
Bayerisches Hauptstaatsarchiv München
Archiv Airbus Defence & Space Ottobrunn
Archiv KZ-Gedenkstätte Flossenbürg
Archiv Stadt Regensburg
National Archiv Washington
Archiv der KZ-Gedenkstätte Flossenbürg
Archiv Airbus Defence

Abkürzungen

Bf	Bayerische Flugzeugwerke
DAF	Deutsche Arbeitsfront
DEST	Deutsche Erd- und Steinwerke GmbH (eine Firma der SS)
FlÜG	Flugzeugüberführungsgeschwader
GB-Bau	Gebietsbevollmächtigter für das Bauwesen
GFM	Generalfeldmarschall
Il	Iljuschin
Jak	Jakowlew
JG	Jagdgeschwader
LaGG	Lawotschkin-Gorbunow-Gudkow
Me	Messerschmitt
MG	Maschinengewehr
MK	Maschinenkanone
NaGr	Nahaufklärungsgruppe
OKL	Oberkommando der Luftwaffe
OKW	Oberkommando der Wehrmacht
OT	Organisation Todt (Bauunternehmen der Wehrmacht)
Pe	Petljakow
RLM	Reichsluftfahrtministerium
RuK	Ministerium für Rüstung und Kriegsproduktion
RAF	Royal Air Force
SNCAN	Société Nationale de Constructions Aéronautiques du Nord
Stalag	Stammlager
USAAF	United Staats Army Air Force
WNF	Wiener Neustädter Flugzeugwerke

Danksagung

Für die tatkräftige Unterstützung zu diesem Buch möchte ich mich bei den folgenden Personen, ganz besonders bedanken:

Günther Sinnecker, Carl E. Charles, Matthias Ruder, Hans-Ulrich Willbold vom Archiv Airbus, Johannes Ibel Archiv KZ-Gedenkstätte Flossenbürg, Dr. Andreas Zeitler, Peter Kantsperger, Gunther Lauser, Jörg Dietsche, Matthias Kobler, Sascha Kürsten, Karin Böhm, Harald und Sebastian Melchner, Hans Heiri Stapfer, Wolfgang Mühlbauer und den Mitarbeitern des Battenberg Gietl Verlags.

Peter Schmoll
Die Messerschmitt-Werke im Zweiten Weltkrieg
3. Auflage 2004, 232 Seiten, 17 x 24 cm
zahlreiche schwarz-weiß Abbildungen, Hardcover
ISBN: 978-3-931904-38-8, Preis: 20,50 EUR

Peter Schmoll
Luftangriffe auf Regensburg
2. Auflage 2015, 254 Seiten, 21 x 28 cm
zahlreiche schwarz-weiß Abbildungen, Hardcover
ISBN: 978-3-86646-310-3, Preis: 19,90 EUR

Peter Schmoll
Messerschmitt-Giganten
2. Auflage 2016, 254 Seiten, 21 x 28 cm
zahlreiche schwarz-weiß Abbildungen, Hardcover
ISBN: 978-3-86646-336-3, Preis: 29,90 EUR

Peter Schmoll
Sperrfeuer
1. Auflage 2017, 144 Seiten, 17 x 24 cm
zahlreiche schwarz-weiß Abbildungen, Broschur
ISBN: 978-3-86646-357-8, Preis: 19,90 EUR

gietl verlage

POSTFACH 166 · 93122 REGENSTAUF · TEL. 0 94 02/93 37-0
FAX 0 94 02/93 37-24 · INTERNET: www.gietl-verlag.de
E-MAIL: info@gietl-verlag.de
Erhältlich im Buchhandel oder direkt beim Verlag.